“十四五”高等职业教育装备制造大类专业系列教材

PLC应用技术

(工作手册式)

仇清海　李　江　李　明◎主　编
张　磊　张　帆　官晓庆◎副主编

中国铁道出版社有限公司
CHINA RAILWAY PUBLISHING HOUSE CO., LTD.

内容简介

本书从实际应用出发，突出行动导向教学理念，并以“项目引领、任务驱动”方式组织内容，并融入“厚植家国情怀、强化责任担当、传承工匠精神”课程思政相关内容，体现党的二十大精神。本书论述了西门子 S7-1200 PLC 的软硬件结构、工作原理、指令系统、组态技术和以太网通信技术等。本书内容由 7 个项目、19 个任务构成，每个任务均以任务描述、工作流程、知识准备、计划决策、任务实施、任务巩固六个环节展开，充分体现高等职业院校的特色。

本书基于“岗课赛证”融通，校企共建，学做合一，全面贯穿知识、技能和价值素养，结合电工职业技能考证、1 + X 考证、全国职业技能大赛“机电一体化”项目 PLC 模块、合作企业 PLC 岗位的需要，培养学生的实际动手能力和工匠精神。

本书适合作为高等职业院校装备制造类、电子信息类专业 PLC 相关课程教材，也可作为部分中等职业学校、成人教育、开放大学以及自学者与工程技术人员的参考书。

图书在版编目(CIP)数据

PLC 应用技术 ：工作手册式 / 仇清海，李江，李明主编. -- 北京 ：中国铁道出版社有限公司，2025. 1.
(“十四五”高等职业教育装备制造大类专业系列教材).
ISBN 978-7-113-31786-7
Ⅰ. TM571.61
中国国家版本馆 CIP 数据核字第 2024EG6620 号

书　　名：PLC 应用技术(工作手册式)
作　　者：仇清海　李　江　李　明

策　　划：何红艳　　　**编辑部电话**：(010)63560043
责任编辑：何红艳　李学敏
封面设计：刘　颖
责任校对：刘　畅
责任印制：赵星辰

出版发行：中国铁道出版社有限公司(100054，北京市西城区右安门西街 8 号)
网　　址：https://www.tdpress.com/51eds
印　　刷：北京盛通印刷股份有限公司
版　　次：2025 年 1 月第 1 版　2025 年 1 月第 1 次印刷
开　　本：787 mm × 1 024 mm　1/16　**印张**：15.5　**字数**：378 千
书　　号：ISBN 978-7-113-31786-7
定　　价：49.80 元

前 言

教材是落实立德树人根本任务的重要载体，是育人育才的重要依托。党的二十大报告明确提出“加强教材建设和管理”这一重要任务，为我们进一步做好教材编写工作指明了方向，提供了根本遵循。

本书从实际应用出发，突出行动导向教学理念，并以“项目引领、任务驱动”方式组织课程内容，并融入“厚植家国情怀、强化责任担当、传承工匠精神”课程思政相关内容，体现党的二十大精神。根据专业人才培养目标，结合产业发展趋势和职业岗位能力标准，调研企业的用工岗位需求，遵循从简单到复杂的认知发展规律，通过产教融合实践基地和高素质的双师团队，针对行业和工艺上的技术革新，不断优化项目教学内容。本书提供了丰富的数字化教学资源，以二维码的形式在书中呈现，特别是“任务巩固”中提供了实际生产案例的程序分析，方便读者自学。

本书具有以下特点：

1. 关注“三教”改革，育训并举

本书以“因材施教、类型培养、灵活多样、产教融合”的培训理念，通过工作手册式教材的开发，及时将岗位技能要求、职业技能竞赛、技能等级证书标准纳入本书内容，结合线上线下混合教学要求，重构知识与技能协同发展的教学组织形式，实现师生教学相长。

2. 深化产教融合，实用为先

本书作者团队与企业合作开发课程内容，借助北京软体机器人、许昌中意电气、鸿富锦精密电子等产教融合型企业对培训实训基地建设支持，立足服务区域经济的发展，围绕智能制造产业链，将新技术、新工艺、新规范同步纳入本书。

3. 价值引领，育人育才

教材建设与课程思政同向同行。书中的知识点对接家国情怀、责任担当、工匠精神，技能点考核融入安全意识、规范意识、质量意识、团队意识，充分挖掘产业发展与实际应用所蕴含的课程思政元素，丰富育人载体，塑造爱劳动、有担当、增自信、精匠心、能创造的价值素养，实现知识传授、能力训练和价值引领的有机统一。

4. 倡导项目化教学，工学结合

全书内容按照“课程内容与职业标准对接、教学过程与生产过程对接”的要求，设计了7个项目，充分体现高职高专实训课程的特色，可以结合电工职业资格考证展开相关课程教学，项目之间遵循由浅入深、由易到难、由简到繁的原则,方便学生自学和实践操作参考。

本书由仇清海、李江、李明任主编,张磊、张帆、官晓庆任副主编,参加编写的还有邱军海、张彤彤、丁亚娜、肖苏慧、刘静、董玉娜、祁利山、孙术杰、刘永强、解增昆、刘艳、张军伟、吕品、史晓华、于竹林、陈杨。具体分工如下:仇清海制定编写大纲,仇清海和刘艳编写项目一,张磊和邱军海编写项目二,李明和张彤彤编写项目三,张帆和丁亚娜编写项目四,李江和官晓庆编写项目五,李江和张军伟编写项目六,祁利山和肖苏慧编写项目七,刘静、刘永强、孙术杰、吕品、史晓华、于竹林、陈杨负责文稿校正和材料整理。

由于编者水平有限,书中难免存在疏漏与不足之处,恳请读者批评指正。

编 者

2024年10月

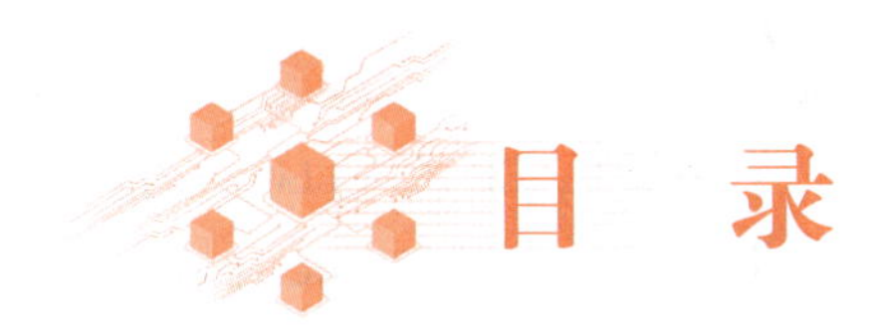

目　录

项目一 PLC的软硬件选用

学习笔记

项目导入

PLC(programmable logic controller,可编程逻辑控制器)控制系统是在传统的继电器-接触器控制系统的基础上,引入微电子技术、计算机技术、自动控制技术和通信技术而形成的工业控制系统,主要用于替代继电器-接触器实现执行逻辑、计时、计数等顺序控制功能。

随着计算机工业控制技术的不断发展,PLC 能通过计算机端安装组态软件和编程软件、集成变频器、伺服电动机、触摸屏并通过工业以太网实现过程监控,完成特定的自动化生产任务,简化操作,在提高生产率的同时降低员工的劳动强度,同时具有通用性强、使用方便、适用面广、可靠性高、抗干扰能力强等特点,使之成为工业控制领域的核心设备。

在 PLC 控制系统中,输入输出(I/O)部分用来接收信号或输出信号,以便于进行人机对话。PLC 的输入部分来自生产现场的各种信号,如限位开关、热电偶、编码器、按钮等。PLC 的输出部分是通过 CPU 处理后输出,转换为被控设备所需的电压、电流信号,来驱动被控设备,如调节阀、电磁阀、电动机等。

学习目标

【知识目标】

✧ 了解 PLC 的定义、特点、应用和发展情况。

✧ 掌握 PLC 的基本结构和工作原理。

✧ 理解 PLC 控制系统的概念。

✧ 熟悉 PLC 的软件界面功能。

【能力目标】

✧ 会搭建简单控制系统的硬件结构。

✧ 能正确拆装 PLC 的硬件模块。

✧ 能正确安装 PLC 的 TIA 博途软件。

✧ 能搭建简单的网口通信并下载程序。

【素质目标】

✧ 具备安全第一、规范操作的职业素养。

学习笔记

✧ 培养认真仔细、严谨求实的工作态度。

✧ 具有获取新知识、新技能的意识和能力。

任务1.1　S7-1200 PLC的硬件识别

1.1.1　任务描述

西门子S7-1200小型PLC具有集成PROFINET接口、强大的集成工艺功能和灵活的可扩展性等特点，为各种工艺任务提供了简单的通信，被广泛地应用于汽车、电子、电池、物流、包装、暖通、智能楼宇和水处理等行业。

本任务围绕S7-1200 PLC安装与接线，介绍PLC的产生、定义、应用领域、特点、硬件组成、工作原理及安装与接线。

1.1.2　工作流程

根据任务描述，结合企业对电气调试技术员的岗位能力和工作流程的要求，分析本次任务的工作流程如下：

①分析所在岗位设备或实训室设备的工作过程。

②描述PLC在设备中所起到的作用，列举工作任务的技术要求，明确PLC的型号及类型。

③根据PLC的型号，分析PLC的电源连接。

④根据设备的相关电气线路图纸，分析PLC的输入输出接口点数，确保所采购的PLC能满足设备的运行。

⑤检测设备输入输出与PLC的连接，如有接触不良或故障，填写记录单，配合相关人员及时维修或更换。

1.1.3　知识准备

视频

PLC的认识

一、认识PLC

1. PLC的产生

1968年，美国通用汽车公司为了适应汽车型号的不断更新，生产工艺不断变化的需要，实现小批量、多品种生产，希望能有一种新型工业控制器，它能做到尽可能减少重新设计和更新电气控制系统及接线，以降低成本，缩短周期。于是就设想将计算机功能强大、灵活、通用性好等优点与继电接触器控制系统简单易懂、价格便宜等优点结合起来，制成一种通用控制装置，而且这种装置采用面向控制过程、面向问题的“自然语言”进行编程，使不熟悉计算机的电气控制人员也能很快掌握使用。

1968年，通用公司提出十项设计标准：

①编程简单，可在现场修改程序。

②维护方便，采用插入式模块结构。

③可靠性高于继电接触器控制装置。

④体积小于继电接触器控制装置。

⑤成本可与继电接触器控制装置竞争。

⑥可将数据直接送入管理计算机。

⑦可直接用 115 V 交流电压输入。

⑧输出为交流 115 V、2 A 以上，能直接驱动电磁阀、接触器等。

⑨通用性强，扩展方便。

⑩能存储程序，存储器容量可以扩展到 4 KB。

1969 年，美国数字设备公司研制出第一台 PLC——PDP-14，并在美国通用汽车自动装配线上试用，获得成功。这种新型的电控装置由于优点多、缺点少，很快就在美国得到了推广应用。1971 年，日本从美国引进这项技术并研制出日本第一台 PLC，1973 年德国西门子公司研制出欧洲第一台 PLC，我国 1974 年开始研制，1977 年开始工业应用。

2. 工业互联网与 PLC 的关系

中国作为全球工业增加值最高、产业链最为完整的制造大国，非常重视工业互联网的发展，尤其在政府大力推动“新基建”的前提之下，工业互联网更是信息基础设施建设的重要方向。我国的工业互联网已经取得阶段性成效，但同样也面临着诸多挑战。

一是技术挑战。目前，我国在诸如高端零部件、工业设计软件、工业控制系统等工业核心技术方面与工业强国存在着明显差距，容易出现“卡脖子”问题。同时，还存在工业数据采集能力薄弱，设备联网难、数据应用难、建模分析难等问题，各种工业系统相互分离，不具备互操作性。

二是产业协同挑战。由于不同产业之间信息化基础不同，部分行业又采用私有化协议，导致系统封闭程度较高、与外部网络的互联互通性差，同时也有行业由于本身保密程度较高，也较难采用第三方系统，无法纳入工业互联网框架。此外，由于工业互联网产业链上下游环节复杂，功能界定及分工尚未完全明晰，一些重要的环节尚未完全发展，企业间存在竞合关系。单个企业也存在“孤岛式”数字化转型问题，难以发挥工业互联网规模效应。

三是创新模式挑战。工业互联网盈利模式还未完全明晰，目前，专业服务、功能订阅、金融服务、应用分成、平台销售是工业互联网平台主要的商业模式，但由于工业互联网的建设前期投入大，尚未达到大规模盈利阶段。此外，尽管工业互联网已经实现了预测性维护、设备管理、C2M 定制等应用模式，但业务与应用模式的创新决定了工业互联网的发展速度，中国工业互联网创新模式仍有待加强。

通过 5G 通信技术、工业互联网、人工智能、物联网等新一代信息技术，建设 5G 内网、车间数据采集系统等，打造 5G + 设备数据采集、5G + 智能物流、5G + 高清视觉装配防错、5G + 行为监测等 5G + 工业互联网应用场景，构建渝安减振器 5G + 工业互联网数字化工厂，整体提升企业智能制造能力，使企业降本提质增效。通过基于物联网、互联网、大数据、云计算等新一代信息技术，贯穿于设计、生产、设备、管理、服务等制造活动的各个环节，具有信息深度自感知、智能优化自决策、精准控制自执行等功能的先进制造过程、系统与管控模式。实现了 ERP 数据共享、业务协同、与底层自动化设备的 PLC 系统打通，MES 对车间人、机、料、法、环、质等生产要素进行全面管控，实现企业精益制造和智能制造管理。

中国制造业正处在一个历史转折点，技术追赶给中国制造业企业打造了转型升级的实验床，5G、人工智能、物联网累积的领先优势正在逐步突围，推动了工业互联网快速发展，使其成为推动全球工业制造业转型升级、智能发展的新动能，中国工业互联网的发展势必是一场持久战。

学习笔记

视频 PLC的硬件组成

3. PLC 的硬件组成

PLC 是一种通用的工业控制装置,其组成与一般的微机系统基本相同。按结构形式的不同,PLC 可分为整体式和组合式两类。整体式 PLC 是将中央处理单元(CPU)、存储器、输入单元、输出单元、电源、通信接口等组装成一体,构成主机。另外,还有独立的 I/O 扩展单元与主机配合使用。主机中,CPU 是 PLC 的核心,I/O 单元是连接 CPU 与现场设备之间的接口电路,通信接口用于 PLC 与编程器和上位机等外围设备的连接。组合式 PLC 将 CPU 单元、输入单元、输出单元、智能 I/O 单元、通信单元等分别做成相应的电路板或模块,各模块插在底板上,模块之间通过底板上的总线相互联系。装有 CPU 单元的底板称为 CPU 底板,其他称为扩展底板。CPU 底板与扩展底板之间通过电缆连接,距离一般不超过 10 m。

PLC 硬件主要由 CPU、存储器、电源、I/O 单元以及外部接口等部分组成,如图 1-1-1 所示。

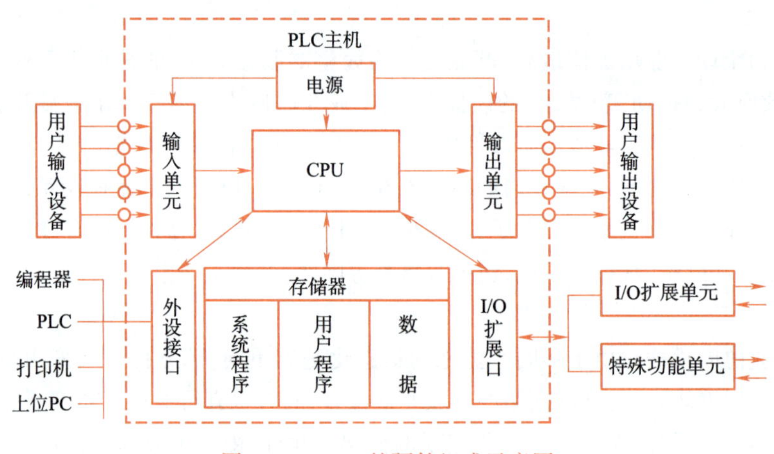

图 1-1-1　PLC 的硬件组成示意图

(1)中央处理器(CPU)

中央处理器由控制器、运算器和寄存器组成并集成在一个芯片内。CPU 是 PLC 的控制中枢,CPU 按照 PLC 内程序赋予的功能指挥 PLC 控制系统有条不紊地协调工作,从而实现对现场的各个设备进行控制。

(2)存储器

存储器主要分为系统程序存储器、用户程序存储器和数据存储器。

系统程序存储器用来存放系统管理、用户指令解释等系统程序,由 PLC 制造厂家编写并在出厂时固化在 ROM、EPROM 或 E2PROM 中,用户不能进行修改。

用户程序存储器分为装载存储器和工作存储器。下载用户程序是下载到 PLC 的装载存储器中,装载存储器是非易失的,一般是 EPROM、E2PROM 或 Flash 存储器。CPU 运行用户程序时,将所有与执行相关的程序自动复制到工作存储器中,工作存储器是高速存取的 RAM,易失。

数据存储器也称为系统存储器,它包括输入和输出映像区、辅助继电器映像区、定时器区、计数器区、临时数据(局部变量)区、数据块区等存储区。

(3)电源

PLC 通常使用 AC 220 V(电压范围 85 ~ 230 V)或 DC 24 V 电源供电。PLC 内部配有的一个开关电源,将供电电源转化为 PLC 内部电路需要的工作电源(DC 5 V、DC 24 V 等)。小型

学习笔记

PLC 可以为输入电路和外部的电子传感器提供 DC 24 V 的电源。驱动 PLC 负载的电源由用户提供。

(4)输入输出(I/O)单元

I/O 单元是 PLC 与工业现场连接、交互的重要桥梁。I/O 单元均具有信号的传递、电平的转换和隔离三个功能。由于外部的信号或执行机构有多种形式,为了匹配尽可能多的设备,PLC 也设计了多种 I/O 单元供用户选用。

①数字量输入单元。

数字量输入单元常用的是直流输入,直流输入分为源型输入和漏型输入,如图 1-1-2 所示,光电耦合器将电路的通断信号变成光信号来导通/截止内部电路。光电耦合器同时起到了电平转换和隔离的作用,防止现场强电干扰进入内部电路。R-C 为滤波电路,以增强其抗干扰能力。

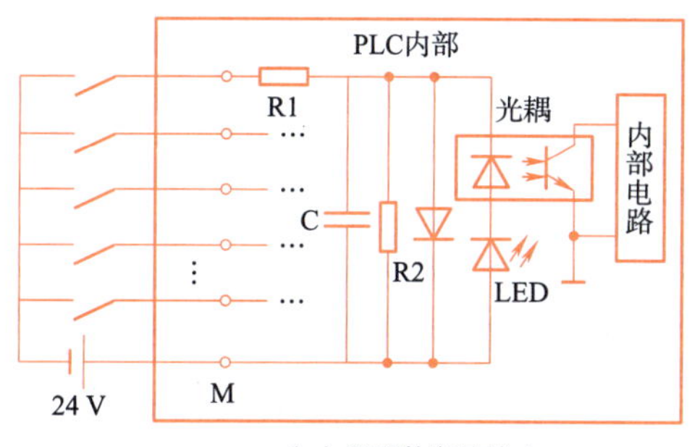

(a) 源型数字量输入

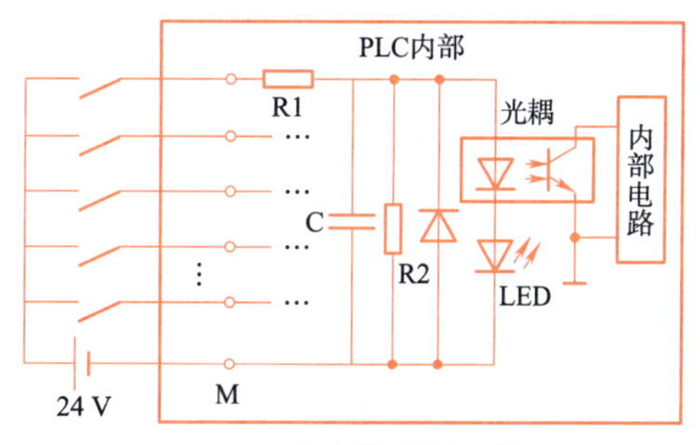

(b) 漏型数字量输入

图 1-1-2　PLC 的数字量输入示意图

小提示:

对于 PLC 的端子,如果电流从参考点流出,可以把它看成电流的“源头”,即为“源型”;如果电流流入到参考点内,那么就是“漏型”。西门子厂家的 PLC 以输入端子为参考点,三菱厂家的 PLC 以公共端(COM)为参考点。此外,也可以按光耦发光二极管公共端的连接方式分为共阳极和共阴极输入电路。

②数字量输出单元。

PLC 的数字量输出单元分为继电器(relay)型、晶体管(transistor)型和晶闸管(silicon)型三类。

继电器型输出的优点是既可以带直流负载,也可以带交流负载,而且带载能力较强,没有导通压降;缺点是输出频率低、寿命短,如图 1-1-3 所示。

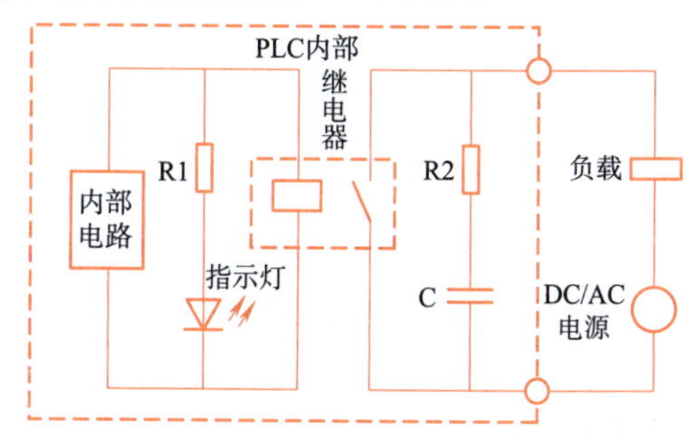

图 1-1-3　PLC 的继电器型输出示意图

学习笔记

晶体管型输出的优点是输出频率高、寿命长；缺点是仅限直流负载、有导通压降、带载能力弱，如图 1-1-4 所示。

晶闸管（双向可控硅）的输出方式仅能用于交流电源负载，带负载能力比继电器输出小，比晶体管输出大。晶闸管和晶体管输出接口都是无触点的，因此输出频率高，使用寿命长，如图 1-1-5 所示。

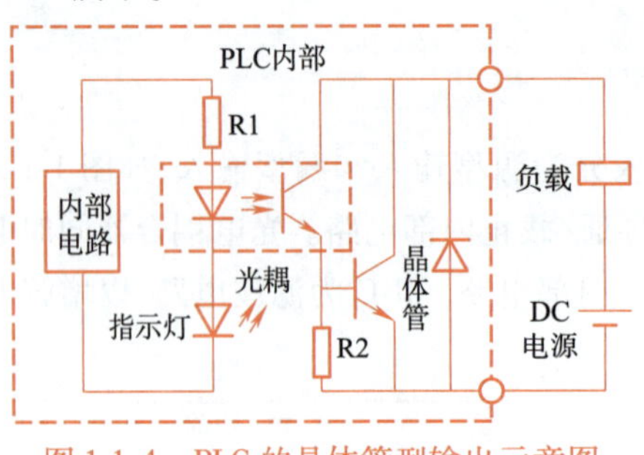

图 1-1-4　PLC 的晶体管型输出示意图

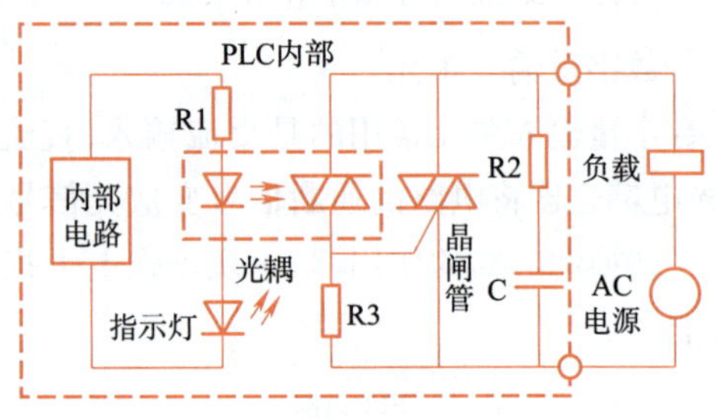

图 1-1-5　PLC 的晶闸管型输出示意图

③模拟量输入输出单元。

PLC 的模拟量输入单元是把现场连续变化的电量标准信号，转换为 PLC 能够处理的由若干二进制位表示的数字量信号。模拟量输入单元的核心是模数转换器（analog to digital converter，ADC）。工业生产中，诸如温度、压力等连续变化的物理量，经过传感器变换为相应的 4～20 mA，0～5 V 等模拟量标准电信号，模拟量输入单元接收模拟量信号后，经过滤波、ADC、光耦隔离，转换成二进制数字量信号，送给 PLC 内部电路进行处理，如图 1-1-6 所示。

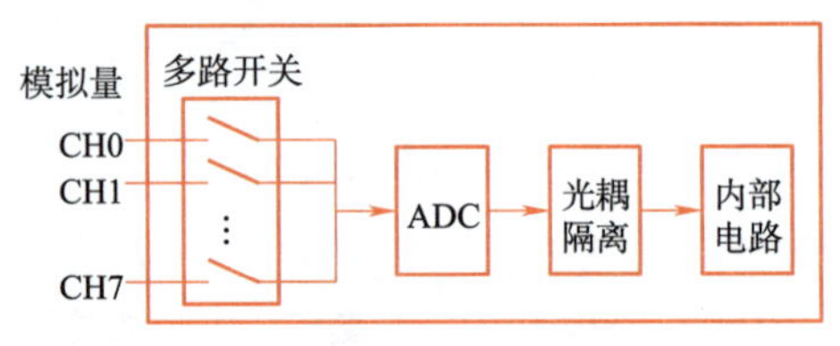

图 1-1-6　PLC 模拟量输入原理示意图

PLC 的模拟量输出单元将 PLC 运算处理过的二进制数字转换成相应的电量（如 0～10 V，4～20 mA），输出到现场的执行机构。其核心部件是数模转换器（digital to analog converter，DAC），如图 1-1-7 所示。

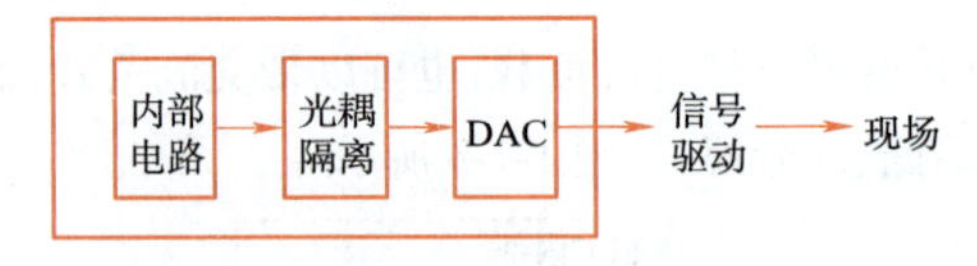

图 1-1-7　PLC 模拟量输出原理示意图

（5）外部接口

PLC 的外部接口有 I/O 扩展口（连接 I/O 扩展单元或者特殊功能单元）和通信接口。I/O 扩展单元的作用是当 PLC 主机的 I/O 点数不够时，可通过 PLC 的 I/O 扩展接口连接 I/O 扩展模块，以适应和满足更加复杂控制功能的需要。为了增强 PLC 的功能，扩大其应用范围，PLC 厂家开发了品种繁多的特殊功能单元。特殊功能单元包括模拟量 I/O 模块、通信模块、高速计数与运动控制模块等。其通过 I/O 扩展口与 PLC 系统总线相连。

PLC 的主机或通信模块上，集成有 RS-232C、RS-485、PROFINET 等通信接口，用于与人机交互界面(human machine interface，HMI)、其他 PLC、远程 I/O、PC、编程器、变频器等外围设备的通信，实现 PLC 与上述设备之间的数据及信息的交换，组成局域网络或分布式控制系统。

4. PLC 的工作原理

视频

PLC的工作原理

PLC 主要有两种基本的工作模式，即运行(RUN)模式与停止(STOP)模式。PLC 周而复始的循环工作方式称为循环扫描工作方式。PLC 在 RUN 工作模式时，完成一次循环所需的时间称为一个扫描周期。扫描周期的长短与用户程序的长短、指令的种类和 CPU 执行指令的速度有关。由于扫描工作方式的原因，PLC 可能检测不到窄脉冲输入信号，输入脉冲宽度应大于 PLC 的扫描周期，如图 1-1-8 所示。

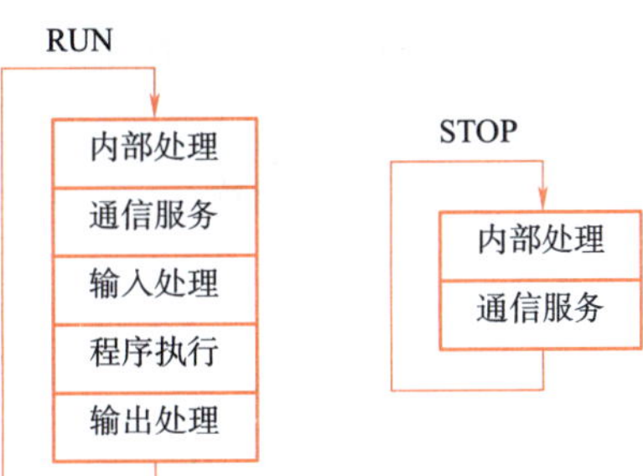

图 1-1-8　PLC 的两种工作模式

在内部处理阶段，PLC 进行 CPU 自诊断，主要检查工作电压是否正常，I/O 连接是否正常，用户程序是否存在语法错误等。同时定期复位监控定时器，监控定时器又被称为“看门狗”(watch dog timer，WDT)，其定时时间略长于扫描周期，只要系统正常工作，“看门狗”就不会申请定时中断。如果系统出现问题，则“看门狗”申请定时中断，同时系统响应，并在中断程序中对故障信息进行处理。

在通信服务阶段，PLC 完成与其他设备的通信任务，包括与 PLC 主从站、操作员站(operator station，OS)、人机交互界面等进行信息交换。

在输入处理阶段，PLC 把所有外部输入电路的接通、断开状态集中采样并存入相应的输入映像寄存器中，此时输入映像寄存器被刷新，其内容保持不变，直到下一个扫描周期的输入处理阶段。即当输入处理阶段结束后，如果外部输入电路的状态发生变化，也只能在下一个扫描周期才能被 PLC 接收到。

在程序执行阶段，CPU 根据指令的需要从输入映像寄存器、输出映像寄存器或元件映像寄存器中读出各继电器的状态，并根据此状态按自上而下、先左后右的顺序依次执行梯形图中的指令，执行结果再写入输出映像寄存器或元件映像寄存器中。

在输出处理阶段中，将输出映像寄存器中的内容传送到输出锁存器中，再经过输出接口(继电器、晶体管或晶闸管)电路输出，驱动外部负载。在下一个输出处理阶段开始之前，输出锁存器的状态不会改变。

循环扫描是 PLC 最大的工作特点，这种“串行”工作方式既可以避免继电器、接触器控制系统因“并行”工作方式存在的触点竞争，又可提高 PLC 的运算速度，这是 PLC 系统可靠性高、响应快的原因。但这种工作方式也会带来系统响应的滞后，又称系统响应时间。即 PLC 的外部输入信号发生变化的时刻至它控制的外部负载状态发生变化的时刻之间的时间间隔，它主要由输入电路滤波时间、输出电路的滞后时间(与模块类型是继电器、晶体管、晶闸管有关)和因扫描工作方式产生的滞后时间三部分组成。这样的延迟对大多数情形影响不大，但在一些高速输入输出的场合(如对编码器脉冲计数、PWM 脉冲输出)便无法接受了，这时 PLC 需要采用中断的方式来实现，中断独立于扫描周期，不受扫描周期的影响，可以实现快速响应。

二、西门子 S7-1200 PLC 产品介绍

西门子 S7-1200 是一款紧凑型、模块化的 PLC，可完成简单与高级逻辑控制、触摸屏(HMI)网络通信等任务。对于需要网络通信功能和单屏或多屏 HMI 的自动化系统，易于设计

学习笔记

和实施。具有支持小型运动控制系统、过程控制系统的高级应用功能。

S7-1200 系列 PLC 在经济型和功能方面能达到较好的平衡，主要用于代替 S7-200 系列，但不具有 S7-1500 系列 CPU 的运算能力和扩展性能，如图 1-1-9 所示。

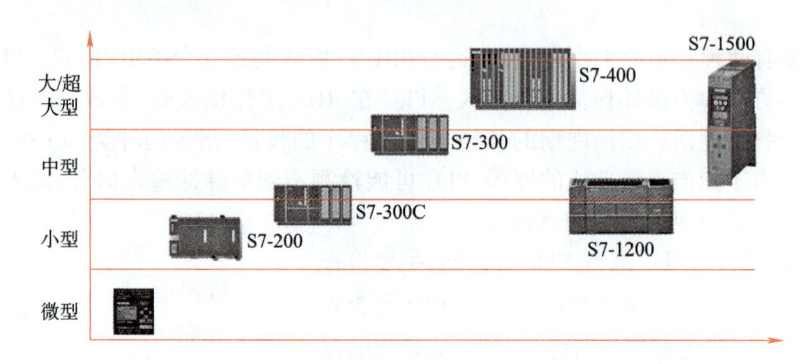

图 1-1-9　西门子 PLC 的产品定位

1. S7-1200 PLC 面板

西门子 S7-1200 小型可编程序逻辑控制器硬件包括 CPU 模块、通信模块 CM、信号模块 SM 以及信号板，并可根据项目需求灵活配置人机接口等外围设备，其 CPU 模块将微处理器、集成电源、输入和输出电路、内置 PROFINET、高速运动控制 I/O 以及板载模拟量输入组合到一个设计紧凑的外壳中来形成功能强大的控制器。

S7-1200 现有 CPU1211C、CPU1212C、CPU1214C、CPU1215C 和 CPU1217C 五种不同配置的 CPU 模块，此外还有故障安全性 CPU。CPU 本体可以扩展一块信号板，左侧可以扩展三块通信模块，而所有信号模块都要配置在 CPU 的右侧，最多八块。CPU 模块的外部结构大体相同，CPU 面板上 I/O 状态指示灯的点亮或熄灭指示各种输入或输出的状态。CPU 面板上提供了一个 PROFINET 接口，用于网络通信。S7-1200 CPU 还有两个指示 PROFINET 通信状态的指示灯，打开底部端子块的盖板可以看到。其中，LINK 指示灯点亮时，指示连接成功，Rx/Tx 指示灯点亮时指示传输活动，如图 1-1-10 所示。

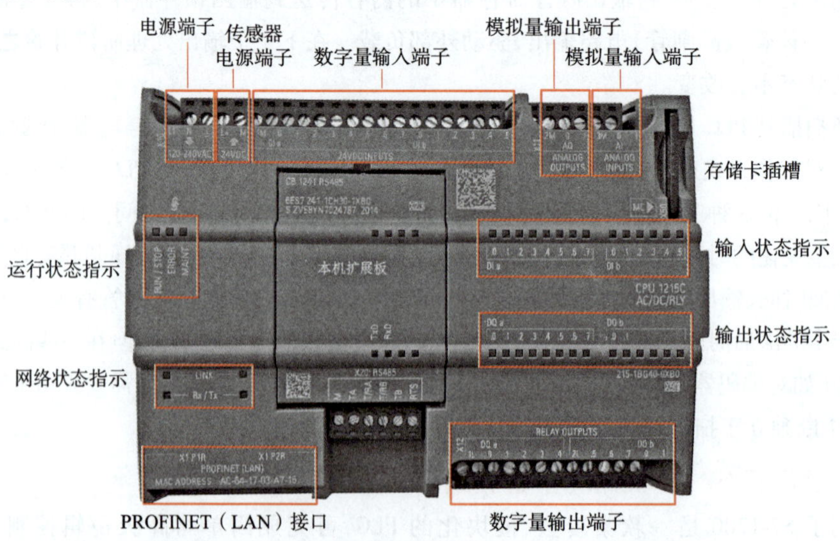

图 1-1-10　CPU 模块的面板介绍

学习笔记

CPU 有三种工作模式:RUN(运行)、STOP(停机)和 STARTUP(启动)。CPU 面板上的状态 LED 用来显示当前的控制模式,可以用编程软件改变 CPU 的工作模式。STOP 模式下,CPU 只处理通信请求和进行自诊断,不执行用户程序,不更新过程映像。上电后 CPU 进入 STARTUP(启动)模式,进行上电诊断和系统初始化,如果检查到错误,将禁止 CPU 进入 RUN 模式,保持在 STOP 模式,指示灯会变成红色,且闪烁。

Error 状态指示灯,红色闪烁指示有错误,如 CPU 内部错误,存储卡错误或组态错误,纯红色指示硬件出现故障。

MAINT 状态指示灯在每次插入存储卡时闪烁。

CPU 面板上 I/O 状态指示灯的点亮或熄灭指示各种输入或输出的状态。

拆下 CPU 上的挡板可以安装一个信号板。通过信号板,可以在不增加空间的前提下,给 CPU 增加 I/O 点数和 RS-485 通信功能。目前,信号板包括数字量输入、数字量输出、数字量输入输出、模拟量输入、模拟量输出、热电偶和热电阻模拟量输入以及 RS-485 通信等类型。

2. S7-1200 PLC 的技术参数

S7-1200 的 CPU 有五个型号,分别是 CPU1211C、CPU1212C、CPU1214C、CPU1215C、CPU1217C。根据电源和输入输出信号的不同 ,前四款 CPU 有三种类型,分别是 DC/DC/DC,AC/DC/RLY,DC/DC/RLY。S7-1200 不同型号 CPU 的技术参数见表 1-1-1。

表 1-1-1　不同型号 PLC 的技术参数

特　　性	CPU1211C	CPU1212C	CPU1214C	CPU1215C	CPU1217C
物理尺寸(长宽深)/mm	90×100×75		110×100×75	130×100×75	150×100×75
本机数字量 I/O 点数	6 入/4 出	8 入/6 出	14 入/10 出		
本机模拟量 I/O 点数	2 入			2 入/2 出	
工作存储器	50 KB	75 KB	100 KB	125 KB	150 KB
装载存储器	1 MB	2 MB	4 MB		
掉电保持存储器	10 KB				
位存储区(M)	4 096 个字节			8 192 个字节	
过程映像大小	1 024 字节输入(I)和 1 024 字节输出(O)				
信号模块(SM)扩展数量	无	2 个	8 个		
信号板(SB)、信号板(CB)或电池板(BB)拓展数量	1 个				
通信模块(CM)扩展数量	3 个				
高速计数器	最多可以组态 6 个使用任意内置或信号板输入的高速计数器				
脉冲输出	最多 4 路,CPU 本体 100 kHz,通过信号板可输出 200 kHz(CPU1217 最多支持 1 MHz)				
PROFINET 以太网通信口	1 个			2 个	
布尔指令执行时间	0.04 ms/1 000 条指令				
实数指令执行时间	2.3 μs/条指令				
上升沿/下降沿中断点数	6/6	8/8	12/12		
脉冲捕捉输入点数	6	8	14		
DC24 V 传感器电源	300 mA		400 mA		
DC5V SM/CM 总线电源	750 mA	1 000 mA	1 500 mA		

学习笔记

3. S7-1200 PLC 的供电方式

S7-1200 PLC 有交流和直流两种供电方式，其输出有继电器输出和直流（场效应管）输出两种。PLC 的外部端子包括 PLC 电源端子、供外部传感器用的 DC 24 V 电源端子（L+、M）、数字量输入端子（DI）和数字量输出端子（DO）等，其主要完成电源、输入信号和输出信号的连接。CPU 模块的电源连接要注意型号，以 1214C 系列 CPU 的两种信号为例，其中，DC 24 V 传感器电源输出要获得更好的抗噪声效果，即使未使用传感器电源，也可将“M”连接到机壳接地。对于漏型输入，将“－”连接到“M”。对于源型输入，将“＋”连接到“M”，如图 1-1-11、图 1-1-12所示。

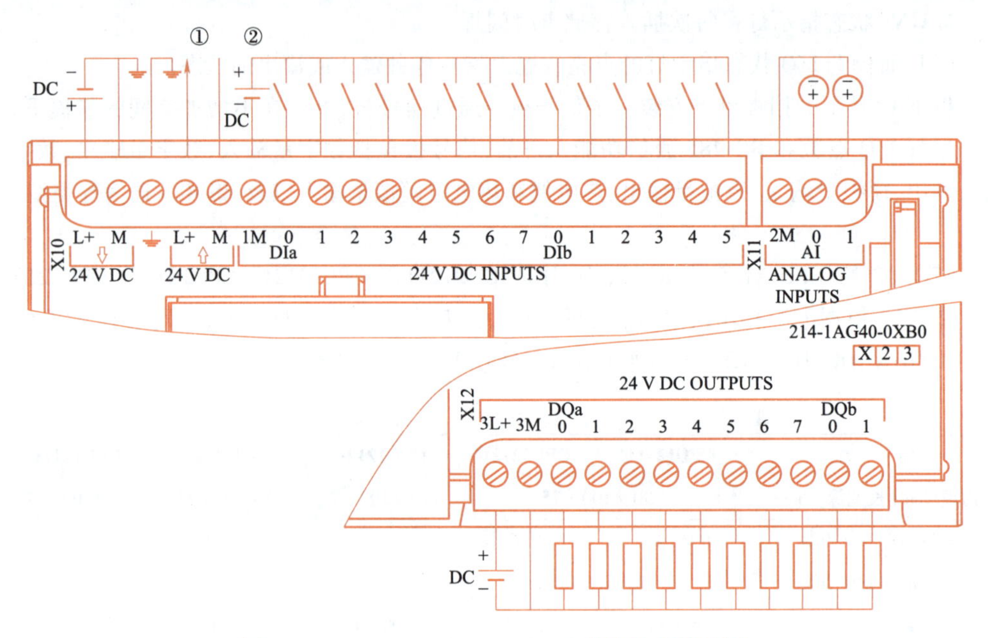

图 1-1-11　CPU1214C DC/DC/DC 模块外部接线图

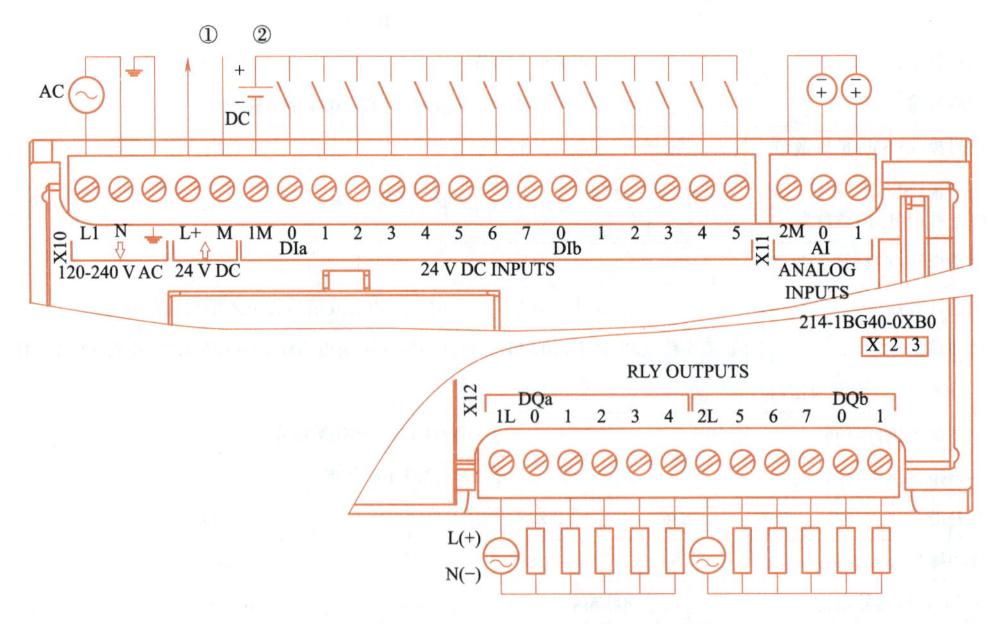

图 1-1-12　CPU1214C AC/DC/RLY 模块外部接线图

根据电源电压、输入电压、输出电压的交、直流不同和电压大小不同，S7-1200 每个型号的 CPU 模块有三种不同的电源配置版本，见表 1-1-2。S7-1200 的 CPU 有一个内部电源，为 CPU、信号模块、信号扩展模板及通信模块提供电源，也可以为用户提供 24 V 电源。选用 S7-1200 PLC 时，首先要根据输入输出信号类型和点数选择合适的 CPU 以及所需的扩展模块。硬件选型时，还需计算所有扩展模块的功率总和，检查该数值是否在 CPU 提供的功率范围之内，如果超出这必须更换容量更大的 CPU 或减少扩展模块的数量。

表 1-1-2　CPU 模块三种电源配置版本

版　　本	电源电压	DI 输入电压	DQ 输出电压	DQ 输出电流
DC/DC/DC	DC 24 V	DC 24 V	DC 24 V	0.5 A，MOSFET
DC/DC/RLY	DC 24 V	DC 24 V	DC 5～30 V，AC 5～250 V	2 A，DC 30 W/AC 200 W
AC/DC/RLY	AC 85～264 V	DC 24 V	DC 5～30 V，AC 5～250 V	2 A，DC 30 W/AC 200 W

4. S7-1200 PLC 集成的工艺功能

S7-1200 集成的工艺功能包括高速计数与频率测量、高速脉冲输出、PWM 控制、运动控制和 PID 控制功能。

（1）高速计数与频率测量

CPU 最多可组态六个使用 CPU 内置或信号板输入的高速计数器，CPU1217C 有 4 点最高频率为 1 MHz 的高速计数器。其他 CPU 可组态最高频率为 100 kHz（单相）/80 kHz（正交相位）或最高频率为 30 kHz（单相）/20 kHz（正交相位）的高速计数器（与输入点地址有关）。如用信号板，可测量频率高达 200 kHz（单相）/160 kHz（正交相位）。

（2）高速脉冲输出

最多 4 点高速脉冲输出（包括信号板的 DQ）。组态为 PTO 时，提供最高频率为 100 kHz 的 50% 占空比的高速脉冲输出，可对步进电动机或伺服电动机进行开环速度控制和定位控制。组态为 PWM 时，将生产一个具有可变占空比（0～100%）、周期固定的输出信号，经滤波后，得到与占空比成正比的类似于模拟量输出的数字量输出，可用于阀门从关到全开的位置值控制。

（3）运动控制

S7-1200 的高速脉冲输出可以用于步进电动机或伺服电动机的速度和位置控制。通过一个轴工艺对象和 PLCopen 运动控制指令，即可实现对该功能的组态。除了返回原点和点动功能以外，还支持绝对位置控制、相对位置控制和速度控制。轴工艺对象有专用的组态窗口、调试窗口和诊断窗口。

（4）用于闭环控制的 PID 功能

PID 功能用于对闭环过程进行控制，建议 PID 控制回路的个数不要超过 16 个。STEP 7 中的 PID 调试窗口提供用于参数调节的形象直观的曲线图，还支持 PID 参数自整定功能，可以自动计算 PID 参数的最佳调节值。

5. S7-1200 PLC 的硬件扩展

S7-1200 系列 PLC 的扩展模块包括三类，分别是信号模块、信号板和通信模块。信号模块是扩展在 CPU 的右侧，信号板扩展在 CPU 的正上方，通信模块扩展在 CPU 的左侧。下面来简单介绍 S7-1200 系列的模块。所有模块都具有内置安装夹，能够方便地安装在一个标准的 DIN 导轨上，如图 1-1-13 所示。

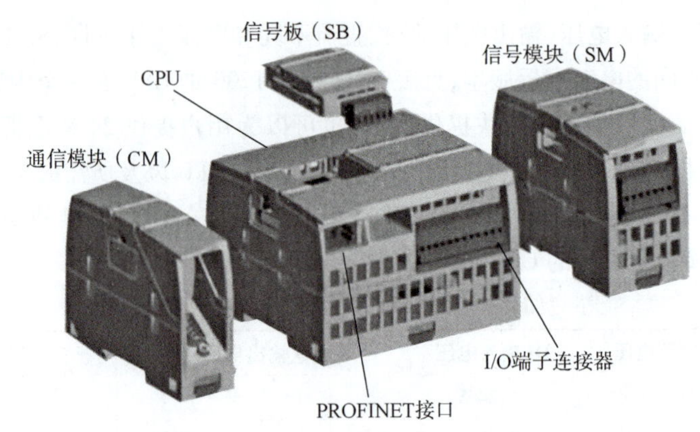

图 1-1-13 S7-1200 PLC 的硬件扩展模块

(1)信号模块

信号模块又称为 SM 模块(signal module),包括数字量输入模块(DI)、输出模块(DO)和模拟量输入模块(AI)、输出模块(AO)。信号板及信号模块是控制系统的眼、耳、手和脚,是联系外部现场设备与 CPU 模块的桥梁。

S7-1200 PLC 的正面都可以增加一块信号板,而信号模块是连接到 CPU 的右侧,它们用以扩展数字量或模拟量 I/O 的点数。CPU1211C 不能扩展信号模块,CPU1212C 只能扩展两个信号模块,其他 CPU 可扩展八个信号模块。

信号模块可以为 CPU 补充集成的 I/O 口,模块型号名称一般是 SM 开头的。信号模块 SM 是连接在 CPU 右侧的,包括数字量 I/O、模拟量 I/O、热电阻和热电偶、SM 1278 IO-Link 主站等模块。

数字量 I/O 信号模块包括:SM 1221 数字量输入模块、SM 1222 数字量输出模块、SM 1223 数字量直流输入输出模块、SM 1223 数字量交流输入输出模块。从输入输出点数来看,有 8 个点的,有 16 个点的;从输入的电源类型来看,有直流的也有交流的;从输出类型来看,有晶体管输出和继电器输出的。

模拟量 I/O 信号模块包括:SM 1231 模拟量输入模块、SM 1232 模拟量输出模块、SM 1231 热电偶和热电阻模拟量输入模块、SM 1234 模拟量输入和输出混合模块。SM 1231、SM 1232 和 SM 1234 是用于接收或输出标准的电压信号和电流信号的,SM 1231 是用于接热电阻或热电偶进行温度采集的。

输入模块用于采集和接收输入信号,数字量输入模块(DI)用于接收开关、按钮、限位开关、光电开关、继电器等过来的数字量输入信号;模拟量输入模块用于接收电位器、温度传感器、测速发电机、压力传感器等提供连续变化的模拟量信号。

输出模块用于控制外围设备。数字量输出模块用于控制接触器、继电器、指示灯、电磁阀等数字量控制外设;模拟量输出模块可用于控制变频器、压力阀等模拟量控制的外设。

(2)信号板

信号板(signal board,SB)可以用于只需要少量附加 I/O 的情况。例如数字量输出信号板使继电器输出的 CPU 具有高速脉冲输出的功能。信号板、通信板(communication board,CB)和电池板(battery board,BB)都可以安装在面板上面。

CPU 支持扩展信号板,信号板使用嵌入式的安装方式,安装在 CPU 的正上方,不占用空

学习笔记

间，比如需要扩展少量 I/O 点的时候，就可以选择扩展数字量 I/O 的信号板。除了数字量 I/O 的信号板，还有模拟量的信号板，这些信号板一般型号是以 SB 开头的。此外，还有通信板，可以为 CPU 增加其他通信端口。电池板可提供长期的实时时钟备份。

（3）通信模块

通信模块（communication module，CM）和通信处理器（communication processor，CP）将扩展 CPU 的通信接口，S7-1200 最多可扩展三个通信模块（CM 或 CP），它们安装在 CPU 模块的左边。例如利用 CM 模块可以支持 PROFIBUS 或 RS-232/RS-485（支持 PtP 通信、Modbus 通信或 USS 通信）或者 AS-i 主站通信。

利用 CP 模块可以提供其他通信类型的功能，例如通过 GPRS、IEC、DNP3 或 WDC 网络连接到 CPU。S7-1200 CPU 的通信模块或通信处理器扩展在 CPU 的左侧（或连接到另一 CM 或 CP 的左侧），而且最多支持三个 CM 或 CP 的扩展。

通信模块包括 CM1241 通信模块、CM1243-5 PROFIBUS-DP 主站模块、CM1242-5 PROFIBUS-DP 从站模块，通信处理器包括 CP1242-7 GPRS 模块、CP1243-1 以太网通信处理器。

1.1.4 计划决策

根据任务要求与相关资讯，制订本任务的分组计划方案，包括 PLC 的品牌型号选择、所需的 I/O 端口、经费预算，列出清单，绘制 PLC 控制部分的 I/O 接线图，组内合理分工，整理完善，形成决策方案，作为工作实施的依据。请将工作过程的方案列入表 1-1-3 中。

表 1-1-3 工作过程决策方案

序号	工作内容	需准备的资料	负 责 人
1			
2			
3			
4			
5			

1.1.5 任务实施

步骤一 安装和拆卸 CPU 模块

首先将全部通信模块连接到 CPU 上，然后将它们作为一个单元来进行安装，如图 1-1-14 所示。

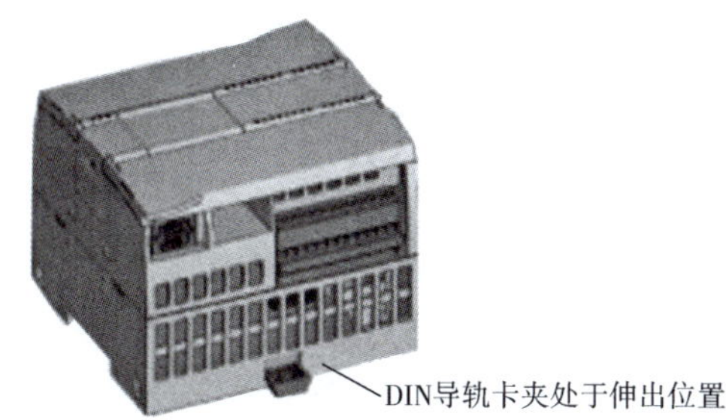

图 1-1-14 CPU 模块安装到导轨示意图

学习笔记

将 CPU 安装到 DIN 导轨上：

①安装 DIN 导轨，每隔 75 mm 将导轨固定到安装板上。

②将 CPU 挂到 DIN 导轨上方。

③拉出 CPU 下方的 DIN 导轨卡夹以便能将 CPU 安装到导轨上。

④向下转动 CPU 使其在导轨上就位。

⑤推入卡夹将 CPU 锁定到导轨上。

拆卸 CPU 时，首先断开 CPU 的电源及其 I/O 连接器、连线或电缆，然后将 CPU 所有相邻的通信模块作为一个完整的单元拆卸。所有信号模块应保持安装状态，如果信号模块已连接到 CPU 则需要缩回总线连接器，如图 1-1-15 所示。

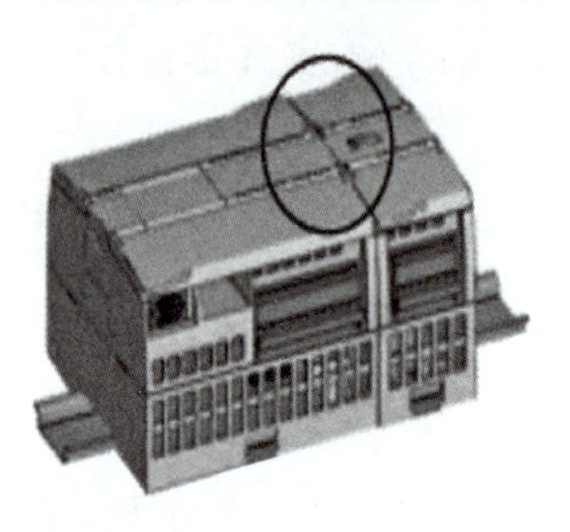
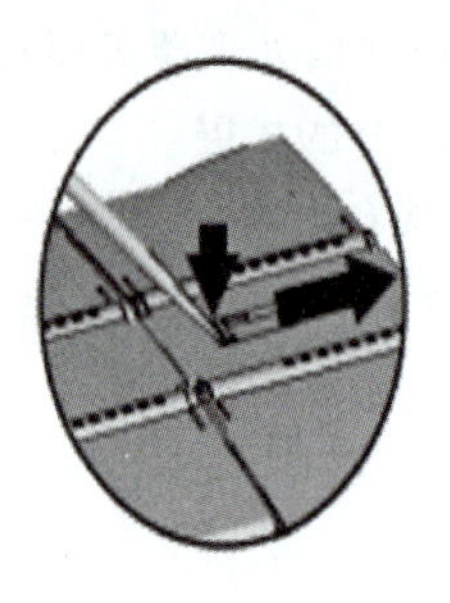
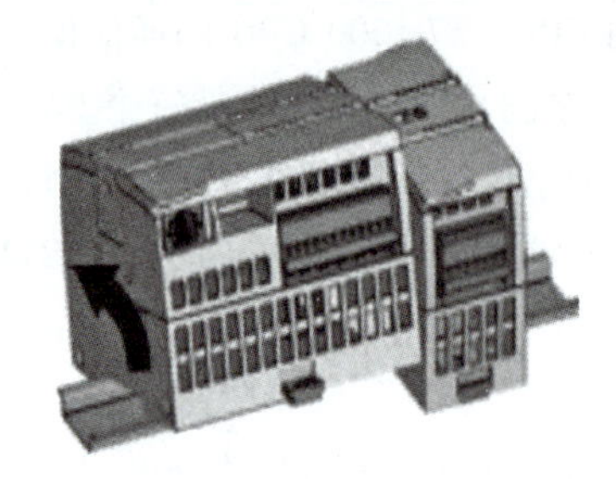

图 1-1-15　CPU 模块安装到导轨示意图

拆卸步骤如下：

①将螺钉旋具放到信号模块上方的小接头旁。

②向下按，使连接器与 CPU 相分离。

③将小接头完全滑到右侧。

④拉出 DIN 导轨卡夹，从导轨上松开 CPU。

⑤向上转动 CPU，使其脱离导轨，然后从系统中卸下 CPU。

步骤二　安装和拆卸信号模块

在安装 CPU 之后还要安装信号模块(SM)，如图 1-1-16 所示。

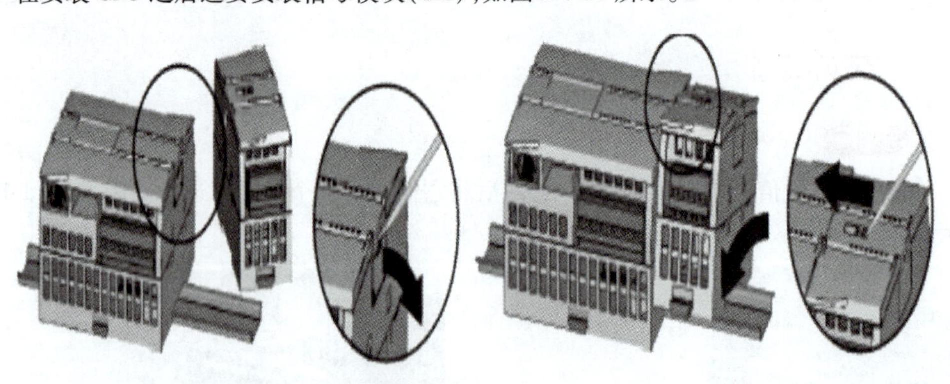

图 1-1-16　信号模块安装示意图

其具体步骤如下：

①卸下 CPU 右侧的连接器盖。将螺钉旋具插入盖上方的插槽中，将其上方的盖轻轻撬出并卸下盖，收好以备再次使用。

学习笔记

②将 SM 挂到 DIN 导轨上方，拉出下方的 DIN 导轨卡夹，以便将 SM 安装到导轨上。

③向下转动 CPU 旁的 SM，使其就位，并推入下方的卡夹，将 SM 锁定到导轨上。伸出总线连接器，即为信号模块建立了机械和电气连接。

拆卸 SM，断开 CPU 的电源并卸下 SM 的 I/O 连接器和接线即可。其具体步骤如下：

①使用螺钉旋具缩回总线连接器。

②拉出 SM 下方的 DIN 导轨卡夹，从导轨上松开 SM，向上转动 SM，使其脱离导轨。

③盖上 CPU 的总线连接器。

步骤三　安装和拆卸通信模块

首先将通信模块连接到 CPU 上，然后再将整个组件作为一个单元安装到 DIN 导轨或面板上，如图 1-1-17 所示。

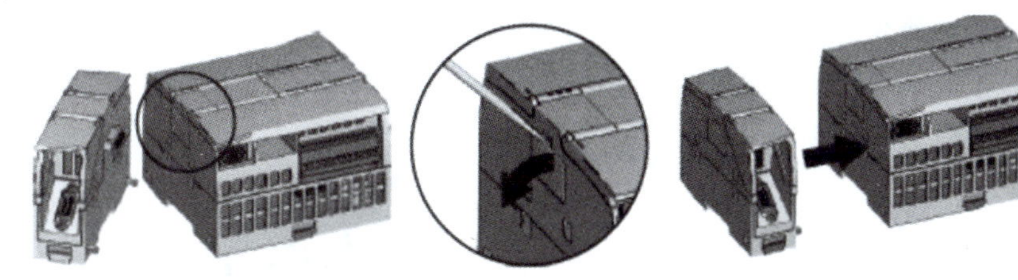

图 1-1-17　通信模块安装示意图

具体步骤如下：

①卸下 CPU 左侧的总线盖板。将螺钉旋具插入盖上方的插槽中，轻轻撬出上方的盖板；

②然后连接单元是通信模块的总线连接器和连线柱与 CPU 上的孔对齐；

③用力将两个单元压在一起直到接线柱卡入到位；

④将该组合单元安装到 DIN 导轨或面板上即可；

⑤从 DIN 导轨或面板上卸下通信模块时，将 CPU 和通信模块作为一个完整单元卸下即可。

步骤四　安装和拆卸信号板

在 CPU 上安装信号板，首先要断开 CPU 的电源，再卸下 CPU 上部和下部的端子盖板，如图 1-1-18 所示。

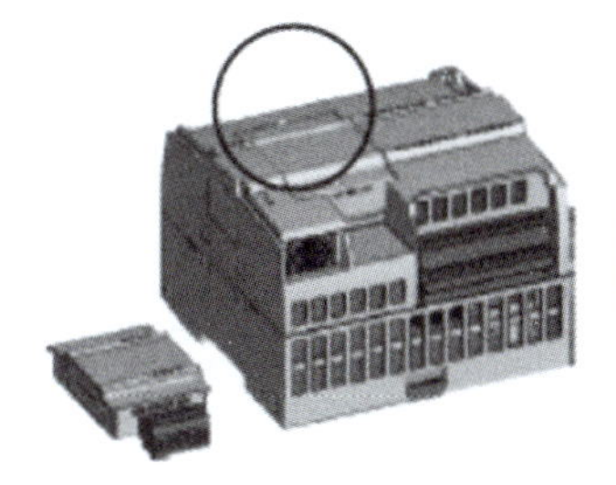
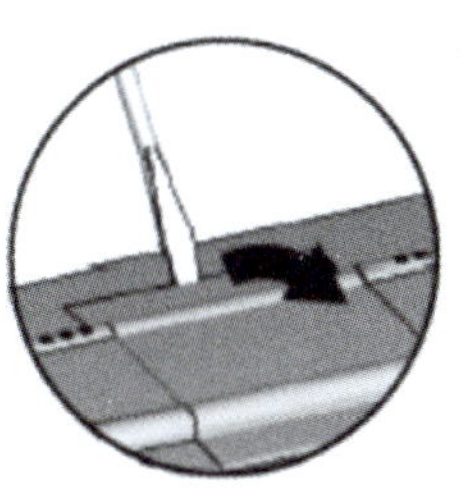
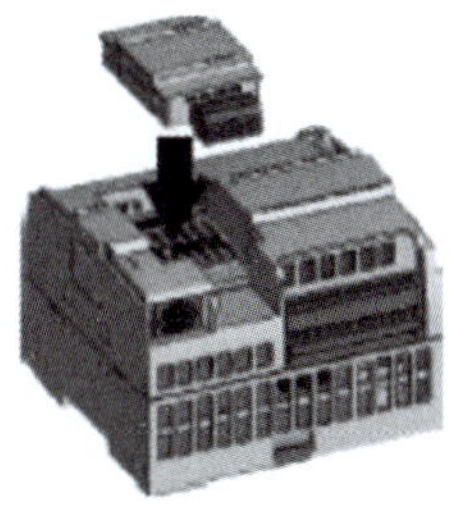

图 1-1-18　信号板安装示意图

具体步骤如下：

①将螺钉旋具插入 CPU 上部接线盒盖背面的槽中；

②轻轻将盖撬起并从 CPU 上卸下；

③将信号板直接向下放入 CPU 上部的安装位置中；

④用力将信号板压入该位置直到卡入就位；

⑤重新装上端子盖板。

学习笔记

卸下信号板时也要断开 CPU 的电源,并卸下 CPU 上部和下部的端子盖板,步骤如下:

①将螺钉旋具插入信号板上部的槽中;

②轻轻使信号板撬起使其与 CPU 分离;

③将信号板直接从 CPU 上部的安装位置取出;

④重新装上信号板盖板;

⑤重新装上端子盖板。

步骤五 安装和拆卸端子板连接器

安装端子板连接器的步骤如下,如图 1-1-19 所示。

①断开 CPU 的电源并打开端子盖板,准备端子板安装的组件;

②使连接器与单元上的插针对齐;

③将连接器的接线边对准连接器座沿的内侧;

④用力按下并转动连接器直到卡入到位;

⑤仔细检查以确保连接器全部到位并完全啮合。

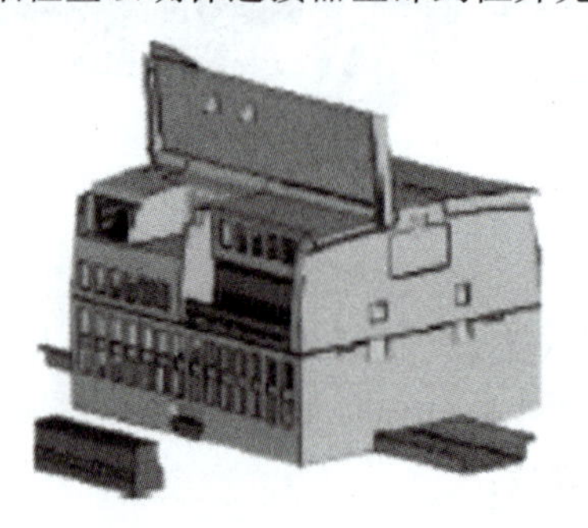
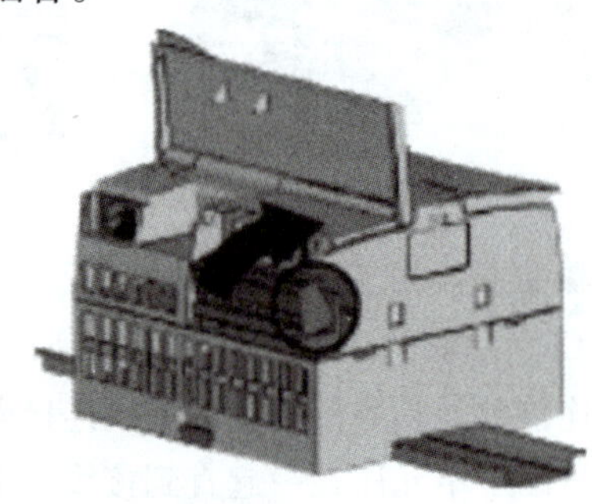

图 1-1-19 端子板连接器安装示意图

拆卸端子板连接器,首先要断开 CPU 的电源,具体步骤如下:

①打开连接器上方的盖子;

②查看连接器的顶部并找到可插入螺钉旋具头的槽;

③将螺钉旋具插入槽中;

④轻轻撬起连接器顶部使其与 CPU 分离,连接器从夹紧位置脱离;

⑤抓住连接器并将其从 CPU 上卸下。

小提示:

在安装和移动 S7-1200 PLC 模块及其相关设备之前,一定要切断所有电源。

S7-1200 PLC 设计安装和现场接线的注意事项如下:

(1)使用正确的导线,采用芯径为 1.50~0.50 mm^2的导线。

(2)尽量使用短导线(最长 500 m 屏蔽线或 300 m 非屏蔽线),导线要尽量成对使用,用一根中性或公共导线与一根热线或信号线相配对。

(3)将交流线和高能量快速开关的直流线与低能量的信号线隔开。

(4)针对闪电式浪涌,安装合适的浪涌抑制设备。

(5)外部电源不要与 DC 输出点并联用作输出负载,这可能导致反向电流冲击输出,除非在安装时使用二极管或其他隔离栅。

学习笔记

1.1.6　任务巩固

一、填空题

1. CPU1214C 最多可以扩展________个信号模块、________个通信模块。信号模块安装在 CPU 的________边，通信模块安装在 CPU 的________边。

2. CPU1214C 有集成的________点数字量输入、________点数字量输出、________路模拟量输入，________点高速输出、________点高速输入。

3. 模拟量输入模块输入的 -10 ~ +10 V 电压转换后对应的数字为________ ~ ________。

二、简答题

1. S7-1200 的硬件主要由哪些部件组成？请简述其安装过程。

2. 信号模块是哪些模块的总称？

三、技能实训题

安装一个单导轨 PLC 控制系统，包含 CPU 模块、SM 模块（扩展数字量模块、扩展模拟量模块）、通信模块（CP）等。要求各模块安装符合安装规范。

1. 对所有的输入输出进行 I/O 分配；

2. 绘制 PLC 控制系统电气原理图、硬件接线图；

3. 按照硬件接线图完成硬件接线并进行硬件测试。

开始操作之前，请依次对照完成以下步骤：

（1）对照部件清单检查部件是否齐备；

（2）安装导轨；

（3）安装 CPU 模块；

（4）安装信号模块；

（5）安装通信模块；

（6）安装信号板；

（7）安装端子板。

任务 1.2　TIA 博途软件的使用

1.2.1　任务描述

图 1-2-1 是电动机启-保-停电气控制原理图。使用 TIA 博途软件组态“启-保-停”电动机连续控制项目，要求如下：

按下启动按钮 SB2，交流接触器线圈 KM 得电，三相异步电动机主电路 KM 主触点闭合，电动机接入三相电，电动机启动运行；松开启动按钮 SB2，由于 KM 辅助触点接通，KM 线圈保持得电，电动机继续运行；按下停止按钮 SB1，KM 线圈失电，主电路 KM 主触点断开，电动机绕组失电，电动机停止运行。

用 PLC 进行软件编程和硬件连接，PLC 为 S7-1200 CPU1214C（DC/DC/DC），要求在硬件连接之前，进行 TIA 博途软件自带的 PLCSIM 仿真软件测试，完成后增加触摸屏模块，并修改触摸屏的网络地址。

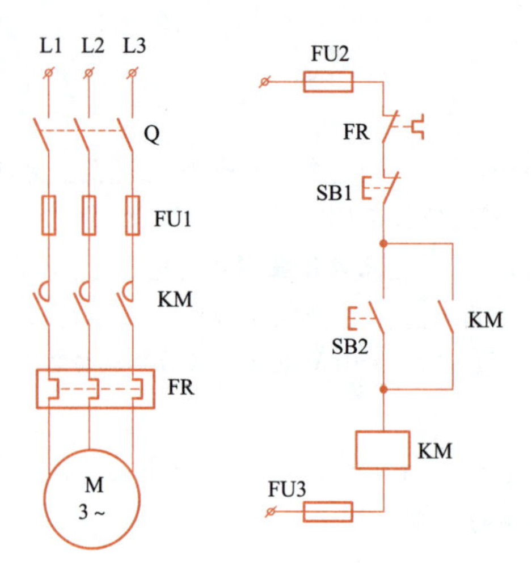

图 1-2-1　电动机启-保-停电气控制原理图

1.2.2　工作流程

根据任务描述，结合企业对编程技术员的岗位能力和工作流程的要求，分析本次任务的工作流程如下：

①掌握 TIA 博途软件的基本用法。

②熟悉软件的界面。

③掌握程序编写及下载方法。

④掌握程序仿真方法。

⑤检测设备输入输出与 PLC 的连接，会调整网络设置及连接通信。

1.2.3　知识准备

视频 编程软件介绍

1. TIA 博途的软件组成

TIA 博途是西门子公司发布的一款全新的全集成软件开发平台，它将所有自动化软件工具集成在统一的开发环境中，通过 TIA 博途，用户能够对几乎所有的西门子自动化和驱动产品进行组态、编程和调试。

TIA 博途软件平台主要包含 SIMATIC STEP 7、SIMATIC WinCC、SINAMICS StartDrive，用户可根据实际应用选用任意一种软件或多种软件产品的组合。

SIMATIC STEP 7 主要包括：SIMATIC STEP 7 Basic（STEP 7 基本版），SIMATIC STEP 7 Professional（STEP 7 专业版）和 STEP 7 Safety Advanced（STEP 7 高级版）。

SIMATIC WinCC 主要包括：SIMATIC WinCC Basic（WinCC 基本版）、SIMATIC WinCC Comfort（WinCC 精智版）、SIMATIC WinCC Advanced（WinCC 高级版）、SIMATIC WinCC Professional（WinCC 专业版）。

SINAMICS StartDrive：用于 SINAMICS 系列驱动产品的硬件组态、参数设置，以及调试和诊断工具。可将 SINAMICS 变频器快速、无缝地集成到自动化环境中。

其中，SIMATIC STEP 7 用于 PLC、分布式 I/O 设备的组态和编程；SIMATIC WinCC 用于人机界面（HMI）的组态；SINAMICS StartDrive 用于驱动设备的组态与配置。

学习笔记

2. TIA 博途的安装要求

安装 TIA 博途 V16 的计算机必须满足以下需求：

①处理器：Core i5-6440EQ 3.4 GHz 或者相当。

②内存:16 GB 或者更多(对于大型项目,为 32 GB)。

③硬盘:SSD,配备至少 50 GB 的存储空间。

④显示器:15.6 英寸宽屏显示（分辨率为 1 920 ×1 080 像素）。

3. TIA 博途软件界面

(1)TIA 博途视图与项目视图

TIA 博途软件提供两种不同的工具视图,即基于项目的项目视图和基于任务的博途视图。软件打开后,看到的是启动画面即 Portal 视图,如图 1-2-2 所示。

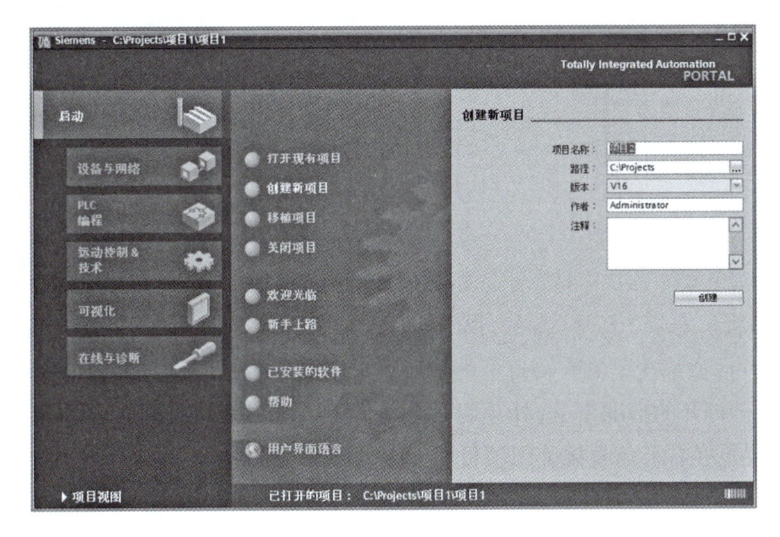

图 1-2-2　Portal 视图

单击软件界面左下角的“项目视图”按钮,可切换到项目视图,两种视图都可以打开已有项目和新建项目,通常使用“项目视图”,如图 1-2-3 所示。

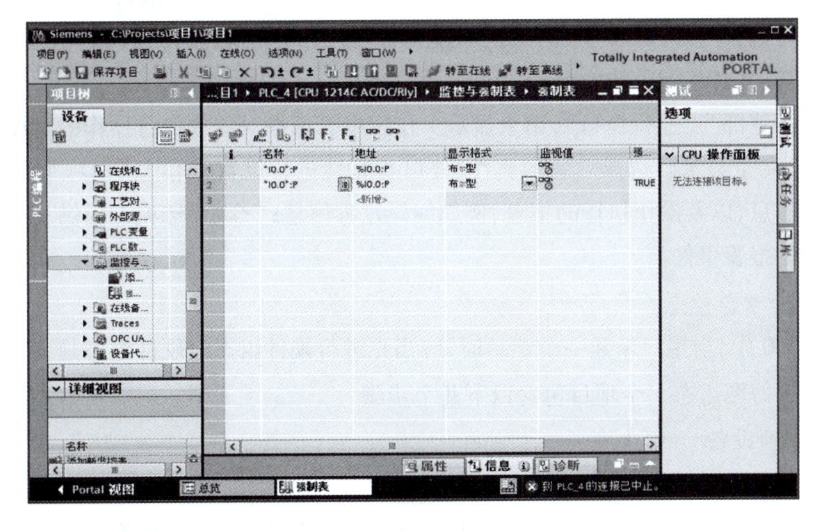

图 1-2-3　项目视图

学习笔记

在项目视图下，选择菜单栏中的“新建”命令[见图 1-2-4(a)]，弹出“创建新项目”对话框，在其中填写新建项目的名称、路径、作者和注释（也可以不填），然后单击“创建”按钮即可，如图 1-2-4(b)所示。

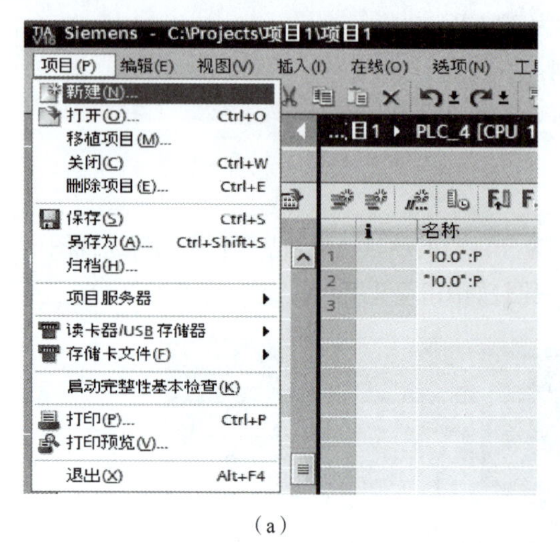

(a)

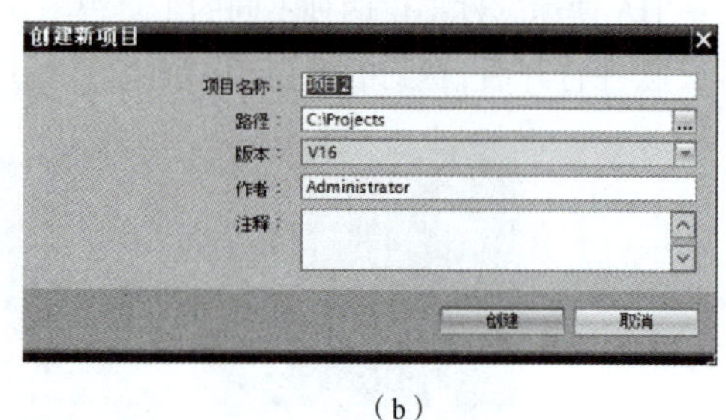

(b)

图 1-2-4　新建项目

在项目视图下，选择“打开”命令，弹出“打开项目”对话框，根据需要选中相应项目，单击“打开”按钮即可；如果这里没有要打开的项目，单击“浏览”按钮，选择要打开的项目打开。

在某个项目打开的情况下，选择项目视图下项目菜单中的“退出”命令可以关闭当前项目，也可以在菜单栏右上角直接关闭项目。

(2) TIA 博途软件界面介绍

在项目视图下，它的布局类似于 Windows 界面，包括标题栏、工具栏、编辑区和状态栏等。项目视图的左侧为“项目树”，可以访问所有设备和项目数据，也可以在项目树中直接执行任务，例如添加新组件、编辑已存在的组件及打开编辑器处理项目数据等，如图 1-2-5 所示。

项目视图的右侧为“任务卡”，根据已编辑的或已选择的对象，在编辑器中可得到一些任务卡，并允许执行一些附加操作，例如从库或硬件目录中选择对象，查找和替换项目中的对象，拖动预定义的对象到工作区等。

项目视图下部为“巡视窗口”，用来显示工作区中已选择对象或执行操作的附加信息。其中，“属性”选项卡显示已选择对象的属性，并可对属性进行设置；“信息”选项卡显示已选择对象的附加信息，以及操作执行的报警，例如编译过程信息；“诊断”选项卡提供了系统诊断事件和已配置的报警事件。

视频　硬件组态

4. PLC 的硬件组态

在 S7-1200 中，当用户新建一个项目时，应当先进行硬件组态。硬件组态是编写项目程序的基础。使用博图组态一个项目包含以下几个步骤：

(1) 添加新设备

可以在 Portal 视图或项目视图中添加新设备。

执行“项目”→“新建”菜单命令，在出现的“创建新项目”对话框中设置项目的名称。可

学习笔记

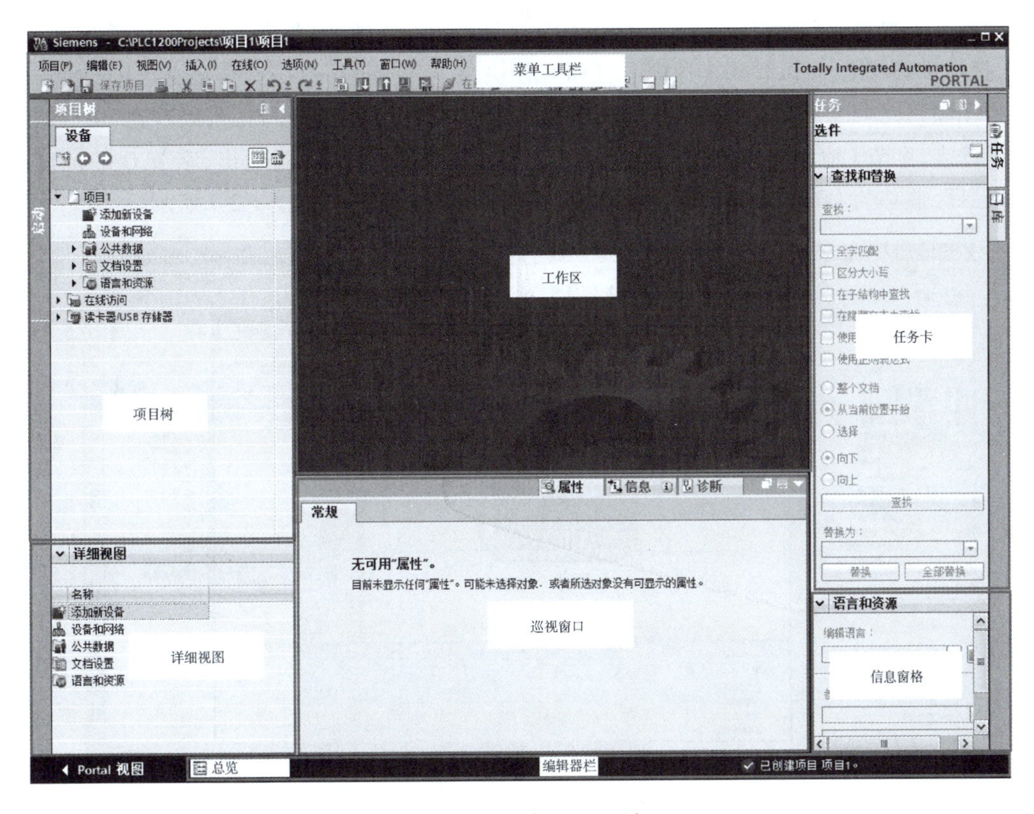

图 1-2-5　软件界面区域

以修改保存项目的路径，建议不保存在系统盘内，放在其他盘符的文件夹。单击“创建”按钮，生成项目。

(2)PLC 硬件组态

双击项目树中的“添加新设备”选项，单击出现的对话框中的“控制器”按钮，双击要添加的 CPU1215C DC/DC/DC 的订货号和版本，添加一个 PLC，如图 1-2-6 所示。

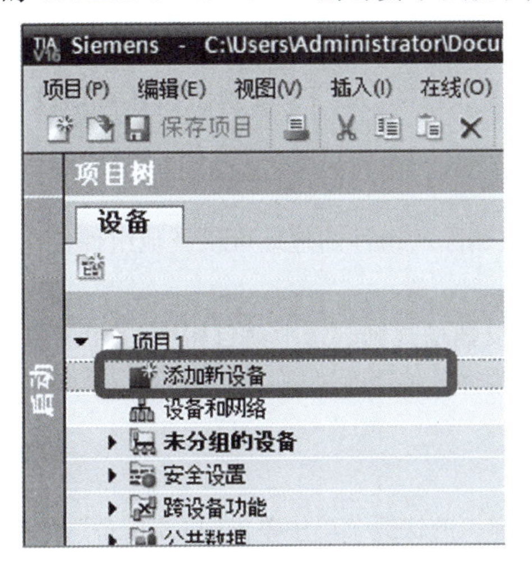

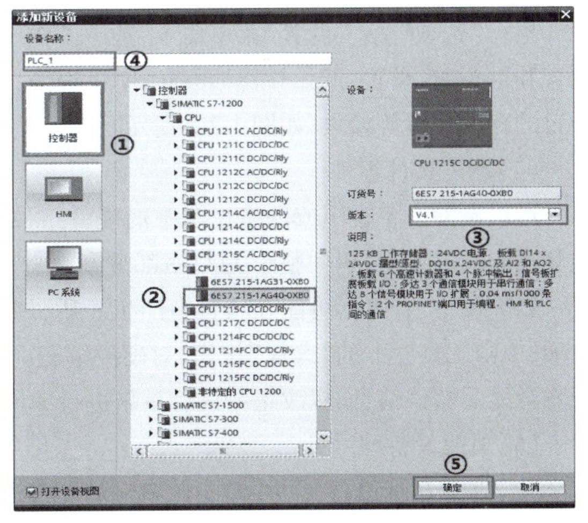

图 1-2-6　组态添加 PLC

学习笔记

在设备视图中添加模块。打开项目树中的“PLC_1”文件夹，双击其中的“设备组态”选项，打开设备视图，可以看到1号槽中的CPU模块。

在项目树中展开1214C，双击“设备组态”选项，在“设备概览”窗口，可以看到14点的数字量输入，字节I地址为“0...1”，具体为I0.0～I1.5；8点有数字量输出，字节Q的地址为“0...1”，具体为Q0.0～Q 1.1，两路模拟量地址为AI64和AI66，如图1-2-7所示。

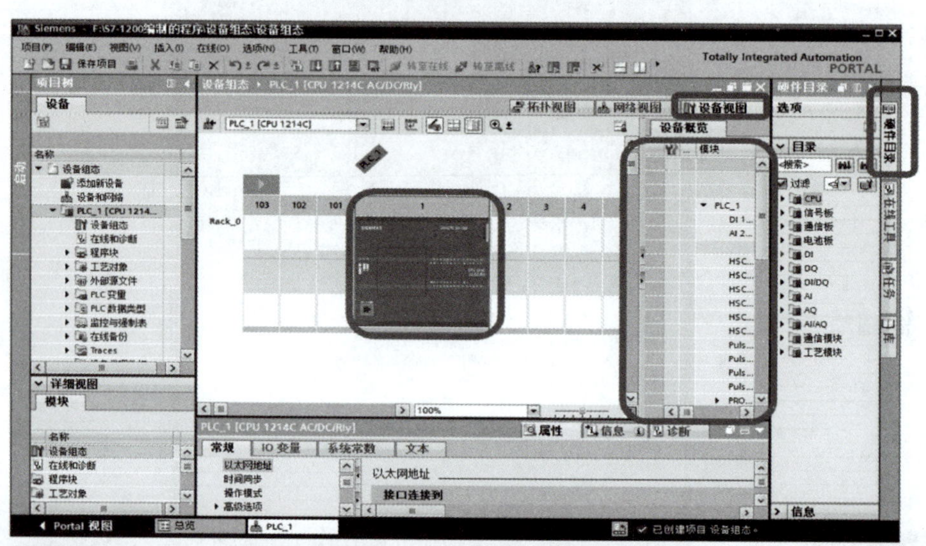

设备概览

模块	插槽	I 地址	Q 地址	类型	订货号	固件
	103					
	102					
	101					
PLC_1	1			CPU 1214C DC/DC/DC	6ES7 214-1AG40-0XB0	V4.2
DI 14/DQ 10_1	1 1	0...1	0...1	DI 14/DQ 10		
AI 2_1	1 2	64...67		AI 2		

图1-2-7　设备概览

（3）设置项目参数

执行“选项”→“设置”菜单命令，选中工作区左边浏览窗口的“常规”，可设置用户界面语言和助记符，设置“起始视图”区为“项目视图”、“上一视图”或“Portal视图”，还可以设置项目的存储位置等参数，如图1-2-8所示。

（4）删除硬件组件

可以删除设备视图或网络视图中的硬件组件，被删除的组件的地址可供其他组件使用。若删除CPU，则项目树中整个PLC站都被删除。

删除硬件组件后，可能在项目中产生矛盾，即违反插槽规则。选中项目树中的“PLC_1”选项，单击工具栏上的“编译”按钮，对硬件组态进行编译。编译时进行一致性检查，如果有错误将会显示错误信息，应改正错误后重新进行编译。

（5）更改设备型号

右击项目树或设备视图中要更改型号的CPU，在弹出的快捷菜单中单击“更改设备”命令，弹出“更改设备”对话框，选中该对话框“新设备”列表中用来替换的设备型号及订货号，单击“确定”按钮，设备型号被更改。其他模块也可以使用这种方法更改型号，如图1-2-9所示。

学习笔记

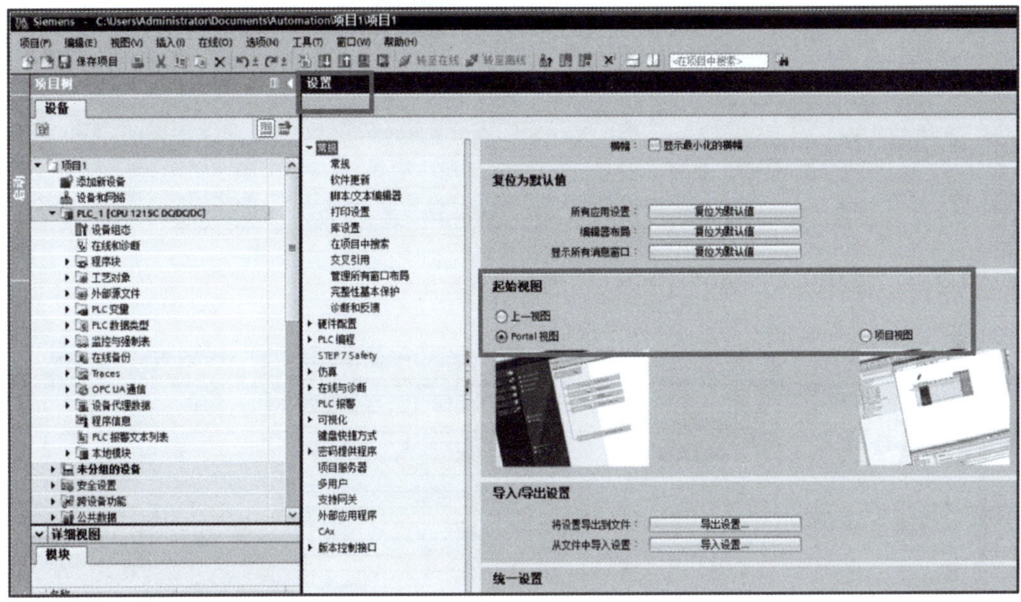

图 1-2-8　设置项目参数

5. CPU 的参数设置

(1)设置系统存储器字节与时钟存储器字节

打开 PLC 的设备视图，选中 CPU，再选中巡视窗口的“属性”→“常规”→“系统和时钟存储器”选项，用复选框启用系统存储器字节和时钟存储器字节，一般采用它们的默认地址 MB0 和 MB1，应避免同一地址同时两用，如图 1-2-10 所示。

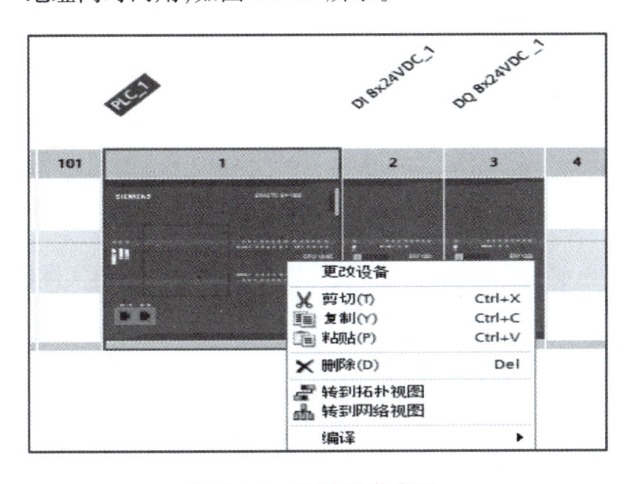

图 1-2-9　更改设备类型

学习笔记

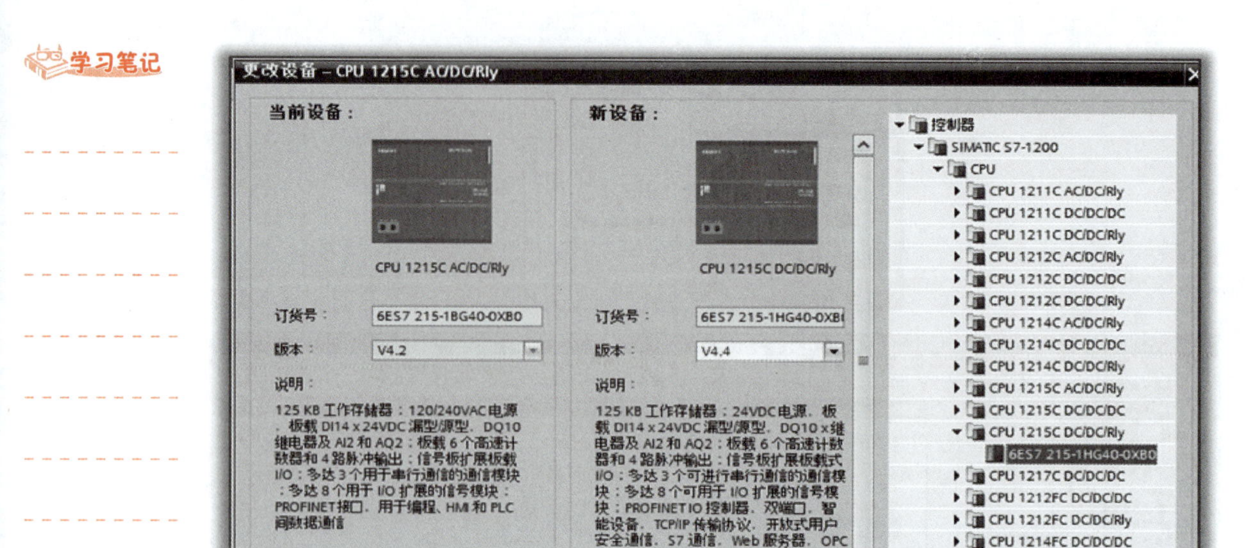

图 1-2-9　更改设备类型(续)

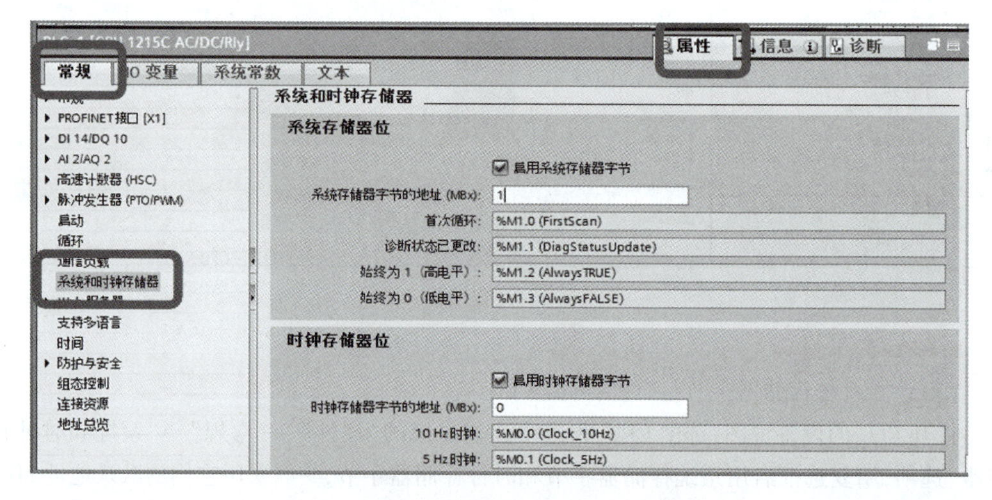

图 1-2-10　设置系统存储器字节与始终存储器字节

M1.0 为首次循环位，M1.1 为诊断状态已更改，M1.2 总是为 TRUE，M1.3 总是为 FALSE。时钟存储器的各位在一个周期内为 FALSE 和为 TRUE 的时间各为 50%。

(2)设置 PLC 上电后的启动方式

选中巡视窗口的“属性”→“常规”→“启动”选项，如图 1-2-11 所示。可组态上电后 CPU 的三种启动方式：第一种，不重新启动，保持为 STOP 模式；第二种，暖启动，进入 RUN 模式；第三种，暖启动，进入断电前的操作模式。可以设置当预设的组态与实际的硬件不匹配(不兼容)时，是否启动 CPU。

(3)设置读写保护和密码

选中巡视窗口的“属性”→“常规”→“防护与安全”选项，可以选择四个访问级别。如图 1-2-12所示。其中绿色的对勾表示在没有该访问级别密码的情况下可以执行的操作。如果要使用该访问级别没有打勾的功能，需要输入密码。HMI 列的对勾表示允许通过 HMI 读

学习笔记

写 CPU 的变量。完全访问权限允许所有用户进行读写访问。读访问权限只能读取不能写入，需要设置“完全访问权限”的密码。

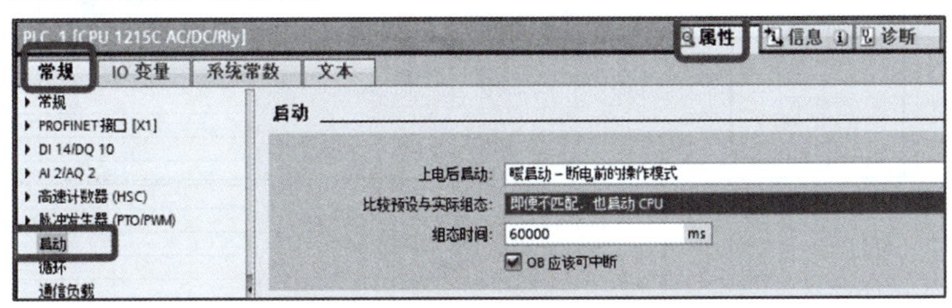

图 1-2-11　设置 PLC 上电后的启动方式

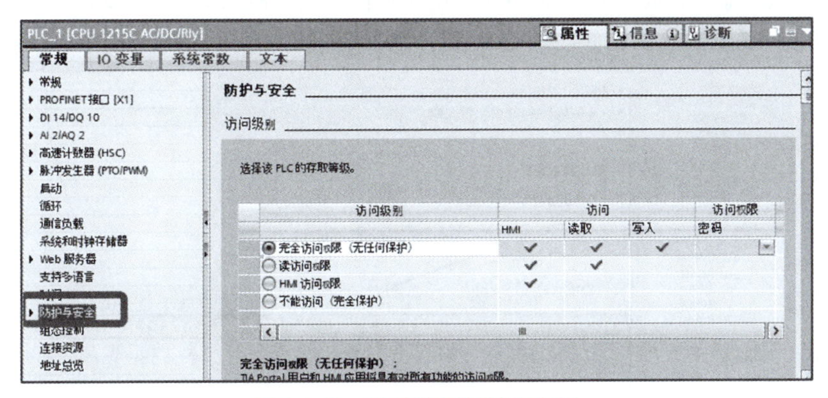

图 1-2-12　设置读写保护和密码

（4）设置循环周期监视时间

循环时间是操作系统刷新过程映像和执行程序循环 OB 的时间，包括中断此循环的程序的执行时间。选中巡视窗口的“属性”→“常规”→“循环”选项，可以“设置循环周期监视时间”，默认值为 150 ms 。

如果循环时间超过循环周期监视时间，操作系统将会启动时间错误组织块 OB80。如果超出循环周期监视时间的两倍，CPU 将切换到 STOP 模式，如图 1-2-13 所示。

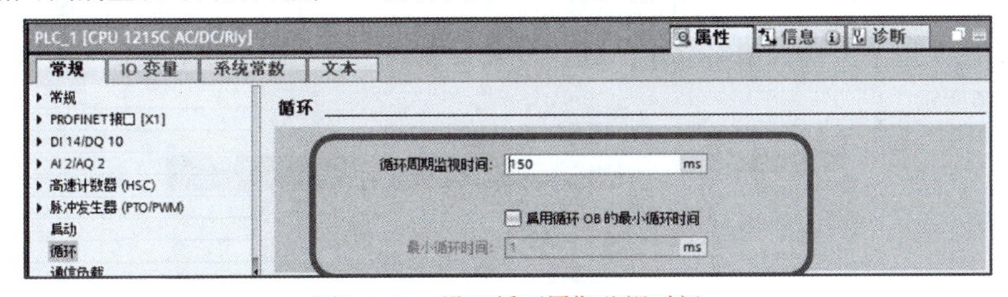

图 1-2-13　设置循环周期监视时间

6. PLC 的编程语言

S7-1200 使用梯形图、功能块图和结构化控制语言这三种编程语言。

（1）梯形图

梯形图（ladder diagram，LAD）由触点、线圈或指令框组成，触点和线圈组成的电路称为程序段，可以为程序段添加标题和注释，可显示或者关闭注释。利用能流这一概念，可以借用继电器电路的术语和分析方法，帮助用户更好地理解和分析梯形图，能流只能从左往右流动，如图 1-2-14 所示。

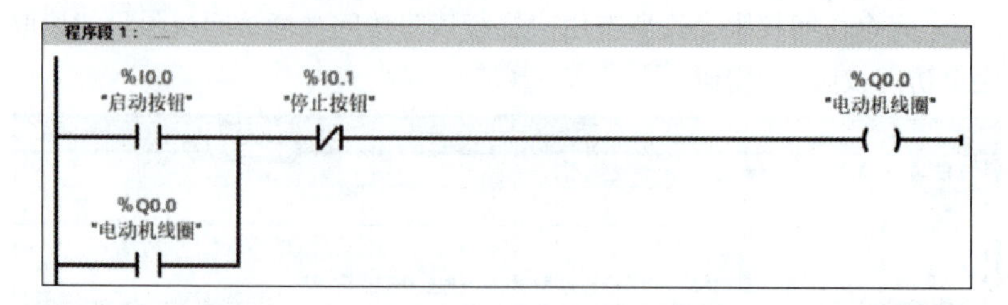

图 1-2-14　梯形图程序示例

(2)功能块图

功能块图(function block diagram,FBD)使用类似于数字电路的图形逻辑符号来表示控制逻辑,如图 1-2-15 所示。

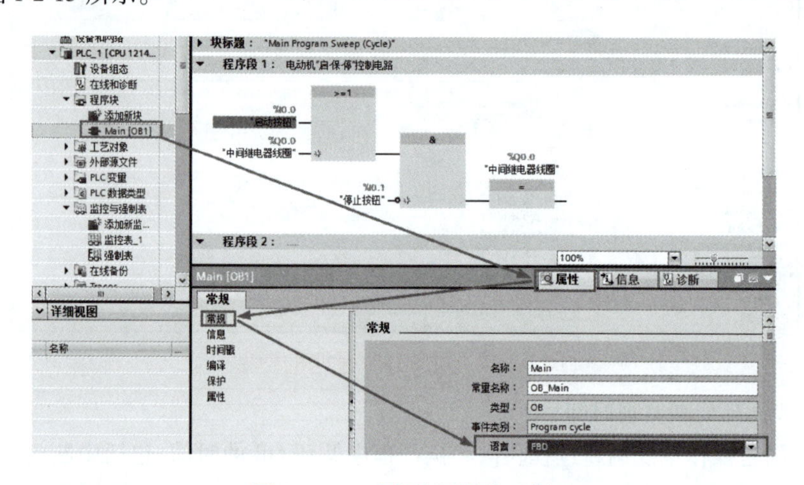

图 1-2-15　功能块图转换示例

(3)结构化控制语言

结构化控制语言(structured control language,SCL)是一种基于 PASCAL 的高级编程语言,特别适用于数据管理、过程优化、配方管理和数学计算、统计任务等功能。以“启-保-停”控制实例来说,采用 SCL 语言编写程序,只能在“添加新块”对话框中选择 SCL 编程语言,如图 1-2-16所示。

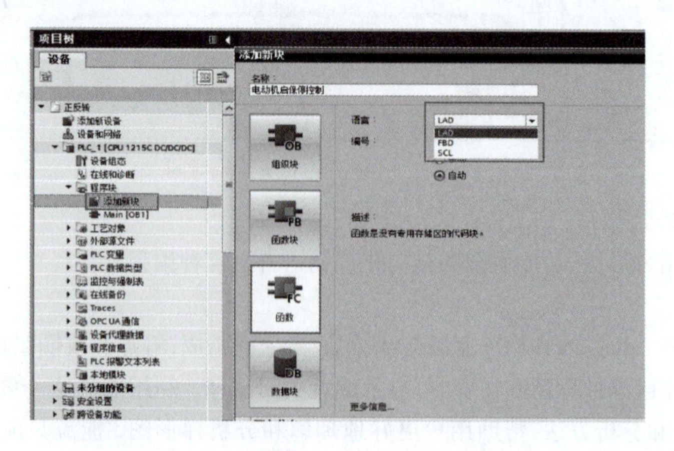

图 1-2-16　结构化控制语言添加示例

学习笔记

7. 用户程序结构简介

广义上的西门子 PLC 程序由三部分构成:用户程序、数据块和参数块。用户程序由主程序、子程序和中断程序组成。在每个扫描周期中,CPU 调用主程序一次。主程序可以调用子程序,小控制系统只能有主程序。中断程序用于快速响应中断事件。

为了结构化程序设计,STEP 7 将“用户程序”分类归并为“不同的块”,根据程序要求,可选用组织块(OB)、函数块(FB)或函数(FC)三种类型的逻辑块,而数据块(DB)则用来存储执行用户程序时所需的数据。如图 1-2-17 所示,不同的块可以在软件中添加。

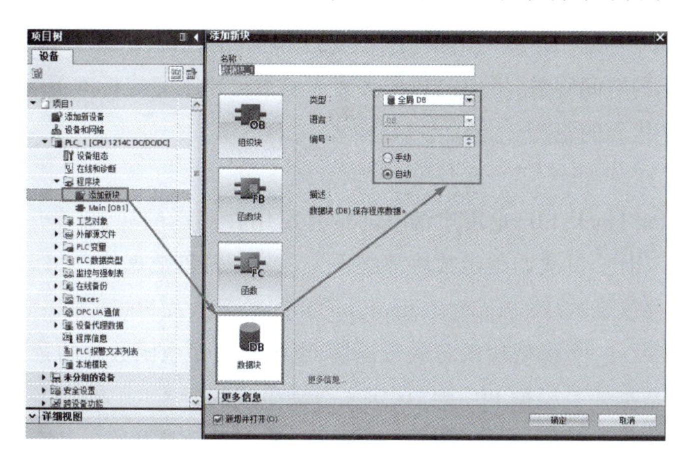

图 1-2-17　添加用户程序块

S7-1200 为用户提供了不同类型的块来执行自动化系统中的任务。OB、FB、FC 统称为代码块,见表 1-2-1。

表 1-2-1　程序中的块

块	简要描述
组织块	操作系统与用户程序的接口,决定用户程序的结构
功能块	用户编写的包含经常使用的功能的子程序,有专用的背景数据块
功能	用户编写的包含经常使用的功能的子程序,没有专用的背景数据块
背景数据块	用于保存 FB 的输入变量、输出变量和静态变量,其数据在编译时自动生成
全局数据块	存储用户数据的数据区域,供所有的代码块共享

(1)组织块

组织块(organization block,OB)是系统程序和用户程序之间的接口,由系统程序调用。组织块的调用是由事件触发的,不能在代码块中进行 OB 的调用。组织块中的程序是用户编写的。

常用的组织块主要有以下三种:

①程序循环组织块。OB1 是程序循环(program cycle)组织块,也称为主程序,相当于 main 函数,也是唯一的用户程序中必须具备的代码块。系统程序循环调用 OB1,因此 OB1 中的程序是循环执行的。

②启动组织块。启动(startup)组织块,在 PLC 的工作模式从 STOP 切换为 RUN 时

学习笔记

仅执行一次。完成后，将开始执行主程序循环 OB1。启动组织块主要用来初始化，是可选的。

③中断组织块。中断(interrupt)组织块实现对内部事件或外部事件的快速响应。当出现中断事件，如硬件中断，CPU 暂停正在执行的程序块，自动调用一个分配给该事件的中断组织块，来处理中断事件。执行完中断组织块后，返回被中断的程序的断点处继续执行原来的程序。

(2)函数

函数(function，FC)是用户编写的没有固定的存储区的代码块，函数执行结束后，其局部变量在内存中分配的空间释放，里面的数据丢失。函数可用于完成标准的和可重复使用的操作。函数实现程序代码的复用。

(3)函数块

函数块(function block，FB)是用户编写的带有专用存储区的块，该专用存储区称为背景数据块。FB 与 FC 相比，每次调用函数块都必须为之分配背景数据块。每调用一次分配一个背景数据块，用来存放函数块的 Input、Output、InOut 参数变量及 Static 静态变量(Temp 类型除外)的值和运算结果。一个函数块的背景数据块，也可包含多个函数块的背景数据块(多重背景数据块)。背景数据块是根据 FB 接口区定义自动生成的。

S7-1200 的某些指令(例如符合 IEC 标准的定时器和计数器指令)实际上是函数块，在调用它们时需要指定配套的背景数据块。

函数与函数块的区别：

①函数块有背景数据块，函数没有背景数据块。

②FB 和 FC 均为用户编写的子程序。接口区中均有 Input、Output、InOut 参数和 Temp 数据。函数没有静态变量(static)，函数块有保存在背景数据块中的静态变量。

③只能在函数内部访问它接口区中定义的变量，而函数块由于有背景数据块，所以外部代码或 HMI 可以访问 FB 的背景数据块中的变量。

④如果代码块有执行完后需要保存的数据，应使用函数块，而不是函数。

⑤函数块接口区定义的局部变量(不包括 Temp)有默认值(初始值)，函数的局部变量没有默认值。

(4)数据块

数据块(data block，DB)用于存储程序数据，分为全局数据块和背景数据块。与代码块不同，数据块没有指令。全局数据块存储供所有的代码块使用的数据，所有的 OB、FB、FC 都可以访问它们。背景数据块与函数块相关联，注意 FB 的临时数据(Temp)是不在背景数据块中保存的。

无论是全局数据块，还是背景数据块，都是全局变量，可以被所有程序访问。

1.2.4 计划决策

根据任务要求与相关资讯，制订本任务的分组计划方案，包括软件的新建项目、硬件组态选型、参数设置，列出清单，分析电动机连续运行 PLC 控制部分的 I/O 分配，填写表 1-2-2。

学习笔记

表 1-2-2　I/O 分配

输入设备编码	输入端口地址	输出设备编码	输出端口地址
启动按钮 SB1	I0. 0	电动机线圈 KM	Q0. 0
停止按钮 SB2	I0. 1		

组内合理分工,整理完善,形成决策方案,作为工作实施的依据。请将工作过程的方案列入表 1-2-3 中。

表 1-2-3　工作过程决策方案

序号	工作内容	需准备的资料	负　责　人
1			
2			
3			

1. 2. 5　任务实施

步骤一　硬件准备

分析主电路图,PLC 选型为 DV 24 V 晶体管输出,而负载接触器 KM1 的线圈电压为交流 220 V,为了解决 PLC 输出电源类型与负载电源类型不匹配的问题,工程上常采用 AC 24 V 中间继电器 KA 来过渡,即解决了以上问题,又实现了强弱电的隔离,如图 1-2-18所示。

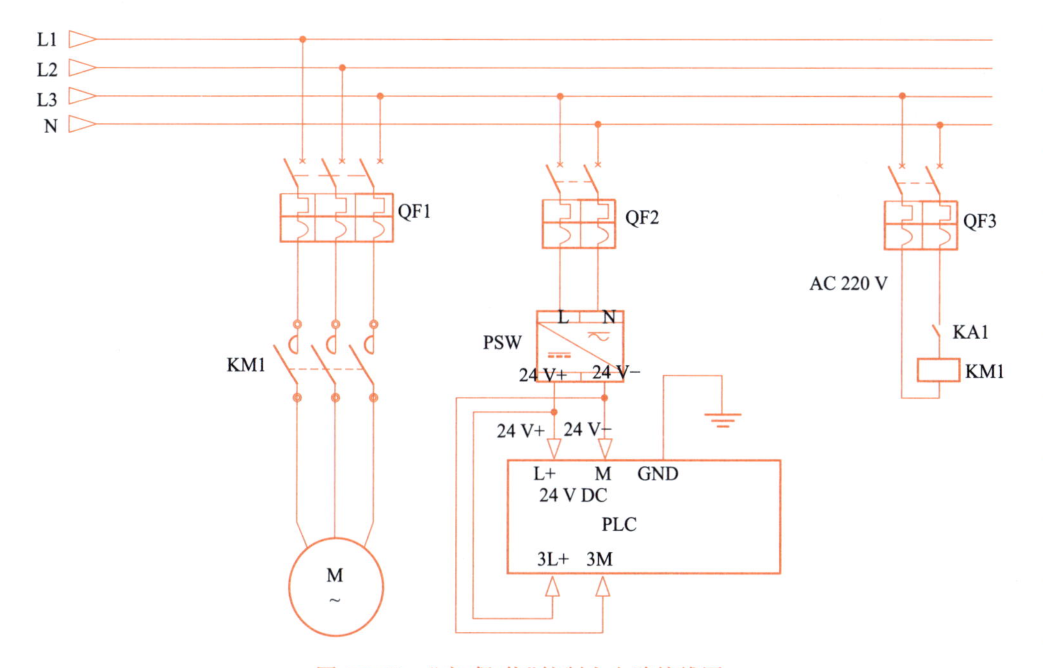

图 1-2-18　“启-保-停”控制主电路接线图

学习笔记

步骤二 软件生成项目

单击左下角进入项目视图，在左侧项目树一栏中双击添加新设备，如图 1-2-19 所示。

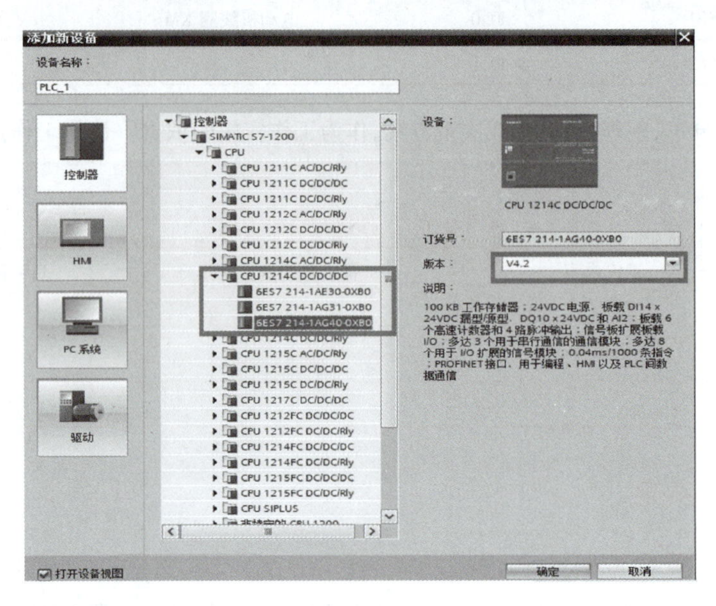

图 1-2-19　添加新设备 CPU1214C

步骤三 设置 IP 地址

单击 CPU，再单击“属性”选项卡，在“以太网地址”选项中，配置网络，如图 1-2-20 所示。单击添加新子网，然后将 IP 地址改为 192. 168. 0. 1，子网掩码为 255. 255. 255. 0。注意，和 PC 在同一网段内时，即前三个字节相同，最后字节不同。

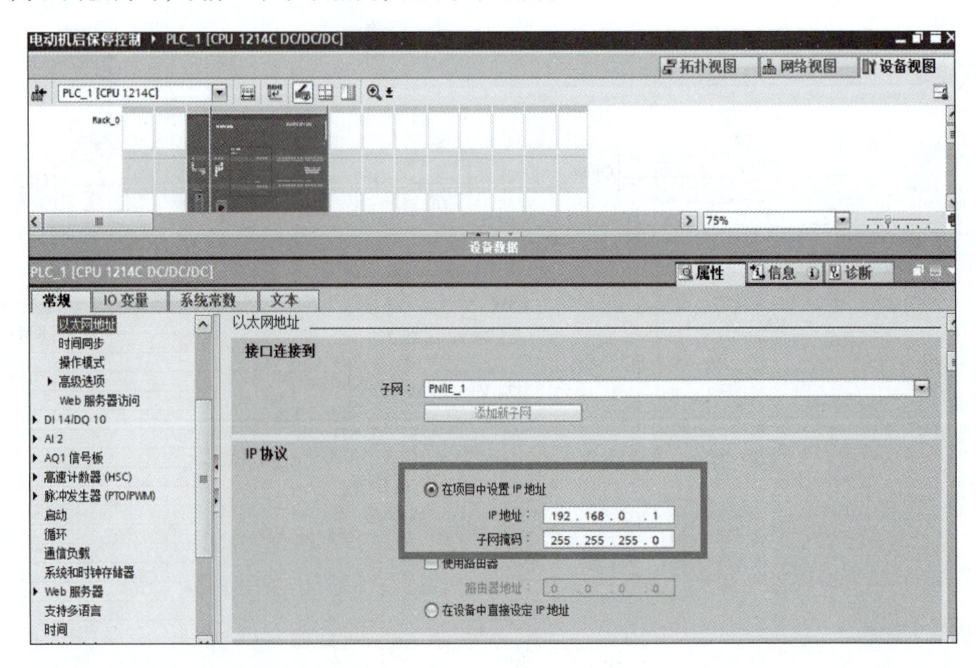

图 1-2-20　设置 IP 地址

学习笔记

步骤四 编辑变量

在左侧项目树下的 PLC_1 设备下，找到“PLC 变量”，在 PLC“默认变量表”中定义的变量为全局变量，可以用于整个 PLC 中所有的代码块。在程序编辑器中，全局变量的名称被自动添加双引号，如“启动按钮”。双击打开“默认变量表”。在默认变量表的第一行第一列，双击“名称”，输入变量“启动按钮”，按回车键确认，在“数据类型”列，选择该变量的数据类型为“Bool”型，在“地址”列中，输入地址“I0.0”，在“注释”列中，根据需要添加注释。按照同样的方法，声明“停止按钮”变量和“电动机线圈”变量，如图 1-2-21 所示。

启保停控制 ▸ PLC_1 [CPU 1214C DC/DC/DC] ▸ PLC 变量 ▸ 默认变量表 [32]

变量

默认变量表

	名称	数据类型	地址	保持	从 HMI/OPC UA/Web API ...	从 HMI/OPC UA/Web API 可写	在 HMI 工程组态中可见
1	启动按钮	Bool	%I0.0	☐	☑	☑	☑
2	停止按钮	Bool	%I0.1	☐	☑	☑	☑
3	电动机线圈	Bool	%Q0.0	☐	☑	☑	☑
4	<新增>			☐	☑	☑	☑

图 1-2-21　编辑变量

步骤五 程序编辑

在项目树下打开 PLC_1 下的“程序块”文件夹，双击“Main”主程序块，打开程序编辑器，在程序段 1 中拖放触点和线圈指令，编写电动机启-保-停控制程序。双击常开触点上面的地址，在出现的输入框中，单击旁边的地址域，就会出现已定义的 PLC 变量的下拉列表，从中选择“启动按钮”，按照同样的方法，对所有指令完成操作数的输入。同时，用打开分支的指令可以对并联的线路进行连接，如图 1-2-22 所示。

视频

程序的编辑下载、调试

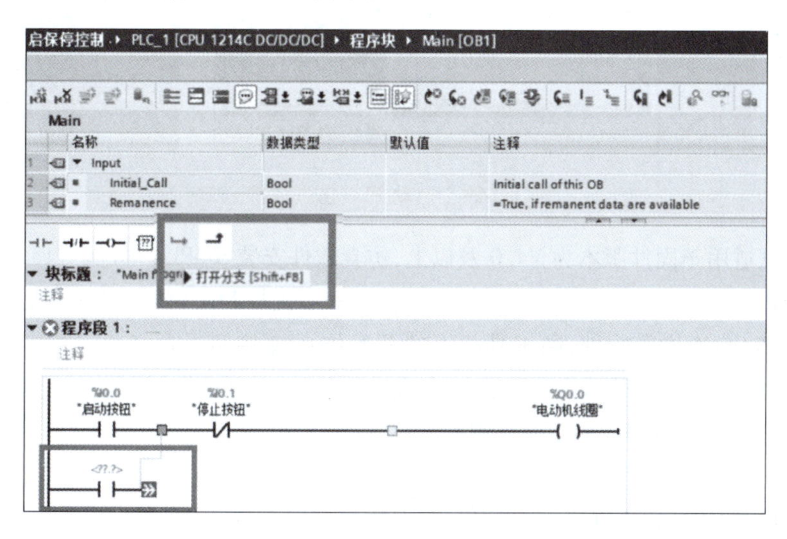

图 1-2-22　程序编辑

在工具栏中单击“启动”或“禁用”绝对/符号命令，可以切换显示绝对或符号地址，也可以单击，进行选择显示绝对地址或显示符号地址或符号和绝对地址同时显示。如果选择符号和绝对值，则程序中同时显示符号地址和绝对地址；如果选择符号，则程序中只显示符号地

学习笔记

址；如果选择绝对，则程序中只显示绝对地址，如图 1-2-23 所示。

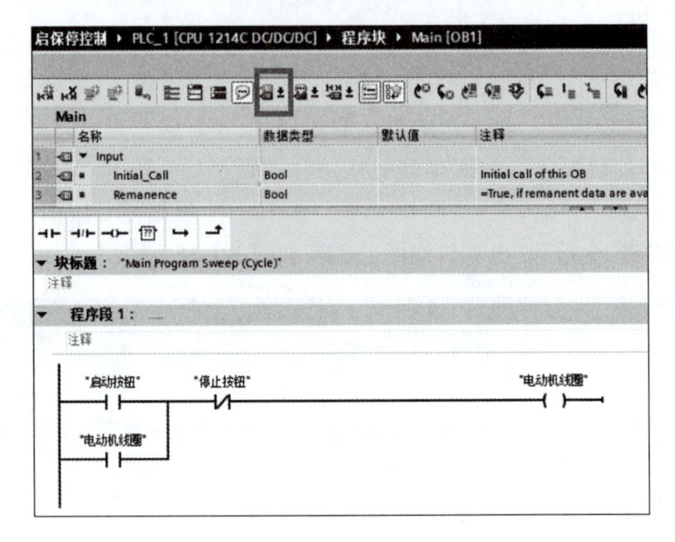

图 1-2-23　绝对/符号变量显示

步骤六　下载硬件与程序

（1）启动仿真

双击菜单栏图标，或单击“在线”→“仿真”→“启动”菜单命令，如图 1-2-24 所示。

视频

软件仿真

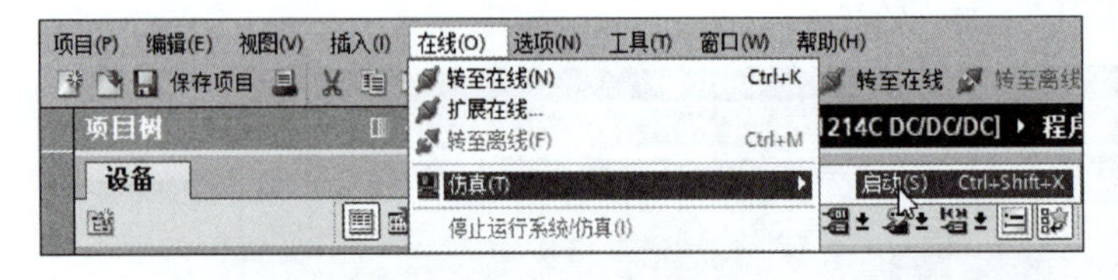

图 1-2-24　启动 PLC 仿真软件

仿真调试适用于固件版本为 V4.0 及以上，仿真软件安装 S7-PLCSIM 为 V13 SP1 及以上。仿真软件调试不支持计数、PID 和运动控制工艺模块，不支持 PID 和运动控制工艺对象。如果正确安装了 PLCSIM 仿真软件，则工具栏上的开始仿真按钮呈现亮色。选中项目树中的 PLC_1，单击工具栏上的“开始仿真”按钮，出现“启动仿真”对话框，单击“确定”按钮则启动 S7-PLCSIM，打开 S7-PLCSIM 的精简视图。

（2）硬件组态下载

下载完成，如各个设备都显示为绿色，则说明硬件组态成功，若不能正常运行，则说明组态错误，可使用 CPU 的在线与诊断工具进行诊断与排错。

选中项目树中的 PLC_1，单击工具栏上的“开始仿真”按钮，出现“启动仿真”的对话框，单击“确定”按钮。则启动 S7-PLCSIM，会出现 S7-PLCSIM 的精简视图。出现“启动仿真将禁用所有其他的在线接口”对话框，单击“确定”按钮即可，如图 1-2-25 所示。

学习笔记

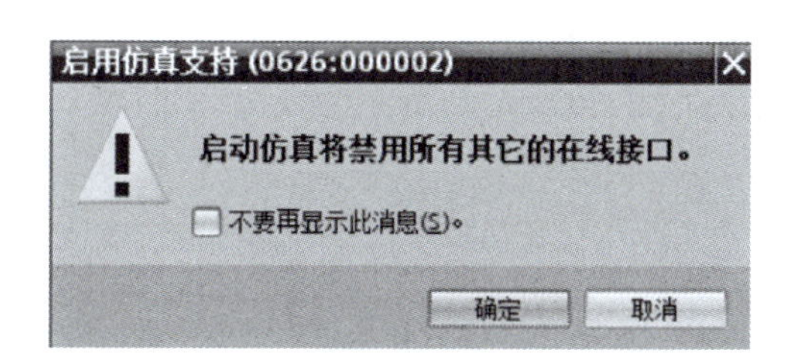

图 1-2-25　启动 PLC 仿真软件提醒

单击“下载”按钮，出现“扩展下载到设备”对话框，设置“PG/PC 接口的类型”为“PLCSIM S7-1200/S7-1500”，如果是 V15 以上版本，则选择“PLCSIM”即可。单击“开始搜索”按钮，“目标子网中的兼容设备”列表中显示出搜索到的仿真 CPU 的以太网接口的 IP 地址，如图 1-2-26 所示。

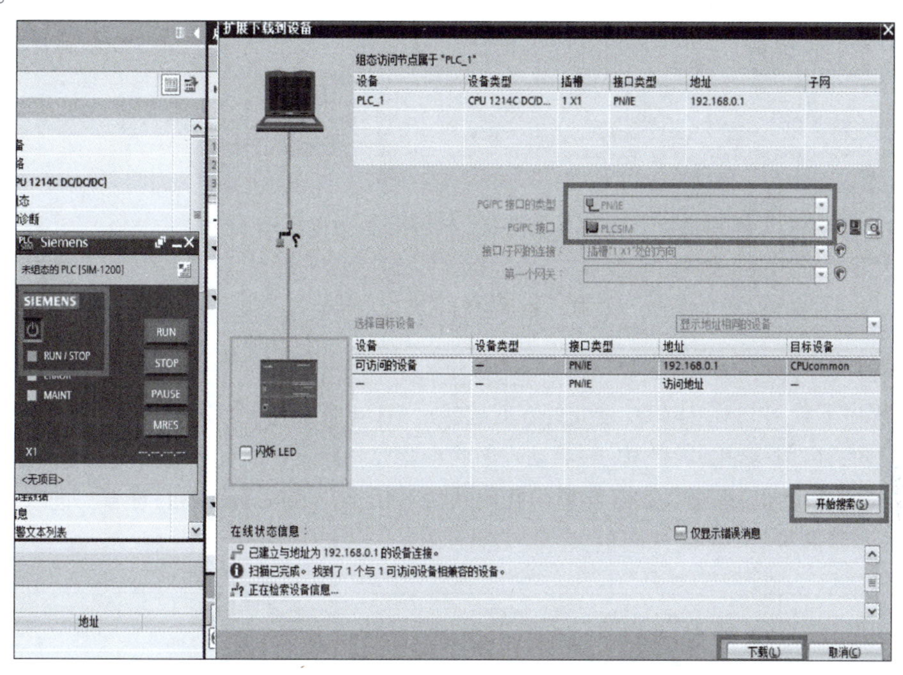

图 1-2-26　PLC 程序下载

单击“下载”按钮，出现“下载预览”对话框，编译组态成功后，勾选“全部覆盖”复选框，单击“下载”按钮，将程序下载到仿真 PLC。

下载结束后，出现“下载结束”对话框。勾选其中的“全部启动”复选框，单击“完成”按钮，仿真 PLC 被切换到 RUN 模式，RUN 指示灯亮。

（3）调试程序

①仿真软件调试。在 TIA 博途软件中单击“仿真”按钮，单击“切换到项目视图”按钮，如图 1-2-27所示。单击左上角的“新建”按钮，可以新建一个仿真项目。双击项目树的“SIM 表”文件夹的“SIM 表 1”，打开该仿真表。在“地址”列输入 I0.0、I0.1、Q0.0。将“I0.0”置高电平，观察其他输出点的状态，可以看到，Q0.0 和 Q0.2 已经变为高电平，Q0.1 没有变化，符合刚才在 TIA 博途软件里输入的程序段逻辑，两次单击 I0.0 对应的小方框，模拟按下和放开启

学习笔记

动按钮，对应的小方框中出现对勾，表示电动机启动。同样，I0.1 变为 0 后又变为 1，单击 I0.1 的小方框，模拟停止按钮按下，Q0.0 失电，电动机停止。

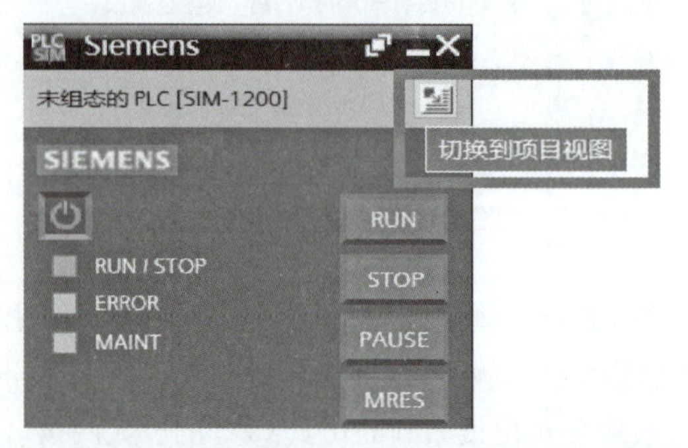

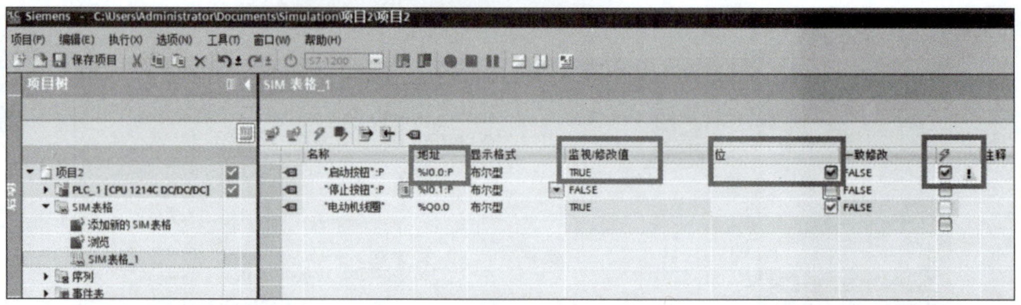

图 1-2-27　仿真软件调试

视频

变量表和监视功能

②程序运行监视。

将程序下载到 PLC，与 PLC 建立好在线连接后，打开需要监视的代码块，单击程序编辑器工具栏上的“启用/禁用监视”按钮，启动程序状态监控。如果在线程序与离线程序不一致，项目树中的项目、站点、程序块和有问题的代码块的右边会出现表示故障的符号。进入在线模式后，程序编辑器最上面的标题栏变为橙黄色，如图 1-2-28 所示。

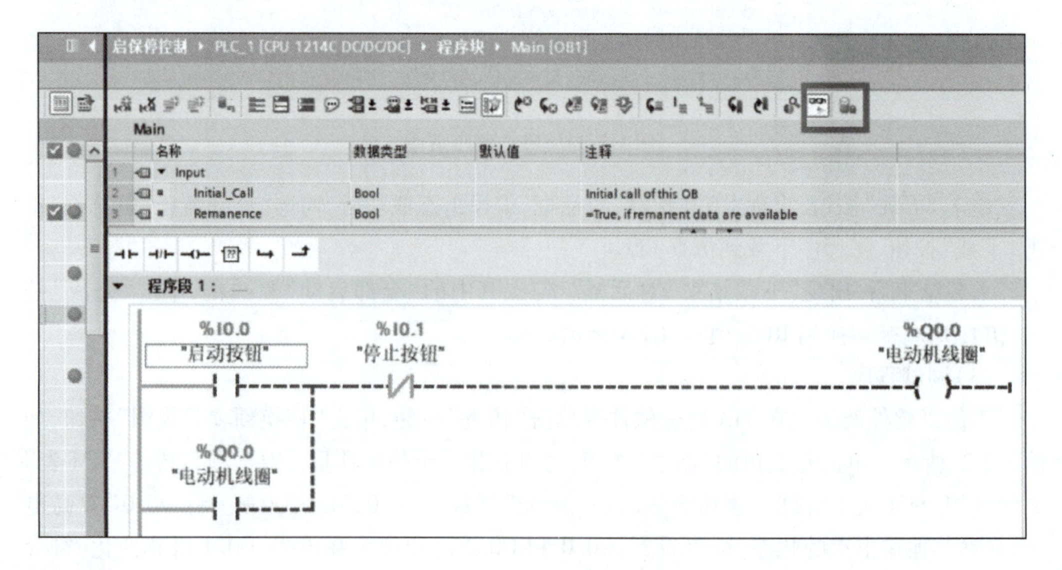

图 1-2-28　程序运行监控调试

学习笔记

启动程序状态监视后,梯形图左侧垂直的“电源”线和与它连接的水平线均为连续的绿线,表示有能流从“电源”线流出。有能流流过的处于闭合状态的触点、指令方框、线圈和“导线”均用连续的绿色线表示。用蓝色虚线表示没有能流。用灰色连续线表示状态未知或程序没有执行,黑色表示没有连接。

步骤七　触摸屏的网络连接

在 TIA 博途软件的“指令树”界面下,找到“设备和网络”,可以在原有的 1214C 的基础上,增加触摸屏新设备,选择“硬件目录”下的“7 寸显示屏 - KTP700 Basic”,在中间显示区可以直接将两个设备的网络接口连接,如图 1-2-29 所示。

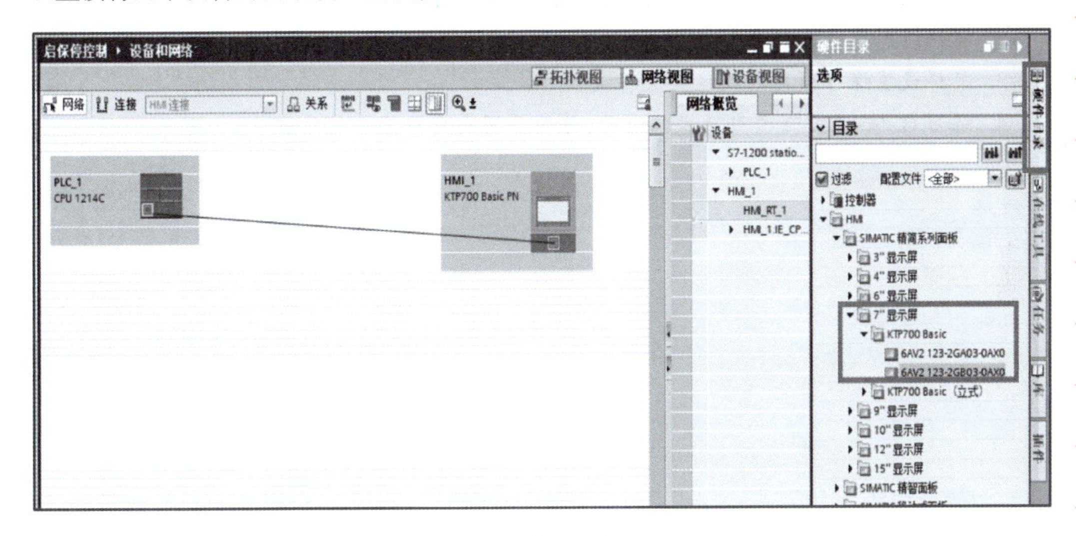

图 1-2-29　触摸屏的硬件组态

PLC 和触摸屏的网络连接,系统默认分配 IP 地址“192. 168. 0. 1”和“192. 168. 0. 2”,也可以通过指令树界面下触摸屏“连接”选项来查看设备的网络连接情况,如图 1-2-30 所示。

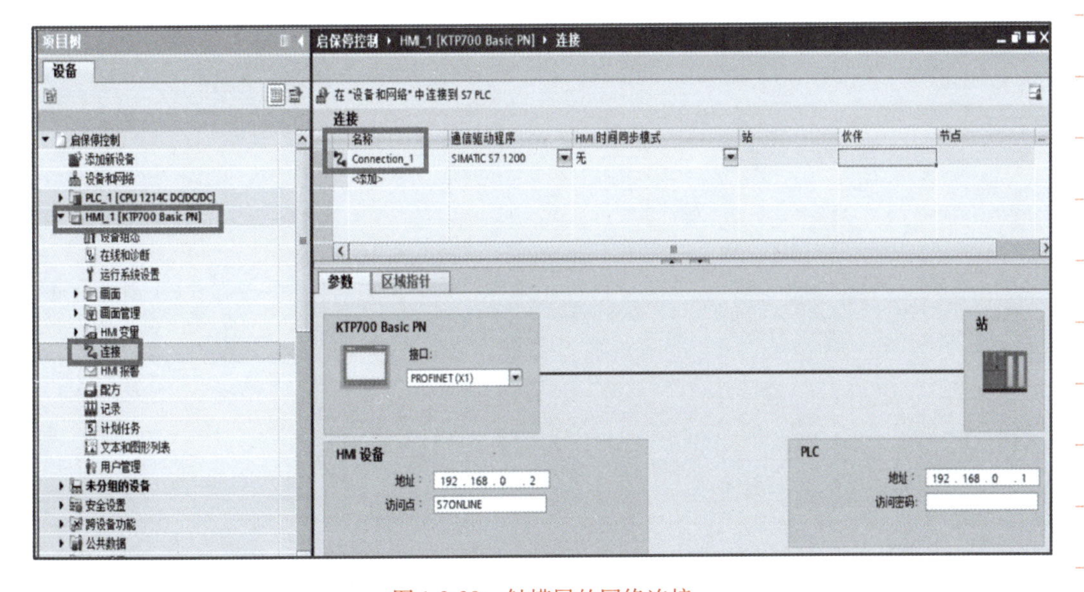

图 1-2-30　触摸屏的网络连接

学习笔记

1.2.6 任务巩固

一、填空题

1. 程序中I0.0的I代表含义是________，程序中Q0.0的Q代表含义是________。
2. 在PLC编程中，最常用的编程语言是________。
3. S7-1200 CPU所支持的程序块类型包括________、________、________三种。

二、简答题

1. 怎样设置才能在打开TIA博途软件时用项目视图自动打开最近的项目？
2. 硬件组态有什么任务？
3. 怎样设置保存项目的默认的文件夹？
4. 练习启-保-停控制项目的操作过程，并简要写出项目操作的步骤。

项目二 三相异步电动机的PLC控制

项目导入

学习笔记

某智能制造生产线实验平台是对工业现场大型设备进行提炼和浓缩的一款小型智能制造生产线实训设备。其中环形流水线单元主要由铝合金型材基体、环形传输线、自动导向机构、变频调速系统、自动定位机构等组成。可完成对工件在不同速度下的输送,不同工位的自动定位,从而大大提高了自动环形传输线的工作效率。自动环形传输线的驱动来自PLC对电动机的控制,在智能制造设备中,PLC实现电动机的多项功能控制是设备正常运行的重要基础。

学习目标

【知识目标】

✧ 了解PLC控制电动机的工作过程。

✧ 熟悉TIA博途软件完成PLC控制项目的基本流程。

✧ 熟悉PLC基本逻辑指令和定时器指令的应用及使用方法。

✧ 掌握搭建PLC控制工程项目的工作流程。

【能力目标】

✧ 会合理选择PLC的型号。

✧ 掌握定时器指令的应用。

✧ 掌握不同电压等级负载的连接方法。

学习笔记

✧ 掌握使用程序状态功能调试程序的方法。

【素质目标】

✧ 具有劳动光荣、技能强国的价值观。

✧ 培养自主学习的能力和创新意识。

✧ 具有良好的沟通能力和团队合作精神。

任务2.1　电动机正反转的PLC控制

2.1.1　任务描述

作为一名新入职的企业员工,你拥有对PLC指令和TIA博途软件的简单知识,现在企业正在生产线(见图2-1-1)上使用电动机驱动装置,生产线上有多个工序需要使用电动机驱动装置,每个工序对电动机运行状态和转向要求不同。

该任务要求通过PLC编程实现对电动机的精准控制,以满足不同工序下的需求。工艺要求保证电动机连续正转、反转运行,并且具有基本的电路保护。

图2-1-1　某车企零件制造产线

2.1.2　工作流程

根据任务描述,结合企业对PLC工程师的岗位能力和工作流程的要求,分析本次任务的工作流程如下:

①分析零件产线的工作过程和控制要求。

②分析三相异步电动机的正反转原理和接线方式。

③根据任务要求,分配PLC控制部分所需的I/O端口,列出清单。

④根据控制要求及I/O分配表,绘制电动机正反转控制的PLC硬件原理图。

⑤安装TIA博途软件并创建工程项目,同时根据I/O分配表,编辑符号表。

⑥根据生产线的控制要求编写程序。

⑦将电动机正反转控制的 PLC 程序下载到 S7-1200 中,进行程序调试。

2.1.3 知识准备

1. 三相异步电动机的正反转控制

在某些生产场合,需要电动机能够实现正反转以完成不同的工艺流程或操作需求。这种需求通常出现在需要定期改变设备旋转方向以完成特定任务的情况下,比如输送带、搅拌设备、升降机等。正反转功能可以提高设备的灵活性和多功能性,从而适应不同的生产需求。

视频

电动机正反转控制程序设计

三相异步电动机通过电源相序控制正反转的原理是利用不同的电源相序来改变电动机的旋转方向。当交流电源施加到三相异步电动机上时,电动机的旋转方向取决于电源中相序的排列顺序。通过改变相序,可以实现电动机的正反转。

具体来说,当电源的三个相分别对应着电动机的 A、B、C 三个相时,改变这些相的连接顺序 C、B、A 就可以改变电动机的旋转方向。通常通过切换接线或者使用特定的电气控制装置,可以轻松地改变电源相序以实现正反转控制。这种方法是一种简单而可靠的方式来实现三相异步电动机的正反转控制,同时也是工业生产中常用的方法之一,它的接线原理图如图 2-1-2所示。

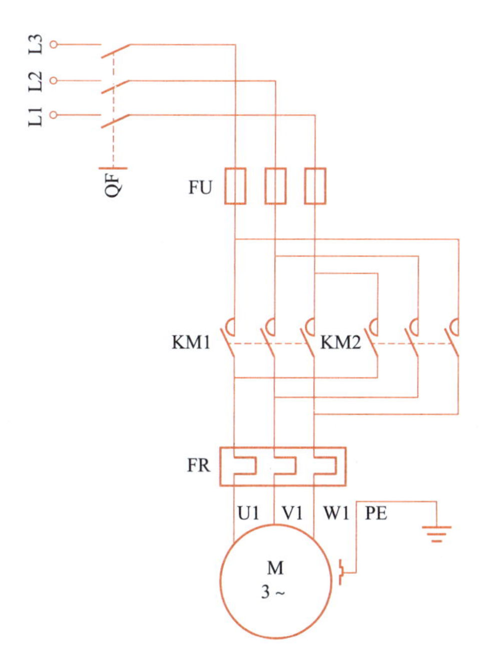

图 2-1-2 电动机正反转接线原理图

在线路中,采用了两个接触器,分别是正转用的接触器 KM1 和反转用的接触器 KM2。从电路图可以看出,这两个接触器的主触头连接到不同相序的电源上。KM1 按照 L1-L2-L3 相序接线,而 KM2 则按照 L3-L2-L1 相序接线。需要强调的是,绝对不能让 KM1 和 KM2 的主触头同时闭合,否则会导致(L1 相和 L3 相)两相电源短路事故的发生。

视频

数据类型与存取方式

2. S7-1200 的基本数据类型

在 TIA 博途中设计程序时,用于建立变量的区域有:变量表、DB 块、FB 块、FC 块、OB 块的接口区。

学习笔记

(1)位和位序列

位数据的数据类型为Bool(布尔)型,在编程软件中,Bool变量的值1和0用TRUE(真)和FALSE(假)来表示。位存储单元的地址由字节地址和位地址组成,如I3.2,其中的区域标识符“I”表示输入,字节地址为3,位地址为2,这种存取方式称为“字节．位”寻址方式,如图2-1-3所示。

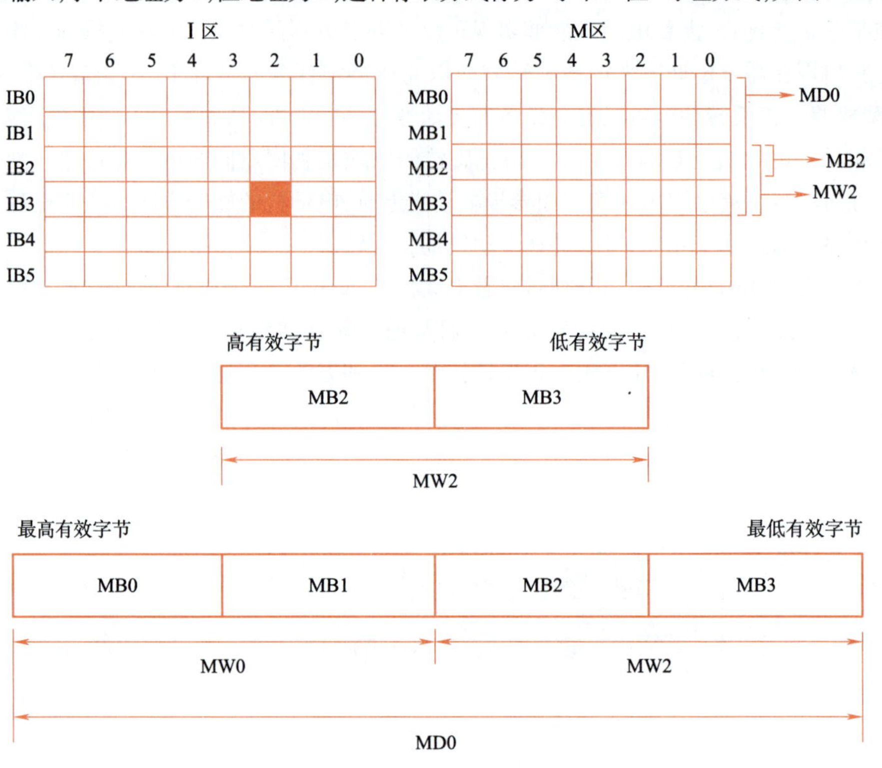

图2-1-3　字节、字、双字的寻址

(2)整数

所有整数的符号中均有Int。符号中带S的为8位整数(短整数),带D的为32位双整数,不带S和D的为16位整数。带U的为无符号整数,不带U的为有符号整数。

(3)浮点数

浮点数数据类型如图2-1-4所示。

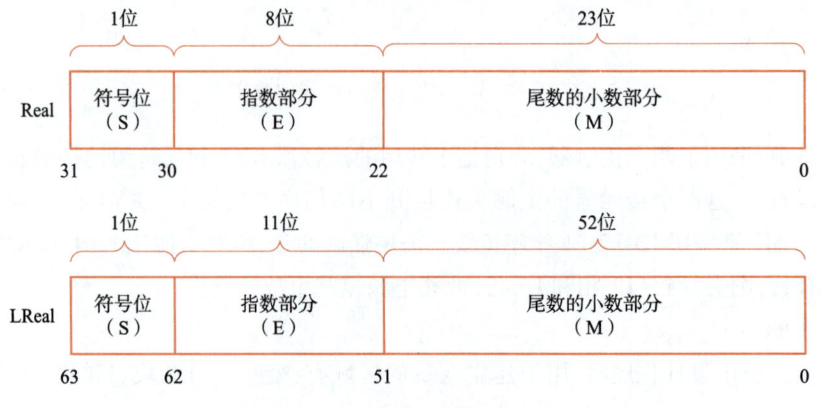

图2-1-4　浮点数数据类型

学习笔记

举例：浮点数 x 的十六进制存储格式为$(41360000)_{16}$，求其 32 位浮点数的十进制值。

解答：十六进制数展开，可得 32 位二进制数 0 10000010 01101100000000000000000

$$指数\ e = E - 127 = 10000010 - 01111111 = 00000011 = (3)_{10}$$

包含隐藏整数位 1 的尾数 1. M = 1. 011 0110 0000 0000 0000 0000 = 1. 011011 于是有：

$$x = (-1)S \times 1.M \times 2e = +(1.011011) \times 2^3 = +1011.011 = (11.375)_{10}$$

(4) 日期和时间

PLC 日期和时间类型见表 2-1-1。

表 2-1-1　PLC 日期和时间数据类型

数据类型	英文标识符	数据长度	数据范围	举　例
时间	Time	32	T# -24d20h31m23s648ms ~ T#24d20h31m23s647ms	T#1d_2h_15m_30s_45 ms
日期	Date	16	D#1990-1-1 ~ D#2168-12-31	D#2019-12-13
实时时间	Time of Day	32	TOD#0:0:0.0 ~ TOD#23:59:59.999	TOD#10:30:10.400
长格式日期时间	DTL	128	DTL#1970-01-01-00:00:00.0 ~ DTL#2262-04-11-23:47:16.854775807	DTL#2007-12-15 - 20:30:20.250

PLC 时区设定功能和 PLC 时间设定功能如图 2-1-5 和图 2-1-6 所示。

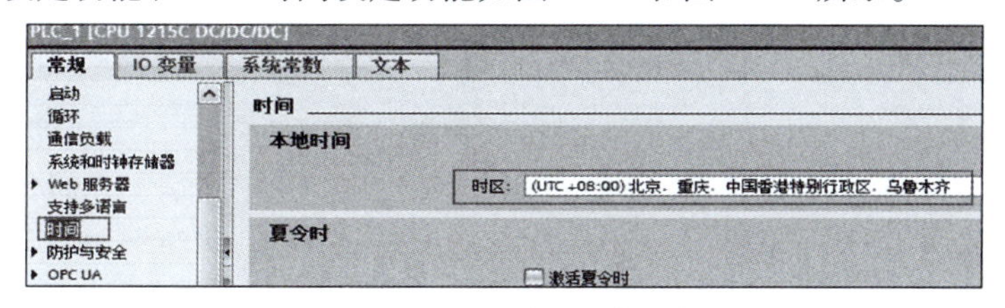

图 2-1-5　PLC 时区设定功能

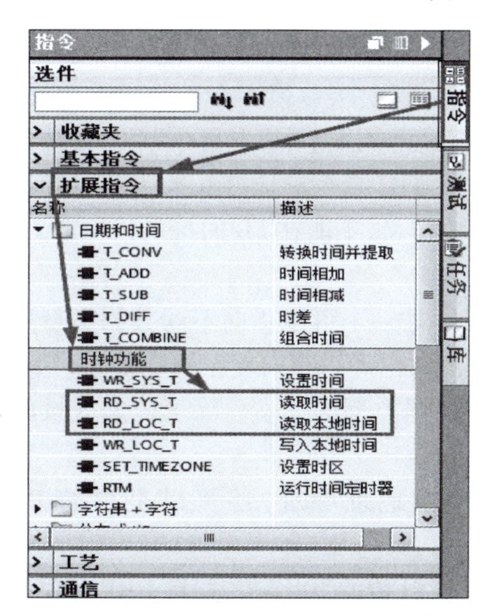

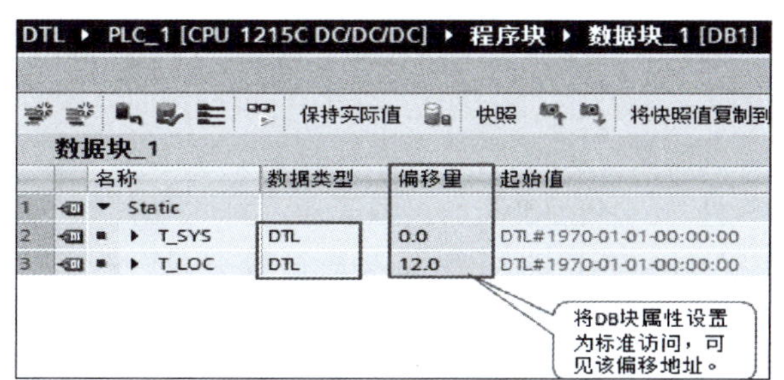

图 2-1-6　PLC 时间设定功能

(5) 字符

PLC 字符和字符串数据类型见表 2-1-2。

学习笔记

表 2-1-2　PLC 字符和字符串数据类型

数据类型	英文标识符	数据长度	数据范围	举　例
字符	Char	8	16#00 ~ 16#FF	'A'、't'、'@'、'Σ'
16 位宽字符	WChar	16	16#0000 ~ 16#FFFF	WCHAR#a'a' WCHAR#'的'
字符串	String	n + 2B	n = (0 ~ 254 字节)	STRING#'PLC'
16 位宽字符串	WString	n + 2W	n = (0 ~ 6534 个字)	WSTRING#'XIHUA'

3. S7-1200 的其他数据类型

（1）用户自定义数据类型（UDT）

用户自定义数据类型如图 2-1-7 所示。

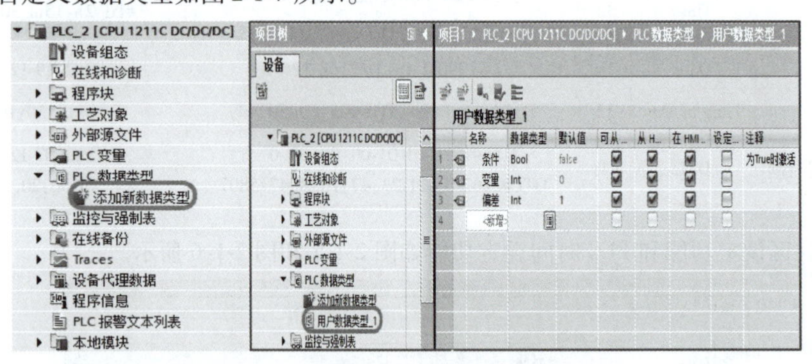

图 2-1-7　PLC 添加用户自定义数据类型

Struct 类型相对于 UDT 类型有一些缺点，建议需使用 Struct 类型时，可以使用 UDT 类型代替。UDT 是 Struct 类型的升级替代，功能基本完全兼容 Struct 类型。

（2）数组数据类型（Array）

Array 类型是由数目固定且数据类型相同的元素组成的数据结构。

通讯中传递的数组数据经常是预先不知道数组长度的，这时可以使用变长数组的定义，例如，Array[*] of Int 为 Int 类型的可变长度的数组。梯形图中通过“基本指令”→“移动操作”→“ARRAY[*]”→“LOWER_BOUND”和“UPPER_BOUND”指令获取变长数组的下标和上标。这里需要注意，变长数组只能在函数 FC 的接口区中定义，不能在 FB 的接口区中定义。

（3）参数数据类型（Variant）

Variant 类型是一个参数数据类型。Variant 类型的形参是一个可以指向不同数据类型变量的指针，对应实参不能是常数。它可以指向基本数据类型，也可以指向复杂数据类型、UDT 等。调用某个块时，可以将该块的 Variant 参数连接任何数据类型的变量。除了传递变量的指针外，还会传递变量的类型信息。

Variant 指向的实参可以是符号寻址，也可以是绝对地址寻址，还可以是形如 P#DB1. DBX0. 0 BYTE 10 这种指针形式的寻址。

P#DB1. DBX0. 0 BYTE 10 的解释：指向从 DB1. DBX0. 0 开始的 10 字节，并且 DB1 必须是非优化的 DB 块，并包含有 10 字节长度的变量。P#指针举例，P#I0. 0 Bool 8，P#Q0. 0 Word 20，P#M100. 0 Int 50。

（4）系统数据类型（SDT）

系统数据类型由系统提供具有预定义的结构，结构由固定数目的具有各种数据类型的元

学习笔记

素构成,不能更改该结构,建立 SDT 类型的 DB 如图 2-1-8 所示,系统数据类型说明见表 2-1-3。

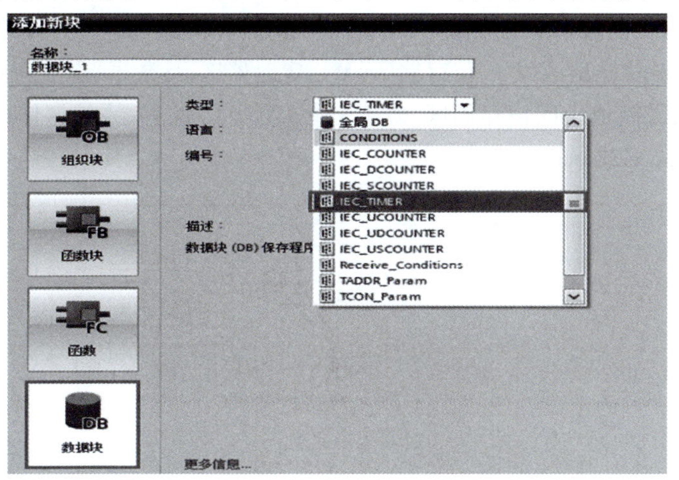

图 2-1-8　建立 SDT 类型的 DB

表 2-1-3　系统数据类型

系统数据类型	字 节 数	说　　明
EC_TIMER	16	定时器结构。此数据类型可用于“TP”“TOF”“TON”“TONR”指令
IEC_SCOUNTER	3	计数值为 SINT 数据类型的计数器结构,此数据类型用于“CTU”、“CTD”和“CTUD”指令
IEC_USCOUNTE	3	计数值为 USINT 数据类型的计数器结构。此数据类型用于“CTU”、“CTD”和“CTUD”指令
IEC_COUNTER	6	计数值为 INT 数据类型的计数器结构。此数据类型用于“CTU”、“CTD”和“CTUD”指令
IEC_UCOUNTER	6	计数值为 UINT 数据类型的计数器结构。此数据类型用于“CTU”、“CTD”和“CTUD”指令
IEC_DCOUNTER	12	计数值为 DINT 数据类型的计数器结构。此数据类型用于“CTU”、“CTD”和“CTUD”指令
IEC_UDCOUNTE	12	计数值为 UDINT 数据类型的计数器结构。此数据类型用于“CTU”、“CTD”和“CTUD”指令
ERROR_STRUCT	28	编程错误信息或 I/O 访问错误信息的结构。此数据类型用于“GET_ERROR”指令
CREF	8	数据类型 ERROR_STRUCT 的组成,在其中保存有关块地址的信息
NREF	8	数据类型 ERROR_STRUCT 的组成,在其中保存有关操作数的信息
VREF	12	用于存储 VARIANT 指针。此数据类型用在运动控制工艺对象块中
CONDITIONS	52	用户自定义的数据结构,定义数据接收的开始和结束条件。此数据类型用于“RCV_CFG”指令
TADDR Parm	8	存储通过 TDP 连接说明的数据块结构。此数据类型用于“TUSEND”和“TURCV”指令
TCON Param	64	存储实现开放用户通信的连接说明的数据块结构。此数据类型用于“TSEND”和“TRCV”指令
HSC_Period	12	使用扩展的高速计数器,指定时间段测量的数据块结构。此数据类型用于“CTRL_H”

学习笔记

4. S7-1200 的系统存储区

系统存储区（见图 2-1-9）也被称为数据存储区。S7-1200 的系统存储区提供了过程映像输入区（I）、过程映像输出区（Q）、位存储区（M）、定时器区、计数器区等各种专用存储区，所有代码块可以无限制地访问该存储区，属于全局存储区。此外，系统存储区还包括数据块（DB）、临时（局部）数据区（L）。

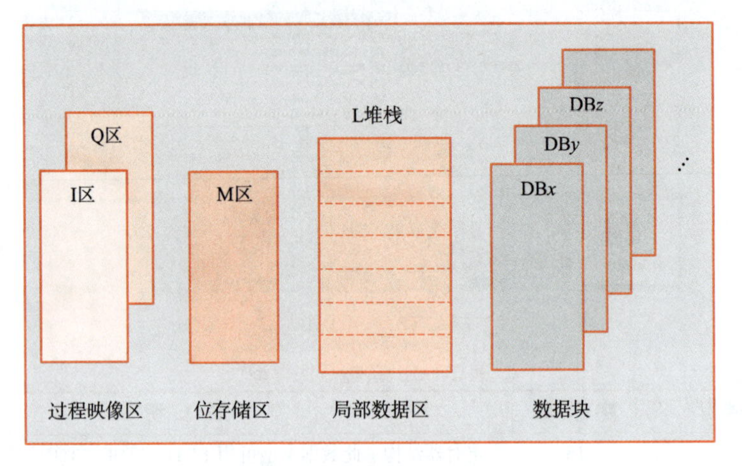

图 2-1-9　系统存储区

因 TIA 博途不允许无符号名称的变量出现，所以即使用户没有为变量定义符号名称，TIA 博途也会自动为其分配符号名称，默认从 Tag_1 开始分配。

（1）过程映像输入区（I）

过程映像输入区是 CPU 用于接收外部输入信号的，比如按钮、开关、行程开关等。CPU 会在扫描开始时从输入模块上读取外部输入信号的状态，并将这些状态记录到过程映像输入区中，当程序执行的时候从这个过程映像输入区读取对应的状态进行运算。如果我们给地址或变量后面加上“:P”这个符号，就可以立即访问外设输入。它的数值是直接从与其连接的现场设备接收数值，而不是过程映像输入区。使用地址标识符“I”访问过程映像输入区，可以按位 I、字节 IB、字 IW 或双字 ID 进行访问。

（2）过程映像输出区（Q）

过程映像输出区是将程序执行的运算结果输出驱动外部负载的，比如指示灯、接触器、继电器、电磁阀等。如果需要把运算结果直接写入到物理输出点，需要在地址或变量名称后面加上“:P”这个符号。使用地址标识符“Q”访问过程映像输出区，在程序中表示方法与输入信号类似。

（3）位存储区（M）

位存储区（M）又称内部辅助继电器，用于实现中间逻辑，存储中间状态或其他控制信息。位存储区的访问方法与访问输入、输出映像区的方法类似。M 区中掉电保持区的大小可以在“PLC 变量”→“保持性存储器”中设置。

因为系统存储器和时钟存储器（见图 2-1-10）不是保留的存储器，用户程序或通信可能改写这些存储单元，破坏其中的数据。指定了系统存储器和时钟存储器字节后，这两个字节不能再作其他用途，否则将会使用户程序运行出错，甚至造成设备损坏或人身伤害。

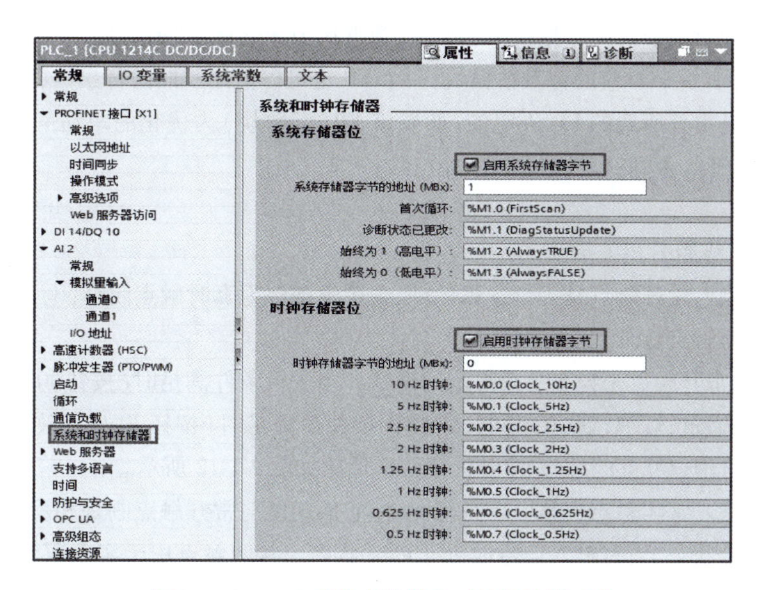

图 2-1-10　PLC 系统存储器和时钟存储器功能

(4)临时(局部)数据区(L)

临时存储器与位存储器类似,主要区别是位存储器在“全局”范围内有效,数据可以全局性地用于用户程序中的所有元素,任何 OB、FC 或 FB 都可以访问位存储器中的数据。而临时存储器在“局部”范围内有效,只有创建或声明了临时存储单元的 OB、FC 或 FB 才可以访问临时存储器中的数据。例如:当 OB 调用 FC 时,FC 无法访问对其进行调用的 OB 的临时存储器。

(5)数据块(DB)

数据块有全局数据块和背景数据块两种类型。用户程序中的任何代码块 OB、FB 或 FC 都可以访问全局数据块中的数据。每次添加一个新的全局数据块时,其默认类型为优化的块访问。可以取消勾选“优化的块访问”复选框,修改 DB 的类型为非优化的块访问,PLC 数据块的属性如图 2-1-11 所示。

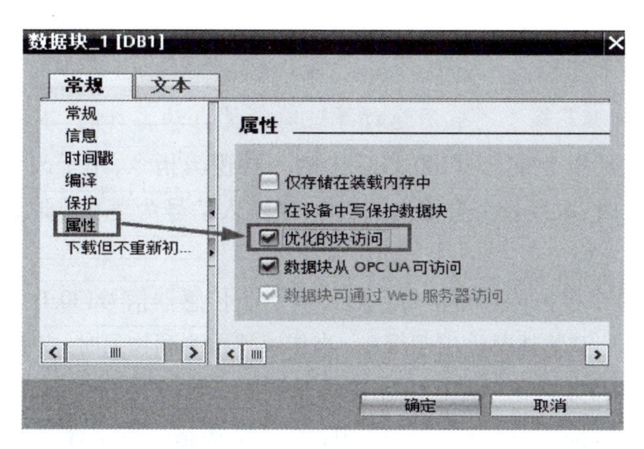

图 2-1-11　PLC 数据块的属性

勾选“优化的块访问”复选框后,只能用符号地址访问生成的块中定义的变量,不能使用绝对地址访问。这种访问方式可以提高存储器的利用率。未勾选“优化的块访问”复选框,能

学习笔记

用符号地址和绝对地址访问数据块中的变量，数据块中才会显示“偏移量”。

每个FB都有一个对应的背景数据块，一个FB也可以使用不同的背景数据块。背景数据块的优化属性是由其所属的FB决定的，如果该FB（函数块）为优化的块访问，则其背景DB就是优化的块访问，否则就是非优化的块访问。

视频

位逻辑指令

5. PLC基本指令

（1）触点与线圈的相关指令

①常开触点。常开触点是一个逻辑元件，当逻辑条件为真时触点闭合，电流得以通过；当逻辑条件为假时触点打开，电流中断。

举例：使用常开触点来控制一个灯泡的通断。当逻辑条件满足时（按钮I0.0按下），常开触点闭合，电流通过，灯泡（Q0.0）亮起；当逻辑条件不满足时（按钮I0.0释放），常开触点打开，电流中断，灯泡（Q0.0）熄灭。控制程序的梯形图如图2-1-12所示。

②常闭触点。常闭触点也是一个逻辑元件，它的功能与常开触点刚好相反。当没有输入信号时处于闭合状态，当有输入信号时处于断开状态。常闭触点用于实现逻辑控制功能，通常用于在电气控制回路中作为一个输入信号的条件。

举例：使用常开触点和常闭触点控制一台电动机。当启动信号（I0.0）接通且热继电器（I0.1）无动作时，电动机（Q0.0）开始运行；当启动信号（I0.0）接通且热继电器（I0.1）动作时，电动机（Q0.0）停止运行；当启动信号（I0.0）未接通时，电动机（Q0.0）停止运行。控制程序的梯形图如图2-1-13所示。

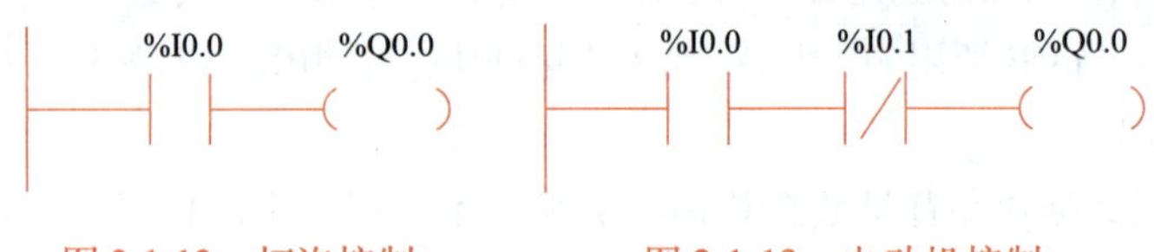

图2-1-12　灯泡控制　　　　图2-1-13　电动机控制

小提示：

（1）常开触点和常闭触点的数据类型均为布尔类型，只有“0”和“1”两种状态。

（2）常开触点和常闭触点不允许作为梯形图的输出放到最后。

（3）梯形图中的“%”符号是采用绝对寻址时软件自动添加的，不需要手动输入。

③取反指令。取反指令是S7-1200 PLC中的一种逻辑指令，用于改变输入信号的状态。当输入信号为逻辑1时，取反指令会输出逻辑0；当输入信号为逻辑0时，取反指令会输出逻辑1。

举例：使用取反指令模拟传感器信号。假设有一个传感器信号（I0.0），当传感器监测到物体时输出逻辑1，未监测到物体时输出逻辑0。当传感器检测到物品时，皮带停止运行；当传感器未检测到物品时，皮带持续运输物品。可以使用取反指令（NOT）将这个信号取反，以便在控制系统中实现相反的逻辑操作，控制皮带（Q0.0）的启停状态。控制程序的梯形图如图2-1-14所示。

④线圈指令。S7-1200线圈指令用于在程序中控制输出线圈，从而控制外围设备如电动机、阀门等的操作。S7-1200线圈指令包含一个地址字段和一个状态字段。地址字段用于指定要控制的输出线圈，状态字段用于指定该线圈应该处于的状态（通常是开或关）。输出线圈

指令可以放到程序的任意位置，作为开头、中间调用、结尾输出等，也可以串联、并联使用。

线圈指令还存在取反的使用方式，取反线圈指令用于改变一个输出的状态。如果该输出当前是开启状态，那么取反指令将其关闭；如果当前是关闭状态，那么取反指令将其打开。

举例：使用取反指令模拟传感器信号。假设有一个传感器信号（I0.0），其工作逻辑和控制要求与图 2-1-14 中的相同。上文中采用了逻辑取反指令来实现，还可以使用取反线圈指令将这个信号取反，以便在控制系统中控制皮带（Q0.0）的启停状态。控制程序的梯形图如图 2-1-15所示。

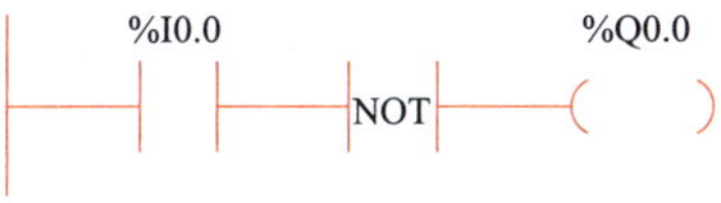

图 2-1-14　皮带控制（取反指令）

图 2-1-15　皮带控制（线圈取反指令）

（2）置位与复位的相关指令

①置位指令。置位指令（S）用于将标记位置为逻辑“1”或“真”，用于触发某些条件或操作，使得相应的输出或功能被激活。置位指令可以分为位指令和位域指令（SET_BF）。位指令用于设置一个位为逻辑“1”或“真”；而位域指令可以将指定位开始连续的几个位设置为逻辑“1”或“真”。

举例：利用置位指令实现多个传送带的同时控制。假设某车间有一台主传送带、三台辅助传送带，现需要设计一个控制开关，当开关①（I0.0）打开时，主传送带（Q0.0）启动运行；当开关②（I0.1）打开，三台辅助传送带（Q0.1 ~ Q0.3）都开启。控制程序的梯形图如图 2-1-16 所示。

②复位指令。复位指令（R）用于将标记位置为逻辑“0”或“假”。这个指令通常用于重置某些条件或操作，使得相应的输出或功能被停止或清零。复位指令可以分为位指令和位域指令（RESET_BF）。位指令用于设置一个位为逻辑“0”或“假”；而位域指令可以将指定位开始连续的几个位设置为逻辑“0”或“假”。

举例：利用复位指令控制车间传送带的关闭。在图 2-7-17 中的车间传送带程序中，只有置位指令来控制开启，为了同时控制关断，可以采用复位位域指令来实现控制要求。当拉下总闸（I0.2）时，所有传送带（Q0.0 ~ Q0.3）都停止运行。控制程序的梯形图如图 2-1-17 所示。

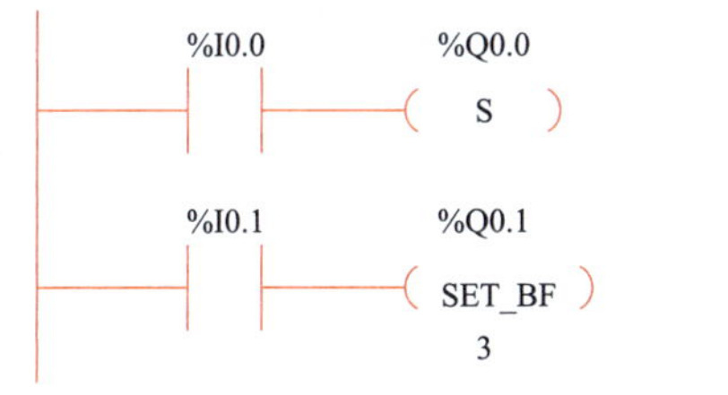

图 2-1-16　车间传送带置位指令

图 2-1-17　车间传送带复位域指令

③置位触发器。置位触发器（RS）又称置位优先触发器，用于在多个输入信号同时存在时，确保置位信号具有高优先级。当置位信号为真时，输出会被置位，即使复位信号也同时为真。置位触发器的逻辑原理是，只有置位信号为真时，输出才会被置位，即使其他复位信号同时为真，只要置位信号有效，输出就会保持置位状态。置位触发器的梯形图符号和输入输出关系如图 2-1-18 所示。

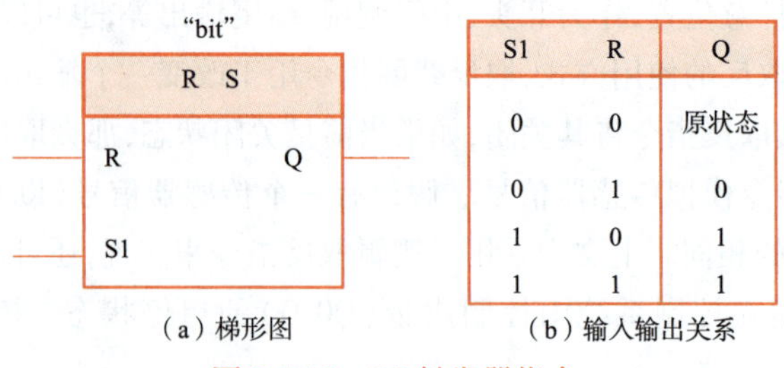

S1	R	Q
0	0	原状态
0	1	0
1	0	1
1	1	1

（a）梯形图　　（b）输入输出关系

图 2-1-18　RS 触发器指令

④复位触发器。复位触发器(SR)又称复位优先触发器,用于在多个输入信号同时存在时,确保复位信号具有高优先级。当复位信号为真时,输出会被复位,即使置位信号也同时为真,这就展示了复位优先触发器的逻辑行为。复位触发器的梯形图符号和输入输出关系如图 2-1-19所示。

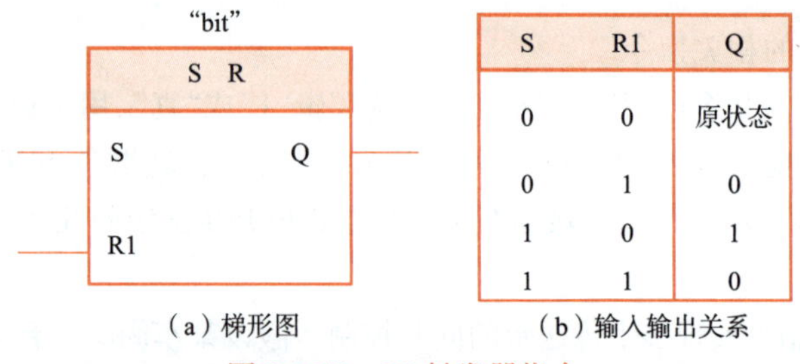

S	R1	Q
0	0	原状态
0	1	0
1	0	1
1	1	0

（a）梯形图　　（b）输入输出关系

图 2-1-19　SR 触发器指令

小提示:

(1)置位指令和复位指令具有记忆和保持功能,代替了某些电路设计中的自锁线路,简化了电路。

(2)触发器有置位优先和复位优先两种,根据实际的工作需要选取合适的触发器。置位优先时,S 有信号就置位;复位优先时,R 有信号就复位。

(3)边沿指令

①扫描操作数。扫描操作数的信号沿可以分为两种情况,P 触点指令和 N 触点指令。P 触点指令在对操作数进行扫描时,检测的是操作数的上升沿。当操作数从"0"到"1"进行信号变化时,该地址变为高电平,且维持一个扫描周期的时间。同理,N 触点指令检测的是操作数的下降沿,当操作数从"1"到"0"变化时,该地址变为高电平,且维持一个扫描周期。

举例:利用边沿触点指令和 SR 触发器设计一个按钮控制照明灯的开关。当按钮(I0.0)第一次按下,照明灯(Q0.0)亮;当按钮第二次按下,照明灯灭。控制程序的梯形图如图 2-1-20所示。

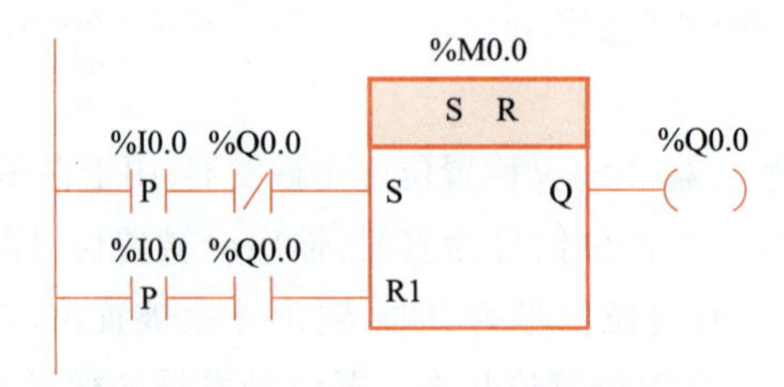

图 2-1-20　照明灯控制程序

学习笔记

②置位操作数。置位操作数的信号沿也可以分为两种情况，P 线圈指令和 N 线圈指令。P 线圈指令是指在检测到输入信号的上升沿时，直接对操作数进行置位操作，置位保持一个扫描周期；N 线圈指令是指在检测到输入信号的下降沿时，直接对操作数进行置位操作，置位保持一个扫描周期。

举例：在图 2-1-21 中，输入信号 I0.0 直接控制 Q0.0 的启停，当 I0.0 接通时，Q0.0 接通，当 I0.0 断开时，Q0.0 断开。同时，I0.0 断开的下降沿，还可以控制 Q0.1 接通一个扫描周期的时间，用于其他元件的逻辑控制。

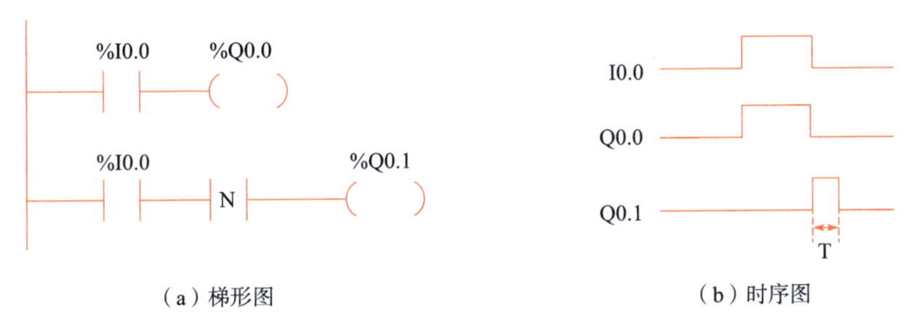

（a）梯形图　　（b）时序图

图 2-1-21　照明灯控制

③扫描 RLO 信号。扫描 RLO（逻辑运算结果）信号的边沿指令有 P_TRIG 和 N_TRIG 两种，分别用于检测 RLO 的上升沿和下降沿。当 P_TRIG 触发器或 N_TRIG 触发器的 CLK 输入端检测到上升沿或下降沿时，触发器的 Q 输出端就会置位，并保持一个扫描周期。两种触发器的梯形图符号如图 2-1-22 所示。

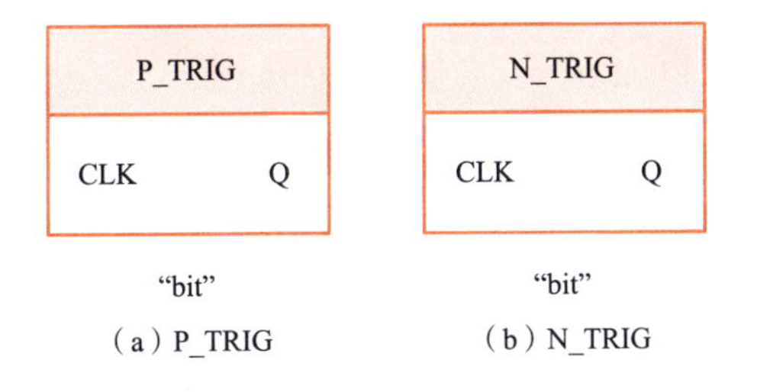

（a）P_TRIG　　（b）N_TRIG

图 2-1-22　P_TRIG 触发器和 N_TRIG 触发器

小提示：

（1）置位指令和复位指令具有记忆和保持功能，代替了某些电路设计中的自锁线路，简化了电路。

（2）触发器有置位优先和复位优先两种，根据实际的工作需要选取合适的触发器。置位优先时，S 有信号就置位；复位优先时，R 有信号就复位。

2.1.4　计划决策

根据任务要求与控制流程，制订本任务的分组计划方案，如工作内容梳理、原理分析与讲解、I/O 表分配、电路图绘制、PLC 硬件原理图绘制、程序编写与调试等。要求组内合理分工，整理完善，形成决策方案，作为工作实施的依据，并将工作过程的方案列入表 2-1-4 中。

学习笔记

表 2-1-4　工作过程决策方案

序号	工作内容	需准备的资料	负　责　人
1	硬件设计：选择合理的 PLC 型号		
2	硬件设计：I/O 地址的分配		
3	硬件设计：绘制控制电路接线图（PLC 外围接线图）		
4	软件设计：PLC 变量定义		
5	软件设计：梯形图程序设计		
6	调试：在监视表中添加变量		
7	调试：按下正转启动按钮		

2.1.5　任务实施

步骤一　根据任务要求分配 I/O 表

分析任务，根据控制要求描述工作流程，分析输入输出触点。本例中需要一个正向启动按钮和反向启动按钮，分别对应一个正转接触器和反转接触器，此外还需要一个停止输入，电路中的过载保护和短路保护接在 PLC 的输出端，不需要额外分配 I/O 地址。最后，填写 I/O 分配表，见表 2-1-5。

表 2-1-5　工作过程决策方案

输　　入	符号/功能	输　　出	符号/功能
I0. 0	SB1/停止	Q0. 0	KM1/正转接触器
I0. 1	SB2/正转启动	Q0. 1	KM2/反转接触器
I0. 2	SB3/反转启动		

步骤二　电动机正反转电路图和 PLC 硬件原理图

根据任务要求以及上文分析的 I/O 表，画出电动机正反转控制的主电路和控制电路，并根据实际工作情景加入电气互锁。电动机正反转的电路图如图 2-1-23（a）所示和 PLC 硬件原理图如图 2-1-23（b）所示。

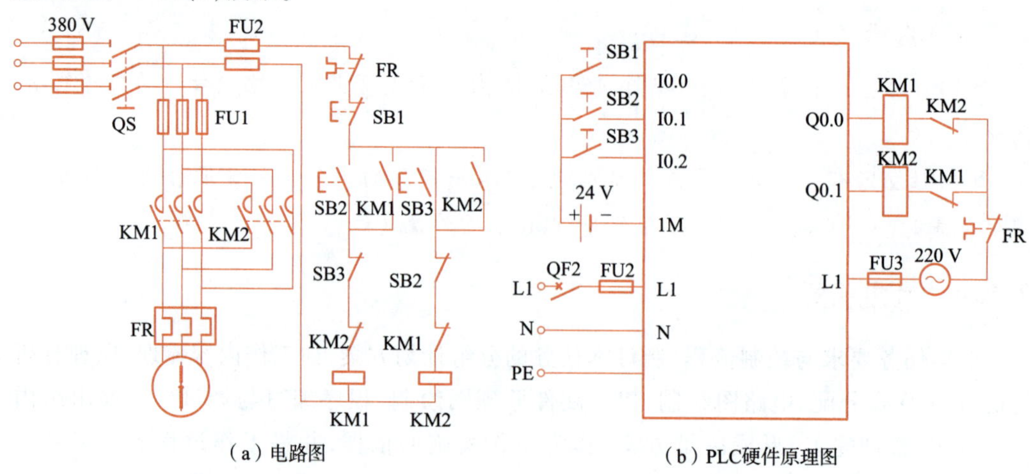

图 2-1-23　电动机正反转电路图和 PLC 硬件原理图

步骤三　创建工程项目并编辑变量表

学习笔记

(1)创建工程项目并设置组态

双击桌面上的 TIA 博途编程软件图标打开该软件,在 Portal 视图中,浏览并选择“创建新项目”,随后输入项目名称并指定项目保存路径。最后,确认选择并单击“创建”按钮,以完成整个项目的创建流程。

组态设置需要选择“设备组态”选型卡,并在“添加新设备”中选择与硬件一致的 CPU 型号,如图 2-1-24 所示,单击选项卡左下角的“添加”按钮完成组态设置。

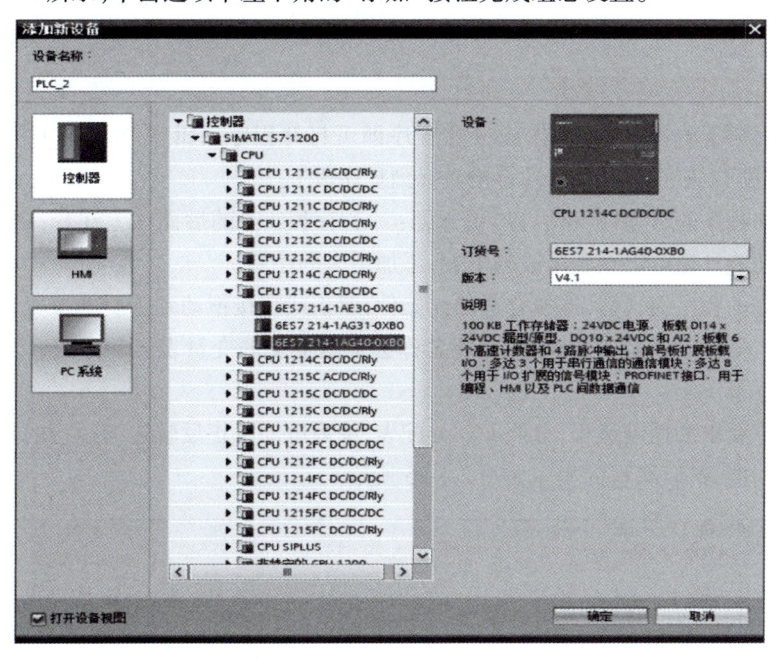

图 2-1-24　添加新设备选项卡

(2)编辑变量表

为了提高程序的可读性和可调试性,在 I/O 较多的程序编写前,通常会根据 I/O 分配表首先编辑变量表,用变量表来记录符号、地址、功能说明等,如 I、Q、M、DW 等。

打开项目树下的“添加新变量表”,在变量表中从左到右依次有“名称”栏、“数据类型”栏、“地址”栏、“保持”栏、“从 HMI 访问”栏、“在 HMI 可见”栏、“注释”栏。按照之前的 I/O 分配表,依次将 SB1、SB2、SB3、KM1、KM2 及相关信息输入到变量表,此时左侧项目栏的变量表名称变成了变量表_1[5],“[5]”中的 5 表示这个变量表中有 5 个变量。最终输入完成的变量表如图 2-1-25 所示。

变量表_1

	名称	数据...	地址	保持	从 H...	从 H...	在 H...	注释
1	SB1	Bool	%I0.0	☐	☑	☑	☑	停止按钮
2	SB2	Bool	%I0.1	☐	☑	☑	☑	正向启动按钮
3	SB3	Bool	%I0.2	☐	☑	☑	☑	反向启动按钮
4	KM1	Bool	%Q0.0	☐	☑	☑	☑	正转控制接触器
5	KM2	Bool	%Q0.1	☐	☑	☑	☑	反转控制接触器

图 2-1-25　变量表选项卡

学习笔记

小提示:

(1)快速生成新的变量。选中与新变量相似的变量名称左侧的紫色标签,此时在标签左下角会有个蓝色的正方形,用鼠标按住正方形不放并向下拖动会生成一个新的变量,新变量的数据类型和地址与原变量相同,名称为原变量加一。

(2)PLC 中有全局变量和局部变量。在 PLC 程序中声明的全局变量是在整个程序中都可以访问的变量,在整个程序中名称唯一且不可重复,用""标志。局部变量只能在声明它们的特定程序块中使用,其作用域仅限于包含它们的程序块,在每个程序块中变量名唯一,用#标志。

步骤四 编写 PLC 程序

打开项目树下的程序块,双击 main 主程序即可打开程序编辑窗口。窗口中会自动出现块标题、程序段 1、程序段 2,并自动定位光标到程序段 1。

为了增加程序的可读性,可以在"块标题:""程序段 1:"的后面加上注释,用以说明本程序段实现的功能。还可以在程序段的下方,添加更多的注释。

打开右侧的程序编辑器,选择合适的元器件,双击或直接拖动到需要的位置,元器件上方会出现 <??? >,修改成需要的地址,地址名称会根据上文的变量表自动生成,接下来就可以进行程序编写了。

根据任务要求和控制流程,参照 I/O 分配表,编写电动机正反转连续运行的程序,同时设计互锁保护功能,最后编写的程序如图 2-1-26 所示。

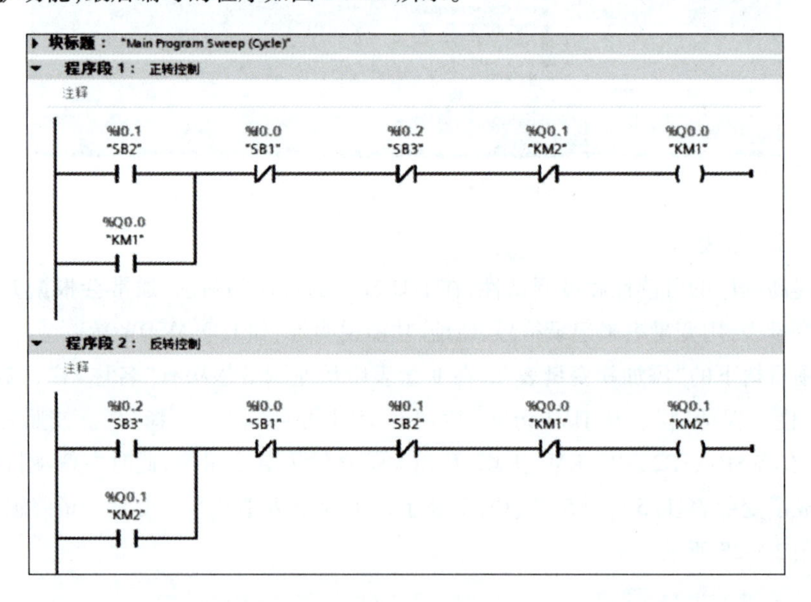

图 2-1-26 电动机正反转的 PLC 程序

在程序编写过程中,为了防止出现突发意外,应养成随时保存的习惯。完成编写后,还需要对程序进行编译,如果程序无误,会显示编译成功;如果程序有错误,则会在下方的巡视窗口显示具体的错误信息,PLC 工程师可以根据提示进行程序修改。

步骤五 调试程序

将程序下载到 CPU 上,测试程序的正确性。按下 SB2,观察电动机是否连续正转;按下

学习笔记

SB1，观察电动机是否停转；按下 SB3，观察电动机是否连续反转；再次按下 SB2，观察电动机是否会改变转向。根据实验现象填写实验记录表，分析结果是否符合控制要求，如果符合要求则完成实验报告，如果不符合控制要求，找出问题并进行修改。

2.1.6　任务巩固

一、填空题

1. 边沿触点指令分为________和________。
2. 置位触发器的符号是________，复位触发器的符号是________。

二、思考题

1. 什么是全局变量？什么是局部变量？它们之间有什么区别？
2. 如何实现正反转的自锁与互锁？

三、程序设计题

采用置位复位指令，实现电动机正反转控制功能，写出梯形图程序。

任务 2.2　电动机星三角降压启动 PLC 控制

2.2.1　任务描述

在三相电动机启动过程中，启动电流较大，所以容量大的电动机必须采取一定的方式启动。其中，星-三角形式换接启动就是一种简便的降压启动方式。即在电动机启动的时候将定子绕组接成星形，在启动完毕后再接成三角形，就可以降低启动电流。本节的三相异步电动机星-三角启动的原理，利用 TON 定时器，设计 S7-1200 PLC 硬件连接电路，并进行软件编程。

设计一个三相异步电动机的星-三角降压启动控制器，按下正转按钮，三相异步电动机正转星形启动，10 s 后，电动机三角形正常运行，整个过程中，按下反转按钮不起作用；若按下反转按钮，电动机反转星形启动，10 s 后三角形正常运行，整个过程中，按下正转按钮，不起作用：任何时间按下停止按钮，电动机立即停止。

传统的继电器-接触器控制方式中也可以实现三相异步电动机的星-三角降压启动。

2.2.2　工作流程

三相异步电动机的星-三角降压启动，是选择时间作为控制参数，涉及按时间规则的控制方式，就必须采用定时器指令来完成：定时器指令分脉冲定时器、接通延时定时器、断开延时定时器和保持型接通延时定时器，如何正确选择定时器，实现按时间规则的控制要求进行编程设计，是本项目设计的关键，三相异步电动机的星-三角降压启动如图 2-2-1所示。

其次，本设计中包含最基本的“起-保-停”控制网络，按下正/反启动按钮，电动机正转启动，按下停止按钮，电动机停止；和正-停-反控制网络，在正转启动后，要切换到反转，必须按下停止按钮；反之，在反转启动后，要切换到正转，也必须按下停止按钮。

学习笔记

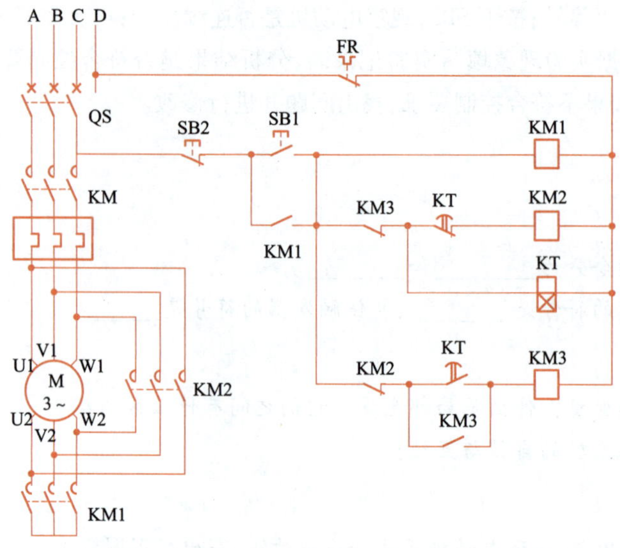

图 2-2-1　三相异步电动机的星-三角降压启动原理图

2.2.3　知识准备

使用定时器指令可创建编程的时间延时。用户程序中可以使用的定时器数仅受 CPU 存储器容量限制。每个定时器均使用 16 字节的 IEC_Timer 数据类型的 DB 结构来存储功能框或线圈指令顶部指定的定时器数据。STEP 7 会在插入指令时自动创建该 DB。定时器共四种类型：脉冲定时器（TP）、接通延时定时器（TON）、断开延时定时器（TOF）、保持性接通延时定时器（TONR），见表 2-2-1。

表 2-2-1　S7-1200 PLC 的定时器指令格式

LAD/FBD 功能框	LAD 线圈	说　明
IEC_Timer_0 TP Time IN　Q PT　ET	TP_DB —（TP）— "PRESET_Tag"	TP 定时器可生成具有预设宽度时间的脉冲
IEC_Timer_1 TON Time IN　Q PT　ET	TON_DB —（TON）— "PFESET_Tag"	TON 定时器在预设的延时过后将输出 Q 设置为 ON
IEC_Timer_2 TOF Time IN　Q PT　ET	TOF_OB —（OF）— "PRESET_Tag"	TOF 定时器在预设的延时过后将输出 Q 重设为 OFF
IEC_Timer_3 TONR Time IN　Q R　ET PT	TONR_DB —（TONR）— PRESET_Tag	TONR 定时器在预设的延时过后将输出 Q 设置为 ON。在使用 R 输入重置经过的时间之前，会跨越多个定时时段一直累加经过的时间

学习笔记

1. 定时器指令参数数据类型

定时器指令参数数据类型见表 2-2-2。

表 2-2-2 定时器指令参数数据类型

参　数	数据类型	说明
功能框:IN 线圈:能流	Bool	TP、TON 和 TONR: 功能框:0 = 禁用定时器,1 = 启用定时器 线圈:无能流 = 禁用定时器,能流 = 启用定时器 TOF: 功能框:0 = 启用定时器,1 = 禁用定时器 线圈:无能流 = 启用定时器,能流 = 禁用定时器
R	Bool	仅 TONR 功能框: 0 = 不重置,1 = 将经过的时间和 Q 位重置为 0
功能框:PT 线圈:"PRESET_Tag"	Time	定时器功能框或线圈:预设的时间输入
功能框:Q 线圈:DBdata. Q	Bool	定时器功能框:Q 功能框输出或定时器 DB 数据中的 Q 位 定时器线圈:仅可寻址定时器 DB 数据中的 Q 位
功能框:ET 线圈:DBdata. ET	Time	定时器功能框:ET(经历的时间)功能框输出或定时器 DB 数据中的 ET 时间值 定时器线圈:仅可寻址定时器 DB 数据中的 ET 时间值

(1)脉冲定时器指令

TP 定时器可生成具有预设宽度时间的脉冲。在脉冲输出期间,即使 IN 输入又出现上升沿,也不会影响脉冲输出。IEC 定时器属于功能块,调用时需要知道配套的背景数据块,定时器指令的数据保存在背景数据块中。IEC 定时器指令没有编号,在使用对定时器复位的 RT 指令时,可以用背景数据块的编号或符号来制订需要复位的定时器,也可以不用复位指令,脉冲定时器指令使用及时序图如图 2-2-2 所示。

视频

脉冲定时器指令

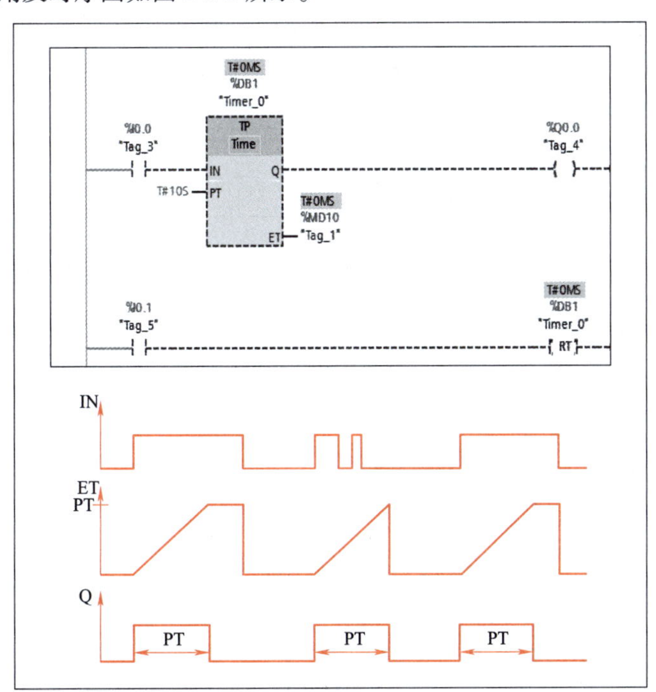

图 2-2-2　脉冲定时器指令使用及时序图

学习笔记

视频

接通延时定时器指令

视频

星三角降压启动控制程序设计

(2)接通延时定时器指令

输入端的输入电路由断开变为接通时开始定时，定时时间大于等于设定时间，输出 Q 为 1。输入端断开，定时器被复位，已耗时间被清零，输出 Q 变为 0。CPU 第一次扫描时定时器输出被清零，图 2-2-3 为接通延时定时器指令使用及时序图。

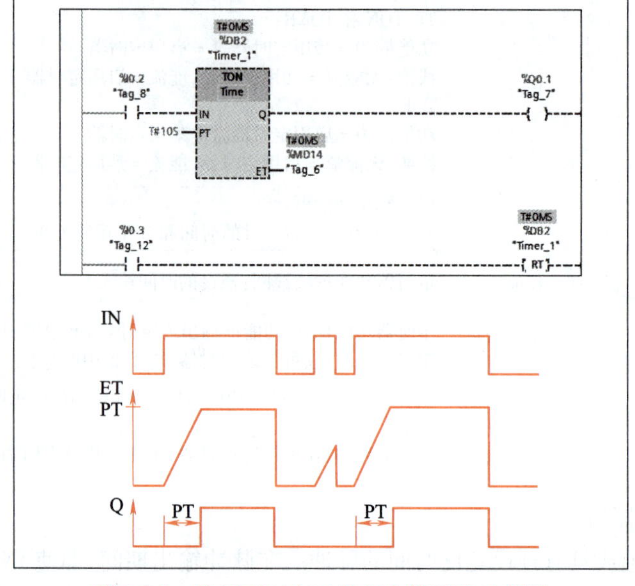

图 2-2-3　接通延时定时器指令使用及时序图

(3)断开延时定时器

断开延时定时器的输入端接通时，输出 Q 为 1，已耗时间被清零，输入电路由接通变为断开时，开始定时。已耗时间从 0 开始逐渐增大。已耗时间大于等于设定时间，输出变为 0，已耗时间不变，直到 IN 输入电路接通。用于设备停止后的延时，例如大型变频电动机的冷却风扇的延时，断开延时定时器指令使用及时序图如图 2-2-4 所示。

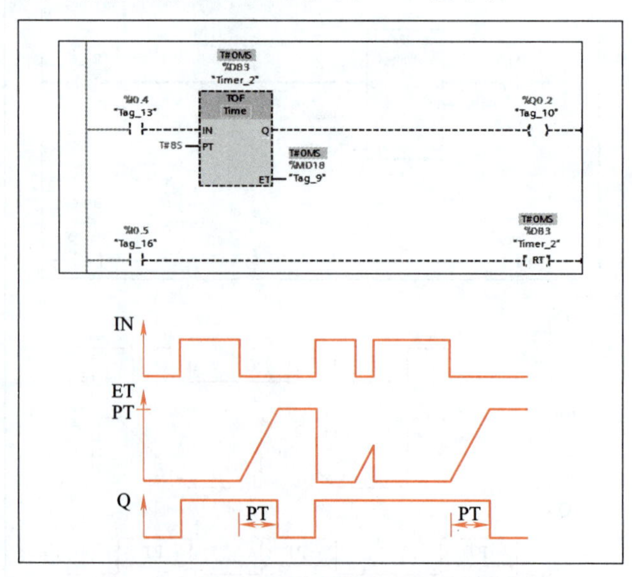

图 2-2-4　断开延时定时器指令使用及时序图

学习笔记

(4)保持性接通延时定时器(TONR)

输入电路接通开始定时,输入电路断开,累计时间保持不变,可以用来累计输入电路接通的若干时间间隔,保持性接通延时定时器指令使用及时序图如图 2-2-5 所示。

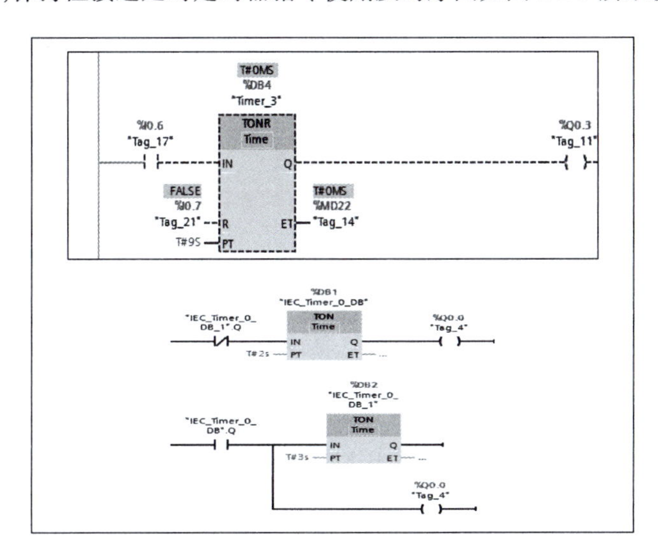

图 2-2-5　保持性接通延时定时器指令使用及时序图

2.2.4　计划决策

根据任务要求与相关资讯,制订本任务的分组计划方案,包括选择合适的 PLC,列举 PLC 控制部分所需的 I/O 端口,列出清单,绘制 PLC 控制部分的 I/O 接线图,组内合理分工,整理完善,形成决策方案,作为工作实施的依据。请将工作过程的方案列入表 2-2-3 中。

表 2-2-3　工作过程决策方案

序号	工作内容	需准备的资料	负　责　人
1	硬件设计:选择合理的 PLC 型号		
2	硬件设计:I/O 地址的分配		
3	硬件设计:绘制控制电路接线图(PLC 外围接线图)		
4	软件设计:PLC 变量定义		
5	软件设计:梯形图程序设计		
6	调试:在监视表中添加变量		
7	调试:按下正转启动按钮		

2.2.5　任务实施

步骤一　硬件设计

1. 合理选择系列 PLC

分析任务要求,根据西门子 PLC 的选型手册,初步分析需要多少 I/O 点,思考 S7-1200 系列 PLC 的型号有哪些,确定最佳的 PLC 为 CPU1214C AC/DC/RLY。

学习笔记

2. I/O 地址分配

星三角降压启动的 I/O 地址分配见表 2-2-4。

表 2-2-4　星三角降压启动的 I/O 地址分配

输入信号	SB1 正转启动按钮	I0. 0
	SB2 反转启动按钮	I0. 1
	SB3 停止按钮	I0. 2
输出信号	正转线圈 KM1	Q0. 0
	反转线圈 KM2	Q0. 1
	星形线圈 KM3	Q0. 2
	三角形线圈 KM4	Q0. 3

3. 控制电路的接线图

PLC 外围接线图如图 2-2-6 所示。

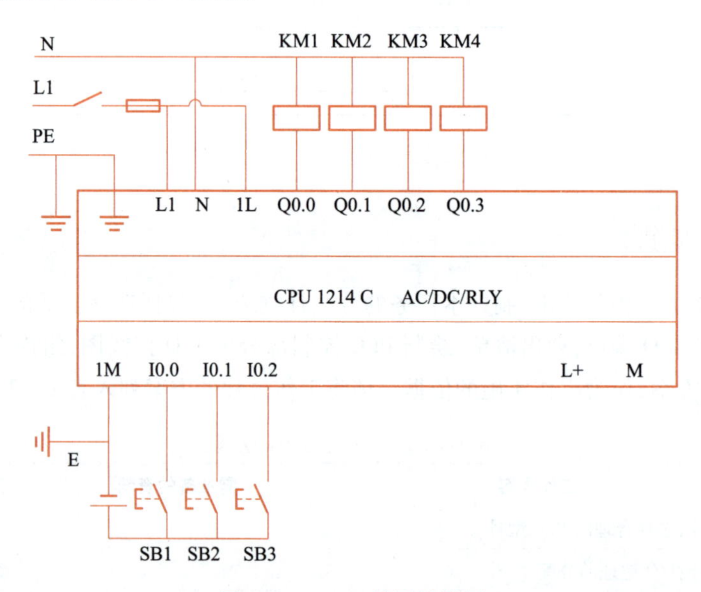

图 2-2-6　PLC 外围接线图

步骤二　软件设计

1. PLC 变量定义

PLC 的变量表设置如图 2-2-7 所示。

变量 table_1

	名称	数据类型	地址	保持	在 H...	可从 ...	注释
1	正转启动	Bool	%I0.0	☐	☑	☑	
2	反转启动	Bool	%I0.1	☐	☑	☑	
3	停止	Bool	%I0.2	☐	☑	☑	
4	正转线圈	Bool	%Q0.0	☐	☑	☑	
5	反转线圈	Bool	%Q0.1	☐	☑	☑	
6	星型线圈	Bool	%Q0.2	☐	☑	☑	
7	三角型线圈	Bool	%Q0.3	☐	☑	☑	

图 2-2-7　PLC 的变量表设置

学习笔记

2. 梯形图程序设计

用脉冲定时器实现的星三角降压梯形图程序如图 2-2-8 所示。

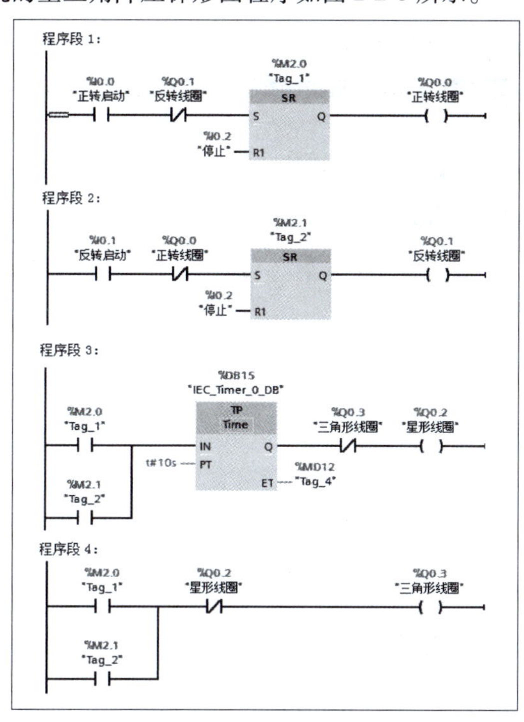

图 2-2-8　PLC 实现星三角降压启动控制程序(1)

用接通延时定时器实现星三角的梯形图程序如图 2-2-9 所示。

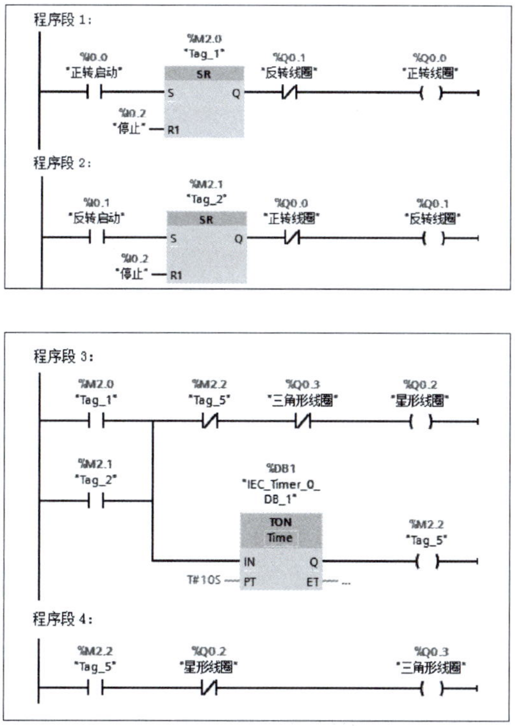

图 2-2-9　PLC 实现星三角降压启动控制程序(2)

学习笔记

步骤三 调试

1. 在监控表中添加变量

PLC 实现星三角降压启动控制监控变量表如图 2-2-10 所示。

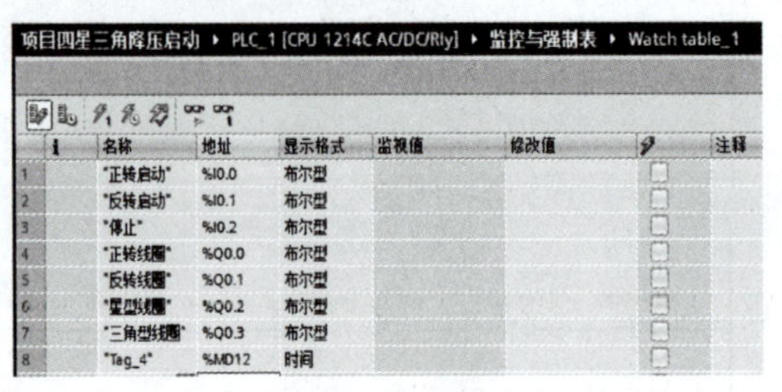

	i	名称	地址	显示格式	监视值	修改值		注释
1		"正转启动"	%I0.0	布尔型				
2		"反转启动"	%I0.1	布尔型				
3		"停止"	%I0.2	布尔型				
4		"正转线圈"	%Q0.0	布尔型				
5		"反转线圈"	%Q0.1	布尔型				
6		"星型线圈"	%Q0.2	布尔型				
7		"三角型线圈"	%Q0.3	布尔型				
8		"Tag_4"	%MD12	时间				

图 2-2-10　PLC 实现星三角降压启动控制监控变量表

2. 按下“正转启动”按钮，监视程序执行

PLC 实现星三角降压启动控制监控变量表监视运行，如图 2-2-11 所示。

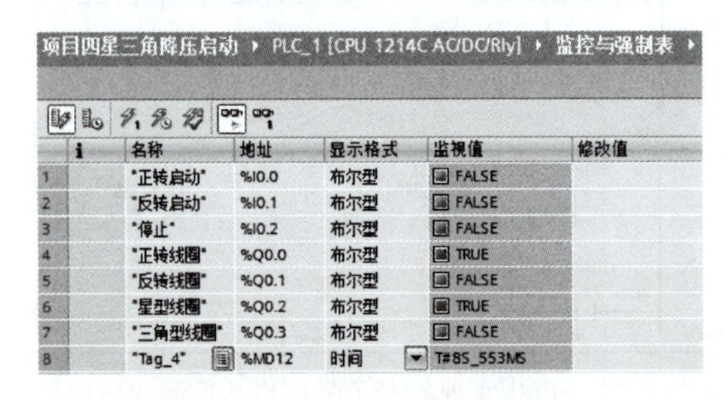

	i	名称	地址	显示格式	监视值	修改值
1		"正转启动"	%I0.0	布尔型	FALSE	
2		"反转启动"	%I0.1	布尔型	FALSE	
3		"停止"	%I0.2	布尔型	FALSE	
4		"正转线圈"	%Q0.0	布尔型	TRUE	
5		"反转线圈"	%Q0.1	布尔型	FALSE	
6		"星型线圈"	%Q0.2	布尔型	TRUE	
7		"三角型线圈"	%Q0.3	布尔型	FALSE	
8		"Tag_4"	%MD12	时间	T#8S_553MS	

图 2-2-11　PLC 实现星三角降压启动控制监控变量表监视运行

小提示：

首先按照 I/O 接线图进行配线，安装方法及要求与接触器-继电器电路相同。运行调试的具体步骤：

（1）在断电状态下，连接好通信电缆。

（2）打开 PLC 的前盖，将运行模式开关拨到 STOP 位置，此时 PLC 处于停止状态，或者单击工具栏中的 STOP 按钮，可以进行程序编写。

（3）在作为编程器的 PC 上，运行 TIA 博途编程软件。

（4）创建新项目并进行设备组态。

（5）打开程序编辑器，录入梯形图程序。

（6）执行编辑→编译命令，编译程序。

（7）将控制程序下载到 PLC。

（8）将运行模式选择开关拨到 RUN 位置，或者单击工具栏的 RUN（运行）按钮使 PLC 进入运行方式。

（9）拨动开关，观察指示灯亮灭情况是否正常。

2.2.6　任务巩固

1. 设计一个八路抢答器，SB0 为出题按钮，SB1 ~ SB8 为八个抢答器的按钮，SB9 为复位按钮。当按下出题按钮后，对应的出题指示灯按 0.5 s/0.5 s 闪烁，方可开始抢答。此后任何时刻按下一个抢答器的按钮，数码管上显示相应的数字 1 ~ 8，出题指示灯灭，一旦抢答成功后，此时再按其余七个按钮，抢答无效。答题结束，同时按 SB9，对应的数码管灭，方可进行新一轮抢答。如果按开始按钮后 10 s 内无人应答，则该题作废，此时按任何一个抢答按钮均无效。如果要清除可按 SB9，方可进行新一轮抢答。

2. 使用 S7-1200 PLC 的计数器指令实现三相异步电动机的星三角降压启动控制。第一次按下启动按钮主接触器 KM1 得电，Y 接触器 KM2 得电，电动机星形降压启动，过一段时间，第二次按下启动按钮 Y 接触器 KM2 失电，△接触器 KM3 得电，电动机正常运转。当按下停止按钮时，电动机立刻停止。星三角降压启动控制要求加软件和硬件互锁。画出接线图，并编写梯形图程序。

学习笔记

任务 2.3　电动机顺序启停的 PLC 控制

2.3.1　任务描述

视频

电动机顺序启动程序设计

使用 S7-1200 PLC 实现车床主轴及润滑电动机的控制。为了保护车床主轴电动机，主轴电动机在加工零件前需要润滑油泵电动机先行启动，然后主轴电动机才能启动；主轴电动机停止以后润滑油泵电动机才能停止，即两台电动机的顺序起启和逆序停止控制，时间间隔均为 10 s，同时要求两电动机有运行指示、数控车床 CK61140-2000 如图 2-3-1所示。

图 2-3-1　数控车床 CK61140-2000

2.3.2　工作流程

三相异步电动机的星三角降压启动，选择时间作为控制参数。涉及按时间规则的控制方式，就必须采用定时器指令来完成：定时器指令分为脉冲定时器、接通延时定时器、断开延时定时器和保持型接通延时定时器，如何正确选择定时器，实现按时间规则的控制要求进行编程设计，是本项目设计的关键。

本设计中包含最基本的“起-保-停”控制网络，按下正/反启动按钮，电动机正转启动，按下停止按钮，电动机停止；正-停-反控制网络，在正转启动后，要切换到反转，必须按下停止按

学习笔记

钮；反之，在反转启动后，要切换到正转，也必须按下停止按钮。

2.3.3 知识准备

【例1】利用定时器设计输出脉冲周期和占空比都可调的，要求接通3 s，断开2 s。

闪烁电路实际上是一个具有正反馈的振荡电路。第一个定时器IEC_Time_0_DB，其输出的Q位信号可以表示为“IEC_Time_0_DB”.Q；第二个定时器IEC_Time_0_DB_1，其输出的Q位信号可以表示为“IEC_Time_0_DB_1”.Q。

上电开始，第一个定时器IEC_Tine_0_CB输入为1，开始定时，2 s后定时时间到，它的常开触点“IEC_Time_0_DB”.Q闭合，能流入第二个定时器IEC_Tine_0_DB_1，并开始定时，同时Q0.0线圈接通。3 s后第二个定时器定时时间到，输出为1，下一个扫描周期使其输出的常闭触点“IEC_Tine_0_DB_1”.Q断开，第一个定时器输入开路，使Q输出为0，使Q0.0和第二个定时器的Q输出也变为0状态。再下一个扫描周期因第二个定时器的常闭触点接通，第一个定时器又从预置值开始定时，以后Q0.0线圈这样周期性的接通与断开，图2-3-2为接通延时定时器实现闪烁电路程序。

【例2】利用定时器设计输出脉冲信号Q0.0，要求：接通3 s，断开2 s。可以用脉冲定时器实现此功能，脉冲定时器实现闪烁电路程序如图2-3-3所示。

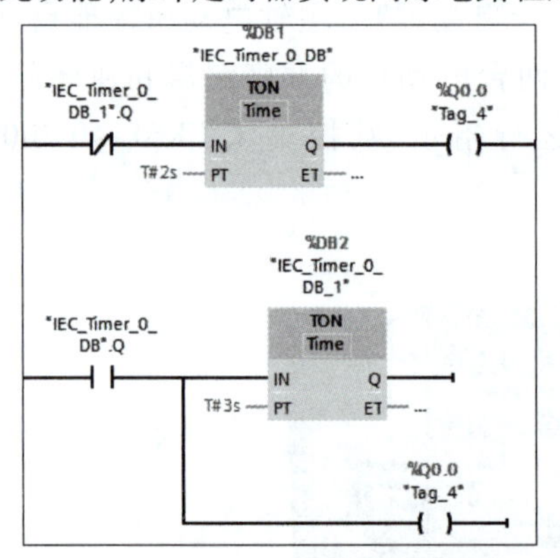

图2-3-2　接通延时定时器实现闪烁电路程序

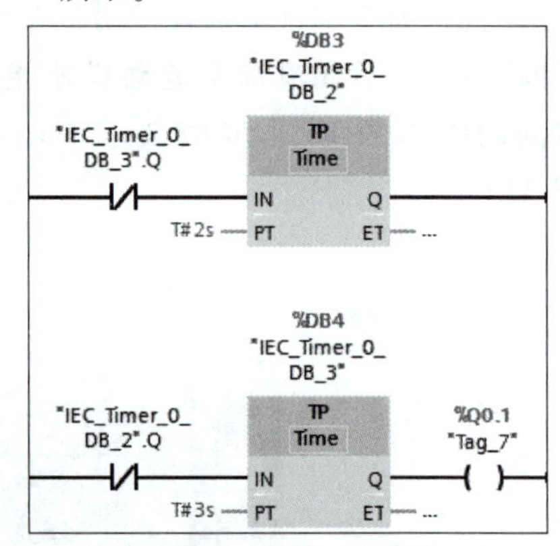

图2-3-3　脉冲定时器实现闪烁电路程序

2.3.4 计划决策

根据任务要求与相关资讯，制订本任务的分组计划方案，包括选择合适的PLC，列举PLC控制部分所需的I/O端口，列出清单，绘制PLC控制部分的I/O接线图，组内合理分工，整理完善，形成决策方案，作为工作实施的依据。请将工作过程的方案列入表2-3-1中。

表2-3-1　工作过程决策方案

序号	工作内容	需准备的资料	负　责　人
1	硬件设计：选择合理的PLC型号		
2	硬件设计：I/O地址的分配		
3	硬件设计：绘制控制电路接线图（PLC外围接线图）		
4	软件设计：PLC变量定义		
5	软件设计：梯形图程序设计		

续表

序号	工作内容	需准备的资料	负　责　人
6	调试:在监视表中添加变量		
7	调试:按下主轴电动机启动按钮		

2.3.5　任务实施

步骤一　硬件设计

1. 合理选择系列 PLC

分析任务要求,根据西门子 PLC 的选型手册,初步分析需要多少 I/O 点,思考 S7-1200 系列 PLC 的型号有哪些,确定最佳的 PLC 为 CPU1214C AC/DC/RLY。

2. I/O 地址分配

根据 PLC 输入输出点分配原则及本案例控制要求,对本案例进行 I/O 地址分配,见表 2-3-2。

表 2-3-2　车床电动机顺序启动控制 I/O 地址分配表

输　入		输　出	
输入继电器	元件	输出继电器	元件
I0. 0	主轴电动机启动 SB1	Q0. 0	主轴电动机 KM1
I0. 1	主轴电动机停止 SB2	Q0. 1	润滑电动机 KM2
I0. 2	润滑电动机启动 SB3	Q0. 2	主轴电动机指示 HL1
I0. 3	润滑电动机停止 SB4	Q0. 3	润滑电动机指示 HL2
I0. 4	主轴电动机过载 FR1		
I0. 5	润滑电动机过载 FR2		

3. 控制电路的接线图

根据控制要求及表 2-3-2 的 I/O 分配表,主轴及润滑电动机的 PLC 控制硬件原理图在此省略(两台电动机的主电路均为直接启动),后续项目无特殊说明也将主电路省略,PLC 控制电路如图 2-3-4 所示。

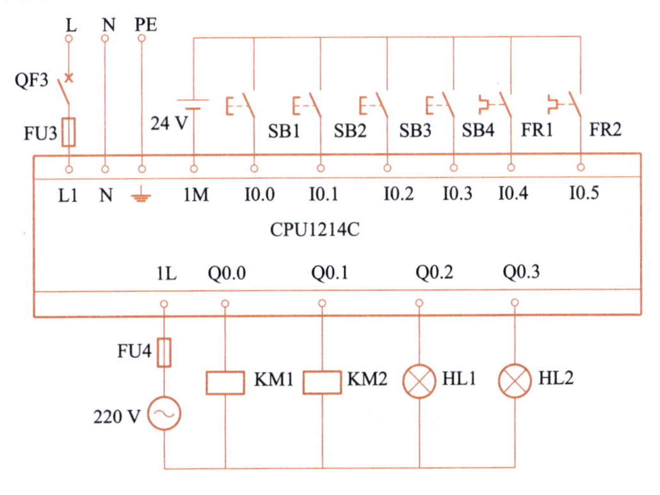

图 2-3-4　主轴及润滑电动机 PLC 控制的控制电路

学习笔记

在实际使用中，如果指示灯与交流接触器的线圈电压等级不相同，则不能采用图 2-3-4 所示的输出回路接法。如指示灯额定电压为直流 24 V，交流接触器的线圈额定电压为交流 220 V，则可采用图 2-3-5 所示的输出接法。CPU1214C 输出点共有 10 点，分两组，每组 5 个输出点。其公共端为 1L 的输出点为 Q0.0～Q0.4，公共端为 2L 的输出点为 Q0.5～Q1.1。

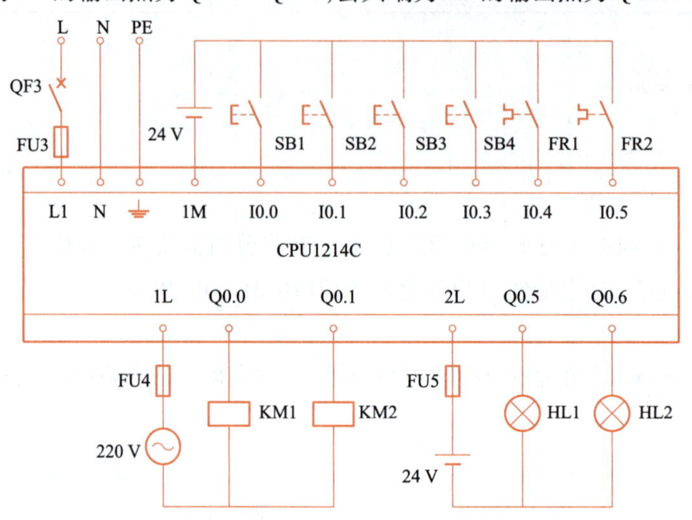

图 2-3-5　不同电压等级负载的接法之一

如果 PLC 的输出点不够系统分配，而且又需要有系统各种工作状态指示，可采用图 2-3-6 所示的输出接法。

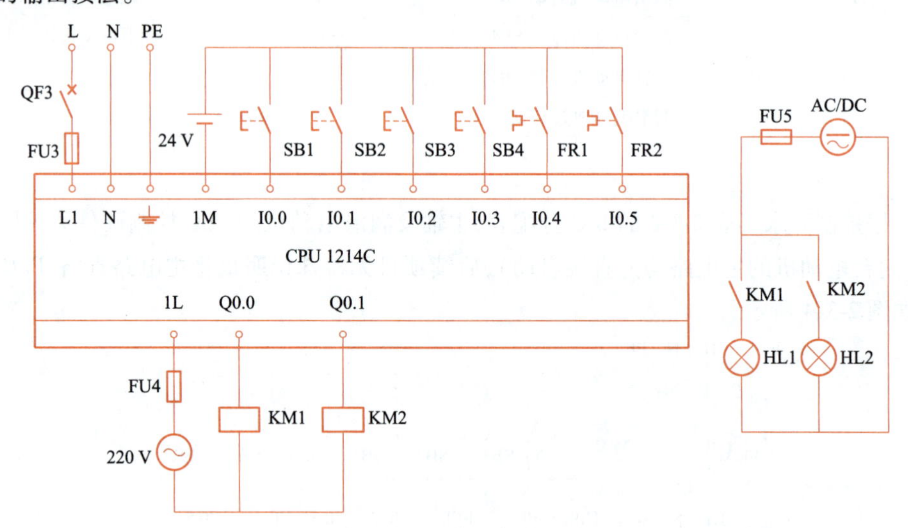

图 2-3-6　不同电压等级负载的接法之二

步骤二　软件设计

1. 创建工程项目

双击桌面上的 TIA 图标，打开 TIA 博途编程软件，在 Portal 视图中选择“创建新项目”命令，输入项目名称 ZR_sqnt，选择项目保存路径，然后单击“创建”按钮创建项目完成，并进行项目的硬件组态。

2. 编辑变量表

PLC 的变量表设置如图 2-3-7 所示。

学习笔记

ZR_sqnt ▸ PLC_1 [CPU 1214C AC/DC/Rly] ▸ PLC 变量 ▸ 变量表_1 [10]

变量　用户常量

变量表_1

	名称	数据类型	地址	保持	在 H...	可从 ...
1	主轴电机起动SB1	Bool	%I0.0	☐	☑	☑
2	主轴电机停止SB2	Bool	%I0.1	☐	☑	☑
3	润滑电机起动SB3	Bool	%I0.2	☐	☑	☑
4	润滑电机停止SB4	Bool	%I0.3	☐	☑	☑
5	主轴电机过载FR1	Bool	%I0.4	☐	☑	☑
6	润滑电机过载FR2	Bool	%I0.5	☐	☑	☑
7	主轴电机KM1	Bool	%Q0.0	☐	☑	☑
8	润滑电机KM2	Bool	%Q0.1	☐	☑	☑
9	主轴电机指示HL1	Bool	%Q0.2	☐	☑	☑
10	润滑电机指示HL2	Bool	%Q0.3	☐	☑	☑

图 2-3-7　PLC 的变量设置

3. 编写程序

用脉冲定时器实现的星三角降压梯形图程序如图 2-3-8 和图 2-3-9 所示。

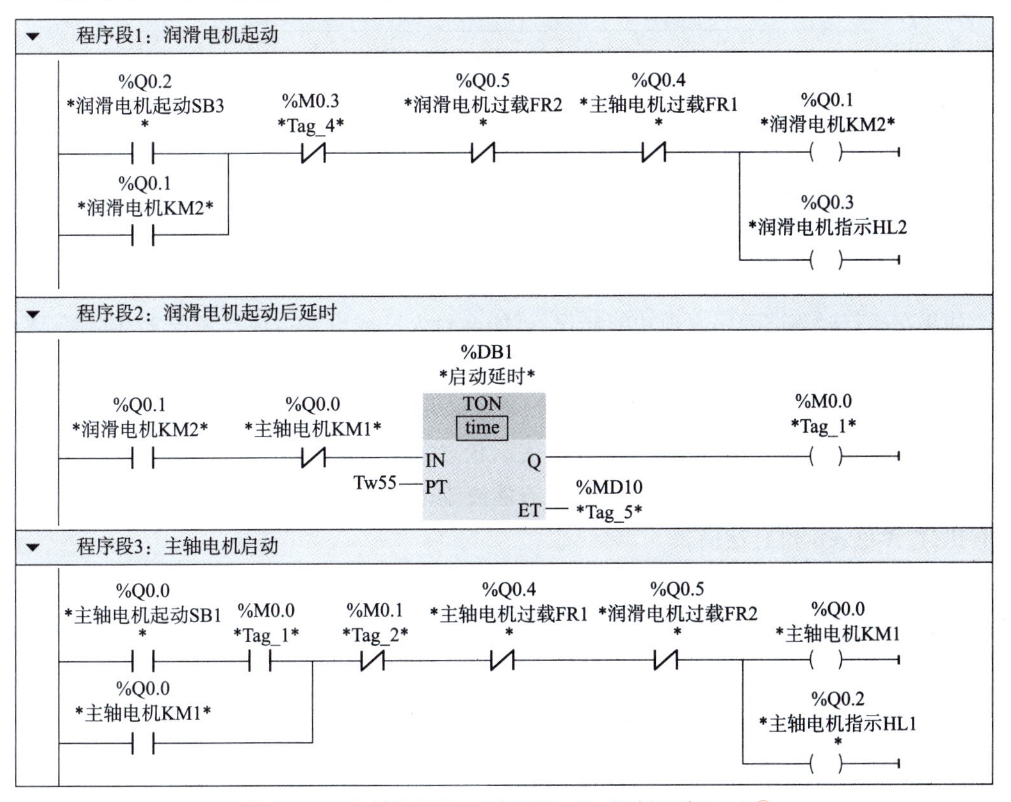

图 2-3-8　主轴及润滑电动机的 PLC 控制程序(一)①

步骤三　调试程序

对于相对复杂的程序，需要反复调试才能确定程序的正确性，方可投入使用。S7-1200 PLC 提供两种调试用户程序的方法：程序状态与监控表（watch table）。本任务主要介绍程序状态法调试用户程序。当然使用 TIA 博途软件仿真功能也可调试用户程序，但要求 TIA 博途软件版本在 V13 及以上，且 S7-1200 PLC 的硬件版本在 V4.0 及以上方可使用仿真功能。

程序状态可以监视程序的运行，显示程序中操作数的值和网络的逻辑运行结果（RLO），

① 类似图为软件截屏图，图中润滑电机即润滑电动机，主轴电机即主轴电动机，下同。

学习笔记

查找到用户程序的逻辑错误，还可以修改某些变量的值。

程序段4：主轴电机停止并延时

%Q0.1 *主轴电机停止SB2* 　%Q0.0 *主轴电机KM1* 　%Q0.1 *润滑电机KM2* 　%M0.1 *Tag_2*

%M0.1 *Tag_2*

%DB2 *停止延时*

TON Time

IN 　Q 　%M0.2 *Tag_3*

T#5S — PT 　ET — %MD20 *Tag_6*

程序段5：主轴电机停止后润滑电机方可停止

%Q0.3 *润滑电机停止SB4* 　%M0.2 *Tag_3* 　%M0.3 *Tag_4*

图 2-3-9　主轴及润滑电动机的 PLC 控制程序(二)

(1)启动程序状态监视

与 PLC 建立好在线连接后，打开需要监视的代码块，单击程序编辑器工具栏上的按钮，启动程序状态监视。如果在线(PLC 中的)程序与离线(计算机中的)程序不一致，将会出现警告对话框。需要重新下载项目，在线、离线的项目一致后，才能启动程序状态功能。进入在线模式后，程序编辑器最上面的标题栏变为橘红色。

如果在运行时测试程序出现功能错误，可能会对人员或设备造成严重损害，应确保不会出现这样的危险情况。

(2)程序状态的显示

启动程序状态后，梯形图用绿色连续线表示状态满足，即有能流流过，如图 2-3-10 中浅绿色的实线。用蓝色虚线表示状态不满足，没有能流流过。用灰色连续线表示状态未知或程序没有执行，黑色表示没有连接。

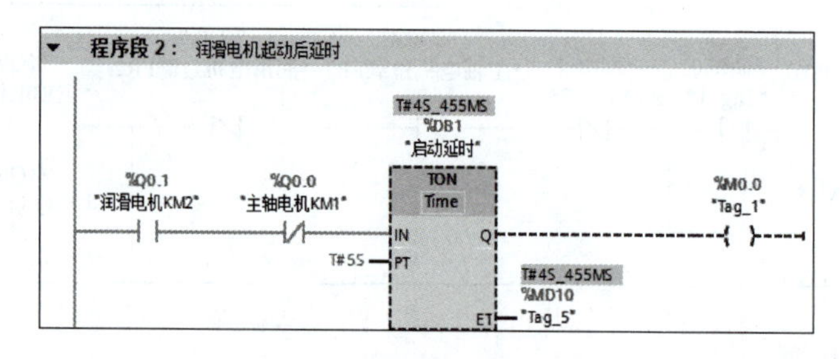

图 2-3-10　程序状态监视下的程序段 2—M0.0 线圈未得电

Bool 变量为“0”状态和“1”状态时，它们的常开触点和线圈分别用蓝色虚线和绿色连续线来表示，常闭触点的显示与变量状态的关系则反之。

进入程序状态之前，梯形图中的线和元件因为状态未知，全部为黑色。启动程序状态监视后，梯形图左侧垂直的“电源”线和与它连接的水平线均为连续的绿线，表示有能流从“电源”线流出。有能流流过的处于闭合状态的触点、方框指令、线圈和“导线”均用连续的绿色线表示。

从图 2-3-11 中可以看出润滑电动机已启动，正处在主轴电动机启动延时阶段，TON 的 IN 输

入端有能流流入，开始定时。TON 的已耗时间值 ET 从 0 开始增大。当到达 5 s 时，定时器的输出位 M0.0 变为“1”状态，M0.0 的线圈通电，其常开触点接通，表示此时可以启动主轴电动机。

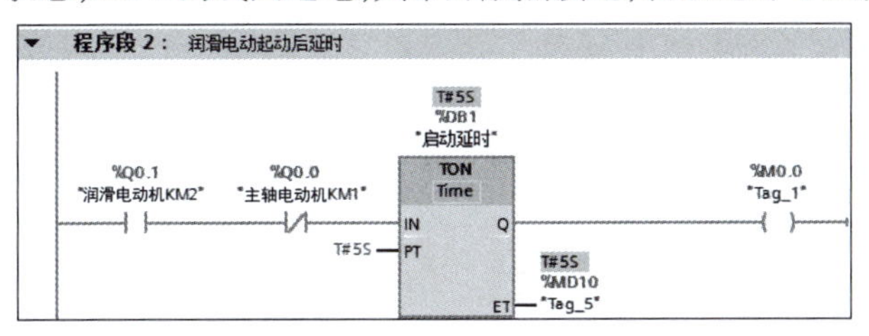

图 2-3-11　程序状态监视下的程序段 2-M0.0 线圈已得电

(3)在程序状态修改变量的值

右击程序状态中的某个变量，执行出现的快捷菜单中的某个命令，可以修改该变量的值：对于 Bool 变量，执行“修改”→“修改为 1”或“修改”→“修改为 0”命令；对于其他数据类型的变量，执行“修改”→“修改操作数”命令；也可以修改变量在程序段中显示格式，如图 2-3-12 所示。不能修改连接外部硬件输入电路的输入过程映像(I)的值。如果被修改的变量同时受到程序的控制(如受线圈控制的 BOOL 变量)，则程序控制的作用优先。

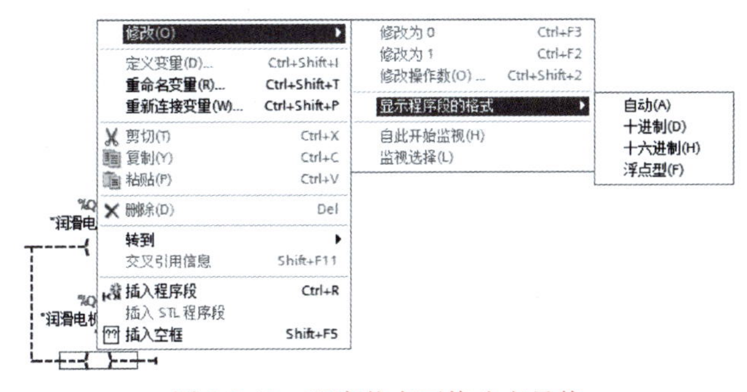

图 2-3-12　程序状态下修改变量值

将调试好的用户程序下载到 CPU 中，并连接好线路。按下润滑电动机启动按钮 SB3，观察润滑电动机是否启动并运行，同时观察定时器 DB1 的定时时间，延时 5 s 后，再按下主轴电动机启动按钮 SB1，观察主轴电动机是否启动并运行；按下润滑电动机停止按钮 SB4，观察润滑电动机是否停止运行，同时观察定时器 DB2 的定时时间，延时 5 s 后，再按下主轴电动机停止按钮 SB2，观察主轴电动机是否停止运行。若上述调试现象与控制要求一致，则说明本任务实现。

小提示：

如果 PLC 的输出点不够系统分配，而且又需要有系统各种工作状态指示，可采用负载额定电压不同、负载额定电压相同所示的输出接法。

2.3.6　任务巩固

1. 用 PLC 实现两台小容量电动机的顺序启动和顺序停止控制，要求第一台电动机启动 3 s后第二台电动机自行启动；第一台电动机停止 5 s 后第二台电动机自行停止。若任一台电动机过载，两台电动机均立即停止运行。

2. 某机械设备有 4 台电动机，要求：按下启动按钮，第 1 台电动机 M1 启动；运行 5s 后，第 2 台电动机 M2 启动；M2 运行 10 s 后，第 3 台电动机 M3 启动；M3 运行 8 s 后，第 4 台电动机 M4 启动。按下停止按钮，4 台电动机全部停止。在启动过程中，指示灯闪烁，在运行过程中，指示灯长亮。

灯光显示的人机界面监控

学习笔记

项目导入

随着工业自动化水平的迅速提高和计算机在工业领域的广泛应用，开放式人机界面配合工业自动化组态软件能够灵活组态，满足对控制对象的各种监测和控制要求，提高生产过程的自动化控制水平。西门子公司配套西门子 PLC 开发生产的工业组态设备叫作人机界面(human machine interface，HMI)，配合专用软件 TIA 博途集成的 WinCC 软件，可以根据控制对象组态画面，下载至设备中并运行，实现对工业生产的过程监测和控制。本项目通过生产线产品计数控制、交通信号灯控制和彩灯循环显示控制三个任务，学习计数器指令、数据比较指令、数据移动指令以及 HMI 编程和设计，从而监控 PLC 的方法。

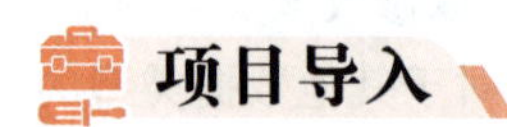

学习目标

【知识目标】

✧ 掌握计数器(CTU、CTD、CTUD)指令。

✧ 掌握比较指令的应用。

✧ 掌握移动指令和循环指令的使用方法。

✧ 掌握 HMI 组态软件的方法。

【能力目标】

✧ 会合理掌握计数器的复位时机。

✧ 能分析生产线产量计数案例合理利用计数器指令。

✧ 能分析交通灯控制的案例合理利用比较指令和定时器。

✧ 能合理分析彩灯循环控制案例合理利用数据移动指令。

✧ 能合理利用 HMI 组态软件进行界面设计和控件使用。

✧ 能准确进行 HMI 变量的连接和动画设计方法。

【素质目标】

✧ 培养学生现场施工的安全意识和规范意识。

✧ 具备与他人协作、交流的沟通能力。

✧ 培养学生精益求精的工匠精神。

学习笔记

视频

产量计数指示灯控制程序设计

任务 3.1　生产线产品计数控制

3.1.1　任务描述

应用定时器和计数器指令，编写 PLC 程序，实现生产线产品计数控制。学习西门子组态软件和 HMI 触摸屏编程和使用方法，设计组态界面，建立变量连接，下载至触摸屏运行调试，最终实现触摸屏监控产品数量变化。某企业生产线上产品数量检测传送带，传送带启动后，运输产品通过检测器进行计数，计满 4 个产品，机械手电磁铁动作 1 次进行搬运，机械手动作后，延时 5 s，将机械手电磁铁切断，同时将计数器复位，重新开始计数，直到按下停止按钮如图 3-1-1 所示。

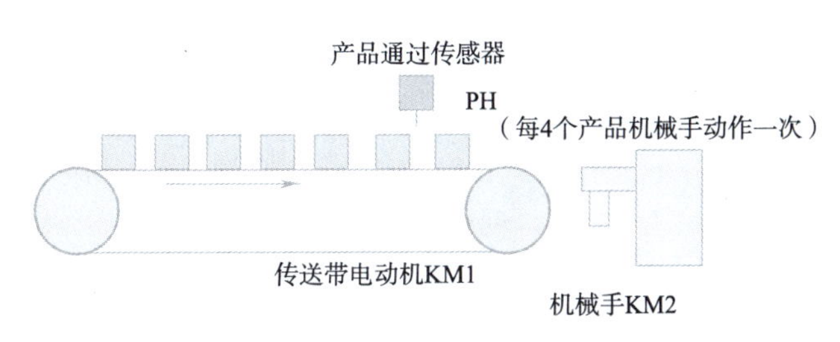

图 3-1-1　生产线产品计数控制

3.1.2　工作流程

根据任务描述，结合企业对电气调试技术员的岗位能力和工作流程的要求，分析本次任务的工作流程如下：

①分析生产线产品计数显示控制工作过程。

②描述所安装的 PLC 系统的工作过程、工时、数量，列举工作任务的技术要求，明确项目任务和个人任务要求，服从工作安排。

③根据控制要求，分析西门子系列 PLC 的相关性能指标，选择合适的 PLC。

④根据任务要求，进行 HMI 组态软件进行界面设计及变量连接。

⑤列举 PLC 控制部分所需的 I/O 端口，列出清单。

⑥通过绘图软件，绘制 PLC 控制部分的 I/O 接线图。

⑦设计完毕后通过比对相关设备进行自检，并配合相关人员调试。

⑧填写相关表格并交付相关部门验收，并签字确认。

3.1.3　知识准备

1. 计数器指令

视频

计数器指令

S7-1200 PLC 不支持 S7 计数器，只支持 IEC 计数器。S7-1200 PLC 有 3 种 IEC 计数器：加计数器（CTU）、减计数器（CTD）和加减计数器（CTUD）。它们属于软件计数器，其最大计数频率受扫描周期的限制。如果需要频率更高的计数器，可以使用 CPU 内置的高速计数器。

IEC 计数器指令是函数块，调用它们时，需要生成保存计数器数据的背景数据块。CU 和 CD 分别是加计数输入和减计数输入，在 CU 或 CD 由 0 状态变为 1 状态时，当前计数器值 CV

学习笔记

被加1或减1。PV为预设计数值，Q为布尔输出。R为复位输入，CU、CD、R和Q均为Bool变量。

将指令列表的“计数器操作”文件夹中的CTU指令拖放到工作区，单击框中CTU下面的3个问号，再单击问号右边出现的下拉按钮，用下拉式列表设置PV和CV的数据类型为Int。

PV为预设计数值，CV为当前计数器值，它们可以使用的数据类型如图3-1-2所示。各变量均可以使用I（仅用于输入变量）、Q、W、D和L存储区，PV还可以使用常数。

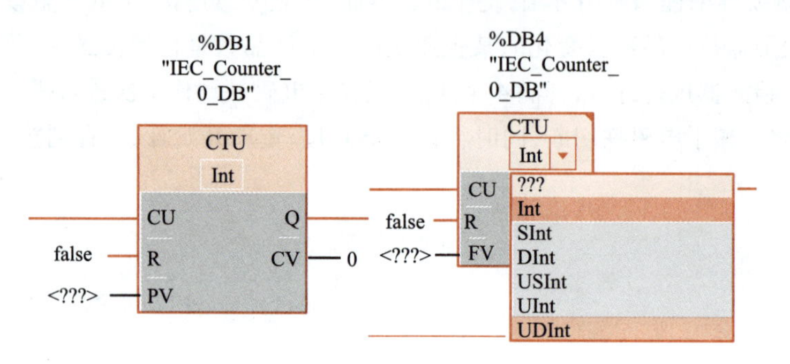

图3-1-2　设置计数器的数据类型

（1）加计数器

当接在R输入端的复位输入I0.1为0状态，如图3-1-3所示，接在CU输入端的加计数脉冲输入电路由断开变为接通时，当前计数器值CV加1，直到CV达到指定的数据类型的上限值。此后CU输入信号不再起作用，CV的值不再增加。

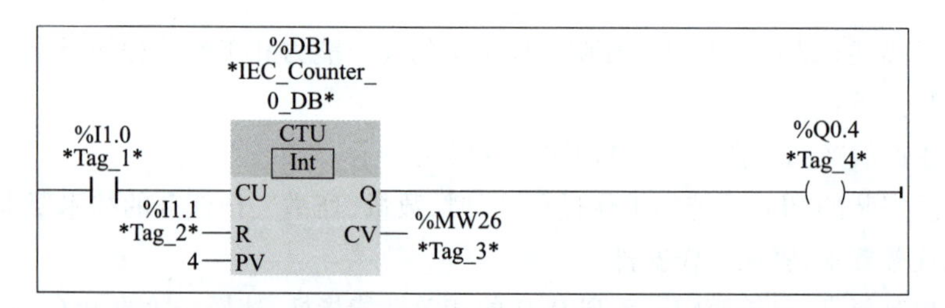

图3-1-3　加计数器

CV大于等于预设计数器值PV时，输出Q为1状态，反之为0状态。第一次执行指令时，CV被清零。各类计数器的复位输入R为1状态时，计数器被复位，输出Q变为0状态，CV被清零。如图3-1-4所示是加计数器的波形图。

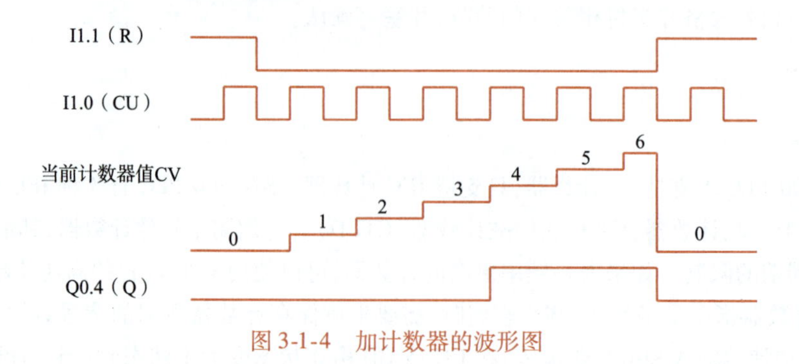

图3-1-4　加计数器的波形图

(2)减计数器

如图 3-1-5 所示,减计数器的装载输入 LD 为 1 状态时,输出 Q 被复位为 0,并把预设计数值 PV 的值装入 CV。LD 为 1 状态时,减计数器输入 CD 不起作用。LD 为 0 状态时,在减计数器输入 CD 的上升沿,当前计数器值 CV 减 1,直到 CV 达到指定额数组类型的下限值。此后 CD 输入信号的状态变化不再起作用,CV 的值不再减小。

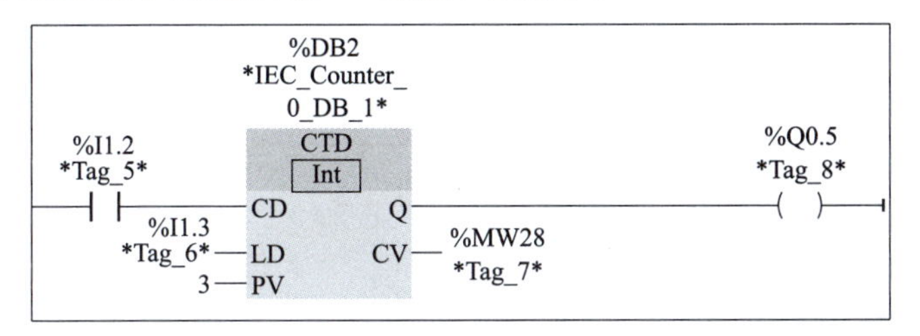

图 3-1-5　减计数器

当前计数器值 CV 小于等于 0 时,输出 Q 为 1 状态,反之 Q 为 0 状态。第一次执行指令时,CV 被清零。减计数器的波形图如图 3-1-6 所示。

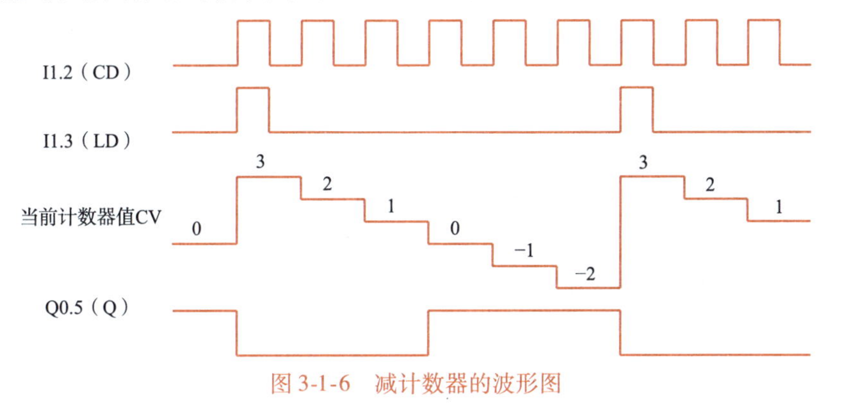

图 3-1-6　减计数器的波形图

(3)加减计数器

在加减计数器的加计数器输入 CU 的上升沿(见图 3-1-7),当前计数器值 CV 加 1,CV 达到指定的数据类型的上限值时不再增加。在减计数器输入 CD 的上升沿,CV 减 1,CV 达到指定的数据类型的下限值时不再减小。

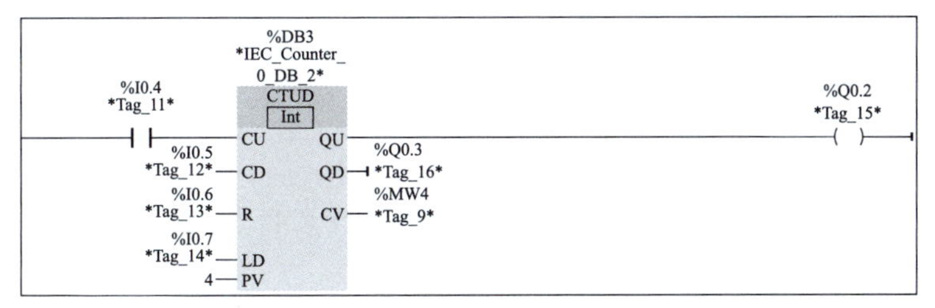

图 3-1-7　加减计数器

如果同时出现计数脉冲 CU 和 CD 的上升沿,则 CV 保持不变。CV 大于等于预设计数值 PV 时,输出 QU 为 1,反之为 0。CV 小于等于 0 时,输出 QD 为 1,反之为 0。

装在输入 LD 为 1 状态时,预设值 PV 被装入当前计数值 CV,输出 QU 变为 1 状态,QD 被复位为 0 状态。

复位输入 R 为 1 状态时,计数器被复位,CV 被清零,输出 QU 变为 0 状态,QD 被复位为 1 状

学习笔记

态。R 为 1 状态时，CU、CD 和 LD 不再起作用。加减计数器的计数波形图如图 3-1-8 所示。

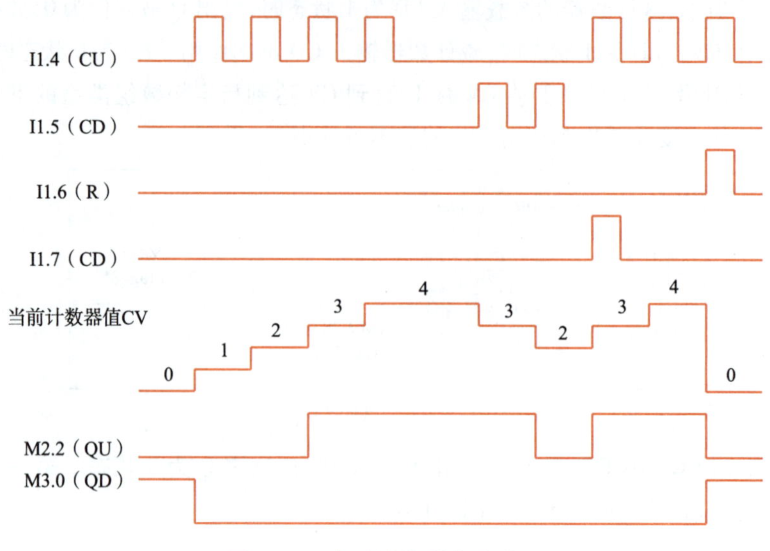

图 3-1-8　加减计数器的波形图

2. 计数器指令应用示例

（1）加减计数器应用示例

设计一个程序，实现一个按钮控制一盏灯的亮灭，即：奇数次按下按钮时，灯亮；偶数次按下按钮时，灯灭。

当 I0.0 第一次闭合时，M2.0 接通一个扫描周期，使得 Q0.0 线圈得电一个扫描周期，当下一次扫描周期到达，Q0.0 常开触点闭合自锁，灯亮。当 I0.0 第二次合上时，M2.0 接通一个扫描周期，当计数器计数为 2 时，M2.1 线圈得电，从而 M2.1 常闭触点断开，Q0.0 线圈断电，使得灯灭，同时计数器复位。梯形图程序如图 3-1-9 所示。

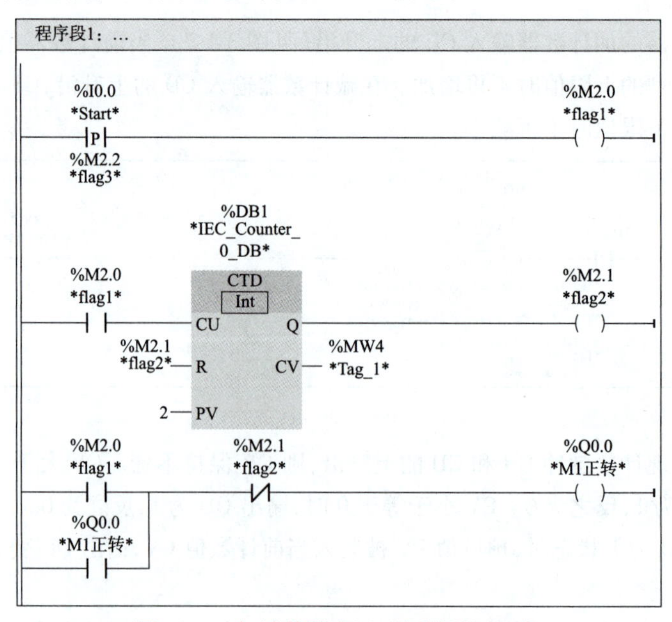

图 3-1-9　加计数器应用示例梯形图程序

学习笔记

(2)减计数器应用示例

梯形图程序如图 3-1-10 所示。当 I0.2 按下一次,PV 值装载到当前计数值(CV)且为 3。当按下 I0.0 一次,CV 减 1,按下 I0.0 共 3 次,CV 值变为 0,Q0.0 状态变为 1。

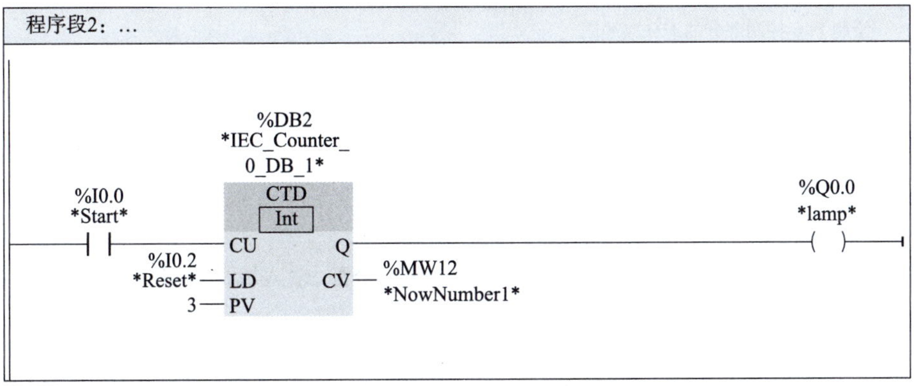

图 3-1-10　减计数器应用示例梯形图程序

(3)加减计数器应用示例

梯形图程序如图 3-1-11 所示。如果当前值 PV 为 0,按下 I0.0 共 3 次,CV 为 3,QU 的输出 Q0.0 为 1,当按下 I0.2 后计数器复位,Q0.0 为 0;当按下 I0.3 一次,PV 值装载到当前计数值(CV)且为 3;按下 I0.1 一次,CV 减 1,按下 I0.1 共 3 次,CV 值变为 0,Q0.1 状态变为 1。

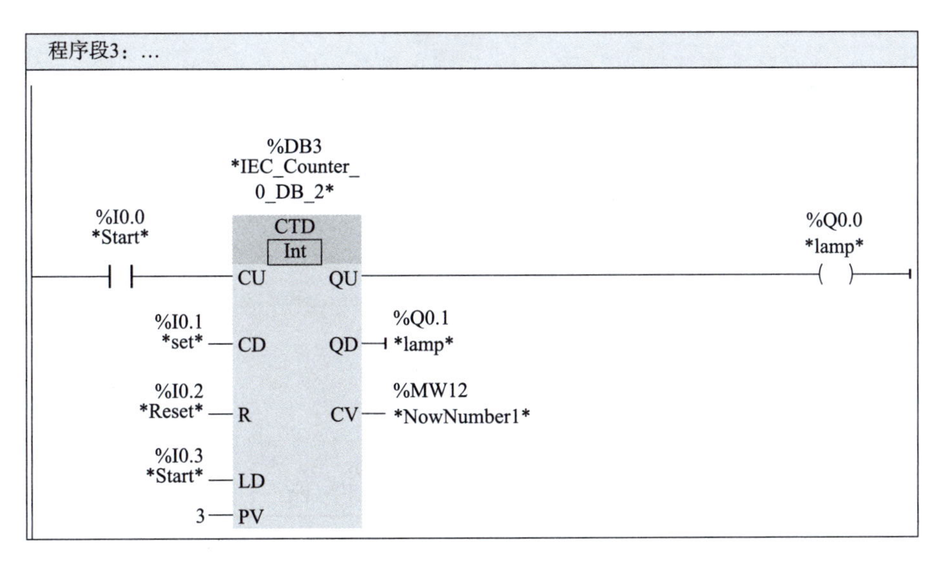

图 3-1-11　加减计数器应用示例梯形图程序

3.1.4　计划决策

根据任务要求与相关资讯,制订本任务的分组计划方案,包括选择合适的 PLC,列举 PLC 控制部分所需的 I/O 端口,列出清单,绘制 PLC 控制部分的 I/O 接线图,组内合理分工,整理完善,形成决策方案,作为工作实施的依据。请将工作过程的方案列入表 3-1-1 中。

学习笔记

表 3-1-1　工作过程决策方案

序号	工作内容	需准备的资料	负　责　人
1	选择合适的 PLC		
2	PLC 控制部分所需的 I/O 端口		
3	绘制 PLC 控制部分的 I/O 接线图		
4	列出清单		

3.1.5　任务实施

步骤一　进行 I/O 地址分配

根据控制要求，首先确定 I/O 个数，进行 I/O 地址分配，输入输出地址分配见表 3-1-2。

表 3-1-2　输入输出地址分配

输　入			输　出		
符合	地址	功能	符合	地址	功能
SB1	I0. 0	启动按钮	KM1	Q0. 0	皮带电动机
SB2	I0. 1	停止按钮	KM2	Q0. 1	机械手
PH	I0. 2	传感器			

小提示：

（1）考虑到生产的发展和工艺的改进，在选择 PLC 容量时，应适当留有余量。

（2）根据已确定的用户 I/O 设备，统计所需的输入信号和输出信号的点数，选择合适的 PLC 类型，包括机型的选择、容量的选择、I/O 模块的选择、电源模块的选择等。

步骤二　绘制 I/O 接线图

设计 PLC 输入输出端子接线图纸，如图 3-1-12 所示。绘制硬件接线图需要注意 PLC 电源供电，输入端及输出端电源接电方式不能接错。

这一部分设计和检查时需注意：

① 图纸设计是否合理，包括各种元器件的容量等。

②根据图纸检查元器件是否严格按照图纸连接。

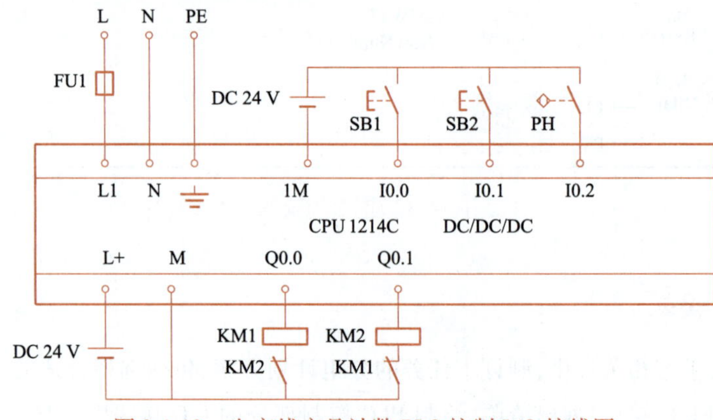

图 3-1-12　生产线产品计数 PLC 控制 I/O 接线图

学习笔记

小提示:

PLC 外部接线图又称为 PLC 的硬件接线图，就是将 PLC 的输入、输出端与控制系统中的按钮、开关、指示灯以及其他输入、输出设备连线图画出来。通常用 AutoCAD 软件就可以绘制，也可以用天正电气、EPLAN 等软件。

步骤三　编写控制程序

设计程序，根据控制电路的要求，在计算机中打开 TIA 博途软件编写程序，程序设计如图 3-1-13所示。

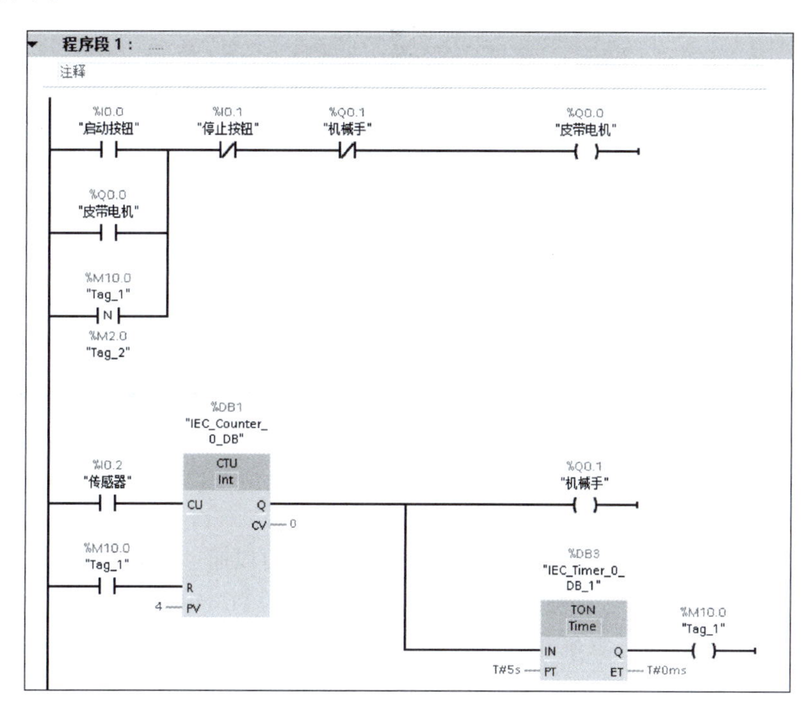

图 3-1-13　生产线产品计数 PLC 控制程序梯形图

步骤四　HMI 组态画面的设置

(1)触摸屏的基本知识

本项目中选用了精简面板中 7in 的 KTP700Basic 触摸屏作为例子进行演示，如图 3-1-14所示。WinCC 是西门子公司开发，适用于西门子触摸屏，进行画面设计、人机交互、生产过程控制的软件，可以运行于各种 Windows 环境。通过 WinCC 软件创建工程文件，进行控件的组态，创建变量与控件动画，和 PLC 变量进行关联，然后将工程编译下载至触摸屏中，实现触摸屏与 PLC 的通信，完成 HMI 对生产过程的实时监控。

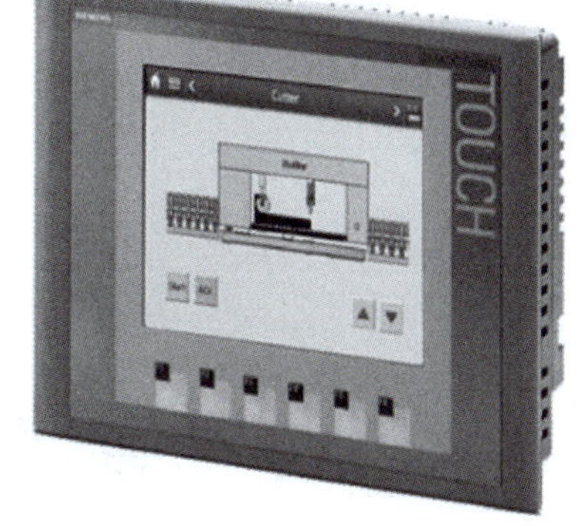

图 3-1-14　KTP700Basic 触摸屏

本项目选用西门子 SIMATIC S7-1200 PLC 作为系统的控制器，对应选取西门子精简面板 7in 的 KTP700 Basic 触摸屏，配套使用西门子 TIA 博途软件对工程进行编程调试。西门子 TIA 博途软件中集成了 WinCC 软件，在项目中可以

学习笔记

实现 HMI 的硬件组态和软件编程。本项目就是采用 TIA 博途软件中集成的 WinCC 软件来实现对于触摸屏的设计、编程与下载调试。TIA 博途软件中 WinCC 软件如图 3-1-15所示。

在 WinCC(TIA 博途)软件中可以通过控件的组态完成画面的设计,通过变量连接和动画配置实现画面中的动画效果,通过通信实现 HMI 变量与 PLC 变量的连接。将 WinCC 软件中的工程从计算机下载至 HMI 中并调试运行,实现 HMI 对于 PLC 以及生产过程的监视和控制。

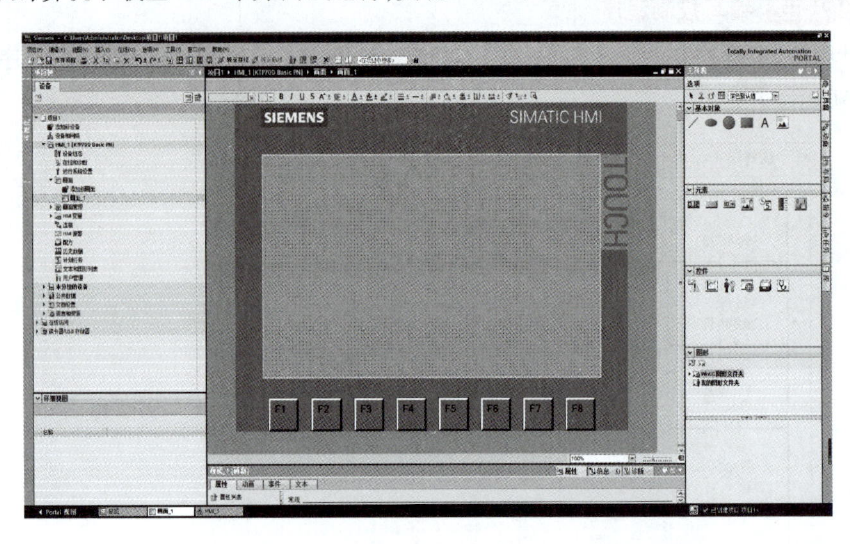

图 3-1-15 TIA 博途软件中的 WinCC 软件

(2)触摸屏的通信连接和配置

西门子触摸屏配有 RS-422/RS-485 接口,个人计算机可以通过这个接口与西门子触摸屏相连进行通信;也可以通过计算机的 USB 接口,配以专门的 PC/Adapter 电缆,连接至触摸屏的 RS-422/485 接口,实现计算机和触摸屏的通信;也可以通过在计算机侧安装专用的通信卡,通过通信卡上的电缆直接实现与触摸屏的连接。此外,如果触摸屏配备以太网口,通过计算机以太网口直接与触摸屏相连是最为便捷的通信方式,目前应用广泛。

西门子触摸屏与西门子 SIMATIC S7-200/300/400 PLC 通信,可以直接通过触摸屏上的 RS-422/RS-485 接口与 PLC 上的编程口连接实现。此外,如果西门子触摸屏和 PLC 上配有以太网口(例如 S7-1200 PLC),两者可以通过以太网直接相连实现通信,此种方式最为便捷,使用广泛。

本项目中计算机、触摸屏与 PLC 之间,均采用了以太网进行通信连接,连接示意图如图 3-1-16所示。

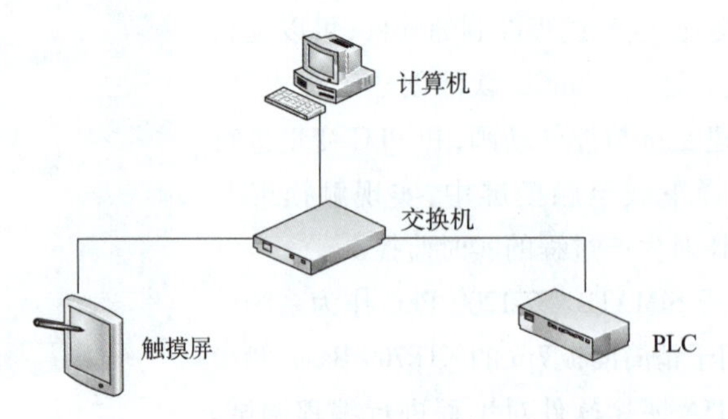

图 3-1-16 计算机、触摸屏与 PLC 连接示意图

以太网连接完成无误后，需要配置 HMI、PLC 以及计算机的 IP 地址，确保其 IP 地址均在同一号段且不重复。计算机 IP 地址与 PLC 的 IP 地址配置在前文已经讲解，这里主要介绍如何配置 HMI 的 IP 地址。首先，启动西门子 HMI，在主界面中选择控制面板进行配置，如图 3-1-17 所示，双击设备和网络，单击触摸屏选择属性，在“常规”里进行触摸屏 IP 地址的设置。

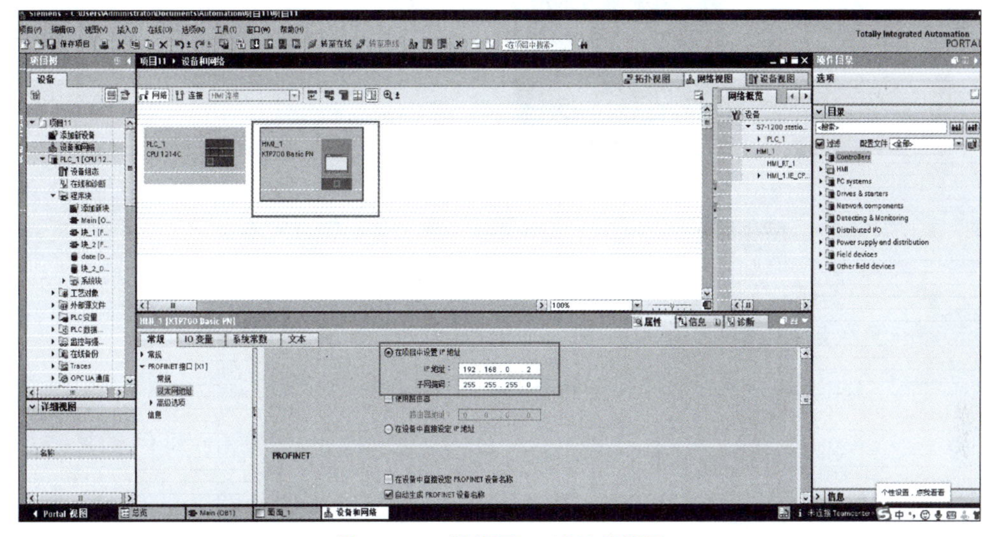

图 3-1-17　触摸屏 IP 地址的设置

最后重新启动 HMI，新的 IP 地址便生效了，这样就完成了 HMI 的 IP 地址配置。

(3) HMI 硬件组态和项目创建

下面利用西门子 KTP700 精简面板触摸屏监控一台西门子 S7-1200PLC，并以此为例介绍西门子 HML 的使用方法。

西门子 HMI 运行监控 PLC，需要在 TIA 博途软件中创建完整项目，下载 HMI 程序同时，需要其他设备（例如 PLC、变频器等）相互通信配合，这里只介绍 HMI 一侧的组态、编程和调试运行的内容。另外，想要在实际设备中正常运行，也需要选择与项目配置一致的现场设备。例如，触摸屏 KTP700 Basic 需要在开机后进入系统中进行 IP 地址的配置，并保证此 IP 地址与项目组态中的触摸屏 IP 地址一致。这里重点介绍 TIA 博途软件中的项目创建和组态，关于触摸屏硬件的更多配置，以及 PLC 的选型和配置等内容，请查阅相关手册或本书其他内容。一个简单的带有 HMI 设备的 TIA 博途项目主要由以下几个步骤实现。

①新建项目和硬件组态。在进行 HMI 配置、编程和操作之前，先新建 TIA 博途项目，并且将西门子对应的 HMI 硬件组态至项目中：

a. 启动计算机的 TIA 博途软件，新建项目，命名为“HMI_project”。

b. 在项目视图项目树中选中并双击“设备组态”选项，选中“控制器”，选择项目中 PLC 的型号和版本号：S7-1200 CPU1214C DC/DC/DC、6ES7 214-1AG40-0XBO。

c. 在项目视图项目树中选中并双击“设备组态”选项，在“硬件目录”中添加 PLC 相应的辅助模块，这里不需要其他模块，因此没做其他模块的添加，如图 3-1-18 所示。

d. 选中 PLC 模块的接口，双击进入“常规”一栏，将项目中设备的 IP 地址修改为与实际设备一致的 IP 地址：192. 168. 10. 1。

e. 在项目视图项目树中，选中并双击“添加新设备”选项中的“HMI”，在选项中逐一选

学习笔记

择，选中与实际触摸屏对应的 HMI 设备，型号为 KTP700 Basic，如图 3-1-19 所示。

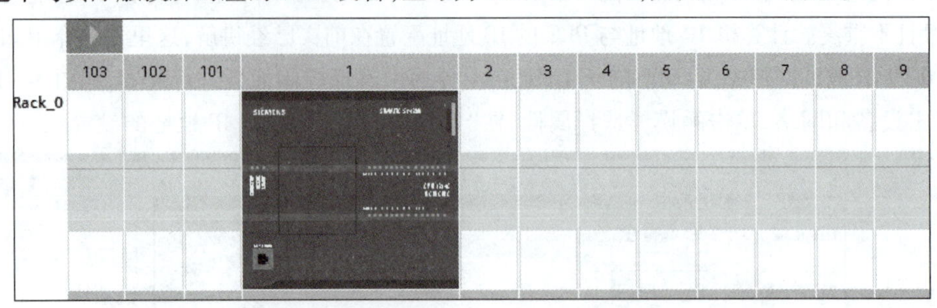

图 3-1-18　PLC 设备组态

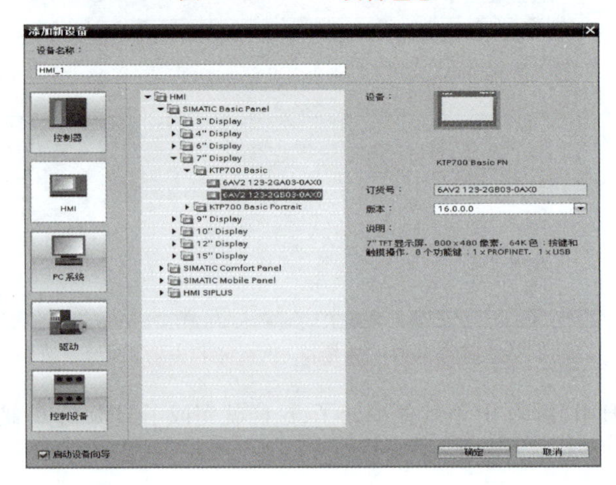

图 3-1-19　HMI 设备组态

f. 弹出“HMI 设备向导”界面后，单击“浏览”按钮，在弹出的界面选择“PLC_1”，单击“V”按钮，最后单击“完成”按钮，PLC 和 HMI 的连接就创建完成了。然后双击 HMI 接口，将 HMI 接口 IP 地址修改为与实际设备一致的 IP 地址：192. 168. 0. 2，如图 3-1-20 所示。

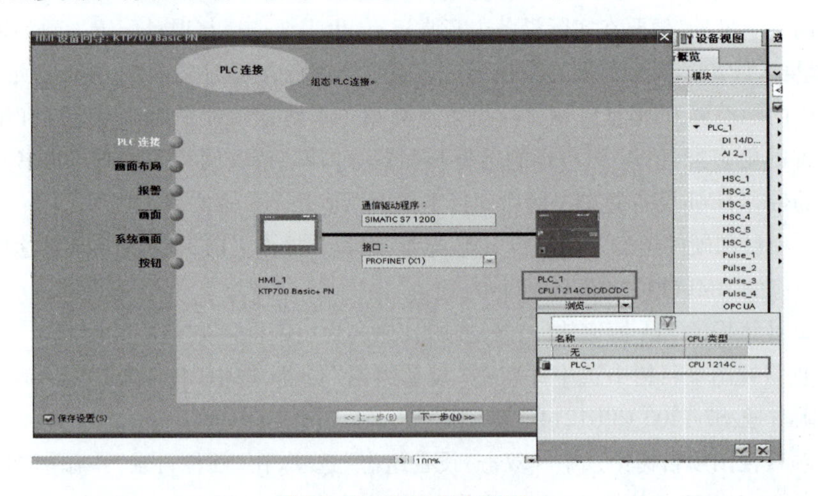

图 3-1-20　HMI 设备配置

至此，一个简单的带有 HMI 设备的 TIA 博途项目便创建完成，创建完成的项目和设备组态，如图 3-1-21 所示。

学习笔记

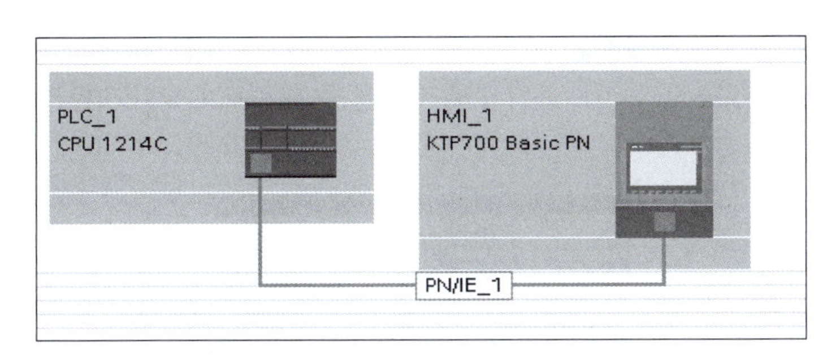

图 3-1-21　创建完成的项目和设备组态

②新建变量。在项目视图项目树的 PLC 和 HMI 栏目中,可以找到相应的“PLC 变量”和“HMI 变量”,选中并打开“显示所有变量”,如图 3-1-22 所示,便可以在此处对项目中的 PLC 变量和 HMI 变量进行操作,具体内容介绍在后续内容中具体展开。

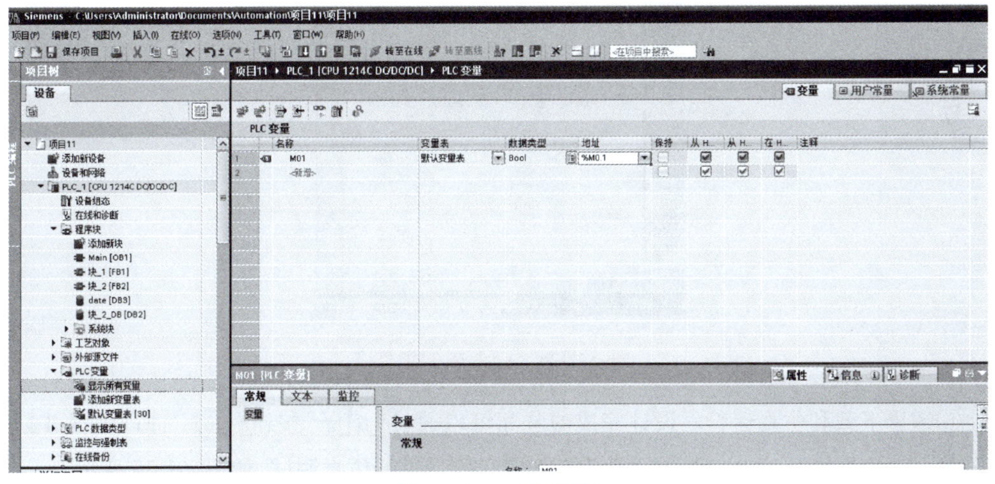

图 3-1-22　变量视图

③新建画面。在项目视图项目树的 HMI 栏目中可以找到“画面”一项,在画面一项中可以对画面进行创建、命名以及设置等操作。双击“添加新画面”可以添加画面,从而进入画面的视图,如图 3-1-23 所示。

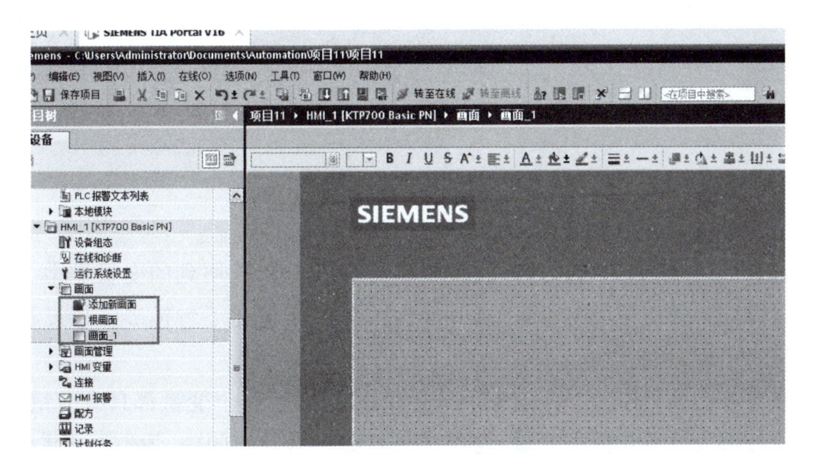

图 3-1-23　画面视图

学习笔记

④控件组态。进入画面视图后，可以通过工具箱添加各种组件，然后对控件进行配置、变量关联，并对画面进行设计，对控件进行移动和排列，完成画面的设计和控件功能的设置，如图 3-1-24 所示。

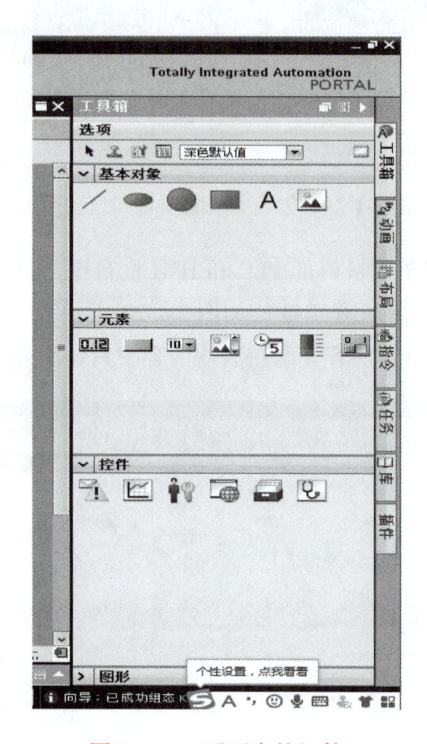

图 3-1-24　画面中的组件

⑤编译下载和仿真运行。设计完成的画面可以通过“编译”按钮“ ”进行编译并且保存下载至触摸屏中，也可以通过“仿真”按钮 对项目进行仿真调试，如图 3-1-25 所示。

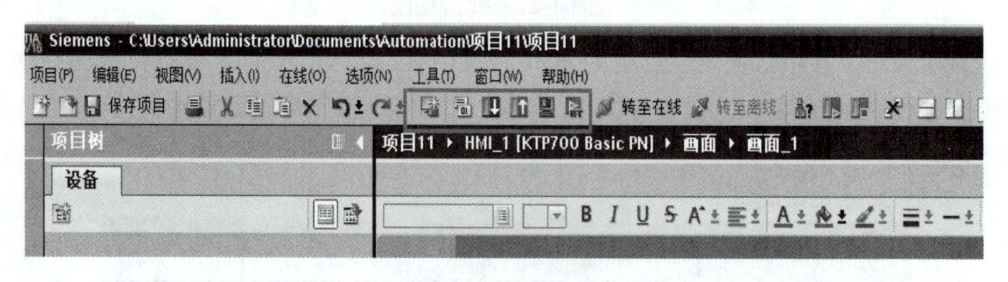

图 3-1-25　编译、下载和仿真按钮

（4）创建画面和变量

创建完成 TIA 博途项目之后，接下来介绍变量和画面的创建。

①变量：西门子触摸屏中所用到的变量类型与西门子 PLC 用到的变量类型一致，从而保证触摸屏可以以同一种变量类型直接访问 PLC 中的变量，简化了触摸屏监控过程，给操作和编程人员都带来了极大的方便。

HMI 变量主要分为两类，分别是内部变量和外部变量，每个变量都具有变量名称和数据类型。但不论外部变量还是内部变量，均存储在 HMI 的存储空间中，为画面提供数据。

内部变量仅存储于 HMI 设备的存储空间中，与 PLC 没有联系，只有 HMI 设备能访问内部变量。内部变量用于 HMI 设备内部的计算或者执行其他任务。内部变量用名称进行区分。

创建内部变量的方法：在项目视图项目树中选中“HMI 变量”，单击“显示所有变量”打开 HMI 的变量表。在表中进行添加，创建内部变量，取名为“X”，如图 3-1-26 所示。在“连接”一列选择“内部变量”，其余选项无须进行选择，这样一个名称为 X 的内部变量就新建完成了。外部变量是人机界面和 PLC 进行数据交换的桥梁，是 PLC 中定义的存储单元的映像，其值随着 PLC 中相应存储单元的值的变化而变化，可以帮助 HMI 设备和 PLC 之间实现数据的交换。

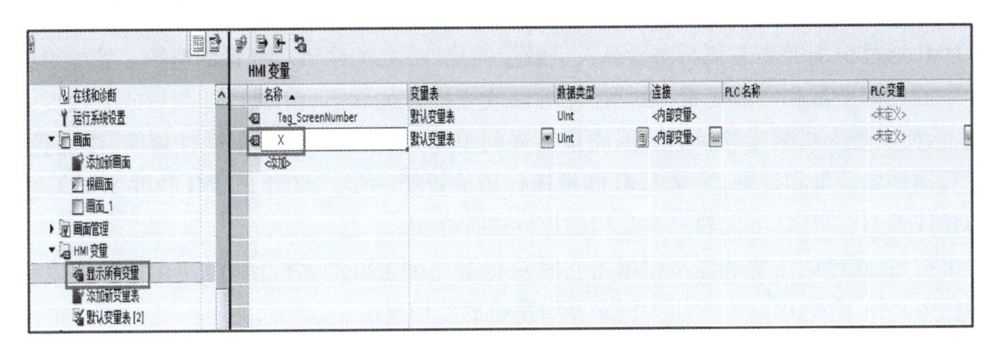

图 3-1-26　创建 HMI 内部变量

创建外部变量方法：在项目视图项目树中选中“HMI 变量”，单击”显示所有变量”打开 HMI 的变量列表。在表中进行添加，创建外部变量，取名为“M01”。在“连接”一列单击按钮，选择与 HMI 通信的 PLC 设备；再单击“PLC 变量”一列中的”“按钮，在其中可以逐级选择 PLC 变量，也可以直接在此栏中输入“M01”。HMI 中的外部变量 M01 就与 PLC 中地址为 M0.1 的变量“M01”关联在一起了。这样一个名称为 M01 的外部变量便创建完成了，如图 3-1-27所示。

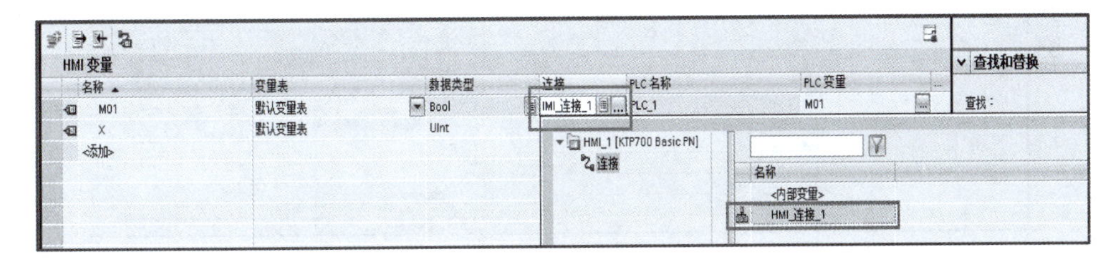

图 3-1-27　创建 HMI 外部变量

按照上述方法便可以创建 HMI 的内部变量和外部变量。在完成项目之前，应该预变量的创建。

②画面：变量创建完成后，接下来介绍对 HMI 画面的操作。HMI 设备运行时，由操作人员触摸设备屏幕，通过屏幕感知触摸的位置信息再结合画面的设置判断操作的信息和数据的变化。因此，需要对画面进行操作和设置。

在 TIA 博途软件项目视图 HMI 栏目中选中“画面”，可以打开画面列表。双击“添加新画面”可以在画面列表中添加新的画面。右击“画面”，可以对画面进行删除、打开、复制以及设置为“起始画面”等操作。画面左侧带有绿色箭头的画面便为起始画面，触摸屏运行后会首先打开起始画面，双击任意画面便可以打开画面界面，如图 3-1-28 所示。

学习笔记

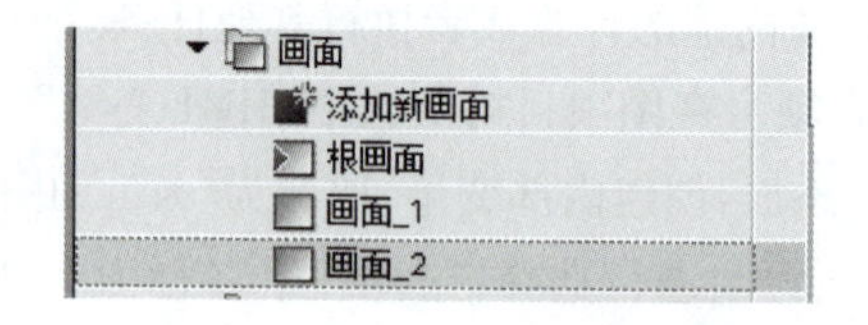

如图 3-1-28　HMI 画面界面

（5）控件和动画创建

HMI 通过识别屏幕上画面内操纵人员触控的控件，实现对 PLC 变量的监控。控件对应着 HMI 中的内部变量和外部变量，触控控件可以改变控件的状态，读取 PLC 变量或者改变 PLC 变量，从而实现人机交互的目的。因此接下来的步骤是，按照工艺要求设计画面，添加控件，并设置控件的变量和动画，这是 HMI 能发挥作用的重要一步。西门子 HMI 软件 WinCC 中设置的控件类型有很多，下面对一些常用的控件进行介绍。

①按钮：按钮的主要功能是在单击它时执行事先配置好的系统函数，使用按钮可以完成很多任务。接下来，以一个按钮为例来介绍按钮的使用方法。

在新建项目的项目视图下，找到 HMI 一栏，首先创建一个 HMI 内部变量“灯”，类型为布尔型（Bool）。进入 HMI 画面，在“工具箱”中找到“元素”，将其中的“按钮”拖动到画面的工作区域。双击选中按钮，打开按钮的属性视图，在“常规”一栏中，设置按钮模式为“文本”。设置按钮“未按下”时显示的图形为“开”，如图 3-1-29 所示。如果未选中“按钮按下”时显示的“文本”复选框，按钮在按下时和弹起时的文本相同；如果选中它，按钮在按下时和弹起时，文本的设置可以不同。

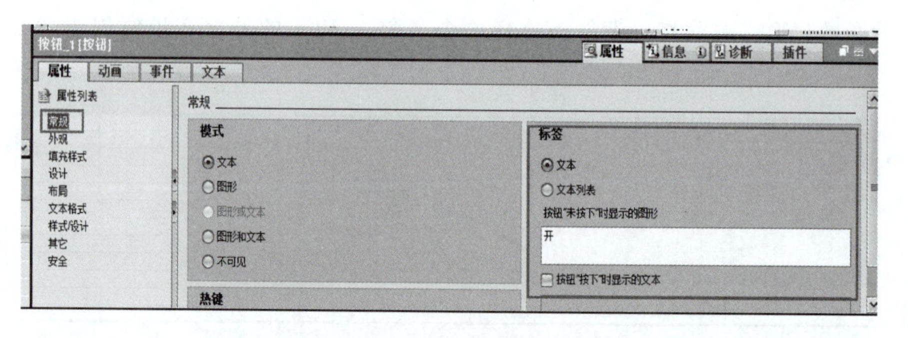

如图 3-1-29　设置按钮文本属性

打开按钮的“事件”视图，选中其中的“单击”项，在其中设置单击按钮时的操作。除此之外，还可以设置按钮按下、释放、激活等操作。在“单击”一栏中，选择“添加函数”，在列表中选择“置位位”，变量选择“灯”，如图 3-1-30 所示。这样按下按钮时，HMI 变量“灯”便置位为 1。

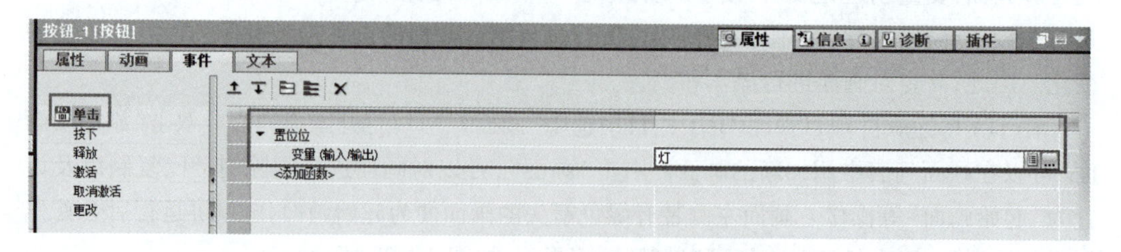

图 3-1-30　按钮的“事件”配置

按照同样的方法，可以再添加一个按钮，文本属性设置为“关”，在“事件”视图中“单击”一栏中，在列表中选择“复位位”，对应的变量选择“灯”。这样按下“开”按钮，变量“灯”置位为1，按下“关”按钮变量“灯”复位为0，如图3-1-31所示。

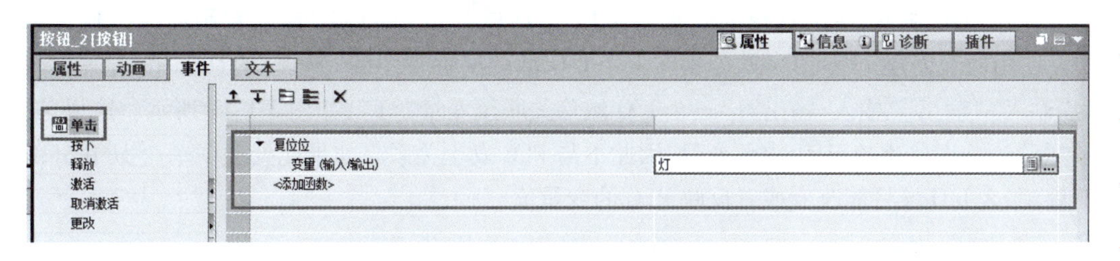

图3-1-31　“开”和“关”按钮控件的组态

②图形：在TIA博途软件中可以添加一些基本图形，通过事件和变量来改变这些图形的形状、颜色、显示与隐藏等，以此达到监控某些变量、显示工程运行状态的目的。下面以一个圆为例，制作一盏指示灯。

在HMI画面的工具箱中找到“基本对象”，将其中的“圆”拖动到画面中。选中圆，双击进入其属性对话框。在“显示”一栏中，单击“添加新动画”，在弹出的对话框中选择“外观”。将之前创建的“灯”变量添加进变量一栏。然后将“0”与红色背景色关联，将“1”与绿色背景色关联，如图3-1-32所示。

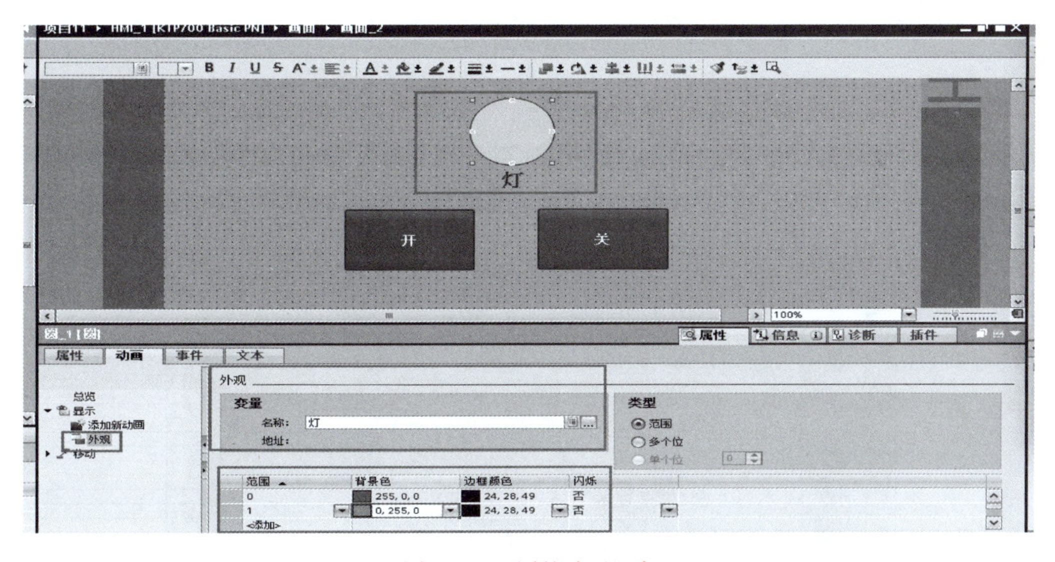

图3-1-32　圆的动画组态

当变量“灯”为0时，指示灯为红色；当变量“灯”为1时，指示灯为绿色。按下工具栏“ ”按钮，HMI仿真器开始运行。按下“开”按钮，指示灯变为绿色，按下“关”按钮，指示灯变为红色。

③I/O域：I是输入的简称，O是输出的简称，输入域和输出域统称I/O域。I/O域是触摸屏中进行数据写入或者数据显示输出的区域，应用十分广泛。I/O域主要分为三类：

a. 输入域：用于操作员输入到HMI，再由HMI传送到PLC的数字、字母或符号等，将输入的数值通过输入域输入，保存在HMI的变量中。

学习笔记

b. 输出域：只显示变量数据。

c. 输入输出域：同时具有输入和输出的功能，操作员可以用它来修改变量的数值，并将修改后的数值显示出来。

打开 HMI 画面，在工具箱的元素中添加“I/O 域”，将“I/O 域”拖动到画面的工作区域中。在画面上创建三个 I/O 域，分别在三个 I/O 域的属性视图的“常规”对话框中，设置模式为“输入”“输出”“输入/输出”。三个 I/O 域均关联至变量“灯”，如图 3-1-33 所示。这里，变量“灯”为前面所用的 HMI 内部变量，因此不与 PLC 发生关系。如果此处关联一个 HMI 外部变量，那么 I/O 域将能改变或者反映 PLC 的变量值。

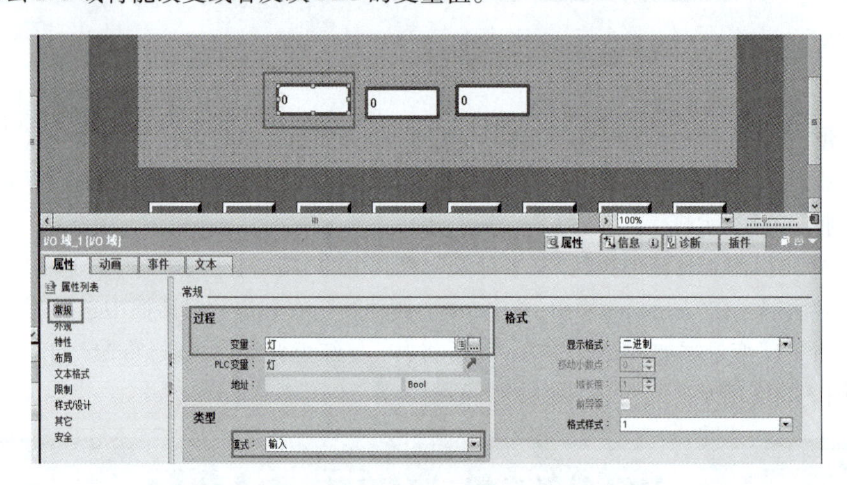

图 3-1-33　三个 I/O 域的常规属性组态

这样三个 I/O 域就与变量“灯”关联在一起了，分别为输入、输出和输入输出。单击“　”按钮仿真运行 HMI，可以通过 I/O 域改变和显示变量“灯”的值，如图 3-1-34 所示。

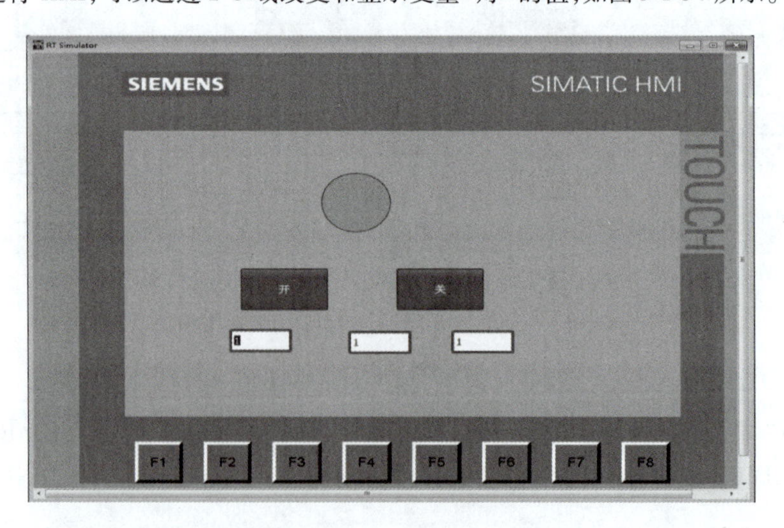

图 3-1-34　I/O 域仿真运行

④开关：开关是一种用于布尔（Bool）变量输入、输出的对象，它有两项基本功能，一是用图形或者文本显示布尔量的值（0 或 1）；二是单击开关时，切换连接的布尔变量的状态。如果原来是 1 则变为 0，如果原来是 0 则变为 1，这一功能集成在对象中，无须进行动画的配置，只

需要单击控件即可。以下介绍三种类型开关的使用方法，首先在HMI变量中创建一个布尔型变量“启停”，并通过圆制作一个关联变量“启停”的指示灯，方便查看变量“启停”的值。

a. 切换模式的开关组态：在HMI画面中“工具箱”的“元素”中找到“开关”，拖动到画面的工作区域中，如图3-1-35所示。切换模式开关上部是文字标签，下部是带滑块的推拉式开关，中间是打开和关闭对应的文本。双击开关打开其“属性”对话框，在“常规”一栏中选择开关模式为“开关”，变量选择“启停”，将标签“Switch”改为“电机”，ON和OFF状态的文本改为“开”和”关”，如图3-1-36所示。

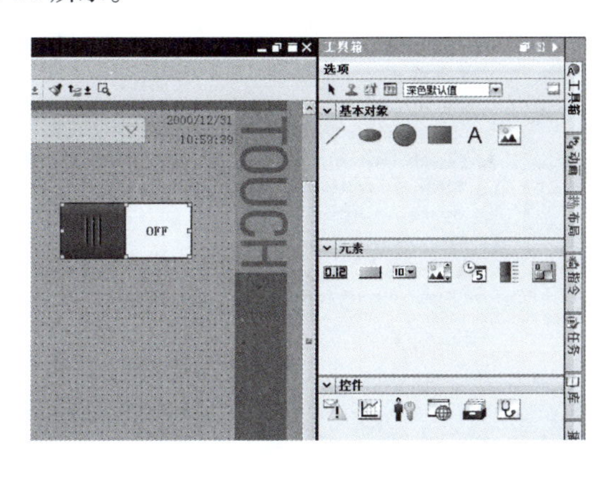

图3-1-35　切换模式开关组态

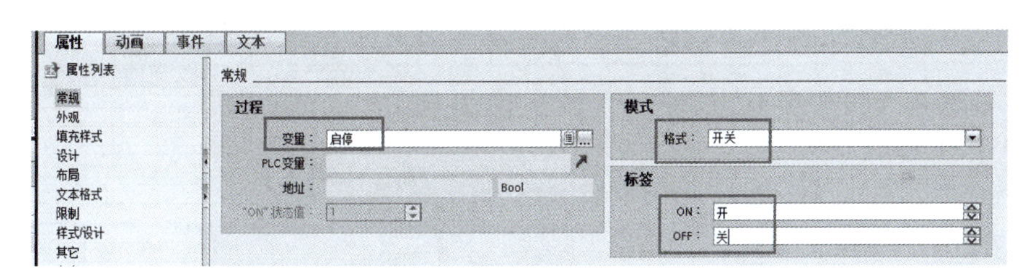

图3-1-36　开关“常规”属性配置

这样开关就可以改变变量“启停”的值，从而控制指示灯的亮灭。按下“ ”按钮仿真运行，验证结果。

b. 通过图形切换模式的开关组态：TIA博途软件的图形库中有大量的控件提供给用户使用。在项目视图右侧的库中，找到“全局库”→“Buttons-and-Switches”→“主模板”→“RotarySwitches”→“Rotary_N”，如图3-1-37所示。将Rotary_N拖动到画面中的工作区域，如图3-1-38所示。

双击添加的开关，在属性中“常规”一栏里将开关的模式设置为“通过图形切换”，过程变量设置为“启停”。这样此开关就与变量“启停”关联在一起，按下“ ”按钮仿真运行，就可以通过开关控制指示灯亮灭。

c. 通过文本切换模式的开关组态：在HMI画面中“工具箱”的“元素”中找到“开关”，将开关拖动到画面的工作区域中。双击开关进入“常规”视图，在属性中“常规”一栏里将开关模式设置为“通过文本切换”，过程变量选择“启停”。将ON和OFF状态分别设置为“启”和“停”，如图3-1-39所示。这样此开关便和变量“启停”关联起来。按下“ ”按钮仿真运行，便可以通过开关控制指示灯的亮灭，如图3-1-40所示。

学习笔记

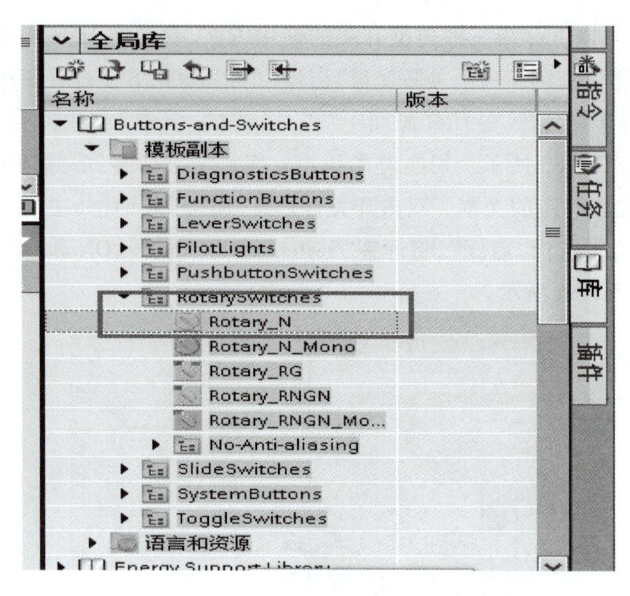

图 3-1-37　图形库路径

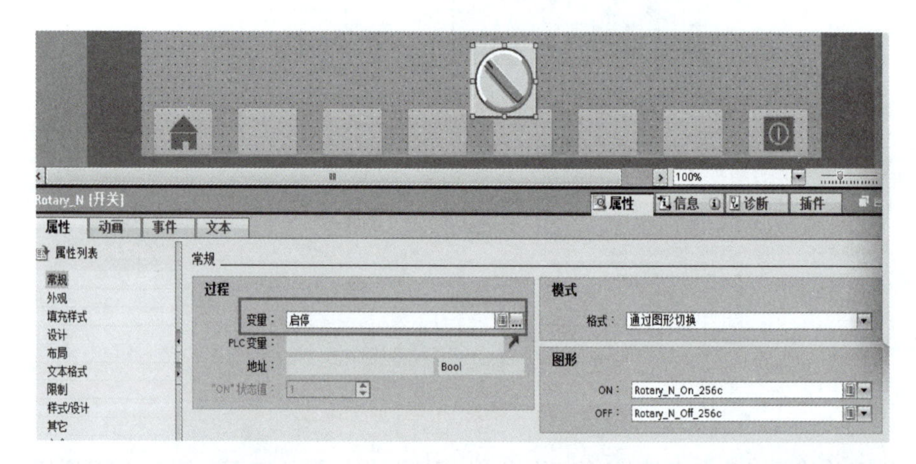

图 3-1-38　图形切换模式开关组态

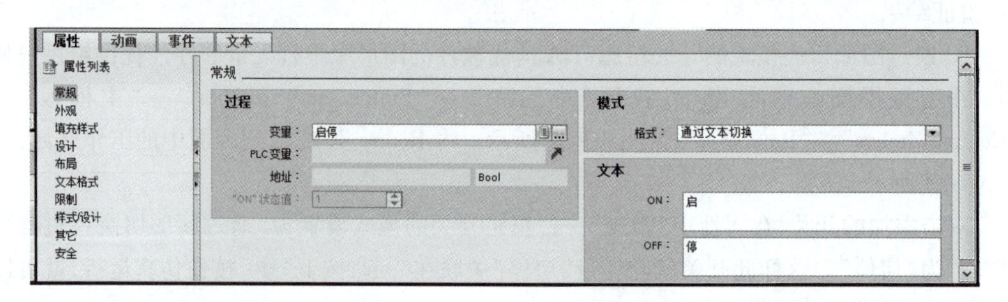

图 3-1-39　通过文本切换开关的属性配置

⑤棒图和量表：棒图以带刻度的棒图形式表示控制器的值。在西门子的组态软件中，元素中提供了棒图控件，将一些变量的数值通过棒图的形式展示出来，方便操作人员监测 PLC 和生产过程中的数据。在工程项目中，棒图常常用来显示一些填充量，例如水池的水量、温度等。下面以一个例子来介绍棒图的使用。

学习笔记

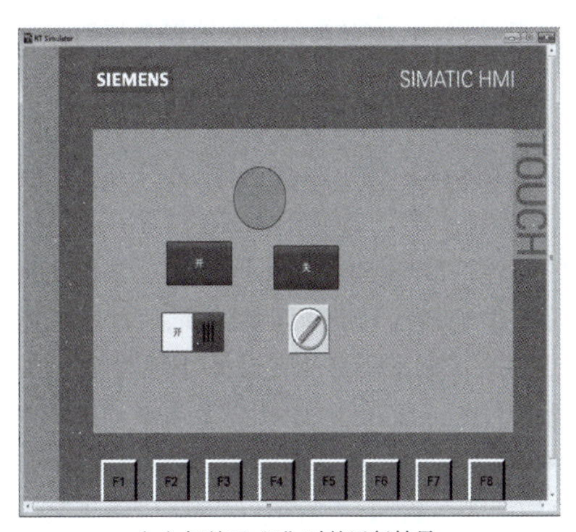

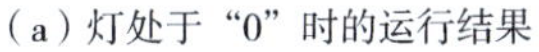
（a）灯处于“0”时的运行结果

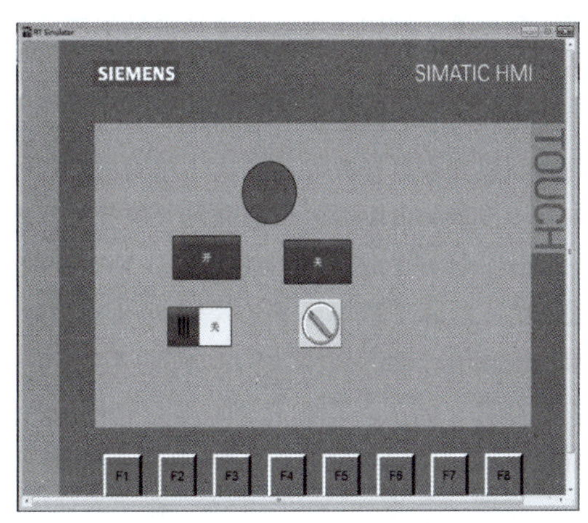

（b）灯处于“1”时的运行结果

图 3-1-40　文本切换开关仿真运行

首先在 TIA 博途软件项目视图里打开 HMI，在 HMI 变量表中创建整型（Int）变量“温度”。然后打开 HMI 画面，将工具栏中元素中的“棒图”拖动到画面中的工作显示区域。双击打开棒图，在“属性”对话框中的“常规”一栏中，将过程变量设置为整型变量“温度”，温度的最大值和最小值分别是 100 和 0，两个数值也可以进行修改。这样当温度发生变化时，棒图画面中填充的颜色也会随着温度而变化，就像温度计一样。组态完成的棒图如图 3-1-41 所示。

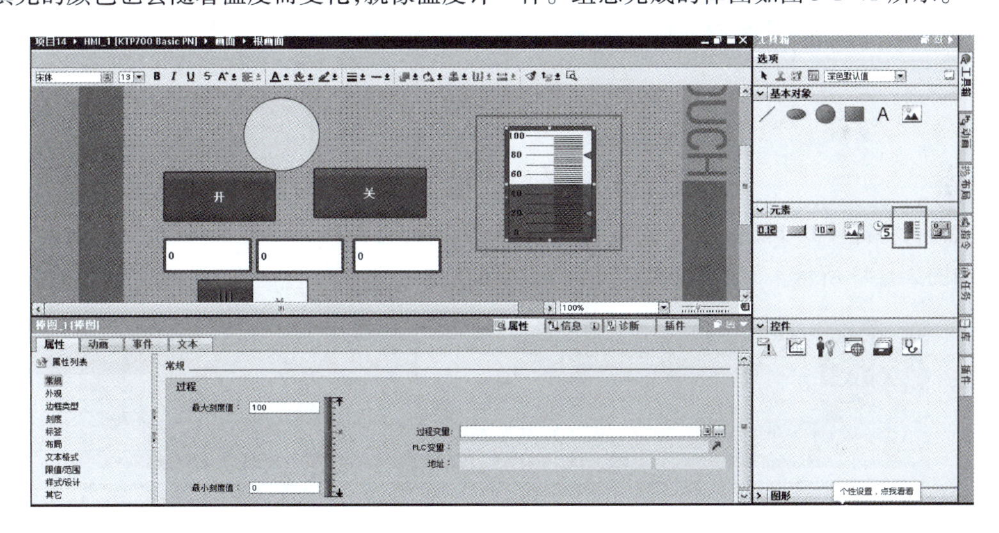

图 3-1-41　棒图组态画面

量表与棒图类似，也是一种动态显示的控件。量表可以通过指针指示，从而显示模拟量的数值。在 HMI 设备中组态量表，可以用量表来显示类似锅炉压力的数据，方便监控人员实时检测锅炉的压力值是否处于正常工作状态。接下来以一个例子介绍量表的使用方法。

首先在 TIA 博途软件的项目视图中打开 HMI，在 HMI 变量表中创建整型变量“速度”以备使用。打开 HMI 画面，在工具箱的元素中找到“量表”控件，拖动到画面的显示工作区域。双击打开“量表”的属性对话框的“常规”一栏，将物理量单位设置为速度单位“km/h”，标题设置为“速度表”，过程变量设置为“速度”。其中，也可以对量表的最大值和最小值进行设定。在标签一栏中还可以选择是否显示峰值和分度数。这样，量表就会随着速度数值的变化而发生变化。

量表除了有“常规”属性和“刻度”属性外，还有“外观”属性，可以在其中设置背景颜色、钟表颜色和表盘样式等；在“文本格式”属性中可以设置字体的大小和颜色等；在“布局”属性中可以设置表盘画面的位置和尺寸等其他属性。

⑥符号 I/O 域：符号 I/O 域是一种类似菜单的控件，可以通过设定不同的选项来改变变量的值。实际工程项目中，编程人员可以根据实际需求组态符号 I/O 域的选项，去修改一些参数的数值。接下来，通过一个例子，使用符号 I/O 域来控制指示灯的亮灭，从而介绍符号 I/O 域的使用方法。首先，在 TIA 博途软件的项目视图中找到 HMI，在 HMI 变量表中创建布尔型变量“启停”以备使用。然后，在项目视图项目树中单击打开“文本和图形列表”，单击“添加”，添加一个“TextList_1”文本。在文本列表中添加两个条目，其中数值“0”对应“停止”，数值“1”对应“启动”，如图 3-1-42 所示。

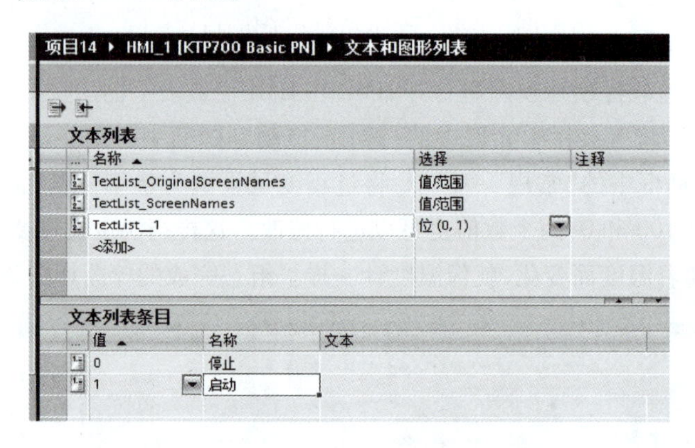

图 3-1-42　符号 I/O 域的文本列表

然后，将符号 I/O 域过程变量与变量“启停”关联，文本列表设置为新创建的“TextList_1”，如图 3-1-43 所示。

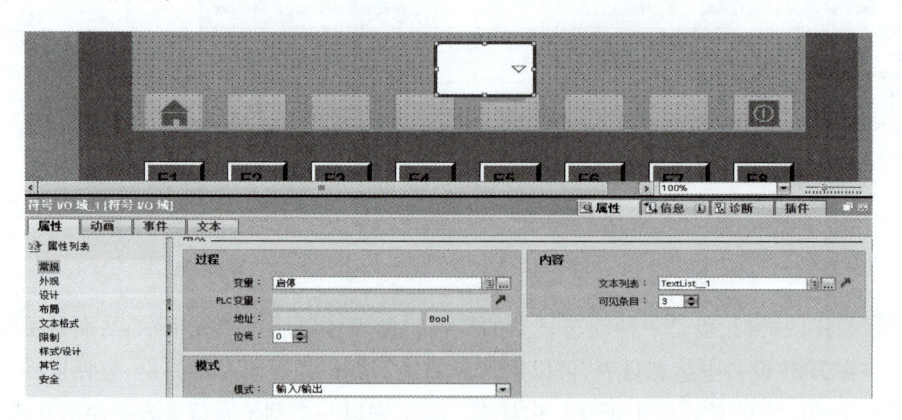

图 3-1-43　符号 I/O 域的常规组态

然后创建一个圆形的图形控件，按照前面介绍的方法设置指示灯，在圆的“动画”一栏中添加新动画“外观”，将“0”与红色背景对应，“1”与绿色背景对应。然后，将过程变量关联变量“启停”，如图 3-1-44 所示。

学习笔记

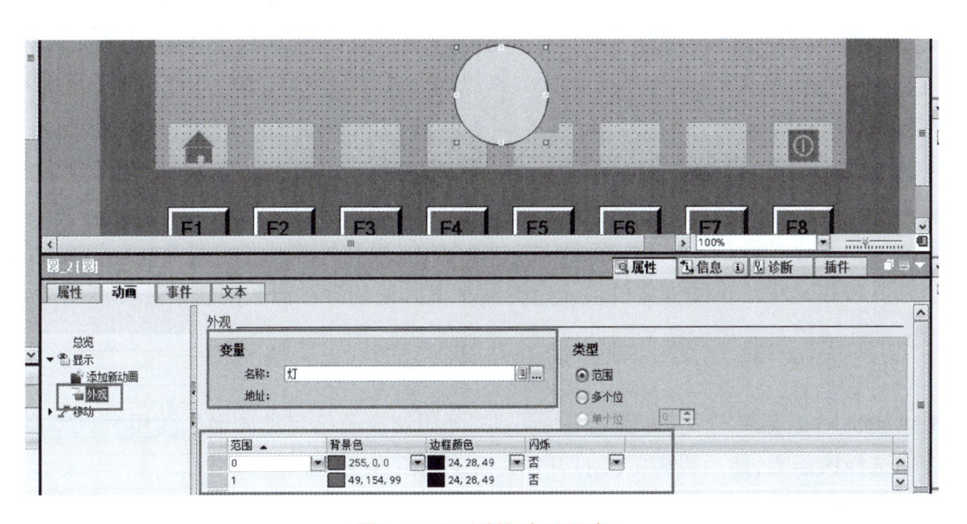

图 3-1-44　圆的动画组态

至此整个画面就组态完成了。按下工具栏的“ ”按钮进行仿真运行。操作人员可以通过对符号 I/O 域中的列表进行操作，改变变量“启停”的数值，从而控制指示灯的亮灭，如图 3-1-45 所示。

（a）停止状态运行结果

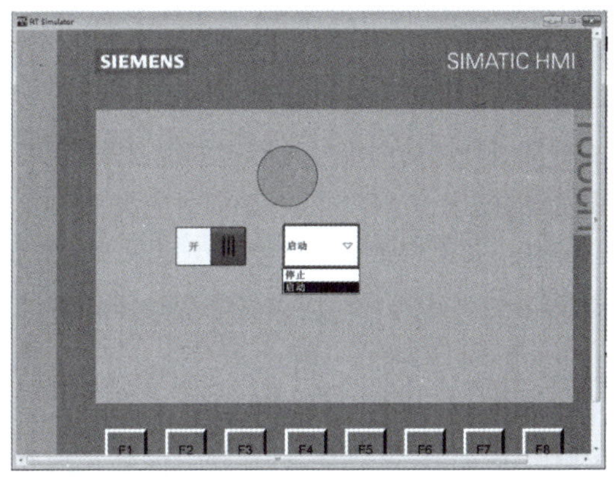

（b）启动状态运行结果

图 3-1-45　符号 I/O 域仿真运行

⑦系统函数。控件在设置动画或操作时，可以调用西门子触摸屏自带的很多函数对数值进行操作。西门子精简面板有丰富的系统函数供使用，例如有报警函数、编辑函数、打印函数、画面函数、键盘操作函数、计算脚本函数、历史函数、管理函数等很多种类型。下面介绍其中部分常用的函数。

a. 编辑位函数。

InvertBit（对位取反）函数，其作用是对给定的布尔型变量进行取反操作，如果原来值为 1，执行后为 0，如果原来值为 0，执行后值为 1、使用时直接在函数列表中选择该函数，并选择取反的变量即可。

ResetBit（复位）函数，其作用是对给定的布尔型变量进行复位置 0，不论之前变量取值为什么，执行后，变量数值为 0。使用时直接在函数列表中选择该函数，然后选择清零的变量即可。

学习笔记

SetBit(置位)函数，其作用是对给定的布尔型变量进行置位为1，不论之前变量取值为什么，执行后，变量数值为1。使用时直接在函数列表中选择该函数，然后选择置位的变量即可。

b. 计算脚本函数。

IncreaseTag(增加变量)函数，其作用是在给定的变量上添加相应的数值，需要注意的是、这里直接将运算的结果代替了初始的给定值。例如，使用该函数时，设定给定变量为“x”，而增加值为“a”，那么执行该函数后，将会用“x + #”的值代替原来的“x”变量。SefTag(设置变量)函数，其作用是将给定的变量的值设定为某个值。使用时在函数列表中选择该函数，然后选择给定的变量以及需要设定的值即可。

c. 画面函数。

ActivateSereen(激活画面)函数，其作用是将画面切换至指定的画面。使用时只需要在函数列表中选择该函数，然后设置需要打开的画面名称和编号。

ActivatePreviousSereen(激活前一画面)函数，其作用是将画面切换至当前画面之前激活的画面。如果先前没有激活任何画面，则画面不做切换。系统最多可以保存10个被激活的画面。当切换到保存的10个画面之外的画面时，系统会提示报警。使用时只需要在函数列表中选择该函数即可。

d. 用户管理函数。

Logoff(注销)函数，其作用是在HMI设备上注销当前用户，使用时直接在函数列表中选择该函数即可。与之对应的是Logon(登录)函数，其作用是在HMI设备上登录当前用户，使用时直接在函数列表中选择该函数，然后输入登录的用户名和密码即可。GetUserName(获取用户名)函数，其作用是在给定的变量中写入当前登录到HMI设备的用户名称，使用时在函数列表中选择该函数，然后选择对应类型的变量即可。与之类似的还有GetPassword(获取密码)函数，其作用是在给定变量中写入登录到HMI设备的用户密码，使用时在函数列表中选择该函数，然后选择对应类型的变量即可。

(6)项目编译和下载

完成带有HMI设备的项目后，可以通过仿真运行或者下载到实际设备中运行两种方式，来调试运行程序和画面，确保项目能够实现其应有的功能。不论是仿真还是下载，都需要先对项目进行保存和编译。在项目树中选中整个项目，然后单击“”按钮，对整个项目进行保存。之后可以单击“”按钮，对整个项目进行编译。编译可以对整个项目中的变量、程序、示错误信息，帮助编程人员改进项目。

编译无误的项目便可以进行下载和验证。PLC程序与HMI画面要分别进行下载。如果使用仿真软件，需要按下工具栏的“”按钮，打开PLC的仿真软件。然后单击工具栏的“”按钮，将PLC程序下载至虚拟PLC中，然后运行虚拟PLC。在HMI项目中，单击“”按钮，进入HMI模拟运行状态，仿真模拟PLC和HMI运行结果。如果使用实际设备，需要选中PLC项目，然后按下工具栏“”按钮，将PLC程序下载至实际PLC设备中。选择HMI项目，再次单击工具栏的“”按钮，将HMI画面下载至HMI设备中，然后便可以在实际设备中调试运行。

(7)设计组态画面及控制程序

①创建项目和设备组态。

打开TIA博途软件，创建项目“产品计数显示”，打开项目视图。在项目树设备中添加新

设备,添加本项目的PLC和HMI设备。在设备中找到S7-1200PLC"CPU1214　DC/DC/DC"和HMI"KTP700 Basic,添加至设备组态中,并配置相应的IP地址和设置,将两个设备连接在同一个子网中,如图3-1-46所示。

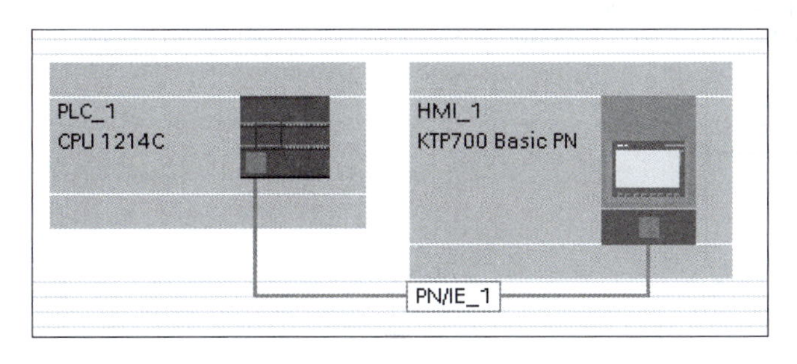

图3-1-46　设备组态

②按照控制要求在HMI中进行画面组态。

其中HMI变量、控件和PLC变量之间的对应关系见表3-1-3。设计完成的HMI画面如图3-1-47所示,运行程序如图3-1-48所示。

表3-1-3　HMI变量、控件和PLC变量之间的对应关系表

HMI变量	控件	PLC变量	PLC地址
软启动	启动按钮	软启动	M10.0
软停止	停止按钮	软停止	M10.1
PH传感器	传感器	皮带电动机	Q0.0
皮带电动机KM1	圆形1	机械手	Q0.1
机械手KM2	圆形2	产品计数显示	MW3

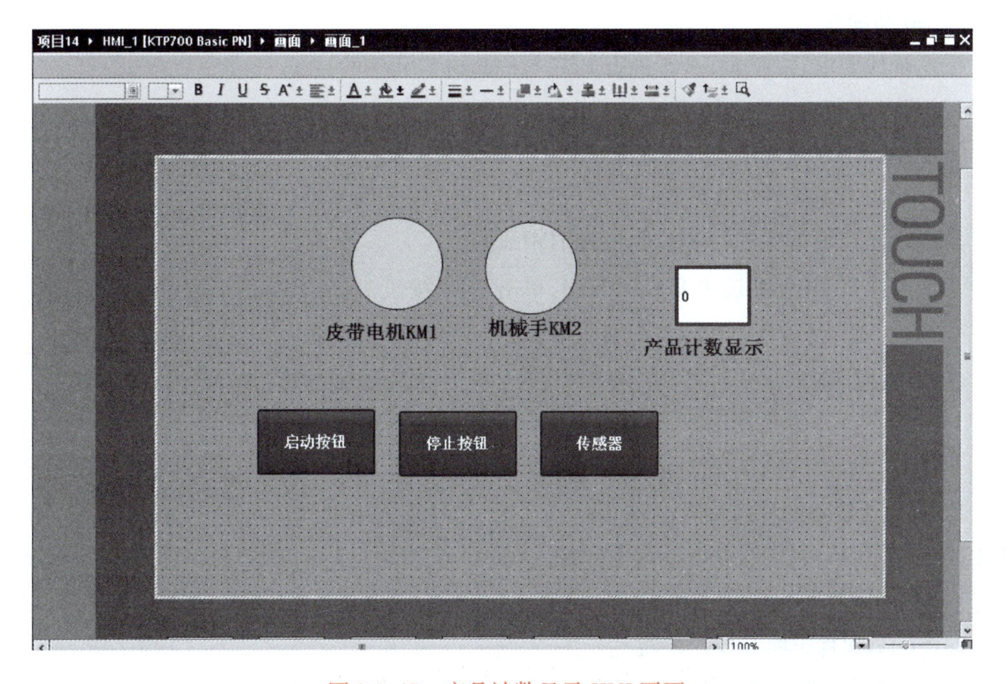

图3-1-47　产品计数显示HMI画面

学习笔记

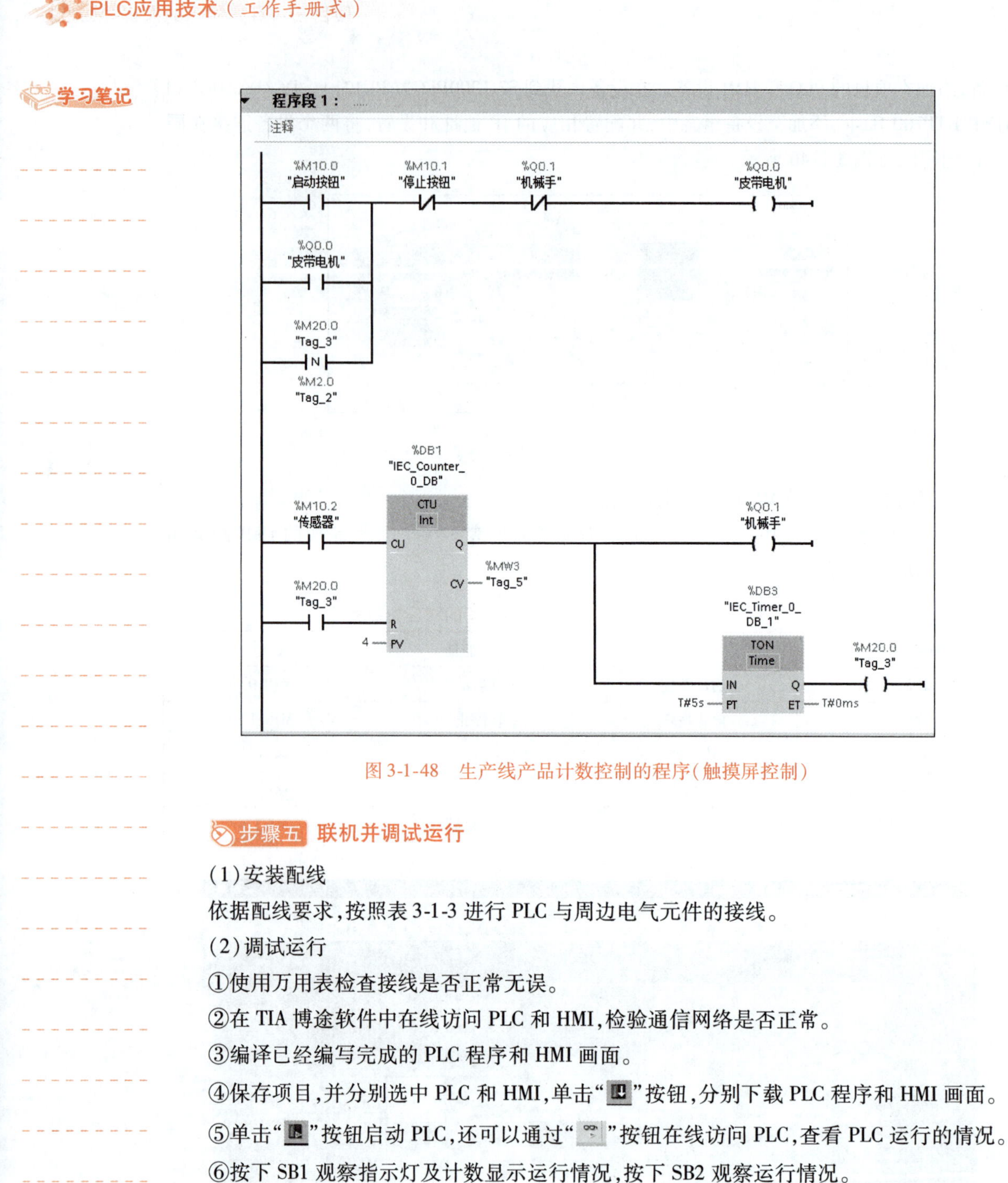

图 3-1-48　生产线产品计数控制的程序（触摸屏控制）

步骤五　联机并调试运行

（1）安装配线

依据配线要求，按照表 3-1-3 进行 PLC 与周边电气元件的接线。

（2）调试运行

①使用万用表检查接线是否正常无误。

②在 TIA 博途软件中在线访问 PLC 和 HMI，检验通信网络是否正常。

③编译已经编写完成的 PLC 程序和 HMI 画面。

④保存项目，并分别选中 PLC 和 HMI，单击“ ”按钮，分别下载 PLC 程序和 HMI 画面。

⑤单击“ ”按钮启动 PLC，还可以通过“ ”按钮在线访问 PLC，查看 PLC 运行的情况。

⑥按下 SB1 观察指示灯及计数显示运行情况，按下 SB2 观察运行情况。

3.1.6　任务巩固

1. 若加计数器的计数输入电路 CU ________复位输入端 R 为________，计数器的当前值加 1。当前值 CV 大于等于预设值 PV 时，输出端 Q 变为________状态。复位输入电路为________时，计数器被复位，复位后的当前值为________。

2. S7-1200 有 3 种 IEC 计数器：________、________和________。

3. “检查有效性”指令和“检查无效性”指令用来检测输入数据是否有效。（　　）

4. 现有一展厅，最多可容纳 50 人同时参观。展厅进口和出口各装一个传感器，每当有人进出，传感器就给出一个脉冲信号。试编程实现，当展厅内不足 50 人时，绿灯亮，表示可以进入；当展厅满 50 人时，红灯亮，表示不准进入。

任务 3.2　交通信号灯控制

3.2.1　任务描述

应用定时器和计数器指令，编写 PLC 程序，实现某处公路的交通信号灯控制。学习西门子组态软件和 HMI 触摸屏编程和使用方法，设计组态界面，建立变量连接，下载至触摸屏运行调试，最终实现触摸屏监控交通信号灯状态变化，并控制交通信号灯工作。工作过程采用顺序控制，循环运行，按下启动按钮或触摸屏上的启动按钮，南北方向绿灯先亮 4 s 然后周期闪烁 2 s，共 6 s，然后黄灯亮 2 s 然后红灯亮 8 s，循环往复，东西方向红绿灯与南北方向红绿灯工作过程刚好相反。按下停止按钮或触摸屏上的停止按钮，程序停止运行。运行时序如图 3-2-1 所示。

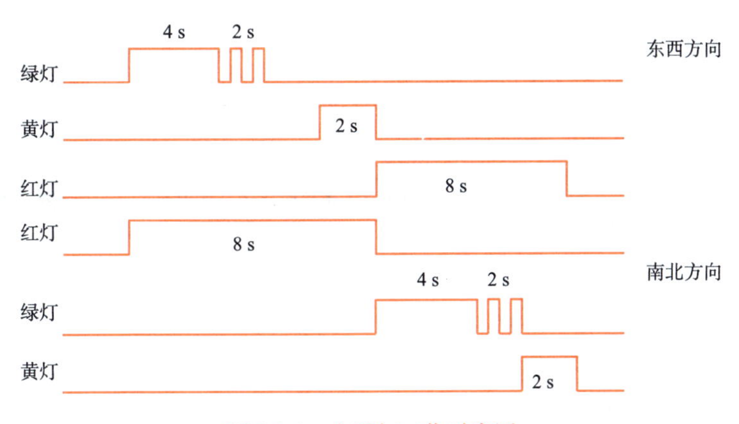

图 3-2-1　交通灯工作时序图

3.2.2　工作流程

根据任务描述，结合企业对电气调试技术员的岗位能力和工作流程的要求，分析本次任务的工作流程如下：

①分析生产线产品计数显示控制工作过程。

②描述所安装的 PLC 系统的工作过程、工时、数量，列举工作任务的技术要求，明确项目任务和个人任务要求，服从工作安排。

③根据控制要求，分析西门子系列 PLC 的相关性能指标，选择合适的 PLC。

④根据任务要求，进行 HMI 组态软件进行界面设计及变量连接。

⑤列举 PLC 控制部分所需的 I/O 端口，列出清单。

⑥通过绘图软件，绘制 PLC 控制部分的 I/O 接线图。

⑦设计完毕后通过比对相关设备进行自检，并配合相关人员调试。

⑧填写相关表格并交付相关部门验收，并签字确认。

学习笔记

3.2.3 知识准备

视频

数据比较指令

1. 比较指令

比较指令用来比较数据类型相同的两个数 IN1 与 IN2 的大小（见图 3-2-2），IN1 和 IN2 分别在触点的上面和下面。操作数可以是 I、Q、M、L、D 存储区中的变量或常数。比较两个字符串是否相等时，实际上比较的是它们各对应字符的 ASCII 码的大小，第一个不相同的字符决定了比较的结果。本节介绍三种比较指令：一是判断两个同类型的数的大小关系的基本比较指令；二是判断一个数在区间内还是区间外的范围内 IN_RANGE、范围外 OUT_RANGE 指令；三是判断一个数是否是实数（浮点数）的 OK、NOT_OK 指令，见表 3-2-1。

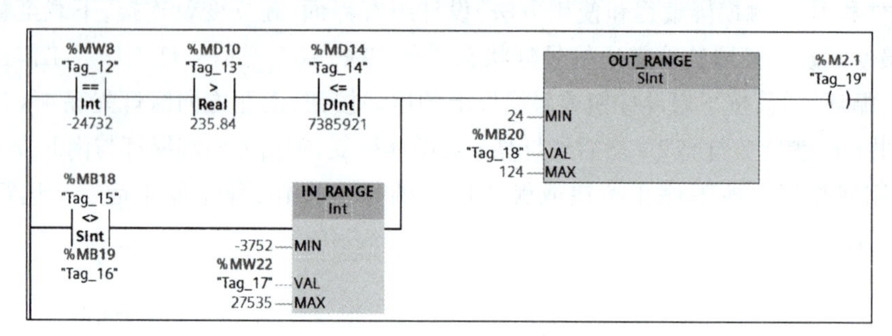

图 3-2-2 比较操作指令

表 3-2-1 比较指令关系类型表

指　令	关系类型	满足以下条件时比较结果为真	支持的数据类型
<???> == ??? <???>	==等于	INT1 等于 INT2	SInt、Int、DInt、USInt、UInt、USInt、Real、LReal、String、Char、Time、DTL、Constant
<???> <> ??? <???>	<>不等于	INT1 不等于 INT2	
<???> >= ??? <???>	>=大于等于	INT1 大于等于 INT2	
<???> <= ??? <???>	<=小于等于	INT1 小于等于 INT2	
<???> > ??? <???>	>大于	INT1 大于 INT2	
<???> < ??? <???>	<小于	INT1 小于 INT2	
IN_RANGE ??? <???> MIN <???> VAL <???> MAX	IN_RANG（值在范围内）	MIN<=VAL<=MAX	SInt、Int、DInt、USInt、UInt、UDInt、Real、Constant

学习笔记

续表

指　令	关系类型	满足以下条件时比较结果为真	支持的数据类型
OUT_RANGE ??? <???> MIN <???> VAL <???> MAX	OUT _ RANGE（值在范围外）	VAL < MIN 或 VAL > MAX	SInt、Int、DInt、USInt、UInt、UDInt、Real、Constant
<???> OK	OK（检查有效性）	输入值为有效的 REAL 数	Real、LReal
<???> NOT_OK	NOT_OK（检查无效性）	输入值为无效的 REAL 数	

可以将比较指令视为一个等效的触点，比较符号可以是“==”（等于）、“<>”（不等于）、“>”“>=”“<”和“<=”。当满足比较关系式给出的条件时，等效触点接通。生成比较指令后，双击触点中间比较符号下面的问号，单击出现的▼按钮，用下拉式列表设置要比较的数的数据类型。数据类型可以是位字符串、整数、浮点数、字符串、TIME、DATE、TOD 和 DLT。比较指令的比较符号也可以修改，双击比较符号，单击出现的▼按钮，可以用下拉式列表修改比较符号。

【例 1】用比较指令实现一个周期振荡电路，如图 3-2-3 所示。

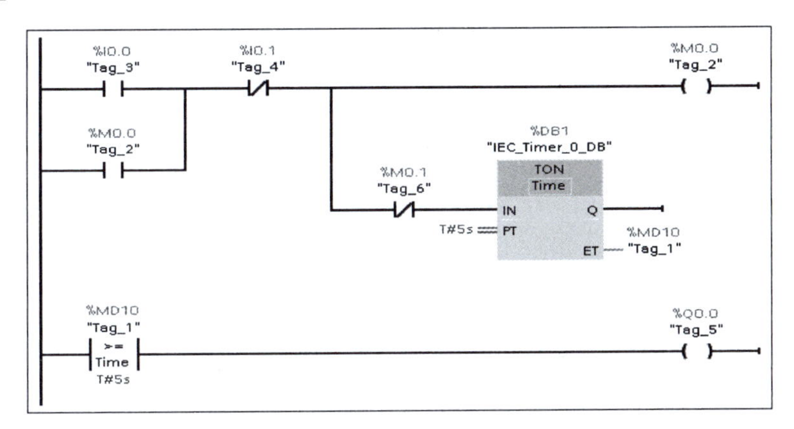

图 3-2-3　使用比较指令实现一个周期振荡电路

MD10 用于保存定时器 TON 的已耗时间值 ET，其数据类型为 Time。输入比较指令上面的操作数后，指令中的数据类型自动变为“Time”。IN2 输入 5 后，不会自动变为 5 s，而且显示 5 ms，它是以 ms 为单位的，要么直接输入“T#5 s”或“5 s”，否则容易出错。

【例 2】要求用 3 盏灯（分别为红灯、绿灯、黄灯）表示地下车库位数的显示。系统工作时若空余位大于 10 个，绿灯亮；空余车位为 1 ~ 10 个，黄灯亮；无空余车位，红灯亮。空余车位显示控制程序如图 3-2-4 所示。

2. 范围内与范围外比较指令

范围内比较指令 IN_RANGE（也称值在范围内）与范围外比较指令 OUT_RANGE（也称值

学习笔记

在范围外）可以等效为一个触点。如果有能流流指令框，则执行比较。图3-2-5中IN_RANGE指令的参数VAL满足MIN≤VAL≤MAX（－123≤MW2≤3579），或OUT_RANGE指令的参数VAL满足VAL < MIN或VAL > MAX（MB5 < 28或MB5 > 118）时，等效触点闭合，有能流流出指令框的输出端。如果不满足比较条件，没有能流流出。如果没有能流流入指令框，则不执行比较，没有能流出。

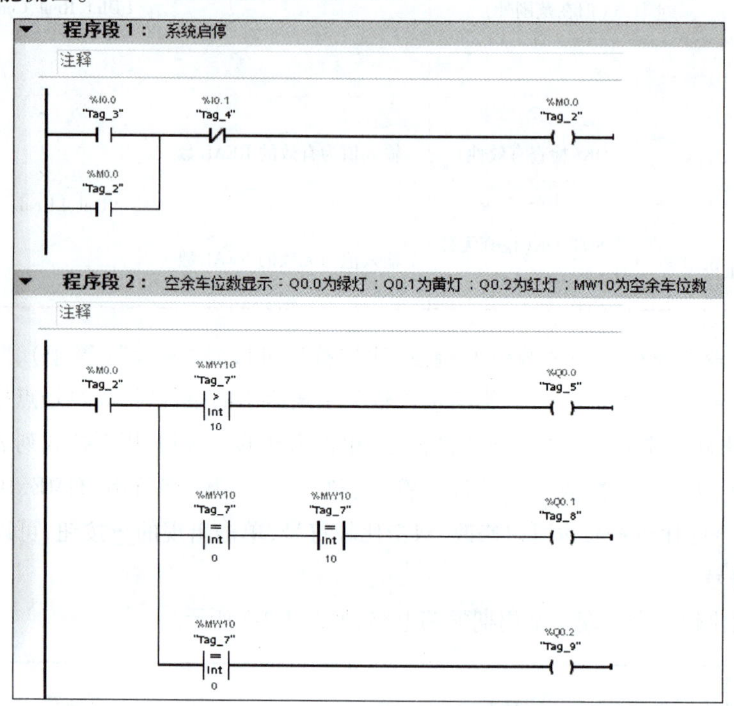

图3-2-4　空余车位显示控制程序

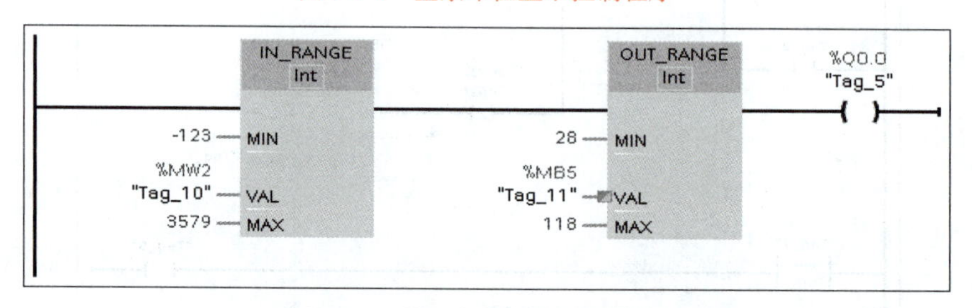

图3-2-5　范围内与范围外比较指令

指令的MIN、MAX和VAL的数据类型必须相同，可选SInt、Int、DInt、USInt、UInt、UDInt、Real，可以是I、Q、M、L、D存储区中的变量或常数。双击指令名称下面的问号，单击出现的按钮，用下拉式列表框设置要比较的数据的数据类型。

读者可使用范围内和范围外比较指令实现例2的控制要求。

3. OK与NOT_OK指令

OK与NOT_OK指令用来检测输入数据是否是实数（即浮点数）。如果是实数，OK指令触点闭合，反之NOT_OK指令触点闭合。触点上面变量的数据类型为Real，如图3-2-6所示。

在图3-2-6中，当MD10和MD20中为有效的实数时，会激活实数比较指令，如果结果为真，则Q0.0接通。

学习笔记

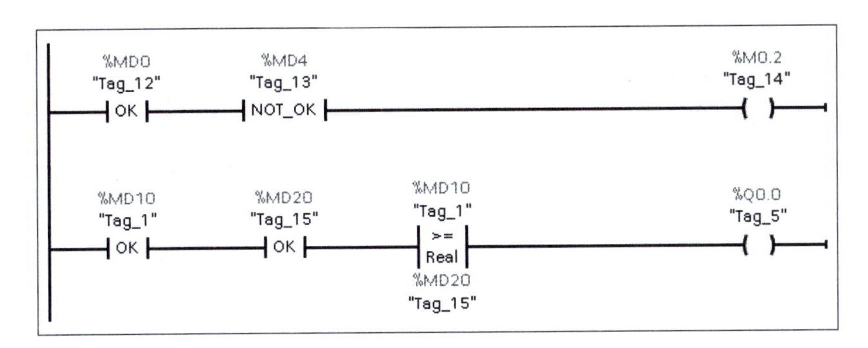

图 3-2-6　OK 与 NOT_OK 指令及应用

3.2.4　计划决策

根据任务要求与相关资讯，制订本任务的分组计划方案，包括选择合适的 PLC，列举 PLC 控制部分所需的 I/O 端口，列出清单，绘制 PLC 控制部分的 I/O 接线图，组内合理分工，整理完善，形成决策方案，作为工作实施的依据。请将工作过程的方案列入表 3-2-2 中。

表 3-2-2　工作过程决策方案

序号	工作内容	需准备的资料	负　责　人
1	选择合理的 PLC 型号		
2	I/O 地址的分配		
3	绘制控制电路接线图		
4	软件编程设计		
5	监控调试		

3.2.5　任务实施

交通信号灯控制程序设计

步骤一　进行 I/O 地址分配

根据控制要求，首先确定 I/O 个数，进行 I/O 地址分配，输入输出地址分配见表 3-2-3。

表 3-2-3　输入输出地址分配

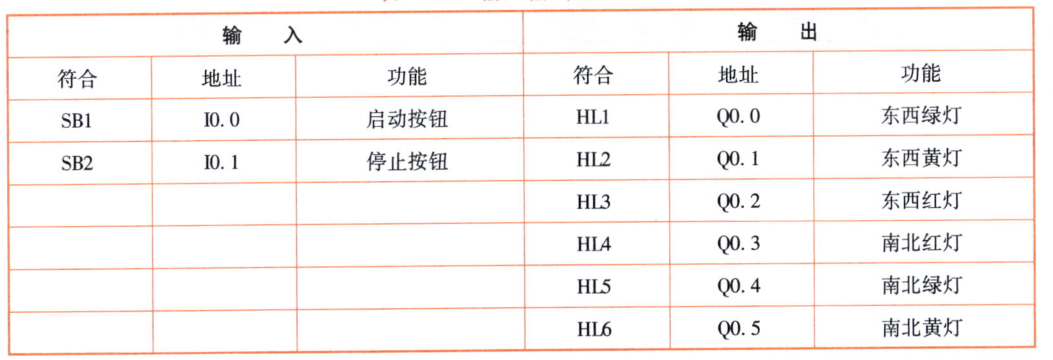

输　入			输　出		
符合	地址	功能	符合	地址	功能
SB1	I0. 0	启动按钮	HL1	Q0. 0	东西绿灯
SB2	I0. 1	停止按钮	HL2	Q0. 1	东西黄灯
			HL3	Q0. 2	东西红灯
			HL4	Q0. 3	南北红灯
			HL5	Q0. 4	南北绿灯
			HL6	Q0. 5	南北黄灯

小提示：

(1)考虑到生产的发展和工艺的改进，在选择 PLC 容量时，应适当留有余量。

学习笔记

(2)根据已确定的用户I/O设备,统计所需的输入信号和输出信号的点数,选择合适的PLC类型,包括机型的选择、容量的选择、I/O模块的选择、电源模块的选择等。

步骤二 绘制I/O接线图

设计PLC输入输出端子接线图如图3-2-7所示,绘制硬件接线图需要注意PLC电源供电,输入端及输出端电源接电方式不能接错。

这一部分设计和检查时需注意:

①图纸设计是否合理,包括各种元器件的容量等。

②根据图纸检查元器件是否严格按照图纸连接。

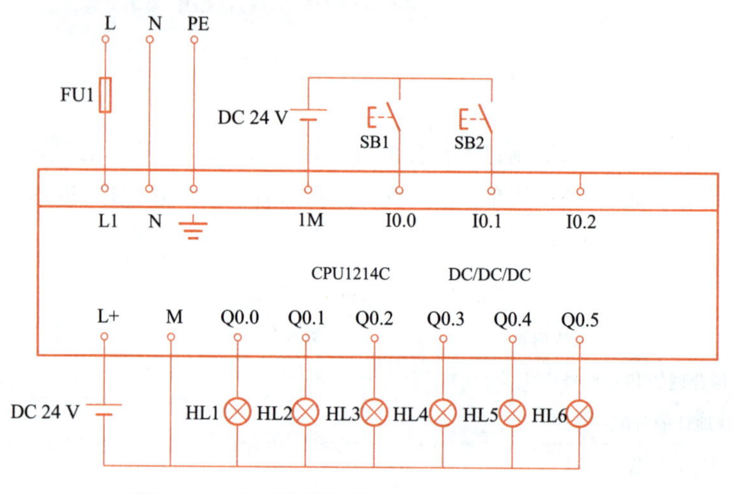

图3-2-7　交通信号灯的PLC控制I/O接线图

步骤三 编写控制程序

编写PLC程序。按照控制要求,在TIA博途软件中编写PLC程序。第一段程序为启停控制程序,通过按钮或触摸屏的按钮都可以控制程序启动停止,并利用MD30存有毫秒时间单位除以1000得到秒时间单位存在MD34中,如图3-2-8所示。

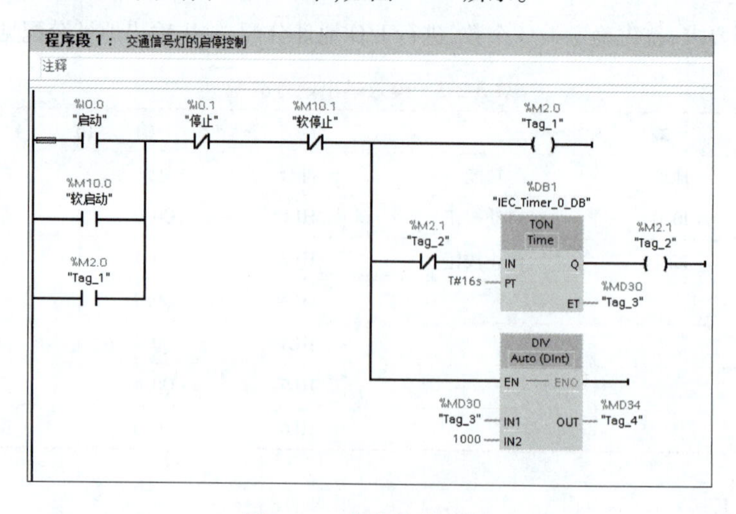

图3-2-8　启停控制程序

学习笔记

第二阶段是东西交通信号灯控制程序，利用比较指令与 MD34 里的时间进行比较实现信号灯的控制，如图 3-2-9 所示。

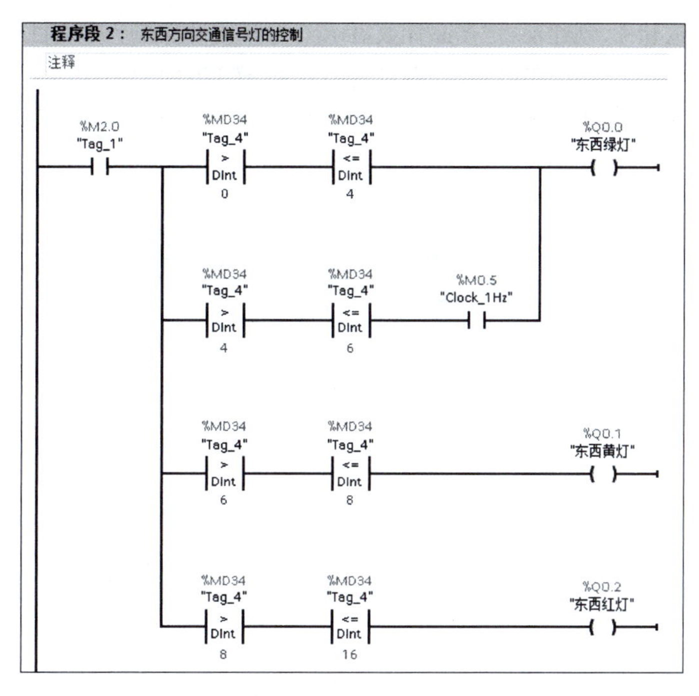

图 3-2-9　东西方向交通信号灯控制程序

第三阶段是南北交通信号灯控制程序，利用比较指令与 MD34 里的时间进行比较实现信号灯的控制，如图 3-2-10 所示。

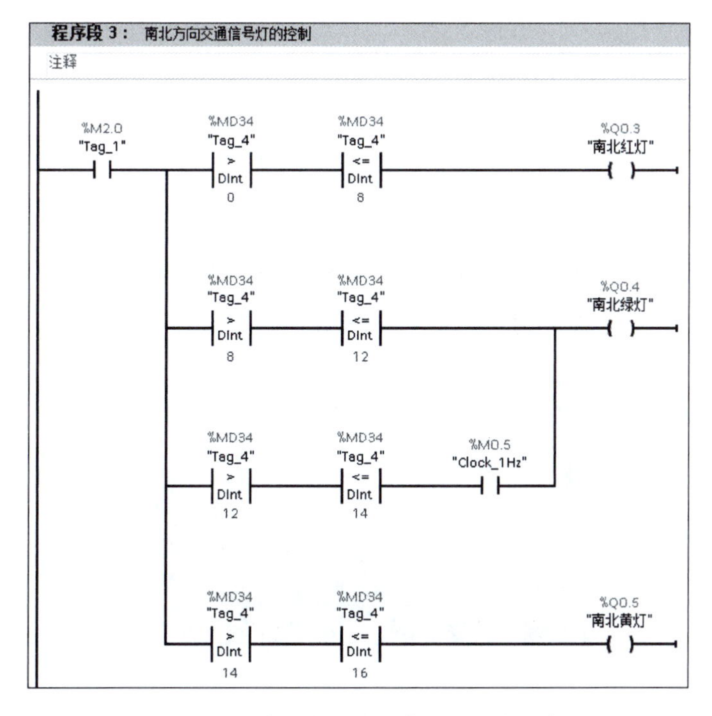

图 3-2-10　南北方向交通信号灯控制程序

学习笔记

视频

交通信号灯控制运行效果

步骤四 HMI组态画面的设置

（1）创建项目和设备组态

打开TIA博途软件，创建项目“产品计数显示”，打开项目视图。在项目树设备中添加新设备，添加本项目的PLC和HMI设备。在设备中找到S7-1200 PLC“CPU1214 DC/DC/DC”和HMI“KTP700 Basic，添加至设备组态中，并配置相应的IP地址和设置，将两个设备连接在同一个子网中，如图3-2-11所示。

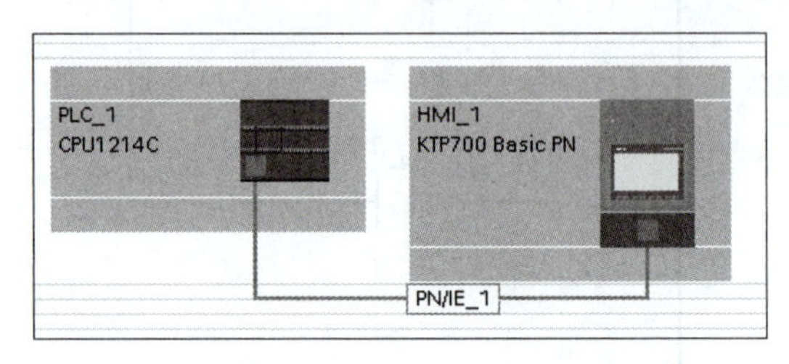

图3-2-11 设备组态

（2）按照控制要求在HMI中进行画面组态

其中HMI变量、控件和PLC变量之间的对应关系见表3-2-4。设计完成的HMI画面如图3-2-12所示。

表3-2-4 HMI变量、控件和PLC变量之间的对应关系表

HMI变量	控　　件	PLC变量	PLC地址
软启动	启动按钮	软启动	M10.0
软停止	停止按钮	软停止	M10.1
东西绿灯	圆形1	东西绿灯	Q0.0
东西黄灯	圆形2	东西黄灯	Q0.1
东西红灯	圆形3	东西红灯	Q0.2
南北红灯	圆形4	南北红灯	Q0.3
南北绿灯	圆形5	南北绿灯	Q0.4
南北黄灯	圆形6	南北黄灯	Q0.5

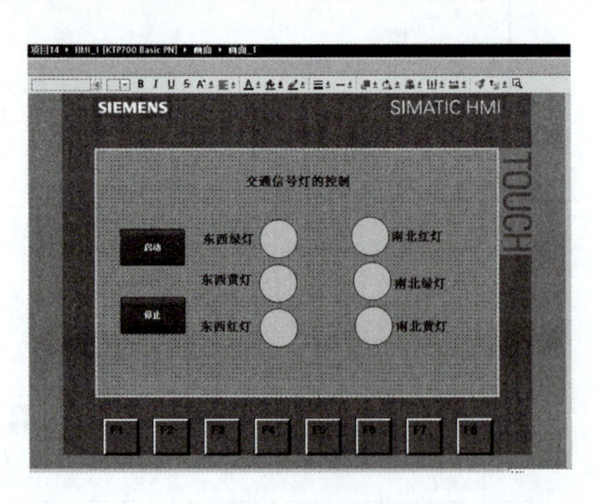

图3-2-12 HMI画面设计

步骤五 联机并调试运行

学习笔记

(1)安装配线

依据配线要求,按照图 3-2-7 进行 PLC 与周边电气元件的接线。将计算机、触摸屏与 PLC 以网线连接至交换机上,组成通信网络。

(2)调试运行

①使用万用表检查接线是否正常无误。

②在 TIA 博途软件中在线访问 PLC 和 HMI,检验通信网络是否正常。

③编译已经编写完成的 PLC 程序和 HMI 画面。

④保存项目,并分别选中 PLC 和 HMI,单击"▣"按钮,分别下载 PLC 程序和 HMI 画面。

⑤单击"▣"按钮启动 PLC,还可以通过"▣"按钮在线访问 PLC,查看 PLC 运行的情况。

⑥按下 SB1 观察交通指示灯显示运行情况,按下 SB2 观察运行情况。

3.2.6　任务巩固

1. 如图 3-2-13 所示,小车呼叫系统有六个工作位置,分别通过行程开关 SQ1 ~ SQ6 来检测;每个工作位置设有一只呼叫按钮,它们分别是 SB1 ~ SB6。工作时,首先应按下启动按钮启动该系统。然后,在任意位置按下呼叫按钮时,小车都会自动向这一位置运动,直到到达这一位置后,小车自动停止。工作过程中若遇紧急情况,可及时按下紧急停车按钮实现紧急停车。参考程序如图 3-2-14 所示。

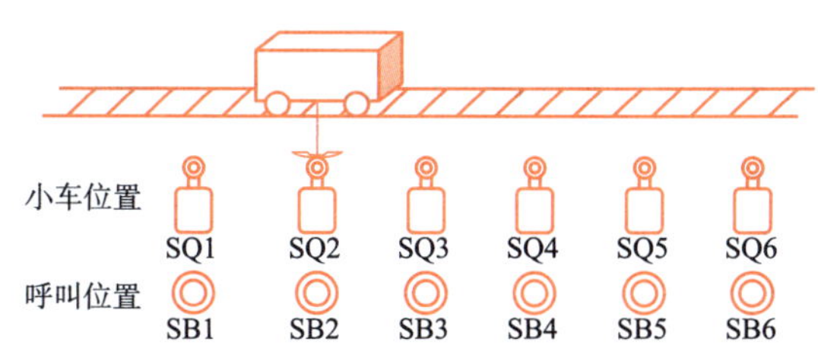

图 3-2-13　小车呼叫系统控制示意图

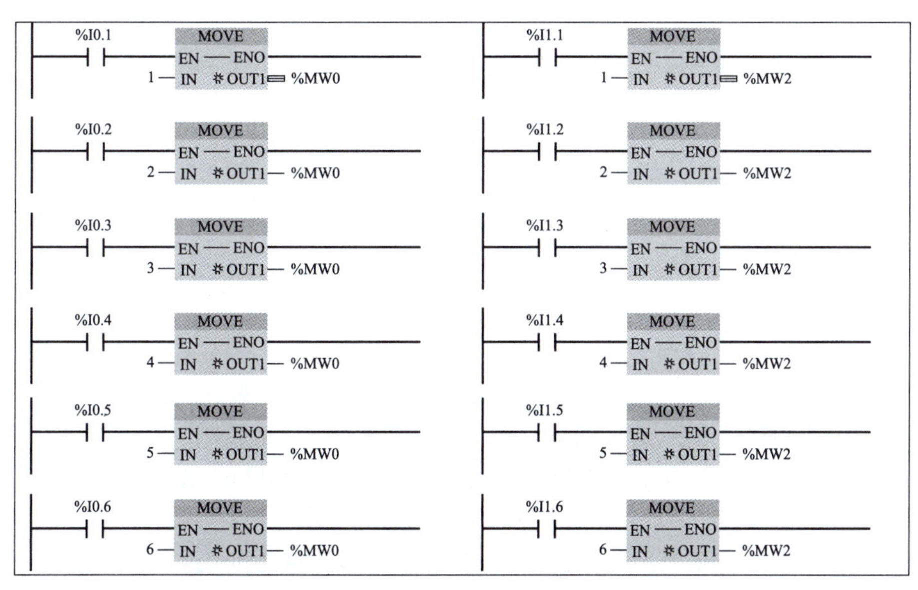

图 3-2-14　参考程序

图 3-2-14　参考程序(续)

2. 用数据比较指令实现三盏灯依次点亮 3 次控制，设置启动、停止按钮，用 PLC 实现 3 盏灯依次点亮，间隔时间是 1 秒。参考程序如图 3-2-15 所示。

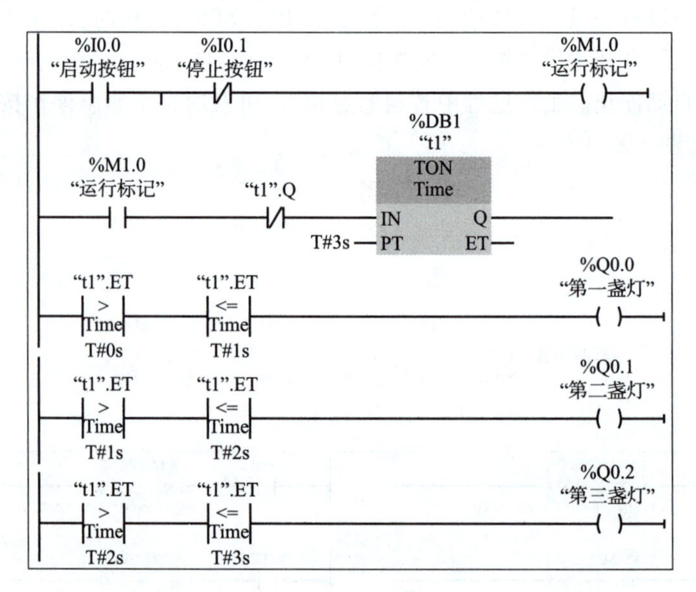

图 3-2-15　参考程序

任务 3.3　彩灯循环显示控制

3.3.1　任务描述

应用定时器和移位指令，编写 PLC 程序实现彩灯循环点亮的控制。利用西门子 PLC 的移位指令和循环移位指令，配以组态界面，通过画面可以启动和停止、选择彩灯点亮的频率，最终实现触摸屏监控彩灯循环点亮的控制。工作过程采用顺序控制、循环运行，按下启动按钮或触摸屏上的启动按钮，默认彩灯以第一种频率 1 Hz 逐个点亮和熄灭。6 盏灯首先第 1 盏点亮 1 s，然后第 2 盏点亮，依此类推，直到 6 盏灯依次点亮，然后循环往复。另外，还可以在触

学习笔记

摸屏上选择不同的频率模式,分别是 1 Hz、0. 5 Hz 和 2 Hz,如图 3-3-1 所示。

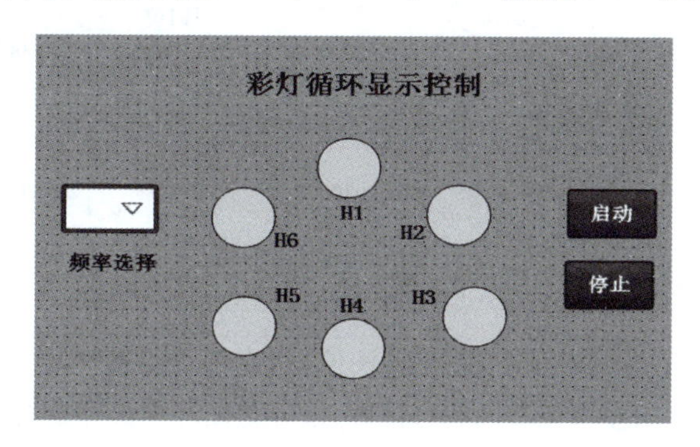

图 3-3-1　彩灯循环显示

3. 3. 2　工作流程

根据任务描述,结合企业对电气调试技术员的岗位能力和工作流程的要求,分析本任务的工作流程如下:

①分析生产线产品计数显示控制工作过程。

②描述所安装的 PLC 系统的工作过程、工时、数量,列举工作任务的技术要求,明确项目任务和个人任务要求,服从工作安排。

③根据控制要求,分析西门子系列 PLC 的相关性能指标,选择合适的 PLC。

④根据任务要求,进行 HMI 组态软件进行界面设计及变量连接。

⑤列举 PLC 控制部分所需的 I/O 端口,列出清单。

⑥通过绘图软件,绘制 PLC 控制部分的 I/O 接线图。

⑦设计完毕后通过比对相关设备进行自检,并配合相关人员调试。

⑧填写相关表格并交付相关部门验收,并签字确认。

3. 3. 3　知识准备

1. 移位指令

视频

移位与循环移位指令

本任务中要实现彩灯的循环显示控制,使用的指令是西门子 PLC 的移位指令。工作原理是,首先将外部指示灯一端接 PLC,另一端接低电平,这样 PLC 输出为 1 时,指示灯就会点亮。将 PLC 输出 QB0 设为 1,那么除 Q0. 0 外,Q0. 1 ~ Q0. 7 均为 0,此时第 1 个灯点亮。然后每隔一段时间,PLC 输出 Q0. 0 的下一位置 1,其余位为 0。依此类推,直到所有连接了指示灯的位均置 1 一遍后,再从第一位开始循环。这一过程中,其实每次都是将 PLC 的 Q0. 0 的输出 1 进行向左的移位。如果第一次 QB0 输出的二进制数是“2#00000001”,点亮第 1 盏灯,那么下次左移一位,QB0 输出二进制数“2#00000010”,点亮第 2 盏灯,依此类推,整个过程的状态如图 3-3-2 所示。接下来介绍西门子 PLC 的移位指令和循环移位指令。

(1)位移指令

移位指令的功能是,将目标值向某个方向移动给定的 N 位,得到移位后的结果。移位指令实际上是对目标值进行乘法和除法运算。

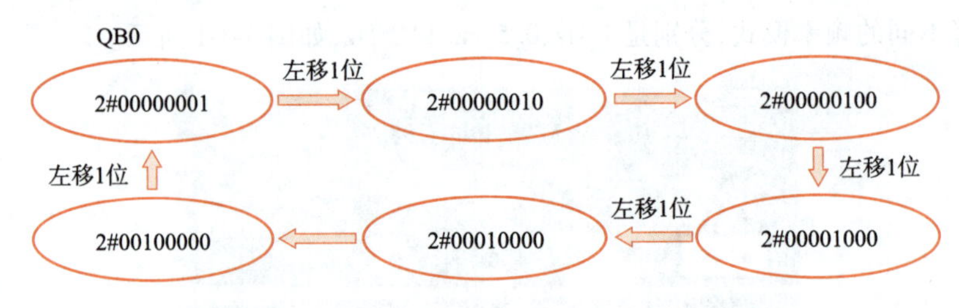

图 3-3-2　彩灯循环显示控制状态转换图

例如，要将一个变量 X 的数值向左移动 N 位，相当于计算 X×2N，向右移动相当于 X÷2N。移位指令除了分为向左移位和向右移位外，还分为循环移位和普通移位。这里先介绍普通移位指令。

左移指令（SHL）的功能是将输入值左移动给定的位数，然后输出移位的结果。当“EN”为高电平 1 时，将执行移位指令，将“IN”端指定的内容送入累加器中，然后左移“N”端指定的位数移位后，不足位以 0 补足，多余位直接移除，然后写入“OUT”端指定的目的地址。左移指令和参数见表 3-3-1。在指令“<??? >”下拉列表中选择该指令移位的数据类型。

表 3-3-1　左移指令和参数

LAD/FBD	SCL	参数	数据类型	说明
SHL UInt（EN ENO IN OUT N）	OUT: = SHL(IN: = _variant_in_, N: = _uint_in);	EN	Bool	使能输入
		ENO	Bool	使能输出
		IN	Byte、Word、DWord	移位对象
		N	Unit	移动的位数
		OUT	Byte、Word、Dword	移动后的结果

接下来以移位一个数值为例，以 LAD 编程方式来介绍左移指令的使用方法和功能。在 TIA 博途软件项目视图中，打开创建的程序，在右侧指令一栏里找到移位和循环移位指令一栏，找到“SHL”并拖动到程序栏中，便将左移指令添加到程序中了，之后将端口全部填写完成即可，如图 3-3-3 所示。激活左移指令后，IN 中输入将要移位的数值，若数值为“2#10011011 1111 1101”，向左移动 4 位后，OUT 端的 MW10 中的数是“2#1011 1111 1101 0000”，左移指令示意图如图 3-3-4 所示。

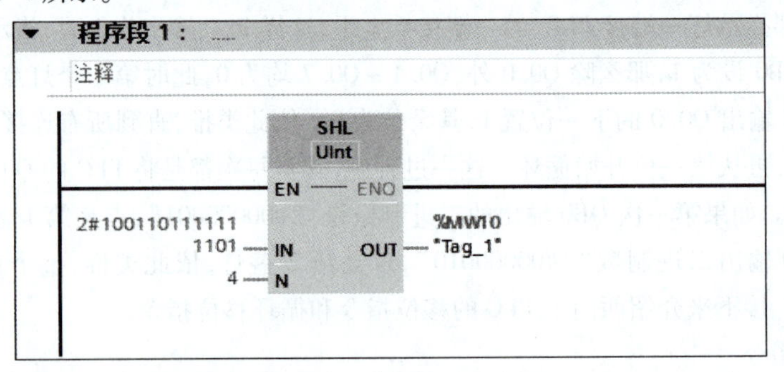

图 3-3-3　左移指令示例

右移指令（SHR）的功能是将输入值向右移动给定的位数，然后输出移位后的结果。当"EN"为高电平 1 时，将执行移位指令，将“IN”端指定的内容送入累加器中，然后右移“N”端指

定的位数,不足位以 0 补足,多余位直接移除,然后写入"OUT"端指定的目的地址。右移指令和参数见表 3-3-2。在指令" < ??? > "下拉列表中选择该指令移位的数据类型。

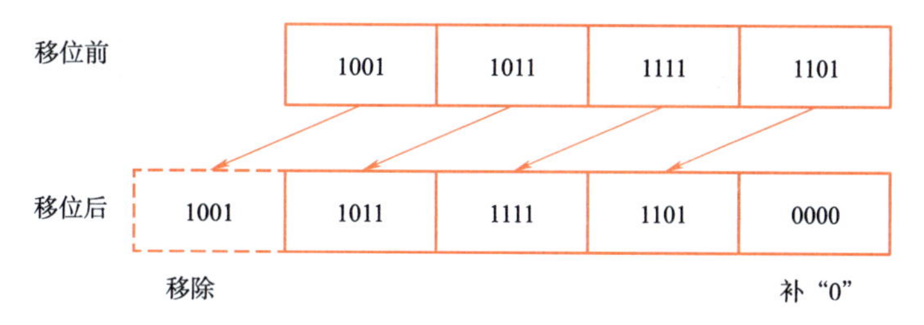

图 3-3-4　左移指令示意图

表 3-3-2　右移指令和参数

LAD/FBD	SCL	参数	数据类型	说　明
SHR UInt (EN, ENO, IN, OUT, N)	OUT: = SHL(IN: = _variant_in_, N: = _uint_in);	EN	Bool	使能输入
		ENO	Bool	使能输出
		IN	Byte、Word、DWord	移位对象
		N	Unit	移动的位数
		OUT	Byte、Word、Dword	移动后的结果

接下来以移位一个数值为例,以 LAD 编程方式来介绍右移指令的使用方法和功能。在 TIA 博途软件项目视图中,打开创建的程序,在右侧指令一栏里找到移位和循环移位指令一栏,找到"SHR"并拖动到程序栏中,便将右移指令添加到程序中了,之后将端口全部填写完成即可,如图 3-3-5 所示。激活右移指令后,IN 中输入将要移位的数值,若数值为"2#1001 10111111 1101",向右移动 4 位后,OUT 端的 MW10 中的数是"2#0000 1001 1011 1111",右移指令示意图如图 3-3-6 所示。

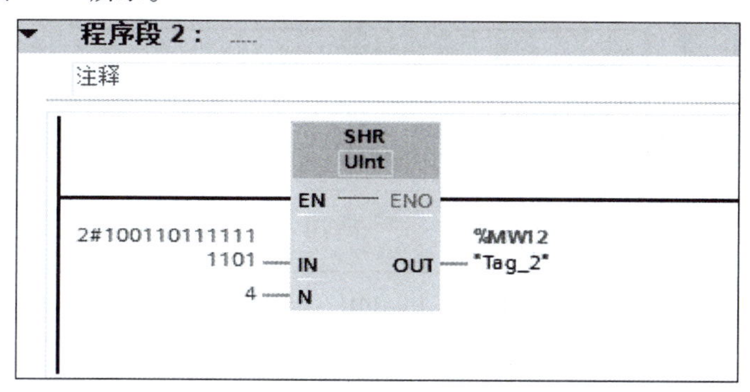

图 3-3-5　右移指令示例

(2)循环移位指令功能

循环左移指令(ROL)的功能是将输入值向左移动给定的位数,然后输出移位后的结果。当"EN"位为高电平 1 时,将执行移位指令,将"IN"端指定的内容送入累加器中,然后左移"N"端指定的位数,左侧溢出的位循环移至右侧不足的位,然后写入"OUT"端指定的目的地址。循环左移指令和参数见表 3-3-3。在指令" < ??? > "下拉列表中选择该指令移位的数据类型。

学习笔记

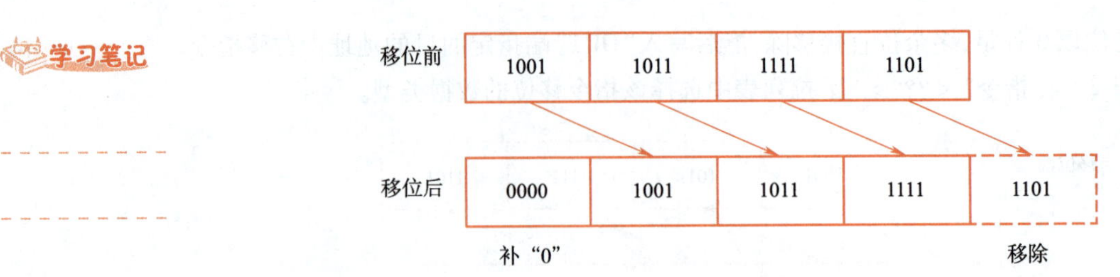

图 3-3-6 右移指令示意图

表 3-3-3 循环左移指令和参数

LAD/FBD	SCL	参数	数据类型	说明
ROL Word (EN, ENO, IN, OUT, N)	OUT: = SHL(IN: = _variant_in_, N: = _uint_in);	EN	Bool	使能输入
		ENO	Bool	使能输出
		IN	Byte、Word、DWord	循环移位对象
		N	Unit	循环移动的位数
		OUT	Byte、Word、Dword	循环移动后的结果

接下来以移位一个数值为例，以 LAD 编程方式来介绍循环左移指令的使用方法和功能。在 TIA 博途软件视图中，打开创建的程序，在右侧指令一栏里找到移位和循环移位指令一栏，找到“ROL”并拖动到程序栏中，便将循环左移指令添加到程序中了，之后将端口全部填写完成即可，如图 3-3-7 所示。激活循环左移指令后，IN 中输入将要移位的数值，若数值为“2 # 10011011 1111 1101”，除高 4 位外，其余位向左移动 4 位，高 4 位循环移动至低 4 位，OUT 端的 MW10 中的数是 2#1011 1111 1101，循环左移指令示意图如图 3-3-8 所示。

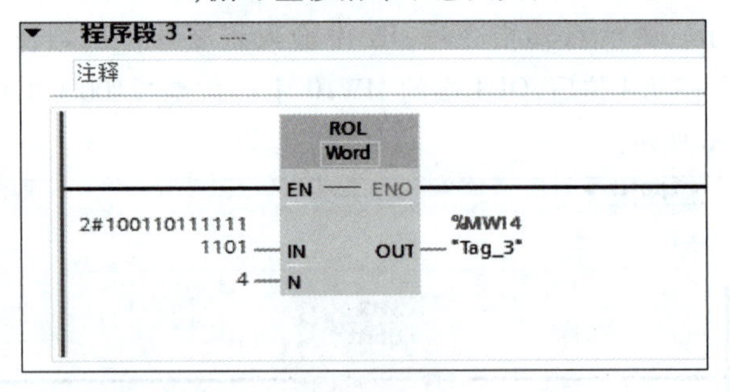

图 3-3-7 循环左移指令示例

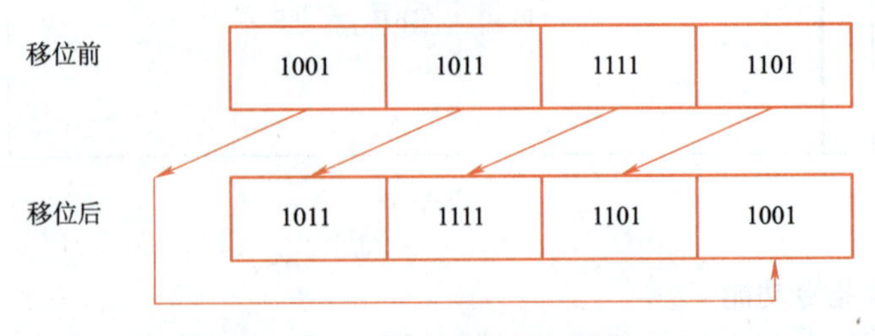

图 3-3-8 循环左移指令示意图

循环右移指令（ROR）的功能是将输入值向右移动给定的位数，然后输出移位后的结果。当“EN”为高电平 1 时，将执行移位指令将“IN”端指定的内容送入累加器中，然后右移“N”端指定的位数，右侧溢出的位循环移动至左侧不足的位，然后写入“OUT”端指定的目的地址。循环右移指令和参数见表 3-3-4。在指令“<???>”下拉列表中选择该指令移位的数据类型。

学习笔记

表 3-3-4　循环右移指令和参数

LAD/FBD	SCL	参数	数据类型	说　明
ROR Word (EN ENO IN OUT N)	OUT：= SHL(IN：= _variant_in_, N：= _uint_in)；	EN	Bool	使能输入
		ENO	Bool	使能输出
		IN	Byte、Word、DWord	循环移位对象
		N	Unit	循环移动的位数
		OUT	Byte、Word、Dword	循环移动后的结果

接下来以移位一个数值为例，以 LAD 编程方式来介绍循环右移指令的使用方法和功能。在 TIA 博途软件项目视图中，打开创建的程序，在右侧指令一栏里找到移位和循环移位指令一栏，找到“ROR”并拖动到程序栏中，便将循环右移指令添加到程序中了，之后将端口全部填写完成即可，如图 3-3-9 所示。当激活循环右移指令时，IN 中输入将要移位的数值，若数值为“2#1001 1011 1111 1101”，除低 4 位外，其余位向右移动 4 位，低 4 位循环移动至高 4 位，OUT 端的 MW10 中的数是“2#1101 1001 1011 1111”，循环右移指令示意图如图 3-3-10 所示。

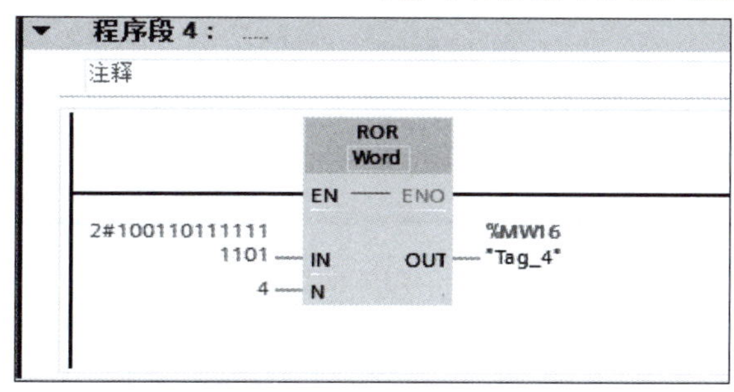

图 3-3-9　循环右移指令示例

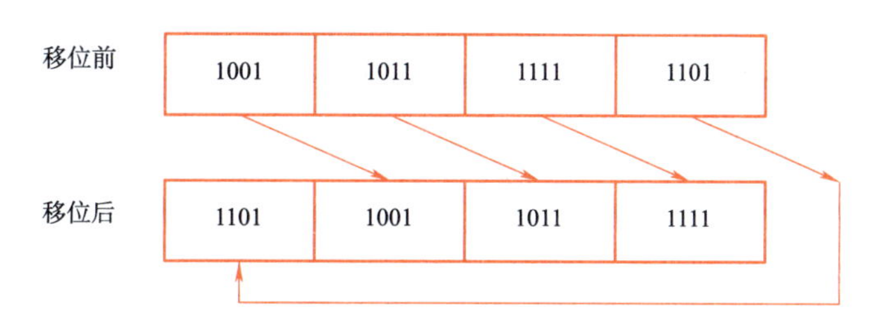

图 3-3-10　循环右移指令示意图

2. 循环闪烁程序编写

除了示例中控制彩灯循环点亮显示外，日常生产工程中还常会用到单独控制一盏灯按照要求亮灭的情况，例如，报警红灯需要循环闪烁提示报警，复位黄灯需要循环闪烁提醒系统未复位等应用场合。不论是本示例中控制彩灯循环点亮还是控制单个灯的循环闪烁，都需要用到周期变化的信号，下面介绍几种常用的制造周期变化时钟信号的方法。

（1）系统和时钟存储器

西门子 S7-1200 PLC 内部可以提供固定频率的时钟信号，需要在设备组态过程中将此项功能打开。在 TIA 博途软件的项目视图中打开设备组态，双击 PLC 设备打开“常规”属性栏。在"常规"一栏中找到“系统和时钟存储器”一栏，单击进入。其中，"时钟存储器位"功能是西门

学习笔记

子PLC内部提供的时钟信号。勾选“时钟存储器位”中的“启用时钟存储器字节”复选框，便可以直接使用系统的时钟信号。系统默认的时钟存储器存储字节为“MBO”，一共8位对应8个不同频率的时钟信号，用户也可以自己定义地址。但是需要注意的是，一旦被时钟存储器占用，该位寄存器便不能再作为普通寄存器使用，具体频率与位地址的对应关系如图3-3-11所示。

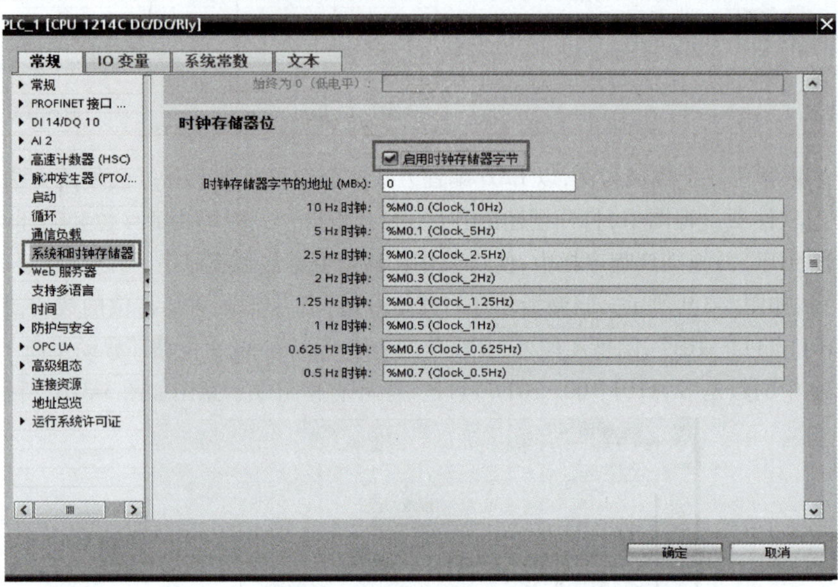

图3-3-11　系统和时钟存储器

使用时只需要将对应频率的时钟信号直接与输出信号串联即可，如图3-3-12所示，此处灯Q0.0便会以1 Hz的频率闪烁。需要注意的是，时钟存储器的时钟信号是PLC内部提供的，因此一旦PLC上电工作，时钟信号便开始工作，无法控制其启停时间，因此在对时钟信号要求不高的情况下使用方便，在对时钟信号要求较高的时候一般不这样使用。

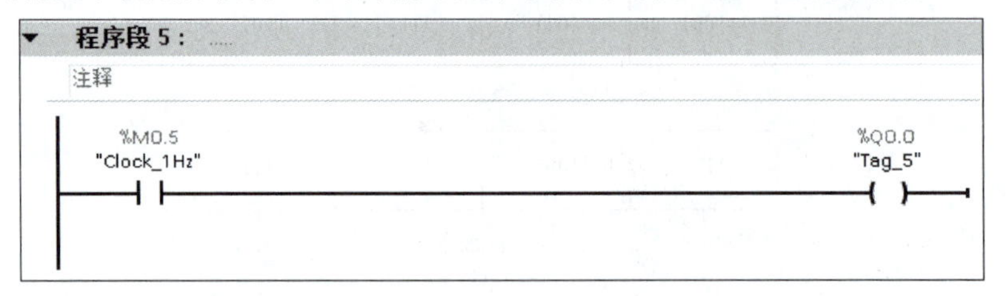

图3-3-12　时钟存储器控制灯闪烁

（2）通过比较指令制作时钟信号

运用定时器指令和比较指令，可以得到任意周期变化的时钟信号。这里通过一个例子来介绍这种时钟信号制作的方法。例如，用PLC的Q0.0控制一个指示灯亮3 s、灭2 s循环运行，可以通过定时器指令和比较指令实现，如图3-3-13所示。首先当中间寄存器M20.0为1时，启动计时器。计时器计时5 s，并将计时器的时间读取至“MD10”中，用“MD10”与3 s比较，小于3 s时，Q0.0输出点亮指示灯；再用“MD10”与3 s和5 s比较，大于3 s小于5 s时，熄灭指示灯；最后用“MD10”与5 s比较，大于5 s时，复位计时器，循环执行。这样便实现了指示灯亮3 s、灭2 s的循环闪烁。

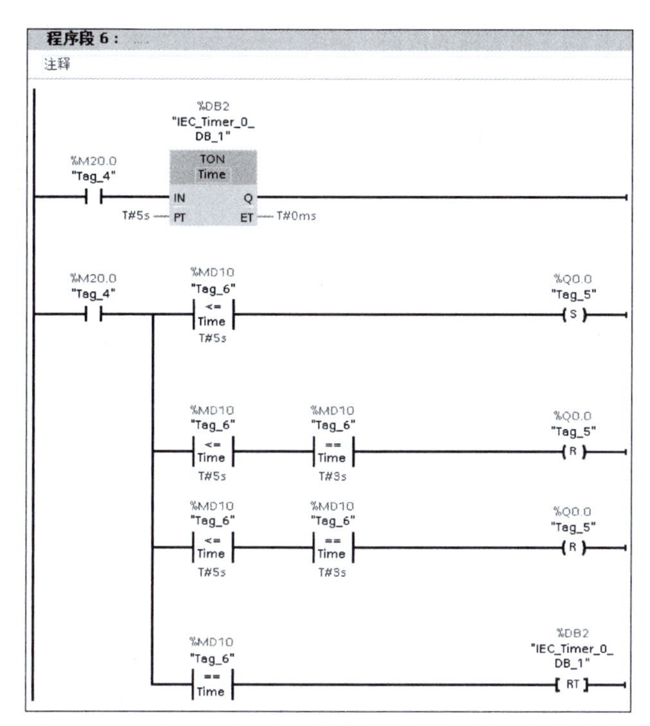

图 3-3-13　定时器指令和比较指令控制指示灯闪烁的程序

(3)通过定时器串联制作时钟信号

运用定时器指令的串联,同样可以得到任意周期变化的时钟信号。这里仍然通过相同的例子——PLC 控制指示灯亮 3 s、灭 2 s 循环运行,来介绍通过这种方法得到时钟信号。程序如图 3-3-14 所示,首先通过中间寄存器 M20.0 控制程序启动运行,启动第 1 个定时器,定时 3 s。定时器输出取反,导通 Q0.0,点亮指示灯 3 s。当 3 s 计时完成后,小灯熄灭,第 2 个计时器开始计时,计时 2 s。此时指示灯处于熄灭状态,2 s 计时结束后,复位计时器 1,计时器重新开始计时 3 s,指示灯再开始亮 3 s,循环运行。这样一来,也实现了小灯亮 3 s、灭 2 s 的循环闪烁。

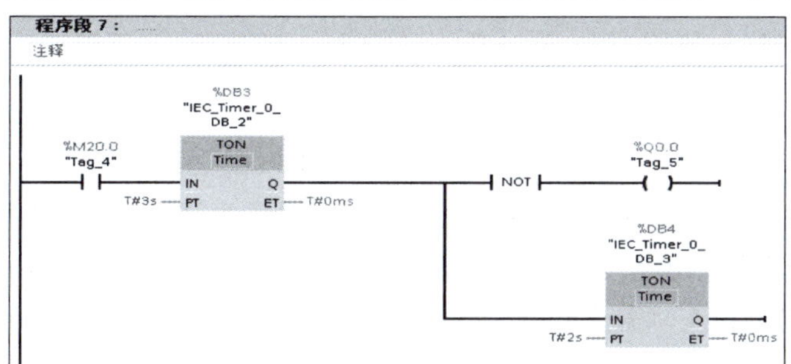

图 3-3-14　定时器串联控制灯闪烁的程序

控制指示灯按照要求闪烁的工况非常多,控制方法也有很多,这里只介绍这三种简单的实现方法,如果感兴趣,大家可以自行开发尝试更多其他的方法实现这一过程。

3.3.4　计划决策

根据任务要求与相关资讯,制订本任务的分组计划方案,包括选择合适的 PLC,列举 PLC 控制部分所需的 I/O 端口,列出清单,绘制 PLC 控制部分的 I/O 接线图,组内合理分工,整理

学习笔记

完善,形成决策方案,作为工作实施的依据。请将工作过程的方案列入表3-3-5中。

表3-3-5　工作过程决策方案

序号	工作内容	需准备的资料	负　责　人
1	选择合理的PLC型号		
2	I/O地址的分配		
3	绘制控制电路接线图		
4	软件编程设计		
5	监控调试,按下启动按钮		

视频

彩灯循环显示程序的设计

3.3.5　任务实施

步骤一　进行I/O地址分配

根据控制要求确定I/O个数,进行I/O地址分配,输入输出地址分配见表3-3-6。

表3-3-6　输入输出地址分配表

输　入			输　出		
符号	地址	功能	符号	地址	功能
SB1	I0.0	启动按钮	HL1	Q0.0	指示灯1
SB2	I0.1	停止按钮	HL2	Q0.1	指示灯2
			HL3	Q0.2	指示灯3
			HL4	Q0.3	指示灯4
			HL5	Q0.4	指示灯5
			HL6	Q0.5	指示灯6

小提示:

(1)考虑到生产的发展和工艺的改进,在选择PLC容量时,应适当留有余量。

(2)根据已确定的用户I/O设备,统计所需的输入信号和输出信号的点数,选择合适的PLC类型,包括机型的选择、容量的选择、I/O模块的选择、电源模块的选择等。

步骤二　绘制I/O接线图

设计PLC输入输出端子接线图如图3-3-15指示灯PLC控制接线图所示,检查回路(未送电状态下)一般PLC系统的图纸包含柜内图纸和柜外图纸两部分;柜内图纸指柜子内部的接线图;柜外图纸是所有接出电气柜的接线图。

这一部分设计和检查时需注意:

①图纸设计是否合理,包括各种元器件的容量等。

②根据图纸检查元器件是否严格按照图纸连接。

步骤三　编写控制程序

按照控制要求,在TIA博途软件中编写PLC程序。第一段程序为启停控制程序,通过按钮或触摸屏的按钮都可以控制程序启动停止,如图3-3-16所示。

第二阶段是移位控制程序,QB0初始为1,点亮第一盏灯,每次左移1位,点亮下一盏,如图3-3-17所示。

学习笔记

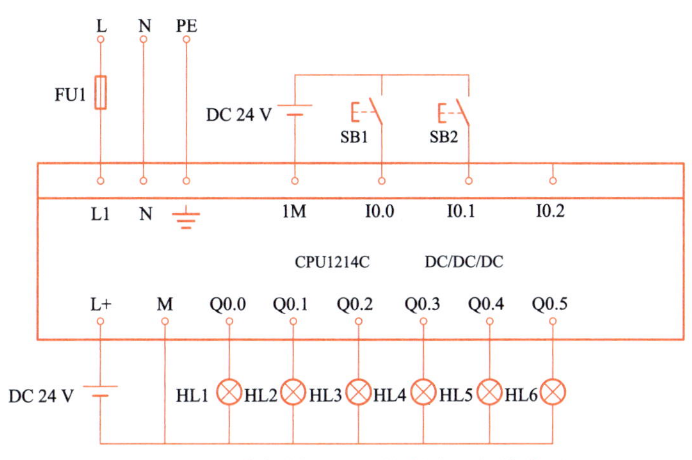

图 3-3-15　彩灯循环 PLC 控制指示灯接线图

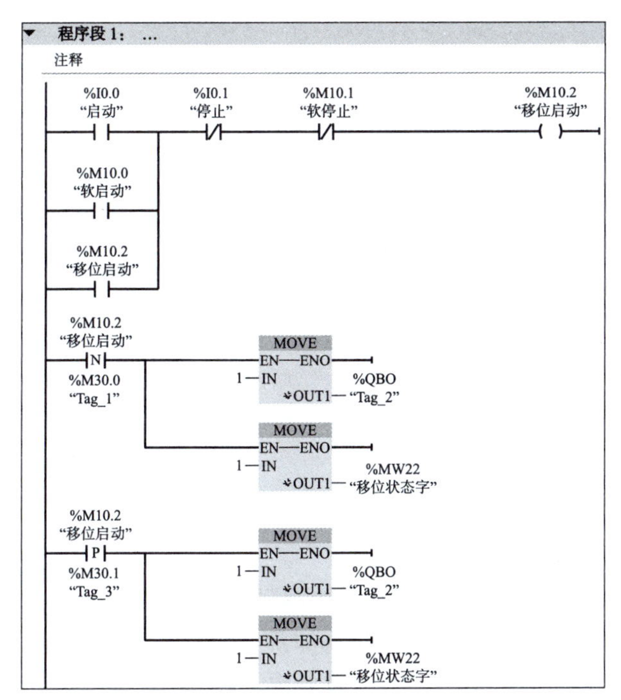

图 3-3-16　启停控制程序

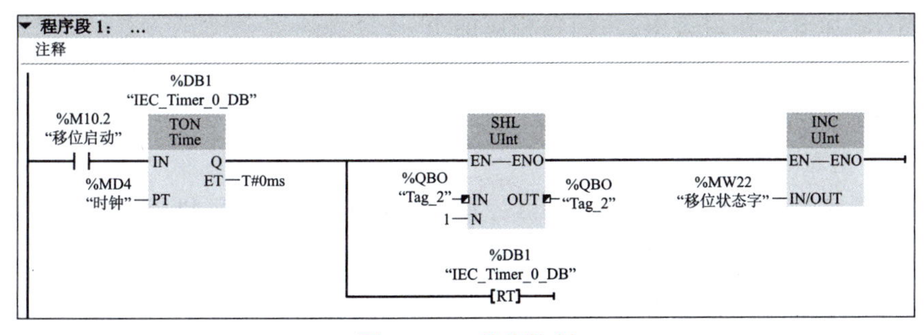

图 3-3-17　移位控制

第三段程序是循环控制程序，移动 6 次以后将 QB0 置为 1，然后再重新开始执行，如图 3-3-18 所示。

学习笔记

第四段程序是频率控制程序，通过触摸屏选择三种频率，分别是1 Hz、2 Hz和0.5 Hz。初始默认状态为1 Hz，如图3-3-19所示。

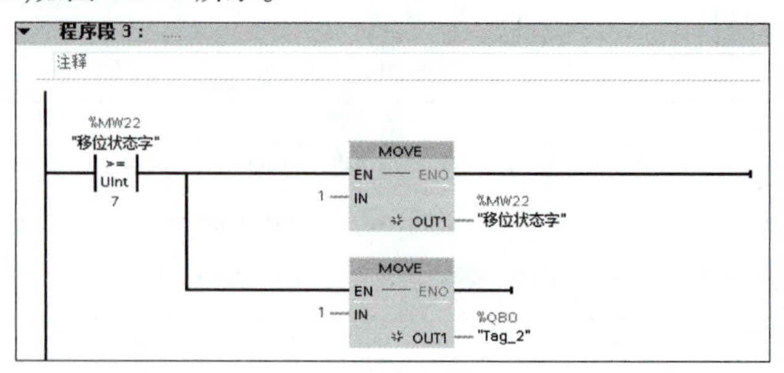

图 3-3-18　循环控制程序

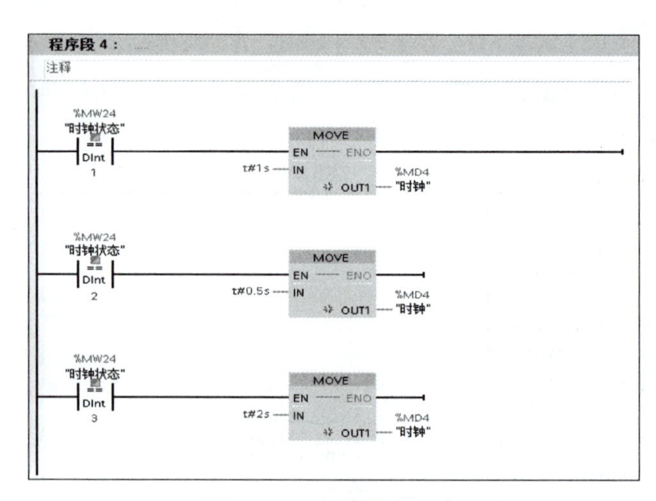

图 3-3-19　频率控制程序

步骤四 HMI组态画面的设置

（1）创建项目和设备组态

打开TIA博途软件创建“彩灯循环显示控制”项目，打开项目视图。在项目树设备组态中添加新设备，添加本项目的PLC和HMI设备。在设备中找到“CPU1214C DC/DC/DC”PLC和“KTP700 Basic”HMI，添加至设备组态中，并配置相应的IP地址和设置，将两个设备连接在同一个子网中，如图3-3-20所示。

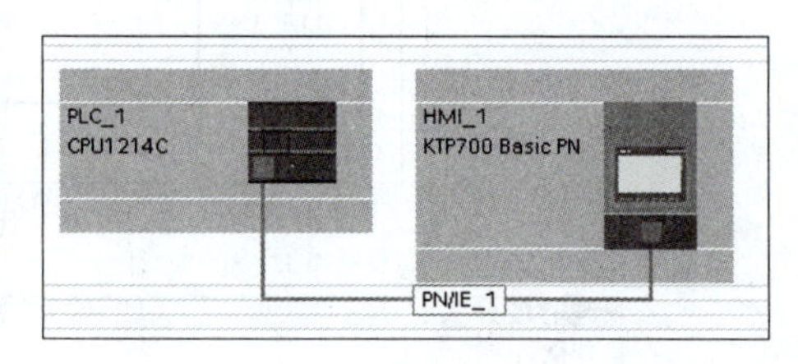

图 3-3-20　设备组态

（2）设计组态画面

按照控制要求在HMI中进行画面组态。其中，HMI变量、控件和PLC变量之间的对应关系见表3-3-7。设计完成的HMI画面如图3-3-21所示。

表 3-3-7　HMI变量、控件和PLC变量之间的对应关系表

HMI 变 量	控　件	PLC 变 量	PLC 地 址
软启动	启动按钮	软启动	M10.0
软停止	停止按钮	软停止	M10.1

学习笔记

续表

HMI 变 量	控 件	PLC 变 量	PLC 地 址
灯 1	H1	灯 1	Q0. 0
灯 2	H2	灯 2	Q0. 1
灯 3	H3	灯 3	Q0. 2
灯 4	H4	灯 4	Q0. 3
灯 5	H5	灯 5	Q0. 4
灯 6	H6	灯 6	Q0. 5
时钟状态	符号 I/O 域	时钟状态	MW24

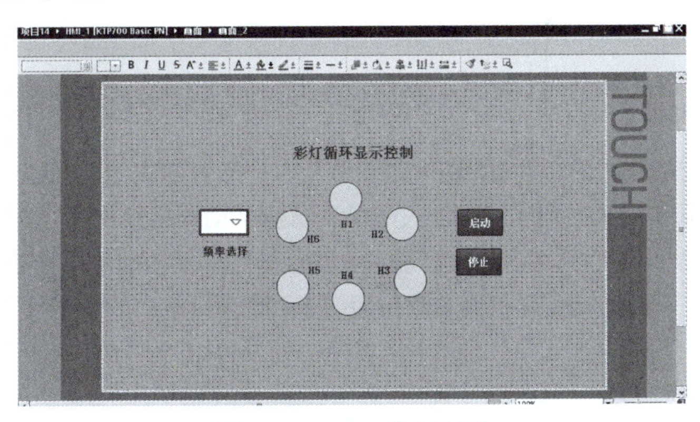

图 3-3-21　HMI 控制画面

步骤五　联机并调试运行

(1)安装配线

依据配线要求,按照图 3-3-15 进行 PLC 与周边电气元件的接线。将计算机、触摸屏与 PLC 以网线连接至交换机上,组成通信网络。

(2)调试运行

①使用万用表检查接线是否正常无误。

②在 TIA 博途软件中在线访问 PLC 和 HMI,检验通信网络是否正常。

③编译已经编写完成的 PLC 程序和 HMI 画面。

④保存项目,并分别选中 PLC 和 HMI,单击“ ”按钮,分别下载 PLC 程序和 HMI 画面。

⑤单击“ ”按钮启动 PLC,还可以通过“ ”按钮在线访问 PLC,查看 PLC 运行的情况。

⑥按下 SB1 观察彩灯循环显示运行情况,按下 SB2 观察运行情况。

3.3.6　任务巩固

1. MB2 的值为 2#10110110,循环左移 2 位后为________,再左移 2 位为________。

2. 整数 MW4 的值为 2#1011011011000010,右移 4 位后为 2#________。

3. 用 I1.0 控制接在 QB1 上的 8 只彩灯是否移位,每 2 s 循环左移 1 位。用 IB0 设置彩灯的初始值,在 I1.1 的上升沿将 IB0 的值传送到 QB1,设计出梯形图程序。

4. 在原有的彩灯控制要求基础上,添加一次点亮指示灯数控制。在画面中加入一个 I/O 域,可以在其中设置一次点亮的指示灯数。默认点亮 1 盏灯,逐一点亮循环。如果将点亮灯数设为 2,一次点亮 2 盏灯,下次点亮后面 2 盏灯,依此类推。相同方法,可以选择一次点亮 1 盏灯、2 盏灯或是 3 盏灯。

项目四

输送分拣的PLC控制

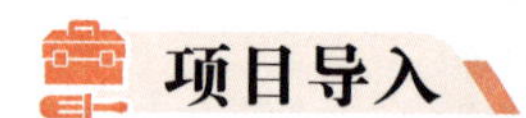

学习笔记

项目导入

在需要进行产品分拣的企业，以往一直采用人工分拣的方法，效率低下致使企业的竞争能力差。应用PLC实现具有传输、分类、入库保管功能自动分拣系统的自动控制系统并用组态做上位机监控，机械结构采用传送带、气缸等机械部件；电气控制采用传感器、编码器、开关电源、换向阀等电子部件；可编程控制器采用西门子PLC。

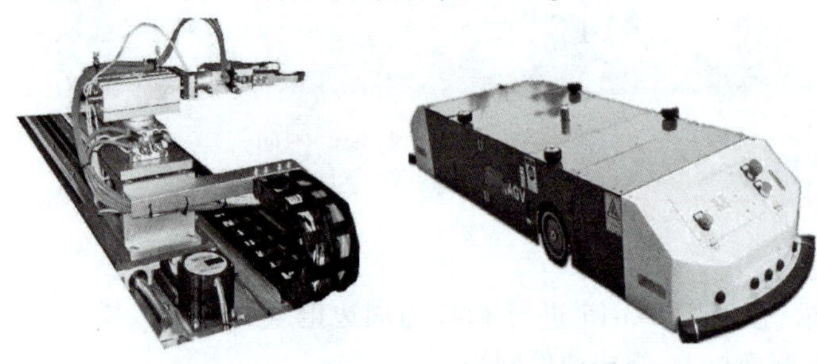

如常见的搬运机械手、AGV无人导轨小车等，在物料分拣系统中发挥重要作用，可以沿预定的路线将货物或物料自动从起始点运送到目的地，并且路径可以灵活改变。

学习目标

【知识目标】

✧ 掌握多种顺序功能图的设计方法。

✧ 熟悉运料小车的PLC控制过程。

✧ 熟悉机械手抓取的工作流程。

【能力目标】

✧ 能根据系统控制要求编写顺序功能图。

✧ 能根据顺序功能图完成顺序控制程序设计。

✧ 能搭建简单的触摸屏界面并现场调试。

【素质目标】

✧ 培养分析理解任务要求、解决实际问题的能力。

✧ 具有安全生产意识、认真负责的工作态度。

✧ 培养爱岗敬业、诚实守信的职业道德。

学习笔记

任务 4.1　小车往返运料的 PLC 控制

4.1.1　任务描述

PLC 梯形图程序设计一般有两种方法，即经验设计法和顺序设计法。采用经验设计法设计梯形图时，没有一套固定的方法和步骤可以遵循，具有很大的试探性和随意性，对于不同的控制系统，没有一种通用的容易掌握的设计方法。在设计复杂系统的梯形图时，用大量的中间单元来完成记忆、连锁和互锁等功能，由于需要考虑的因素很多，分析困难且遗漏较多，修改某一局部电路可能会对系统其他部位产生其他意想不到的影响，因此梯形图的修改麻烦，给系统的维修和改进带来了很大的困难。

应用顺序控制法，编写 PLC 程序，实现往返小车运料控制。学习顺序功能图的绘制方法，在顺序功能图基础上应用复位置位指令编写梯形图程序，下载至实训装置，最终实现往返小车的运料控制。某企业生产线上，小车可以在 *A*、*B* 两点间运动，*A*、*B* 两处各有一个行程开关。小车到 *A* 点停 5 s 装料，随后驶向 *B* 点，到 *B* 点停 3 s 卸料，完成后再返回 *A* 点，继续装料再卸料的循环过程直到按下停止按钮，如图 4-1-1 所示。

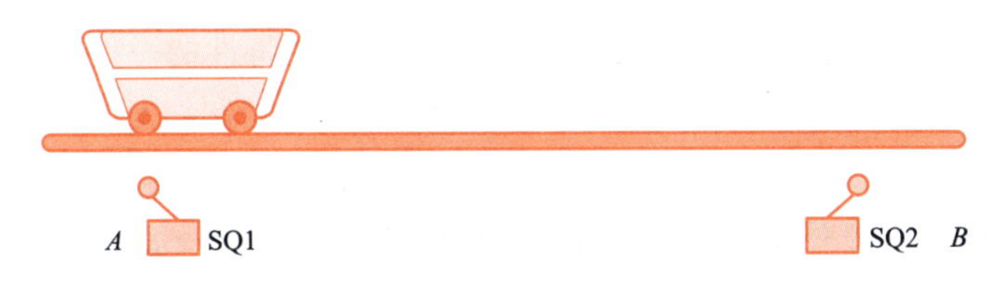

图 4-1-1　小车往返运料控制示例

4.1.2　工作流程

根据任务描述，结合企业对电气调试技术员的岗位能力和工作流程的要求，分析本次任务的工作流程如下：

①分析往返小车运料控制工作过程。

②描述往返小车运料工作原理，列举工作任务的技术要求，明确项目任务和个人任务要求，服从工作安排。

③根据控制要求，分配 PLC 控制部分所需的 I/O 端口，列出清单。

④根据控制要求及 I/O 分配表，绘制往返小车运料控制的 PLC 硬件原理图。

⑤绘制往返小车运料控制顺序功能图。

⑥用 TIA 博图软件创建工程项目，同时根据 I/O 分配表及顺序功能图，编写梯形图程序。

⑦设计完毕后，对实训设备进行自检，并配合相关人员调试。

⑧填写相关表格并交付相关部门验收，并签字确认。

4.1.3　知识准备

在自动化控制的运行现场，顺序控制系统的应用极为普遍，顺序控制设计法就是针对顺序控制系统特定的程序设计方法。这种设计方法很容易被初学者接受，对于有经验的工程

学习笔记

视频 顺序控制设计法

师，也会提高程序设计的效率，程序的调试、修改和阅读也很方便。

顺序控制系统也称为步进控制系统，就是按照生产工艺预先规定的顺序，在各个输入信号的作用下，根据设备的状态和时间的顺序，在生产过程中各个执行机构自动、有秩序地进行操作。系统的运行过程可以分解成若干个独立的控制动作，而且这些动作必须严格按照一定的先后次序依次执行，完成工艺流程。对于工序复杂的控制系统，可以用经验法设计程序梯形图，没有特定的方法和规律可循。若系统运用到大量的设备，动作相互联锁，逻辑关系复杂，这会大大增加程序设计的难度，而采用顺序控制设计法能很好地解决这一问题。

顺序控制设计法首先根据系统的工艺过程，画出顺序功能图，然后根据顺序功能图设计梯形图。其主要特点是运用顺控系统编程结构，程序由不同的独立程序单元组成，在相应程序单元激活与屏蔽的转换中运行程序，程序结构简单、逻辑清晰、移植性强，便于程序设计、阅读及修改。通过绘制顺序功能图来辅助程序设计，可实现程序功能设计的模块化，因此顺序控制设计法成为顺序控制系统常用的 PLC 程序设计方法。

1. 顺序控制理念

所谓顺序控制，就是按照生产工艺预先规定的顺序，在各个输入信号的作用下，根据内部状态和时间的顺序，在生产过程中各个执行机构自动地有秩序地进行操作。

2. 顺序功能图

顺序功能图（SFC）是描述控制系统的控制过程、功能和特性的一种图形，也是设计 PLC 的顺序控制程序的有力工具。顺序功能图并不涉及所描述的控制功能的具体技术，它是一种通用的技术语言，可以供进一步设计和不同专业的人员之间进行技术交流之用。顺序功能图语言设计时根据转移条件对控制系统的功能流程顺序进行分配，一步一步地按照顺序动作。每一步代表一个控制功能任务，用方框表示。在方框内含有用于完成相应控制功能任务的梯形图逻辑。

3. 顺序功能图的基本元素

顺序控制设计法最基本的思想是将系统的一个工作周期划分为若干个顺序相连的阶段，如图 4-1-2 所示为一个顺序功能图。

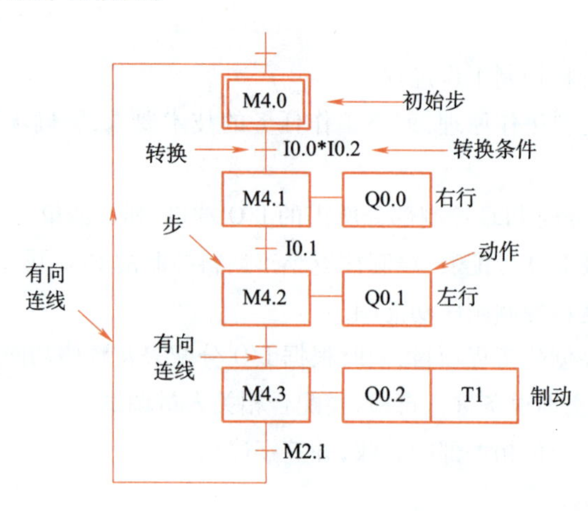

图 4-1-2　顺序功能图

（1）步

绘制顺序功能图是顺序控制设计法中关键的一步，而步的划分是绘制顺序功能图的第一

步。将顺序控制系统的一个工作周期划分为若干个顺序相连的独立过程，这个过程称为步。如图 4-1-3 所示，顺序控制设计法是基于步单元编程来完成每一步的操作。

步是根据 PLC 的输出信号变化来划分的，如图 4-1-4 所示，在任何一步内，PLC 输出信号不变，而相邻步之间输出信号是不同的。

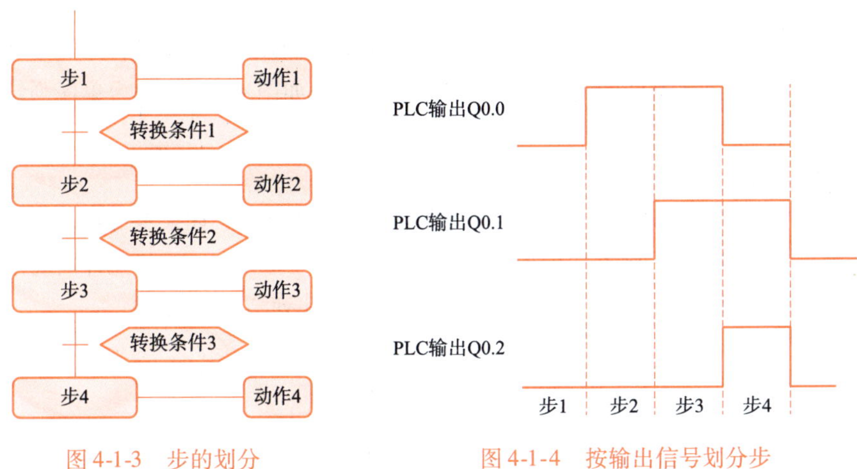

图 4-1-3　步的划分　　　　图 4-1-4　按输出信号划分步

初始步：与系统的初始状态相对应的步。初始步用双线方框表示，每一个顺序功能图至少应该有一个初始步。

步：某一步可以包含一系列子步和转换，通常这些序列表示整个系统的一个完整的控制子功能。

步的使用使程序的设计者在总体设计时容易抓住主要矛盾，用更加简洁的方式表示系统的整体功能和概貌，而不是一开始就陷入某些细节之中。

(2)有向连线

有向连线是顺序功能图中步活动状态的进展顺序，按有向连线规定的路线和方向进行。活动状态的进展方向习惯上是从上往下或从左往右，在这两个方向有向连线上的箭头可以省略。如果不是上述的方向，应在有向连线上用箭头注明进展方向。

(3)转换

用垂直于有向连线的短线来表示转换，转换将相邻的两步单元分开，表示两个步状态之间的转换条件。步的活动状态的变动是由转换来实现的。

(4)转换条件

使系统由当前步转入下一步的信号称为转换条件。转换条件可能是外部输入信号，如按钮、限位开关等电器接通或断开信号，也可能是 PLC 内部产生的信号，如定时器、计数器触点的接通或断开信号，或是若干个信号的与、或、非逻辑组合。转换条件可以用文字语言、布尔代数表达式或图形符号标注在表示转换的短线的旁边。

(5)动作

一个控制系统可以划分为被控系统和施控系统。对于被控系统，在某一步中要向被控系统发出某些“命令”。这些动作或命令简称为动作，用矩形框中的文字或符号表示，该矩形框应与相应的步的符号相连。

学习笔记

活动步：当程序运行在某一步时，若该步处于活动状态，则称该步为活动步。步处于活动状态时，相应的动作将被执行。

4. 顺序功能图的基本结构

顺序功能图一般包含单序列、选择序列、并行序列三种结构。

(1)单序列结构

单序列结构由一系列相继激活的步组成，每一步的后面仅有一个转换，每一个转换的后面只有一个步，这种功能图呈直线型设计，编程设计简单，如图 4-1-5 所示为单序列结构顺序功能图。

(2)选择序列结构

选择序列的开始称为分支，转换符号只能标在水平连线之下。如果步 M4.0 是活动步，并且转换条件 I0.0 为 1 状态，则发生由步 M4.1 到步 M4.3 的进展。一般只允许同时选择一个序列，选择序列的结束称为合并。如图 4-1-6 所示为选择序列结构功能图。

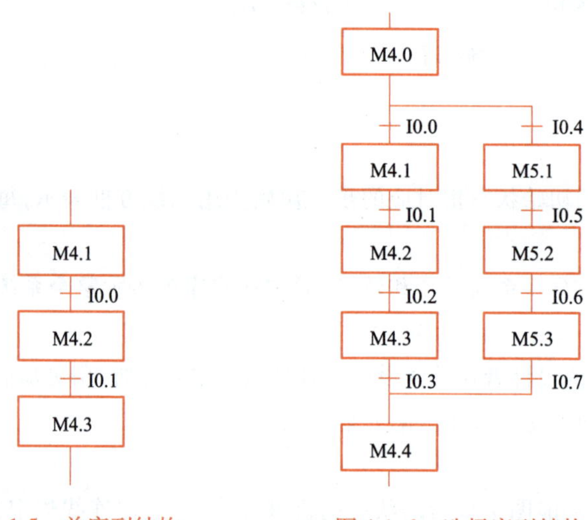

图 4-1-5　单序列结构　　图 4-1-6　选择序列结构

(3)并行序列

并行序列的开始称为分支，当转换的实现导致几个序列同时激活时，这些序列称为并行序列。如图 4-1-7 所示，当步 M4.0 是活动的，并且转换条件 I0.0 为 1 状态，步 M4.1 和步 M5.1 同时变为活动步，同时步 M4.0 变为不活动步。为了强调转换的同步实现，水平连线用双线表示。步 M4.1 和步 M5.1 被同时激活后，每个序列中活动步的进展将是独立的。在表示同步的水平双线之上，只允许有一个转换符号。并行序列用来表示系统的几个同时工作的独立部分的工作情况。并行序列的结束称为合并，在表示同步的水平双线之下，只允许有一个转换符号。

(4)绘制顺序功能图的步骤

①将一个工作周期划分为多个步，每一步仅有一个工作阶段，在方框中画出；

②用有向连线将各个工作步骤连接起来；

③用转换将相邻两步分隔开，步的转换进展由转换的实现来完成；

④步与步之间标注转换条件；

⑤画出每一步中向系统发出的动作命令；

⑥相应的步用中间位表示，转换条件及动作命令根据 I/O 分配表或时间、计数等任务要求在图中做相应的标注，如图 4-1-8 所示。

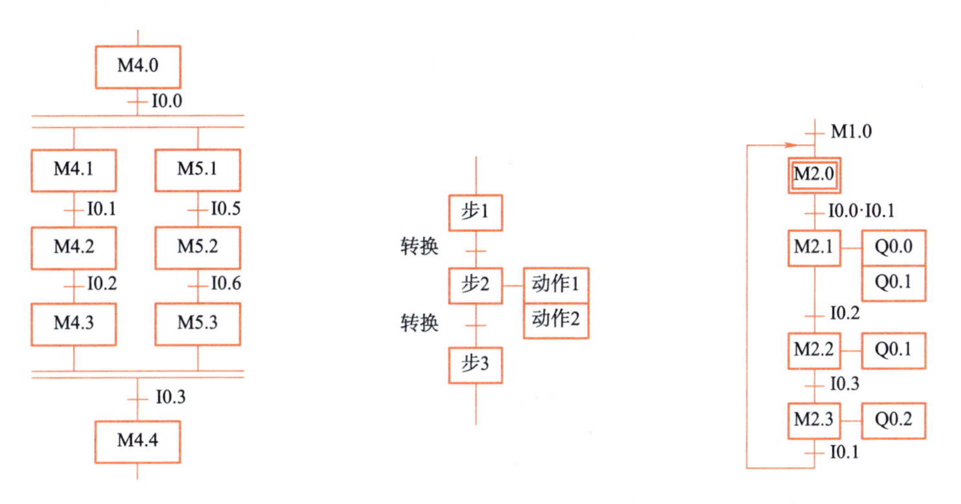

图 4-1-7　并行序列结构　　　图 4-1-8　顺序功能图的相应标注

5. 顺序控制梯形图设计方法

顺序控制设计法将控制流程的一个工作周期划分为若干个顺序相连的阶段，即为阶段步。S7-1200 PLC 采用自定义的状态元件，常用 M 存储器的位单元来表示，如 M4.1、M4.2 等代表各阶段步。当某阶段步为活动步时，其状态元件的存储器为 ON 信号，执行该步操作；若为 OFF 信号，则屏蔽该步操作。

(1)设计控制置位复位的电路的方法

在顺序功能图中，如果某一转换所有的前级步都是活动步，并且满足相应的转换条件，则转换实现。即该转换所有的后续步都变为活动步，该转换所有的前级步都变为不活动步。用该转换所有前级步对应的存储器位的常开触点与转换对应的触点或电路串联，来使所有后续步对应的存储器位置位，和使所有前级步对应的存储器位复位。置位和复位操作分别使用置位指令和复位指令。

如图 4-1-9 所示为单序列结构的编程处理方式。

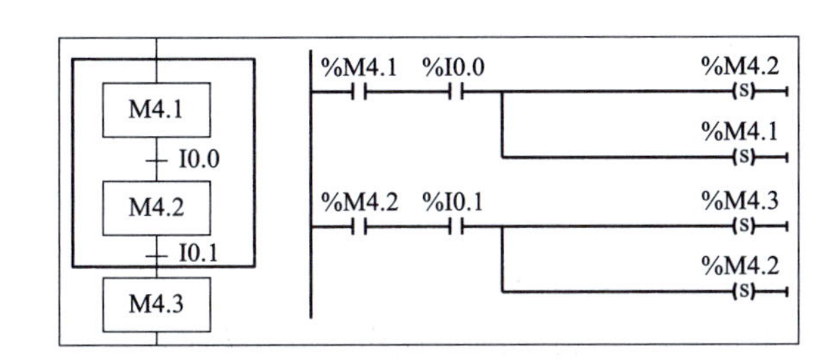

图 4-1-9　单序列结构的梯形图程序

如图 4-1-10 所示为选择序列结构的编程处理方式。

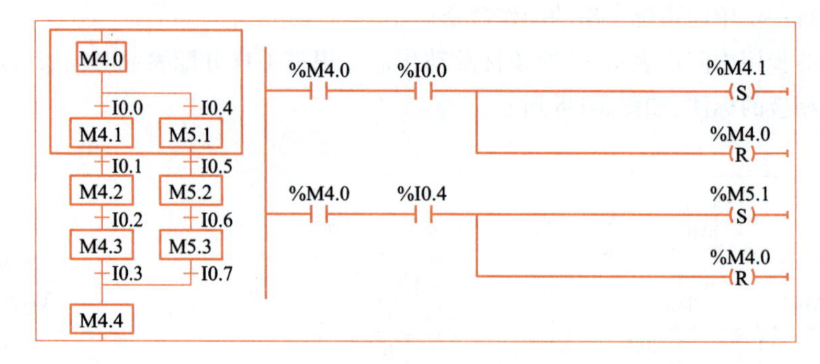

图 4-1-10　选择序列结构的梯形图程序

如图 4-1-11 所示为并行序列分支的设计方法。

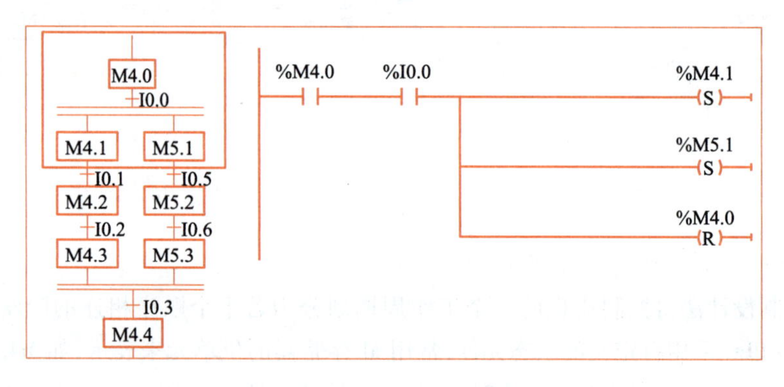

图 4-1-11　并行序列分支的设计方法

如图 4-1-12 所示为并行序列合并的设计方法。

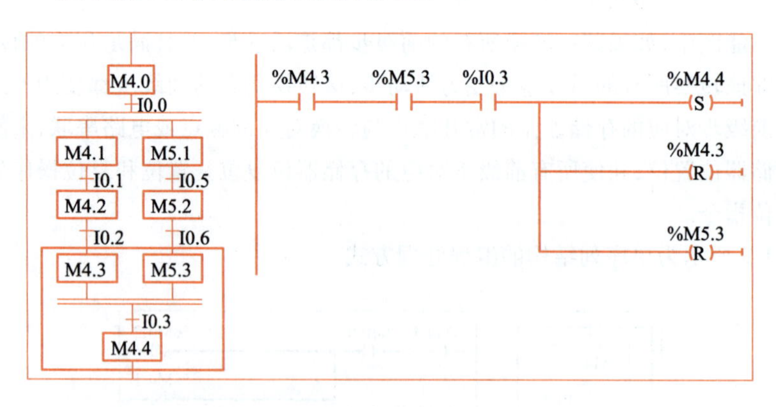

图 4-1-12　并行序列合并的设计方法

（2）使用延时时间转换条件的设计方法

在程序设计过程中通常有需要设置延时时间作为转换条件的情况，如图 4-1-13 所示为使用延时时间转换条件的设计方法。

（3）输出电路的处理

使用这种编程方法时，不能将输出位的线圈与置位指令和复位指令并联，这是因为左图中控制置位、复位的串联电路接通的时间是相当短的，只有一个扫描周期。转换条件 I0.1 满

足后,前级步 M4.1 被复位,下一个扫描循环周期 M4.1 和 I0.1 的常开触点组成的串联电路断开,而输出位 Q 的线圈至少应该在某一一步对应的全部时间内被接通。所以应根据顺序功能图,用代表步的存储器位的常开触点或它们的并联电路来驱动输出位的线圈。如图 4-1-14 所示为顺序控制程序设计法中输出电路的处理方法。

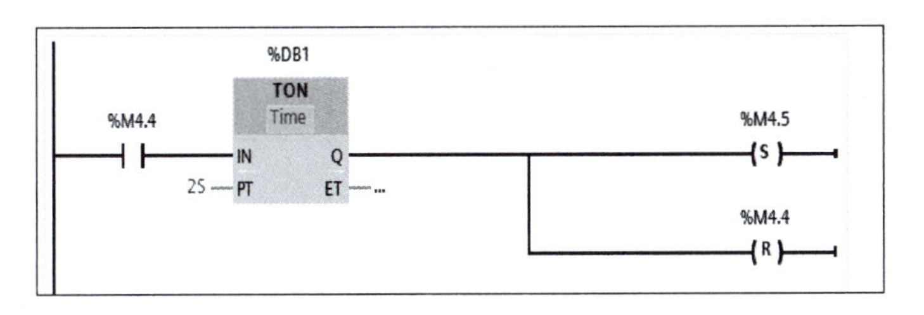

图 4-1-13　使用延时时间转换条件的设计方法

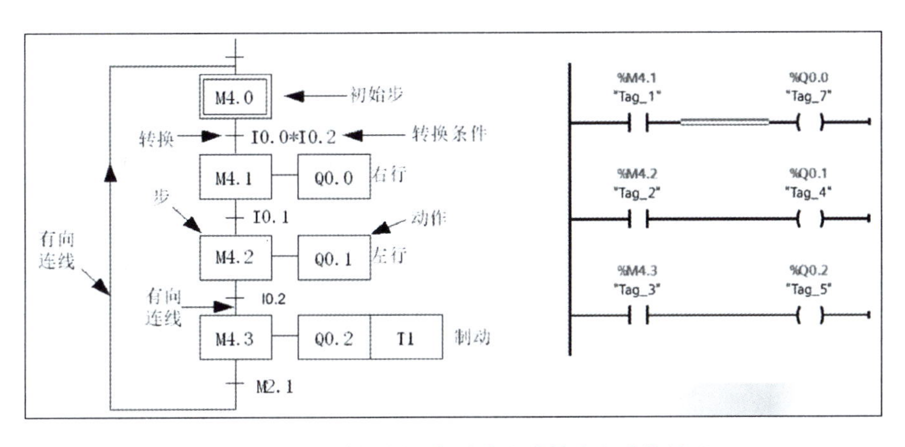

图 4-1-14　顺序控制程序设计法中输出电路的处理

顺序控制系统程序设计的基本步骤可以如下:

①依据控制任务的工艺流程,绘制顺序功能图。

②确定状态元件所采用的存储器位单元与各阶段步的对应关系。

③编写步与步之间相互转换关系的程序段,将代表前级步编程元件的常开触点与转换条件对应的触点或电路串联。当转换条件满足时,转换条件对应的触点或电路接通,电路也接通。此时将下一个后续步的存储器位信号置位,而将前级步的存储器位信号复位。

④编写各个阶段步骤实施操作的程序。

4.1.4　计划决策

根据任务要求与相关资讯,制订本任务的分组计划方案,包括选择合适的 PLC,列举 PLC 控制部分所需的 I/O 端口,列出清单,绘制 PLC 控制部分的 I/O 接线图,组内合理分工,整理完善,形成决策方案,作为工作实施的依据。请将工作过程的方案列入表 4-1-1 中。

表 4-1-1　工作过程决策方案

序号	工作内容	需准备的资料	负　责　人
1	选择合理的 PLC 型号		

学习笔记

续表

序号	工作内容	需准备的资料	负责人
2	I/O地址的分配		
3	绘制PLC外部接线图		
4	软件编程设计		
5	监控调试		

4.1.5 任务实施

步骤一 分析任务要求

根据任务控制要求，将运料车控制工作过程划分为多个工作步骤。

步骤二 进行I/O地址分配

根据控制要求，首先确定I/O个数，进行I/O地址分配，输入输出地址分配见表4-1-2。分析任务，根据控制要求描述工作流程，分析输入输出触点。本例中需要启动按钮、停止按钮、左限位开关及右限位开关，对应的输出线圈包括装料、卸料、左行及右行。最后，填写I/O分配表。

表4-1-2 输入输出地址分配

输入			输出		
符号	地址	功能	符号	地址	功能
SB1	I0.0	启动按钮	YV1	Q0.0	装料
SB2	I0.1	停止按钮	YV2	Q0.1	卸料
SQ1	I0.2	左限位	YV3	Q0.2	右行
SQ2	I0.3	右限位	YV4	Q0.3	左行

小提示：

根据控制任务要求分配I/O口时，要注意考虑到控制任务所有的要求功能分别分配相应的输入输出接口，在选择PLC容量时，一般需要留有一定的余量。

步骤三 绘制I/O硬件接线图

设计PLC输入输出端子接线图纸，如图4-1-15所示。绘制硬件接线图需要注意PLC电源供电，输入端及输出端电源接电方式不能接错。

这一部分设计和检查时还需要需注意：

①图纸设计是否合理，包括各种元器件的容量等。

②根据图纸检查元器件是否严格按照图纸连接。

步骤四 绘制顺序功能图

①将工作任务分为多个步，用有向连线将各个步连接起来，如图4-1-16所示。

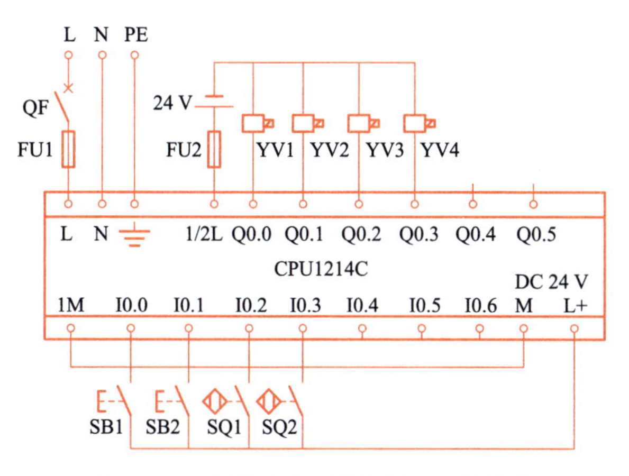

图 4-1-15　往返小车运料控制 I/O 接线图

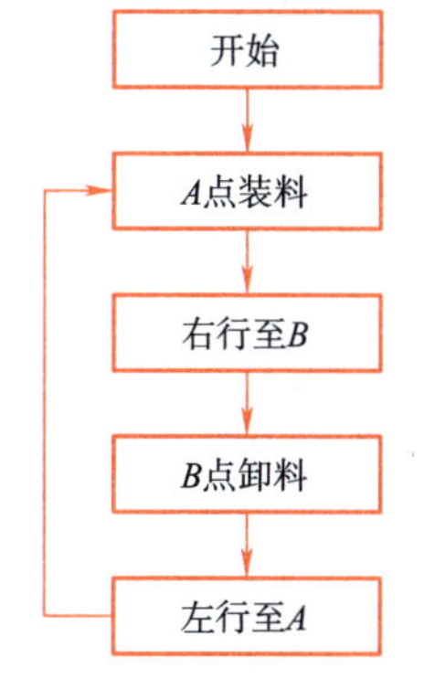

图 4-1-16　往返小车运料控制任务分步

②步与步之间标注转换条件，相应的步用中间位表示，如图 4-1-17 所示。

③转换条件及动作命令根据 I/O 分配表或时间、计数等任务要求在图中做相应的标注，如图 4-1-18 所示。

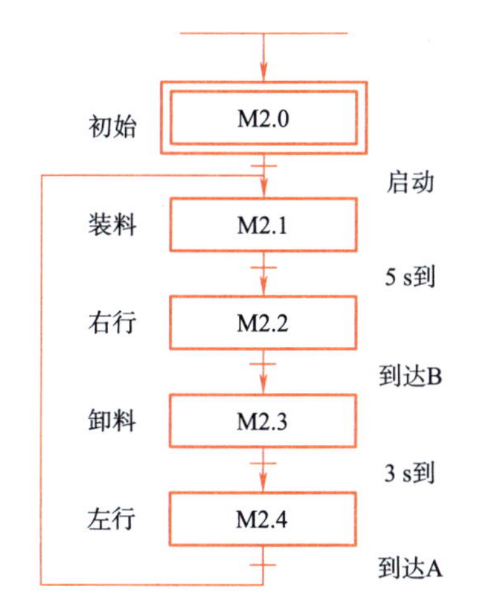

图 4-1-17　往返小车运料控制顺序功能图绘制中间过程

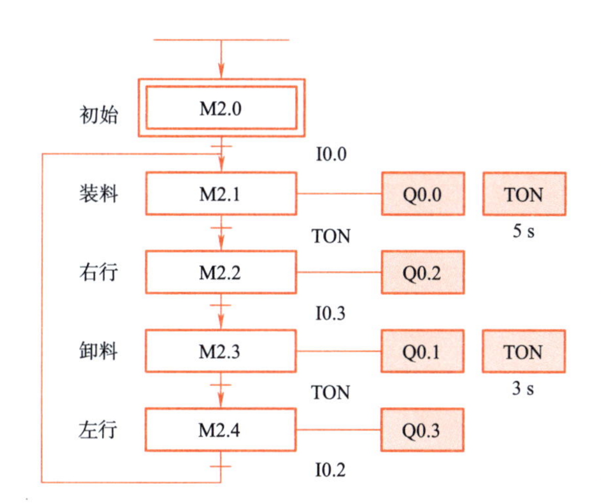

图 4-1-18　往返小车运料控制顺序功能图

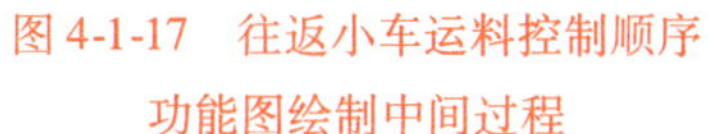

编写 PLC 程序

设计程序，根据控制电路的要求，在计算机中打开 TIA 博图软件编写程序，程序设计如图 4-1-19 所示。

步骤六　调试程序

将程序下载到实训装置 CPU 上，测试程序的正确性。按下启动按钮，观察装料指示灯 A 是否会亮指定时间，然后向右行驶，指示灯 C 亮，按下右限位开关，卸料指示灯 B 亮设定时间，到达设定时间后，向左行驶指示灯 D 亮起，按下左限位开关，继续装料如此循环往复。根据实验现象，填写实验记录表，分析结果是否符合控制要求，如果符合要求则完成实验报告，如果不符合控制要求，找出问题并进行修改。实训装置运料控制模块如图 4-1-20 所示。

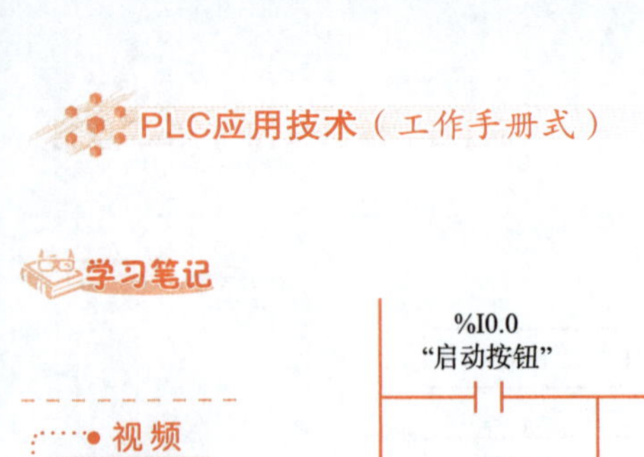

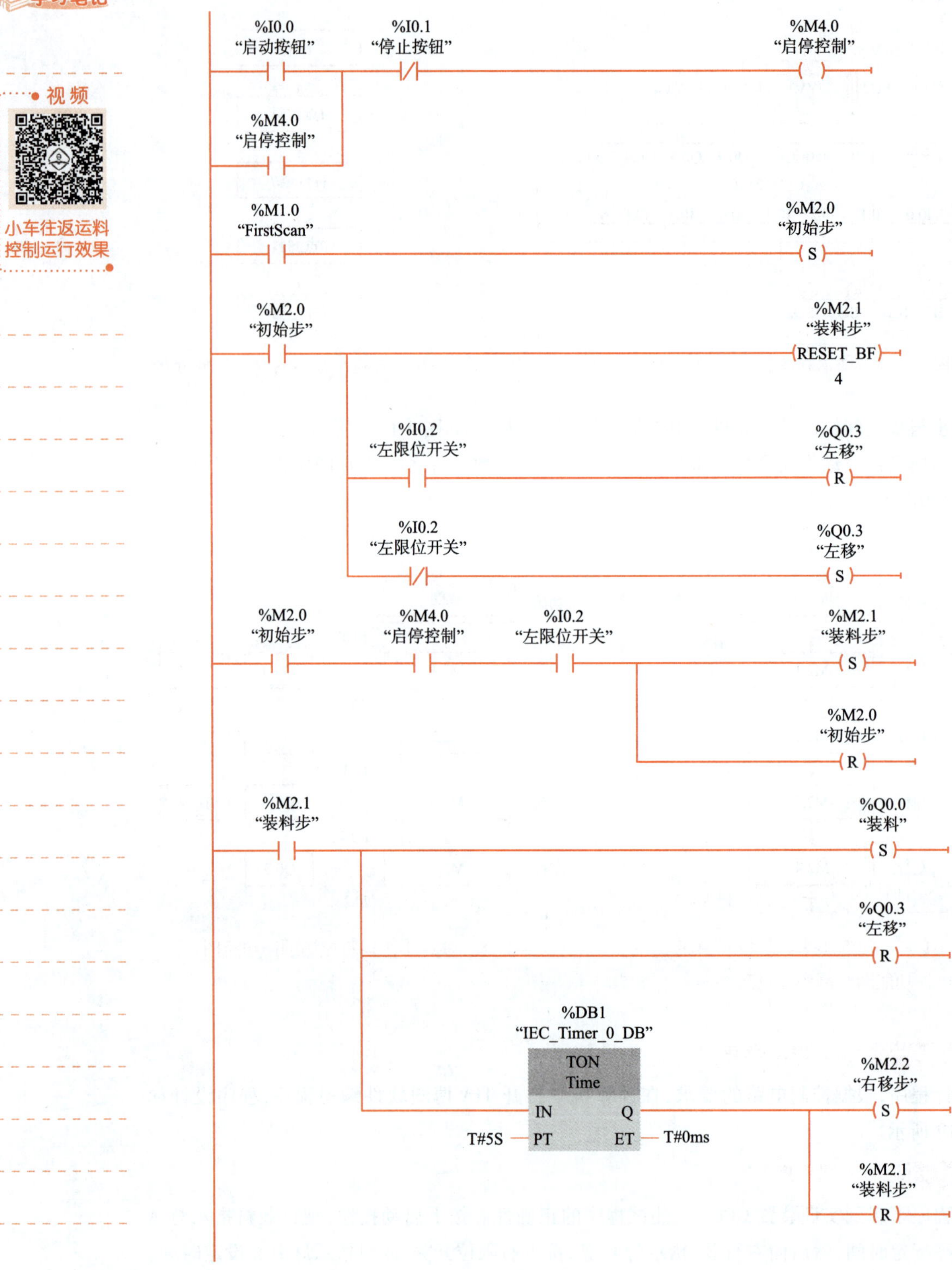

图 4-1-19　往返小车运料控制 PLC 控制程序梯形图

学习笔记

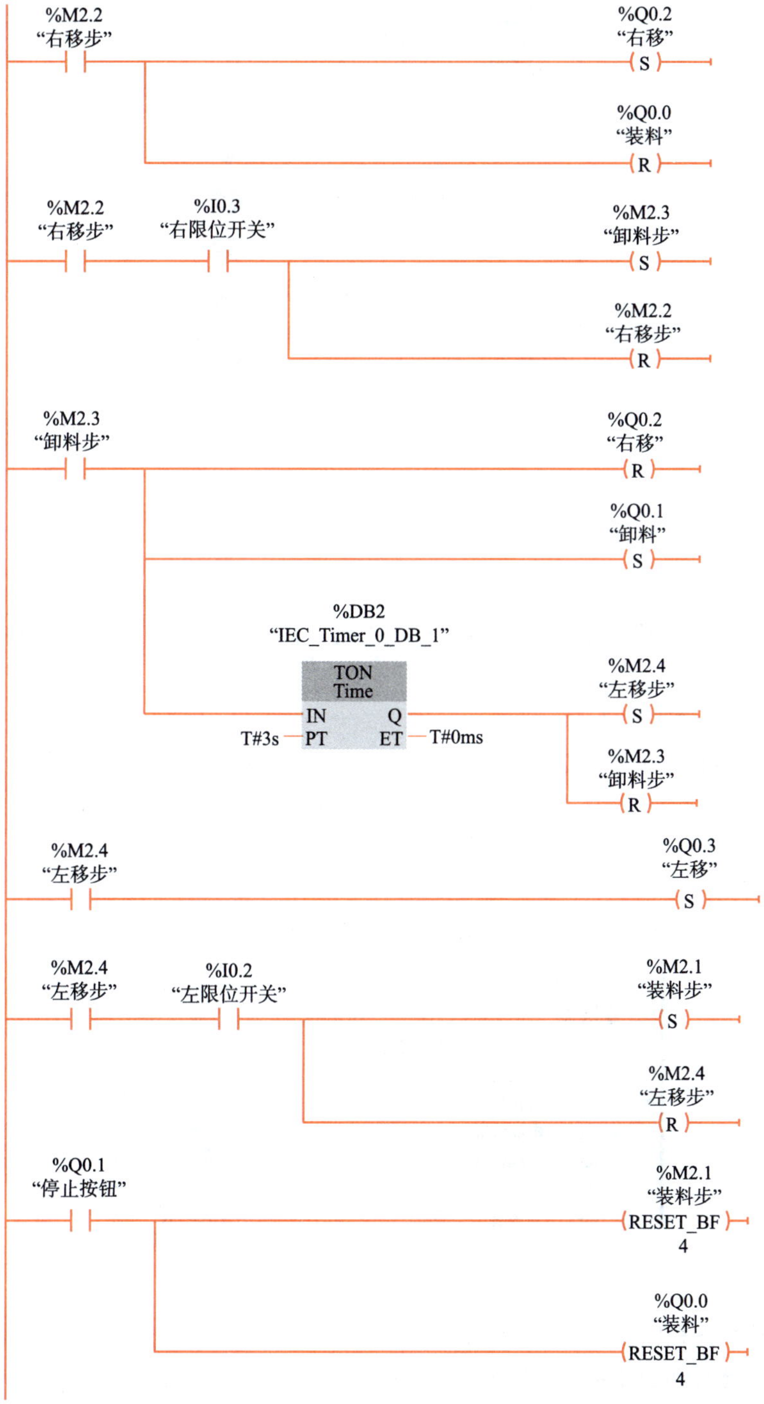

%M2.2
"右移步"
%Q0.2
"右移"
S
%Q0.0
"装料"
R

%M2.2
"右移步"
%I0.3
"右限位开关"
%M2.3
"卸料步"
S
%M2.2
"右移步"
R

%M2.3
"卸料步"
%Q0.2
"右移"
R
%Q0.1
"卸料"
S
%DB2
"IEC_Timer_0_DB_1"
TON
Time
IN Q
T#3s PT ET T#0ms
%M2.4
"左移步"
S
%M2.3
"卸料步"
R

%M2.4
"左移步"
%Q0.3
"左移"
S

%M2.4
"左移步"
%I0.2
"左限位开关"
%M2.1
"装料步"
S
%M2.4
"左移步"
R

%Q0.1
"停止按钮"
%M2.1
"装料步"
RESET_BF
4
%Q0.0
"装料"
RESET_BF
4

图 4-1-19　往返小车运料控制 PLC 控制程序梯形图(续)

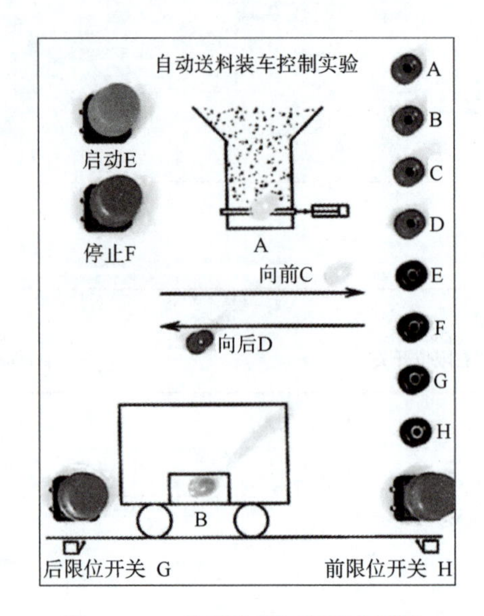

图 4-1-20　实训装置运料控制模块

4.1.6　任务巩固

1. 结合“虚实结合”技术，尝试用触摸屏组态设计，监控触摸屏控制的两台电动机的顺序启停过程。

(1)技能训练要求

①在 HMI 画面上按启动按钮，电动机 M1 启动，5 s 后电动机 M2 启动，按停止按钮时，两台电动机均停止。

②在 HMI 画面上监控定时器 T1 的当前值与用户的设定值。

(2)设计思路

①硬件组态选择 CPU1214C DC/DC/DC。硬件组态符号变量表如图 4-1-21 所示。

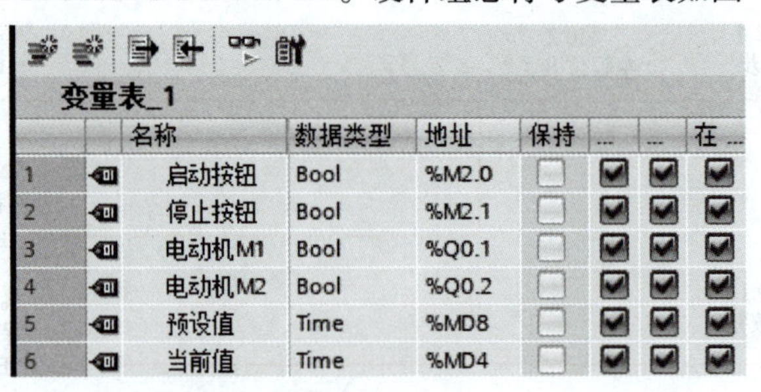

变量表_1

	名称	数据类型	地址	保持	...	...	在 ...
1	启动按钮	Bool	%M2.0	☐	☑	☑	☑
2	停止按钮	Bool	%M2.1	☐	☑	☑	☑
3	电动机M1	Bool	%Q0.1	☐	☑	☑	☑
4	电动机M2	Bool	%Q0.2	☐	☑	☑	☑
5	预设值	Time	%MD8	☐	☑	☑	☑
6	当前值	Time	%MD4	☐	☑	☑	☑

图 4-1-21　硬件组态符号变量表

②PLC 梯形图程序如图 4-1-22 所示。

③画面组态界面如图 4-1-23 所示。

2. 单序列顺序控制——鼓风机和引风机控制。

(1)技能训练要求

某锅炉的鼓风机和引风机的控制要求如下：开机时，先启动引风机，10 s 后开鼓风机；停机时，先关鼓风机，5 s 后关引风机。试设计满足上述要求的控制程序。

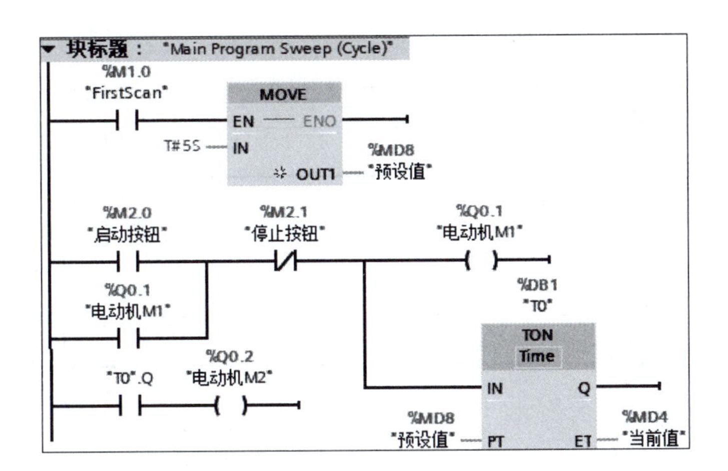

图 4-1-22　梯形图程序

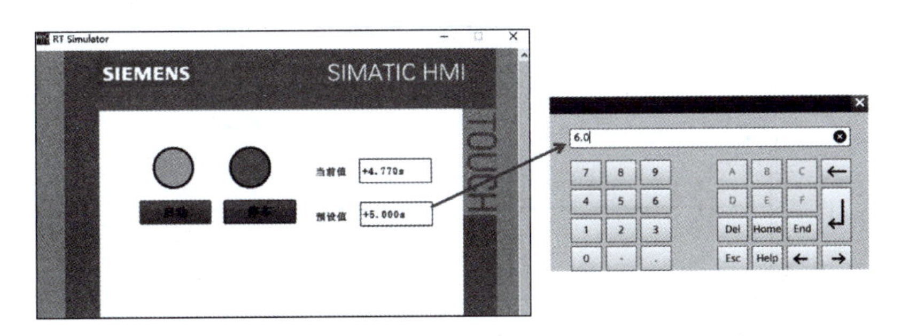

图 4-1-23　画面组态界面

(2)设计思路

①输入输出地址分配见表 4-1-3。

表 4-1-3　输入输出地址分配

输　入			输　出		
符号	地址	功能	符号	地址	功能
SB1	I0. 0	启动按钮	KM1	Q0. 0	引风机接触器
SB2	I0. 1	停止按钮	KM2	Q0. 1	鼓风机接触器

②绘制顺序功能图,如图 4-1-24 所示。

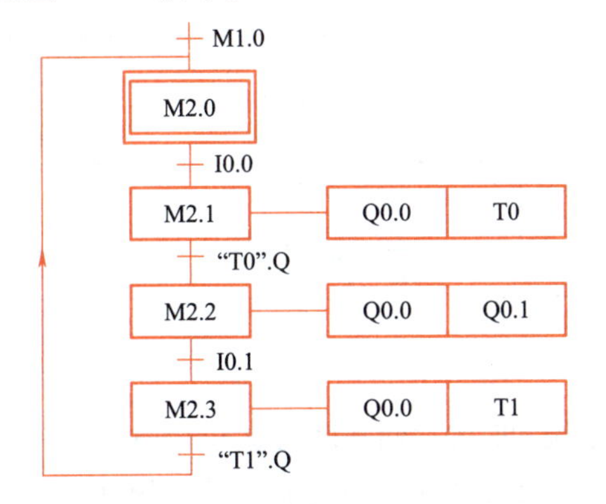

图 4-1-24　顺序功能图

学习笔记

③梯形图设计如图4-1-25所示。

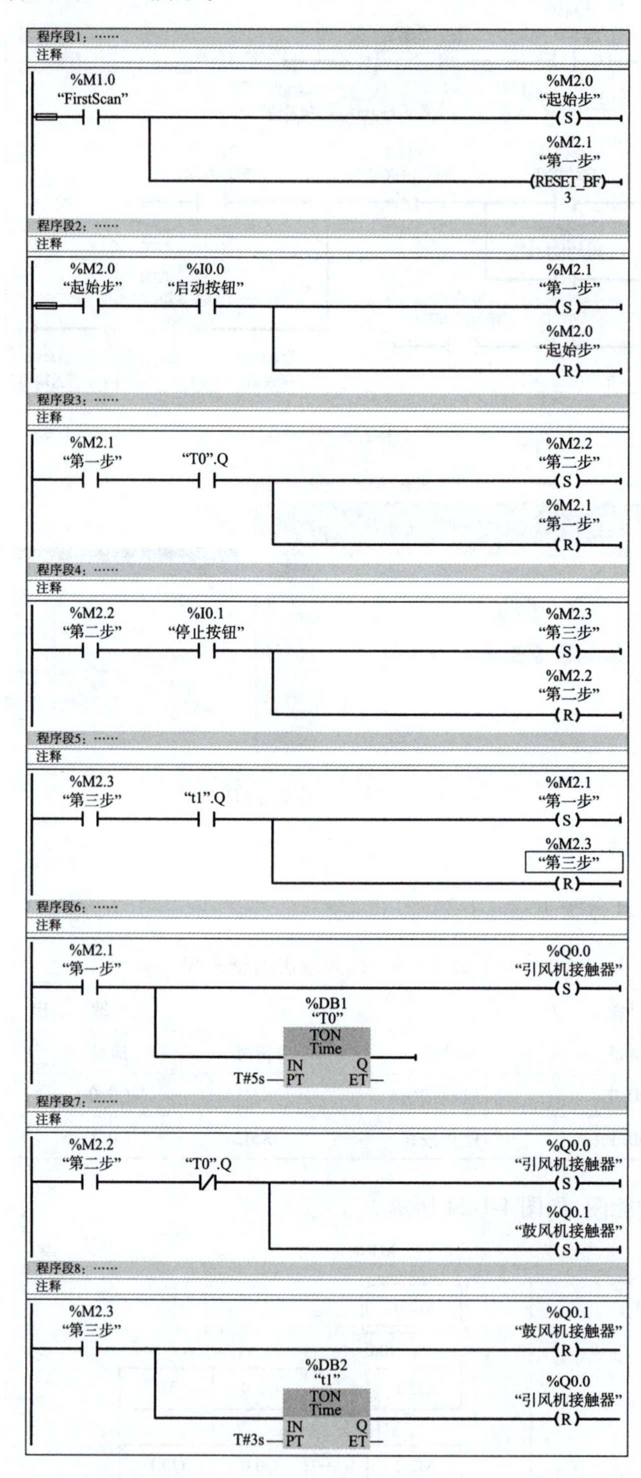

图4-1-25　梯形图设计

程序段1中M1.0是系统和时钟存储器设置中FirstScan(第一次扫描)用M1.0,请查询工作手册中的系统存储器设置,激活"启用系统存储器字节"操作。

学习笔记

任务 4.2　机械手抓取的 PLC 控制

4.2.1　任务描述

机械手是近代自动控制领域中一项新技术,是现代控制理论与工业生产自动化实践相结合的产物,并已成为现代机械制造生产系统中的一个重要组成部分。工业机械手是提高生产过程自动化、改善劳动条件、提高产品质量和生产效率的有效手段之一。

图 4-2-1 中为一个将工件由 A 处传送到 B 处的机械手,上升/下降和左移/右移的执行用双线圈二位电磁阀推动汽缸完成。当某个电磁阀线圈通电,就一直保持现有的机械动作,例如一旦下降的电磁阀线圈通电,机械手下降,即使线圈再断电,仍保持现有的下降动作状态,直到相反方向的线圈通电为止。另外,机械手的夹紧/放松由单线圈二位电磁阀推动汽缸完成,线圈通电执行夹紧动作,线圈断电时执行放松动作。设备装有上、下限位和左、右限位开关,它的工作过程如图所示,机械手本体的动作有 6 个,即为:下降、上升、右移、下降、上升、左移,再加上机械手的夹紧和释放,共 8 个步骤。

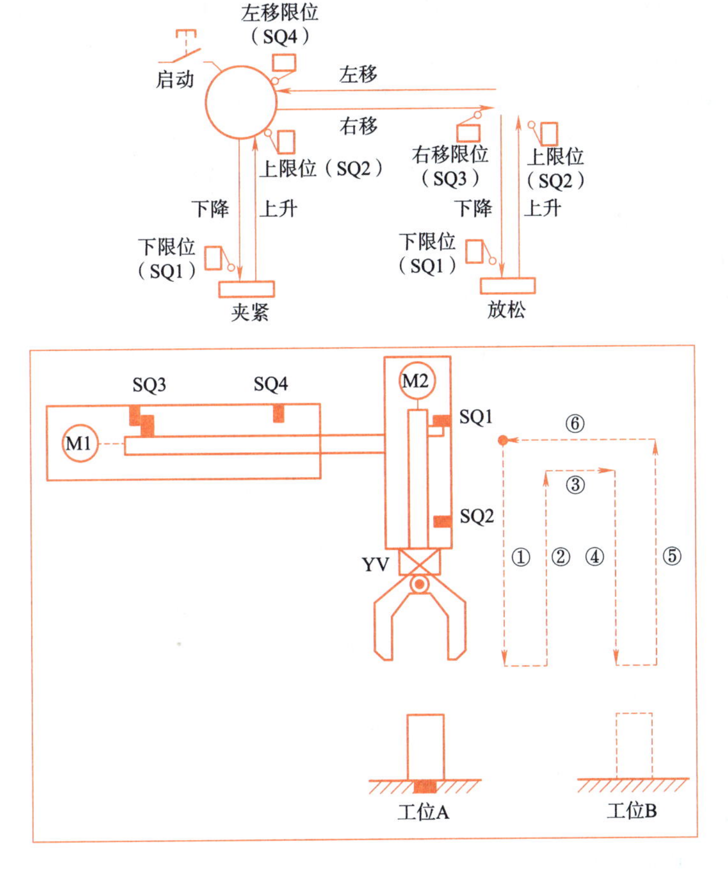

图 4-2-1　机械手抓取过程示意图

学习笔记

4.2.2 工作流程

根据任务描述，结合企业对电气调试技术员的岗位能力和工作流程的要求，分析本次任务的工作流程如下：

①分析机械手的工作过程。

②描述所安装的PLC系统的工作过程、工时、数量，列举工作任务的技术要求，明确项目任务和个人任务要求，服从工作安排。

③根据控制要求，分析PLC的相关性能指标，选择合适的PLC。

④根据任务要求，列举PLC控制部分所需的I/O端口，列出清单。

⑤通过绘图软件，绘制PLC控制部分的I/O接线图。

⑥设计完毕后通过比对相关设备进行自检，并配合相关人员调试。

4.2.3 知识准备

1. 机械手的类型

视频

机械手抓取的工艺要求

机械手主要由手部、运动机构和控制系统三大部分组成。手部是用来抓持工件（或工具）的部件，根据被抓持物件的形状、尺寸、重量、材料和作业要求而有多种结构形式，如夹持型、托持型和吸附型等。运动机构，使手部完成各种转动（摆动）、移动或复合运动来实现规定的动作，改变被抓持物件的位置和姿势。运动机构的升降、伸缩、旋转等独立运动方式，称为机械手的自由度。为了抓取空间中任意位置和方位的物体，需有6个自由度。自由度是机械手设计的关键参数。自由度越多，机械手的灵活性越大，通用性越广，其结构也越复杂。一般专用机械手有2～3个自由度。

（1）气动机械手

有许多类型的搬运机械手。不同类型的操纵器可以应用于不同的环境。目前，气动机械手在一些爆炸性环境中得到了广泛的应用。与那些电动和液压机械手相比，它的操作速度越来越快，而且非常简单，它比人手更灵活。

（2）手动机械手

手动机械手是搬运机械手类型中最常用的机械手。它具有非常精确的抓取和定位，但速度可能有点慢，其负载能力将低于液压机械手。

（3）液压工业机械手

液压工业机械手比任何其他类型的机械手具有更大的负载能力，可以承受高重量物体。缺点是抓取运动速度慢，精度不是很高。因此，很少有工业企业使用这种机械手。

（4）电动工业机械手

与其他类型的机械手相比，电动工业机械手是一种工程设计。它不仅能搬运重物，而且能承受很强的负荷。电动工业机械手的缺点是不能在爆炸性环境中使用。

（5）工业机器人机械手

灵活多样，可以满足不同场景应用。

2. PLC的结构化编程

之前我们了解过S7-1200 PLC的程序结构，分为OB块、FB块、FC块、DB块，OB1相当于主程序，FB/FC相当于子程序。

学习笔记

在 S7-200/200 SMART PLC 中，子程序是需要被调用才执行的，在 S7-1200 PLC 中也是一样的，FB 块或 FC 块需要在 OB1 中调用后才执行，当然 FB 中也可以调用 FC，或者 FC 中也可以调用 FB，这就是嵌套调用。对于 S7-1200 PLC，最多可以支持 16 层的嵌套调用。

（1）函数举例

函数（FC）是用户编写的程序块，是不带存储器的代码块。由于没有可以存储块参数值的数据存储器。因此，调用函数时，必须给所有形参分配实参。

以电动机启停控制为例，在 TIA 博途软件编程项目树中新建程序块，建立新的函数，如图 4-2-2 所示。

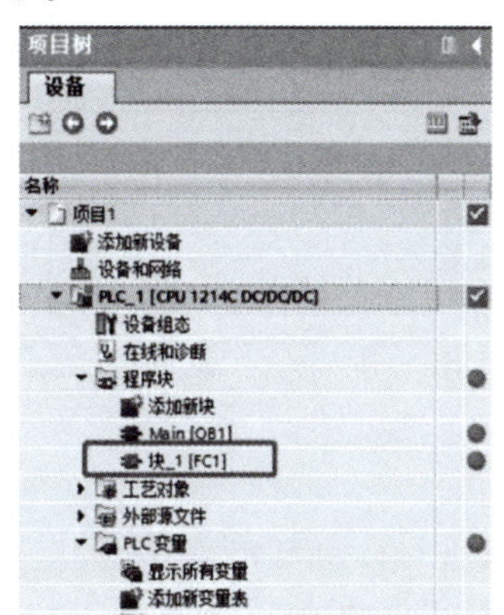

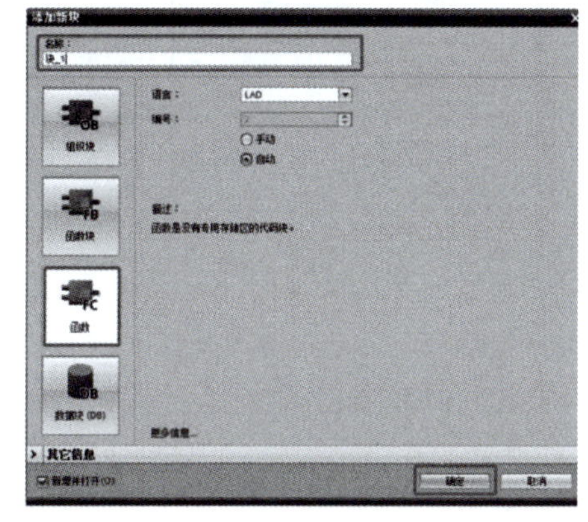

图 4-2-2　新建 FC

①FC 块的参数设置。

局域变量表里有：Input（输入参数）、Output（输出参数）、InOut（输入输出参数）、Temp（临时数据）、Return（返回值 Ret_Val）。

Input——变量是外部输入的，只能被本程序块读，不能被本程序块写。

Output——是本程序块输出的，它可以被本程序块读写，其他程序通过引脚只能读值不能写。

InOut——输入输出变量，本程序块和其他程序都可以读写这个引脚的值。

Temp——临时变量，顾名思义是暂时存储数据的变量。这些临时的数据存储在 CPU 工作存储区的局部数据堆栈（L 堆栈）中。

变量表和 FC 的参数设置如图 4-2-3 所示。

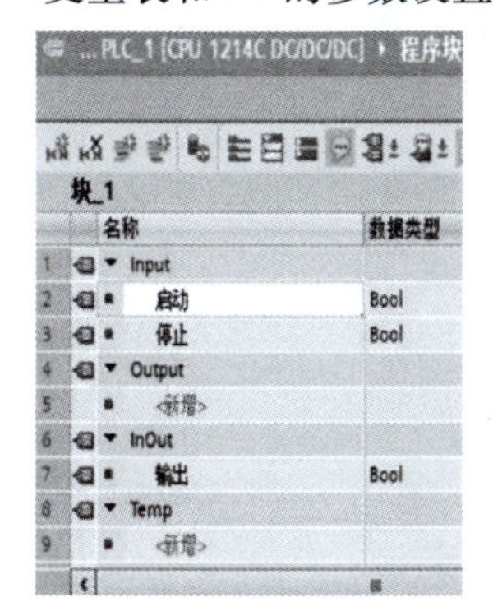

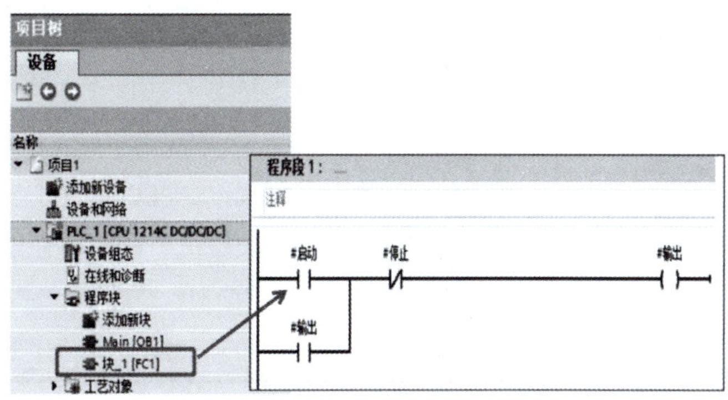

图 4-2-3　变量表和 FC 的参数设置

学习笔记

②编写调用 FC 块。

可以直接在主程序 OB1 块中拖动项目树中的 FC1 块到 Main 主程序中，也可以在 OB1 主程序中双击 FC1 调用 FC 块，如图 4-2-4 所示。

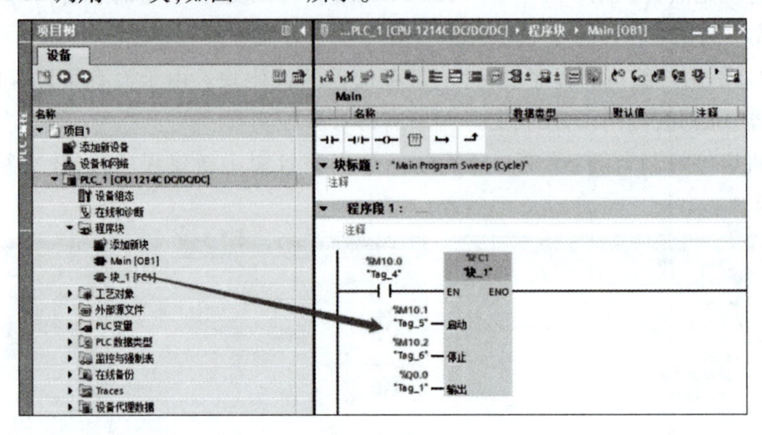

图 4-2-4　Main 主程序调用 FC 块

小提示：

大家可以尝试编写"电动机正反转的 FC 块"设计，FC 块可以直接调用，在主程序中分为两个程序段，第 1 个程序段是"正转"，输出为 Q0.0；第 2 个程序段是"反转"，输出为 Q0.1。

(2) 函数块(FB)举例

FB 块跟 FC 块相比，不同的地方在于我们在调用函数块 FB 时是需要为它分配背景 DB 块的，主要用于存储块的参数。因为 FB 在调用时会分配对应的 DB 块，所以对于带形式参数的 FB，在调用时可以不对 FB 上的管脚赋予实参。

在项目树中找到"PLC_1"文件夹，双击"添加新块"，弹出"添加新块"对话框，然后选择 FB 块，就可以新增一个 FB 块了，我们可以对这个块进行命名，选择块中程序的设计语言，以及分配这个块的编号，当然这个块编号可以系统自动分配，也可以我们自己手动分配，如图 4-2-5 所示。

图 4-2-5　新建 FB 块

学习笔记

我们要建立带形式参数的 FB 块，同样的需要建立相应的变量，在 FB 的接口参数中主要有六种变量，分别是 Input、Output、InOut、Temp、Constant 和 Static 变量，我们可以看到这相对比于 FC 块增加了一个静态变量 Static。

举例用函数块 FB，实现软启动器的启停控制。启动的前 8 s 使用软启动器，之后软启动器从主回路移除，全压运行。注意停止按钮接常闭触点，如图 4-2-6 所示。然后，在主程序中直接调用即可。

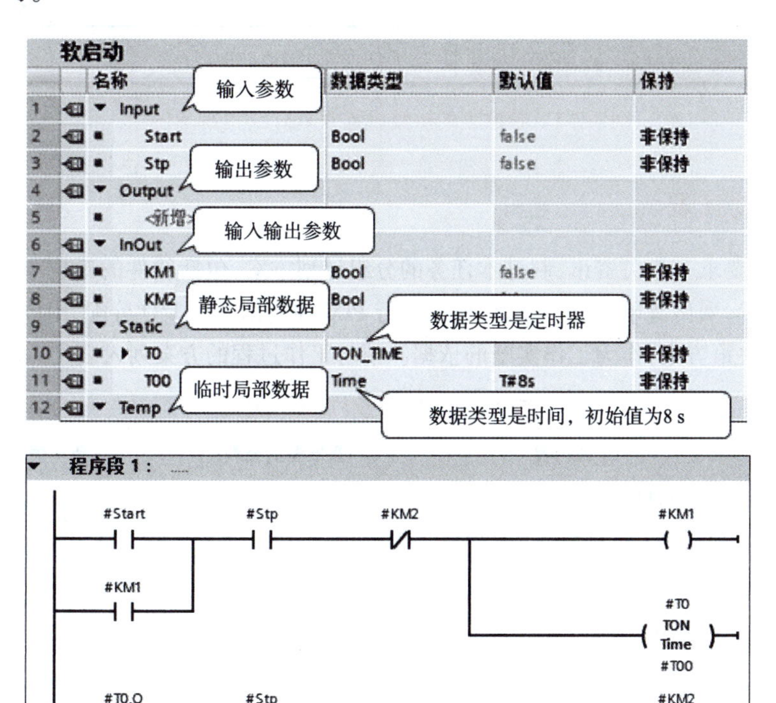

图 4-2-6　参数表的参数设置和 FB1 中的梯形图

(3)数据块(DB)举例

数据块用于存储用户数据及程序中间变量。新建数据块时，默认状态是优化的存储方式，且数据块中存储的变量是非保持的。数据块占用 CPU 的装载存储区和工作存储区，与标识存储器的功能类似，都是全局变量，不同的是，M 数据区的大小在 CPU 技术规范中已经定义，且不可扩展，而数据块存储区由用户定义，最大不能超过工作存储区或装载存储区。S7-1200 PLC 优化的数据块的存储空间要比非优化数据块的空间大得多，但其存储空间与 CPU 的类型有关。需要注意，数据块地址由系统分配。只能符号寻址，没有具体的地址，不能直接由地址寻址。

其全局数据块用于存储程序数据，因此，数据块包含用户程序使用的变量数据。一个程序中可以创建多个数据块。全局数据块必须创建后才可以在程序中使用。举例用数据块实现电动机的启停控制，如图 4-2-7 所示。

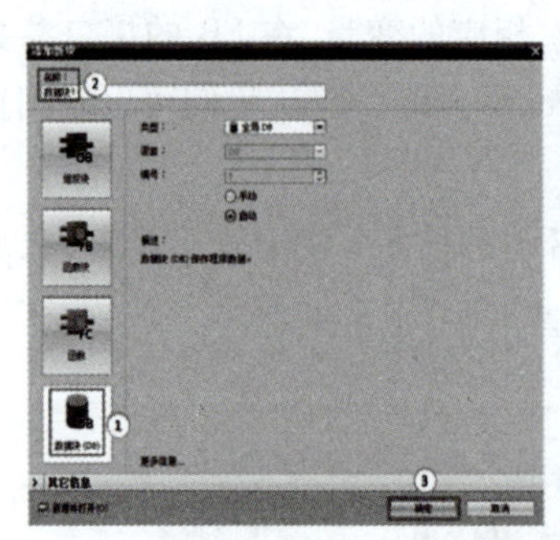

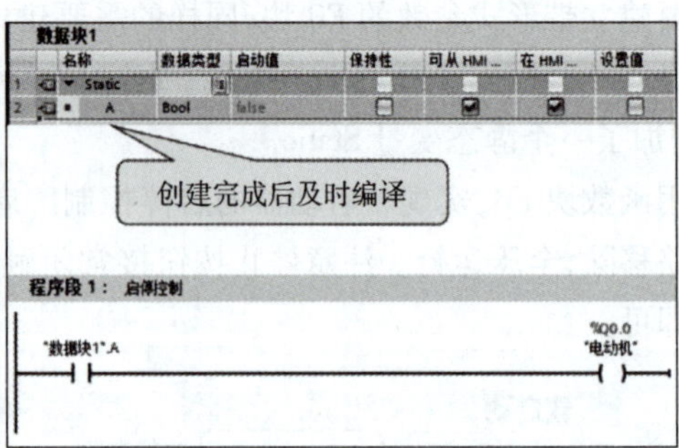

图 4-2-7 参数表的参数设置和 OB1 中的梯形图

4.2.4 计划决策

根据任务要求与相关资讯，制订本任务的分组计划方案，包括软件的新建项目、硬件组态选型、参数设置，列出清单，分析电动机连续运行 PLC 控制部分的 I/O 分配，组内合理分工，整理完善，形成决策方案，作为工作实施的依据。请将工作过程的方案列入表 4-2-1 中。

表 4-2-1 工作过程决策方案

序号	工作内容	需准备的资料	负 责 人
1	选择合理的 PLC 型号		
2	I/O 地址的分配及硬件组态		
3	顺序功能图设计		
4	软件编程设计		
5	监控调试		

4.2.5 任务实施

机械手抓取的运行效果

步骤一 分析机械手抓取的工作步骤

系统运行一个周期的控制过程可以分解成以下的工作步骤：

在初始位置，左、上限位闭合，原位指示灯亮；

①启动→左侧下行；

②左、下限位闭合→下行停止，抓紧，T1 计时 3 s；

③T1 计时结束，抓紧、左侧上行；

④左、上限位闭合→上行停止，抓紧、右行；

⑤右、上限位闭合→右行停止，抓紧、右侧下行；

⑥右、下限位闭合→下行停止，放松、T2 计时 2 s；

⑦T2 计时结束，右侧上行；

⑧右、上限位闭合→上行停止，左行→回到初始位置，YV3 = 0、原位指示灯亮，等待启动信号，如图 4-2-8 所示。

学习笔记

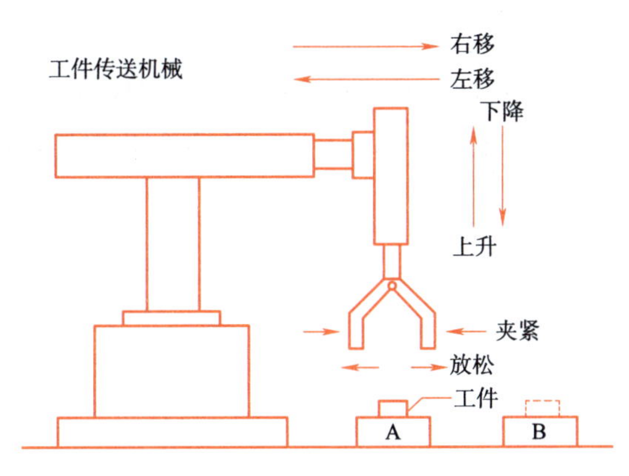

图 4-2-8　机械手控制过程

步骤二　确定输入输出设备，列出 I/O 地址表

整个系统的控制过程分解，研究系统控制要求并划分步，根据控制要求分配 I/O，并给出 I/O 分配表（见表 4-2-2）和系统外部接线图，如图 4-2-9 所示。

表 4-2-2　I/O 分配表

项　目	元　件	地　址	功　能
输入	SB1	I0.0	启动按钮
	SQ1	I0.1	上限位
	SQ2	I0.2	下限位
	SQ3	I0.3	左限位
	SQ4	I0.4	右限位
	SB2	I0.5	停止按钮
输出	HL	Q0.0	原位指示灯
	YV1	Q0.1	上行
	YV2	Q0.2	下行
	YV3	Q0.3	左行
	YV4	Q0.4	右行
	YV5	Q0.5	抓紧/放松

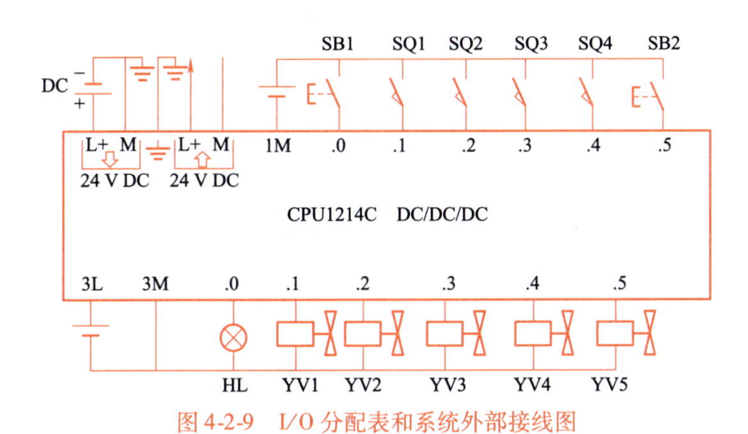

图 4-2-9　I/O 分配表和系统外部接线图

学习笔记

步骤三 设计顺序功能图，编写梯形图程序

机械手抓取控制以步为单位的 SFC 图程序设计梯形图程序。本次按选择序列进行编程，即设置一个停止按钮，使机械手在完成一个周期的运行后选择是否停止在初始位置，如图 4-2-10 所示。

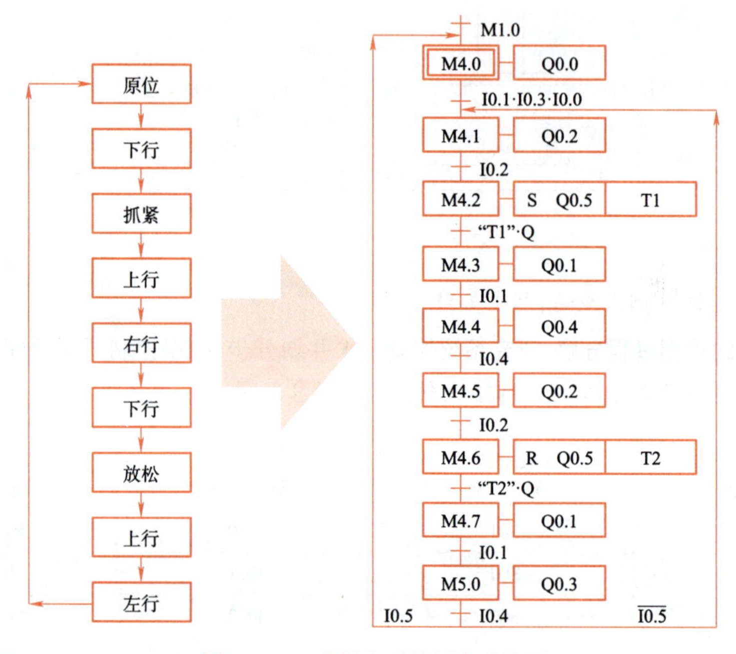

图 4-2-10　选择序列的顺序功能图

4.2.6　任务巩固

1. 某机械手抓取模拟控制界面如图 4-2-11 所示，请按照单序列顺序控制编写程序，提供 I/O 分配。

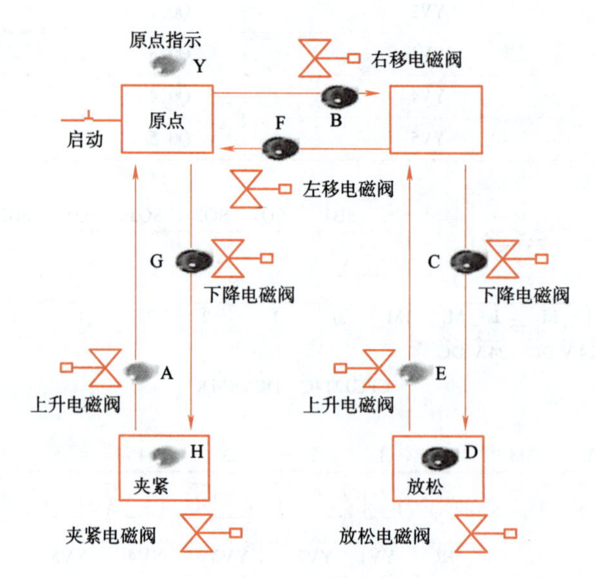

图 4-2-11　某机械手抓取模拟控制界面

学习笔记

参考端子分配及程序如下：

（1）确定输入输出设备，列出 I/O 地址表，见表 4-2-3。

表 4-2-3　I/O 地址表

项目	元件	地址	功能	项目	元件	地址	功能
输入	SB1	I0. 0	启动按钮	输出	YV1	Q0. 0	下降电磁阀
	SB2	I0. 1	停止按钮		YV2	Q0. 1	上升电磁阀
	SQ1	I0. 2	上限位开关		YV3	Q0. 2	右移电磁阀
	SQ2	I0. 3	下限位开关		YV4	Q0. 3	左移电磁阀
	SQ3	I0. 4	右限位开关		YV5	Q0. 4	夹紧/松开电磁阀
	SQ4	I0. 5	左限位开关				

（2）梯形图（单序列结构，采用置位复位方式），如图 4-2-12 所示。

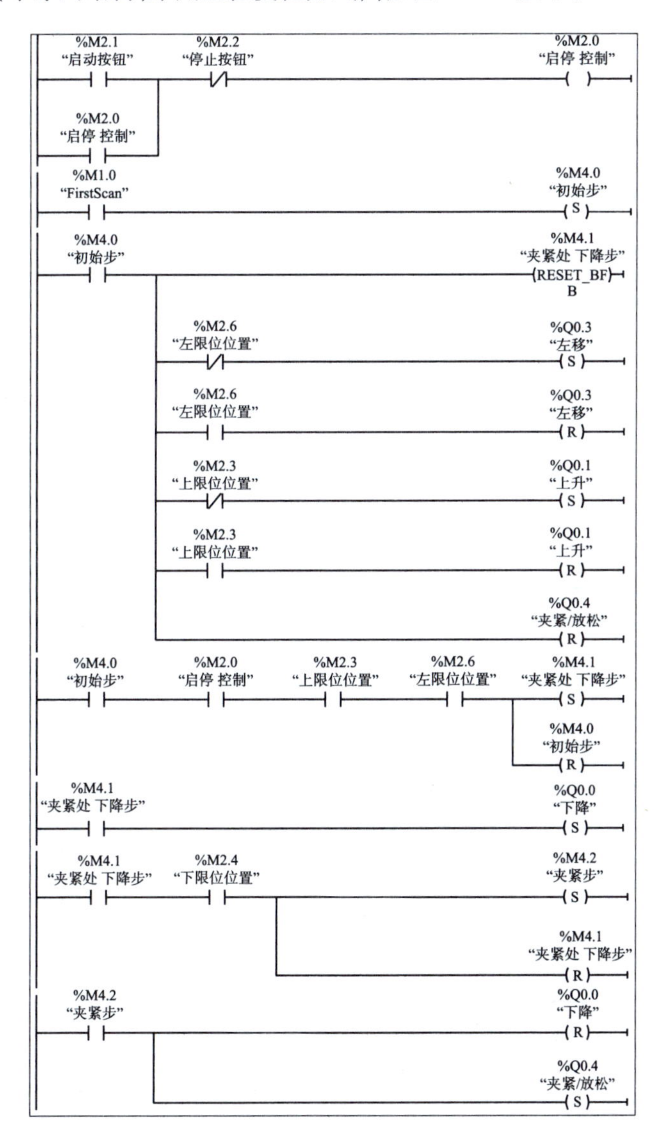

图 4-2-12　机器手程序控制程序

学习笔记

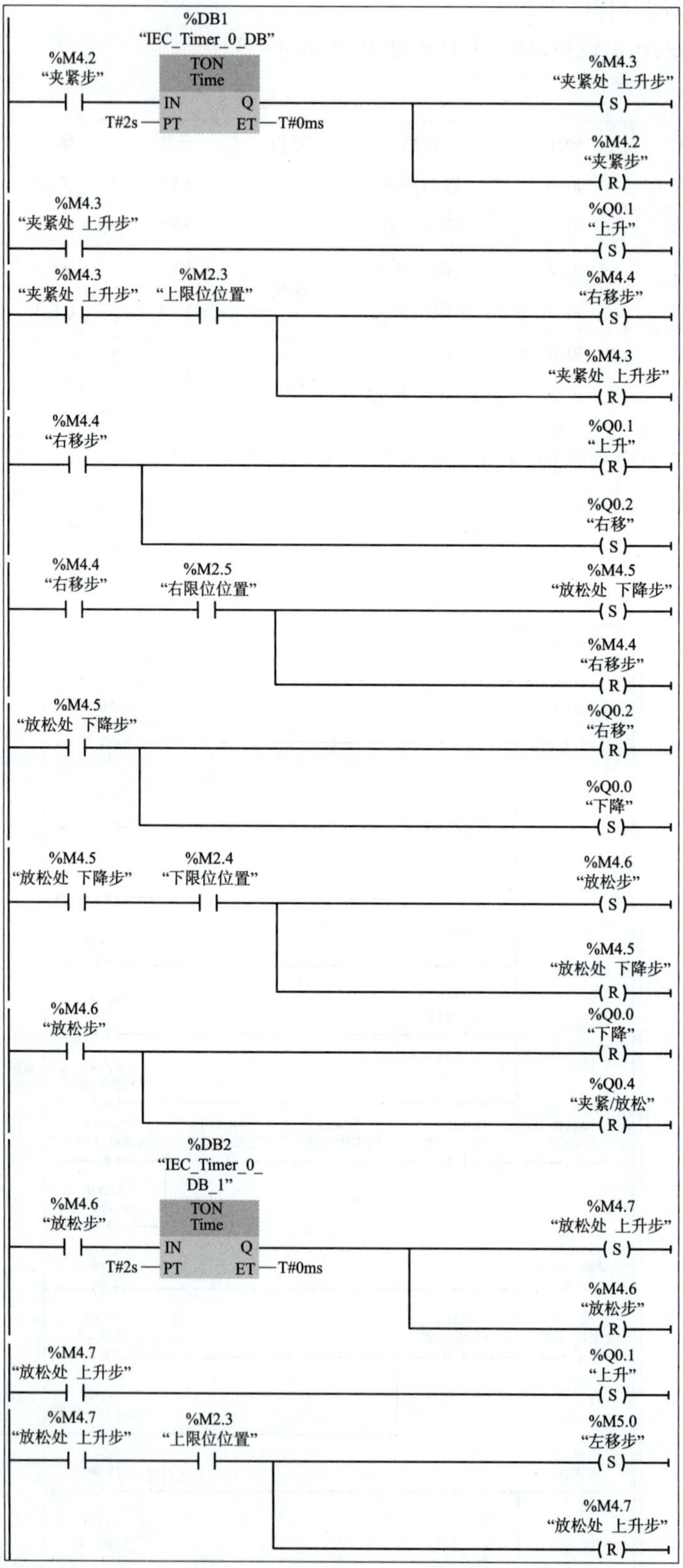

%DB1
"IEC_Timer_0_DB"
%M4.2
"夹紧步"
TON
Time
IN Q
T#2s — PT ET — T#0ms
%M4.3
"夹紧处 上升步"
(S)
%M4.2
"夹紧步"
(R)

%M4.3
"夹紧处 上升步"
%Q0.1
"上升"
(S)

%M4.3
"夹紧处 上升步"
%M2.3
"上限位位置"
%M4.4
"右移步"
(S)
%M4.3
"夹紧处 上升步"
(R)

%M4.4
"右移步"
%Q0.1
"上升"
(R)
%Q0.2
"右移"
(S)

%M4.4
"右移步"
%M2.5
"右限位位置"
%M4.5
"放松处 下降步"
(S)
%M4.4
"右移步"
(R)

%M4.5
"放松处 下降步"
%Q0.2
"右移"
(R)
%Q0.0
"下降"
(S)

%M4.5
"放松处 下降步"
%M2.4
"下限位位置"
%M4.6
"放松步"
(S)
%M4.5
"放松处 下降步"
(R)

%M4.6
"放松步"
%Q0.0
"下降"
(R)
%Q0.4
"夹紧/放松"
(R)

%DB2
"IEC_Timer_0_DB_1"
%M4.6
"放松步"
TON
Time
IN Q
T#2s — PT ET — T#0ms
%M4.7
"放松处 上升步"
(S)
%M4.6
"放松步"
(R)

%M4.7
"放松处 上升步"
%Q0.1
"上升"
(S)

%M4.7
"放松处 上升步"
%M2.3
"上限位位置"
%M5.0
"左移步"
(S)
%M4.7
"放松处 上升步"
(R)

图 4-2-12 机器手程序控制程序(续)

学习笔记

(3)画面组态界面如图 4-2-13 所示。

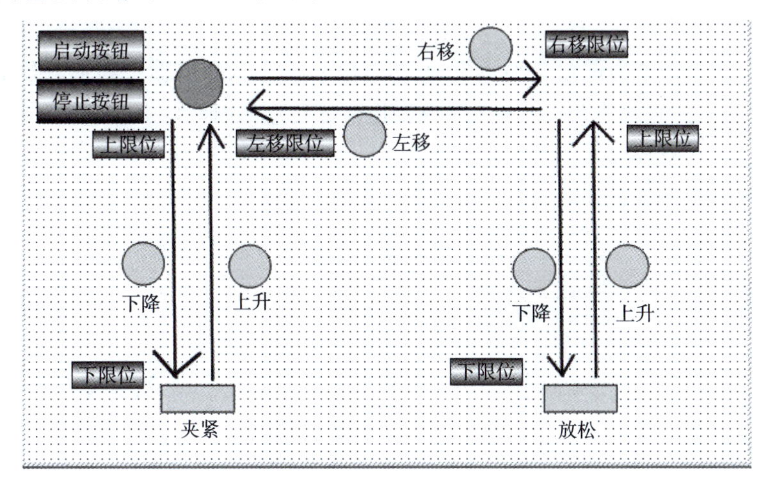

图 4-2-13　机器手组态控制画面

2. 两种液体混合装置的 PLC 控制设计,请按照选择序列设计顺序功能图。

(1)控制要求:

装置示意图如图 4-2-14 所示,其中 SQ1、SQ2 和 SQ3 是液位传感器。初始状态时容器是空的,各阀门均关闭。

按下启动按钮,打开阀 YV1,液体 A 流入容器。中限位开关 SQ2 变为 ON 时,关闭阀 YV1,打开阀 YV2,液体 B 流入容器。液面升到上限位开关 SQ1 时,关闭阀 YV2,电动机开始运行,搅拌液体。5 s 后停止搅拌,打开阀 YV3,放出混合液。液面降至下限位开关 SQ3 之后再过 6 s,容器放空,关闭阀 YV3,打开阀 YV1,又开始下一周期的操作。按下停止按钮,当前工作周期的操作结束后,才停止操作,返回并停留在初始状态。

(2)设计顺序功能图,并尝试编写梯形图,如图 4-2-15 所示。

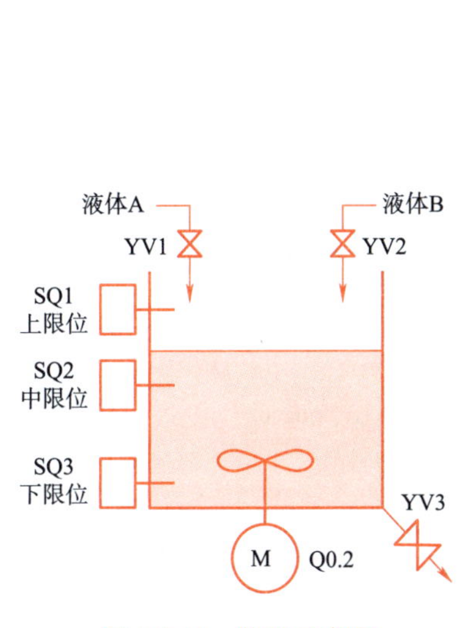

图 4-2-14　装置示意图

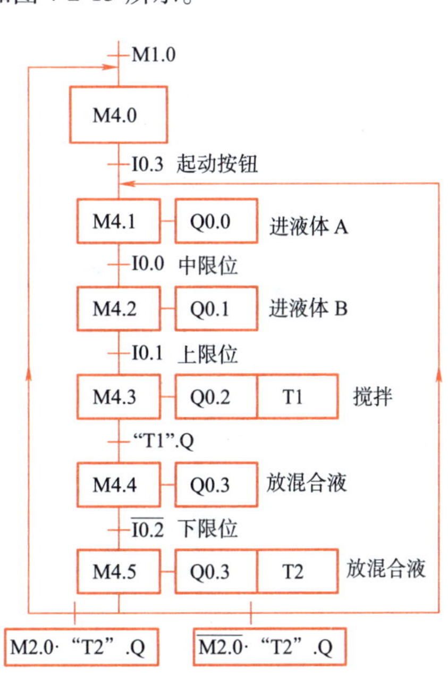

图 4-2-15　顺序功能图

学习笔记

3. 编写基于 FB 背景数据的星三角降压启动 PLC 控制。

（1）控制要求：

某一车间，两台设备由两台电动机带动，两台电动机要实现星形三角形降压启动，设备 1 星形转换到三角形的时间为 5 s，设备 2 星形转换到三角形的时间为 10 s，用 FB 背景数据编程（只编自动）。

（2）程序结构如图 4-2-16 所示。

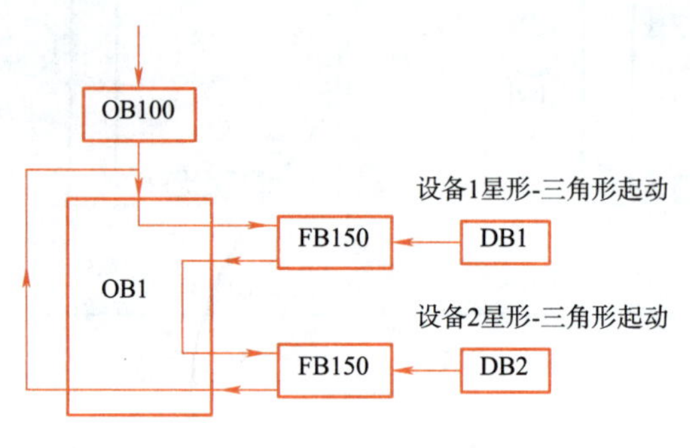

图 4-2-16　程序结构

（3）变量符号表如图 4-2-17 所示。

变量表_1

		名称	数据类型	地址	保持	可从 ...	从 H...	在 H...	注释
1		设备1启动按钮	Bool	%I0.0	☐	☑	☑	☑	
2		设备1停止按钮	Bool	%I0.1	☐	☑	☑	☑	
3		设备2启动按钮	Bool	%I0.2	☐	☑	☑	☑	
4		设备2停止按钮	Bool	%I0.3	☐	☑	☑	☑	
5		设备1主接	Bool	%Q0.1	☐	☑	☑	☑	
6		设备1星接	Bool	%Q0.2	☐	☑	☑	☑	
7		设备1三角接	Bool	%Q0.3	☐	☑	☑	☑	
8		设备2主接	Bool	%Q0.4	☐	☑	☑	☑	
9		设备2星接	Bool	%Q0.5	☐	☑	☑	☑	
10		设备2三角接	Bool	%Q0.6	☐	☑	☑	☑	

图 4-2-17　变量符号表

（4）PLC 程序如图 4-2-18 所示。

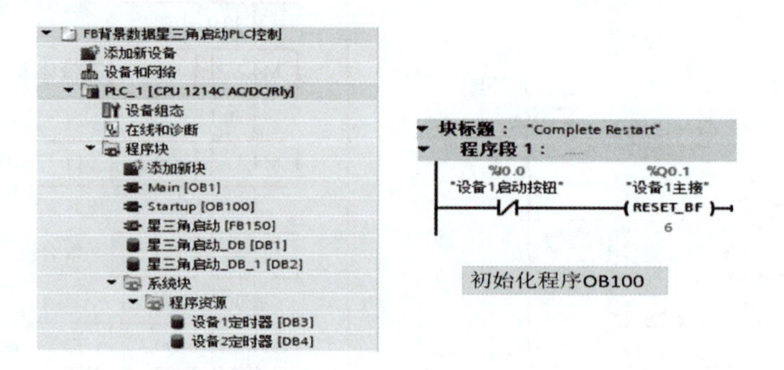

图 4-2-18　PLC 程序

学习笔记

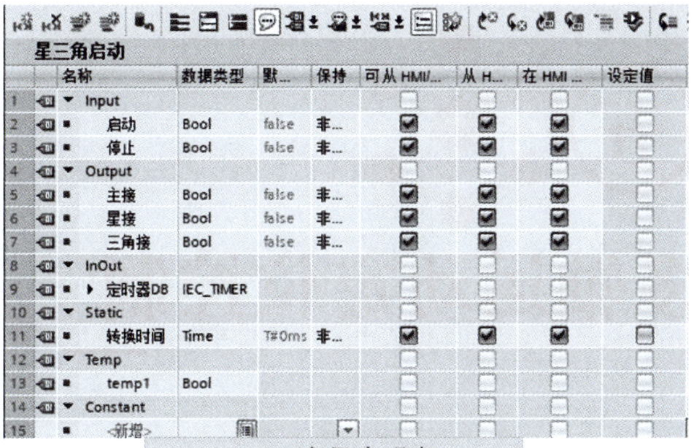

星三角启动

	名称	数据类型	默...	保持	可从 HMI/...	从 H...	在 HMI ...	设定值
1	▼ Input				☐	☐	☐	☐
2	启动	Bool	false	非...	☑	☑	☑	☐
3	停止	Bool	false	非...	☑	☑	☑	☐
4	▼ Output				☐	☐	☐	☐
5	主接	Bool	false	非...	☑	☑	☑	☐
6	星接	Bool	false	非...	☑	☑	☑	☐
7	三角接	Bool	false	非...	☑	☑	☑	☐
8	▼ InOut				☐	☐	☐	☐
9	▶ 定时器DB	IEC_TIMER			☐	☐	☐	☐
10	▼ Static				☐	☐	☐	☐
11	转换时间	Time	T#0ms	非...	☑	☑	☑	☐
12	▼ Temp				☐	☐	☐	☐
13	temp1	Bool			☐	☐	☐	☐
14	▼ Constant				☐	☐	☐	☐
15	<新增>				☐	☐	☐	☐

FB150变量声明表

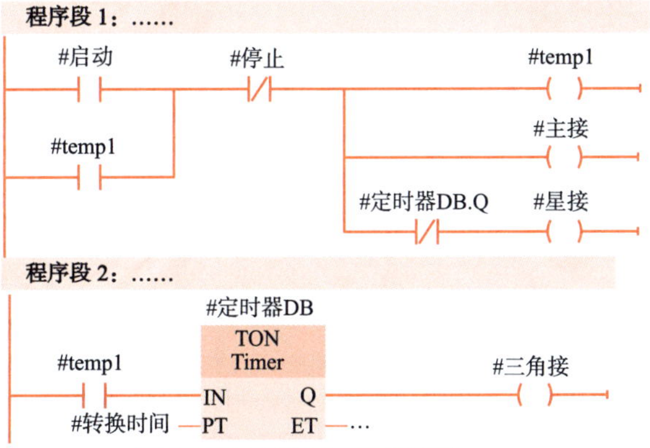

程序段 1：……

#启动　#停止　#temp1
#temp1　#主接
#定时器DB.Q　#星接

程序段 2：……

#定时器DB
TON
Timer
#temp1 — IN　Q — #三角接
#转换时间 — PT　ET — …

FB150程序

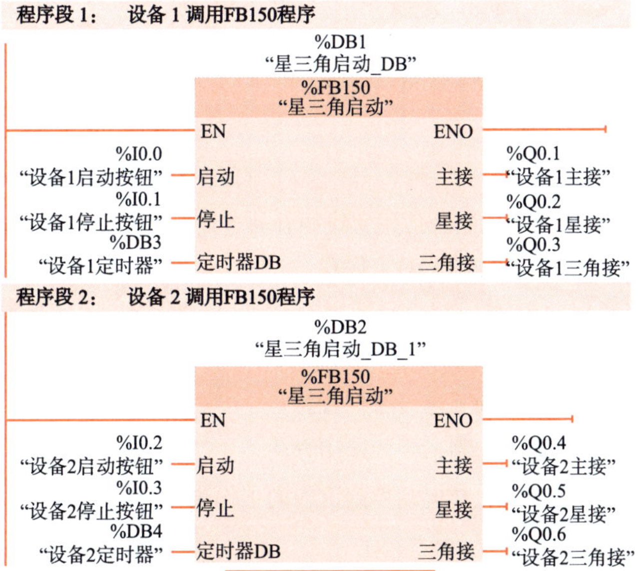

程序段 1：　设备 1 调用FB150程序

%DB1
"星三角启动_DB"
%FB150
"星三角启动"
EN　ENO
%I0.0 "设备1启动按钮" — 启动　主接 — %Q0.1 "设备1主接"
%I0.1 "设备1停止按钮" — 停止　星接 — %Q0.2 "设备1星接"
%DB3 "设备1定时器" — 定时器DB　三角接 — %Q0.3 "设备1三角接"

程序段 2：　设备 2 调用FB150程序

%DB2
"星三角启动_DB_1"
%FB150
"星三角启动"
EN　ENO
%I0.2 "设备2启动按钮" — 启动　主接 — %Q0.4 "设备2主接"
%I0.3 "设备2停止按钮" — 停止　星接 — %Q0.5 "设备2星接"
%DB4 "设备2定时器" — 定时器DB　三角接 — %Q0.6 "设备2三角接"

OB1程序

图 4-2-18　PLC 程序(续)

项目五

PLC的多轴运动定位控制

学习笔记

项目导入

PLC 的多轴运动定位控制是指当控制器按照控制要求发出控制指令，将被控对象的位置按指定速度完成指定方向上的指定位移，即在一定时间内稳定停止在预定的目标点处。定位控制系统即实现单轴和联动多轴定位（轨迹控制）控制系统。

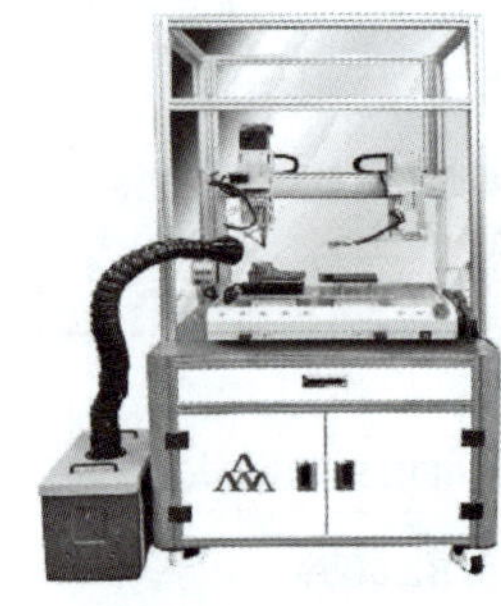

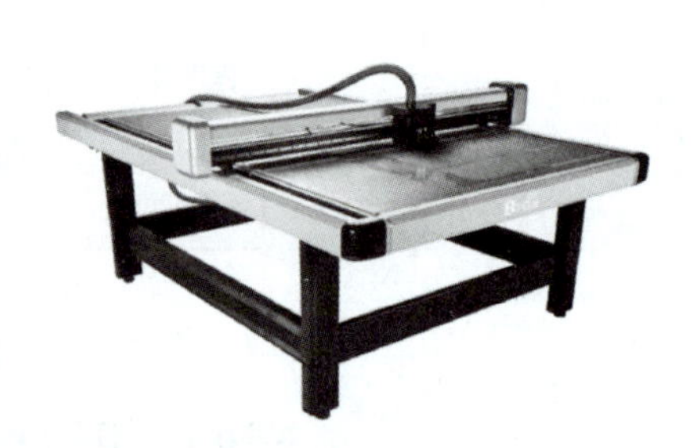

可编程控制器采用西门子 PLC。如常见的搬运机械手、涂胶设备、定尺裁剪设备等，在物料搬运分拣、物料涂胶、曲线定尺裁剪等自动化控制系统中发挥重要作用。

学习目标

通过对 S7-1200 圆形轨迹绘制及运用直线插补轨迹绘制图形的讲解，掌握 PLC 多轴运动控制的算法程序设计及对运动轴工艺对象设置。

【知识目标】

- ✧ 了解三轴运动控制设备的结构及工作过程。
- ✧ 熟悉 S7-1200 PLC 运动轴工艺对象设置。
- ✧ 熟悉 S7-1200 PLC 运动控制指令的运用方法。
- ✧ 掌握搭建简易 S7-1200 PLC 运动控制设备的工作流程。

【能力目标】

- ✧ 会合理选择 PLC 的型号。
- ✧ 能设计 PLC 运动控制硬件接线图。
- ✧ 能正确使用 PLC 的运动指令编程。
- ✧ 能正确搭建运动控制算法程序并调试设备。

学习笔记

【素质目标】

✧ 培养学生大胆创新、耐心仔细的职业素养。

✧ 培养安全检查、质量生产意识。

✧ 培养尊重他人、沟通交流的团队合作能力。

任务 5.1　PLC 单轴运动控制

5.1.1　任务描述

三轴运动控制机械结构图如图 5-1-1 所示，需要通过 PLC 编程实现龙门式运动控制平台伺服电动机的三轴运动控制，实现单轴运动，并按照图 5-1-2 触摸屏界面完成各项运动控制要求。

图 5-1-1　三轴运动控制机械结构图

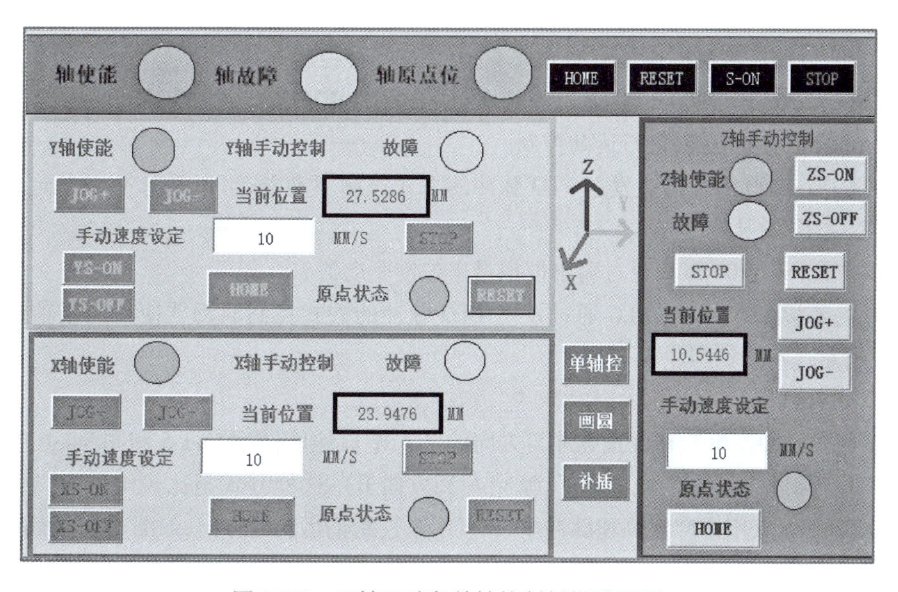

图 5-1-2　三轴运动各单轴控制触摸屏界面

学习笔记

5.1.2 工作流程

本工作任务流程设计如图5-1-2所示三轴运动各单轴控制触摸屏界面，各项界面控制要求如下：

1. 界面标头的控制与指示任务

①设计所有运动轴使能指示，各运动轴故障指示，所有运动轴原点位指示。

②设计所有运动轴使能S-ON键，回原点HOME键，急停STOP键，及故障复位RESET键，如图5-1-3所示。

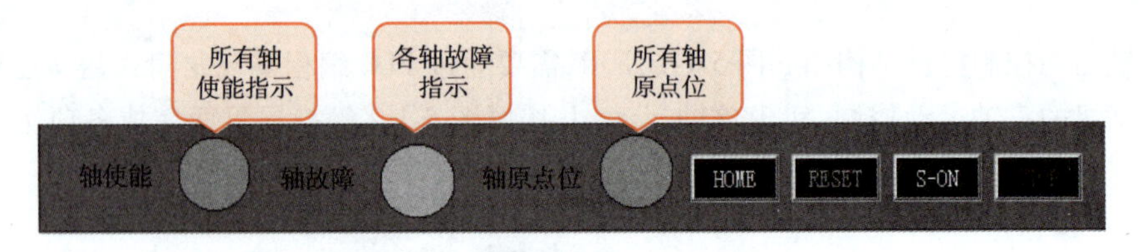

图5-1-3　单轴运动控制界面标头

2. 设计各个运动轴控制要求

①设计各个轴伺服电动机的使能与使能解除控制信号S-ON、S-OFF及使能指示灯。

②设计各个轴伺服电动机手动点动控制JOG+、JOG-键，运动正方向如图5-1-2中界面内各轴箭头所示，并设计点动速度输入框。

③设计各个运动轴的回原点HOME控制键及原点指示灯。

④设计各个运动轴的急停STOP键，及故障复位RESET键。

⑤设计各个运动轴当前位置显示框显示当前位置。

5.1.3 知识准备

1. S7-1200运动控制概述

S7-1200运动控制根据连接驱动方式不同，分成三种控制方式：

①PROFIdrive：S7-1200 PLC通过基于PROFIBUS/PROFINET的PROFIdrive方式与支持PROFIdrive的驱动器连接，进行运动控制。

②PTO：S7-1200 PLC通过发送PTO脉冲的方式控制驱动器，可以是脉冲+方向、A/B正交、也可以是正/反脉冲的方式。

③模拟量：S7-1200 PLC通过输出模拟量来控制驱动器。

本章主要学习S7-1200 PLC通过发送PTO脉冲的方式控制驱动器使得伺服轴运动，如图5-1-4所示。

2. S7-1200 PLC运动控制硬件组态

设置启用脉冲发生器和设置脉冲与方向的PLC端口地址，如图5-1-5和图5-1-6所示。

图5-1-7脉冲信号的类型是PTO（脉冲A和方向B）：这种方式是比较常见的“脉冲+方向”方式，其中A点用来产生高速脉冲串，B点用来控制轴运动的方向，如图5-1-8所示。

学习笔记

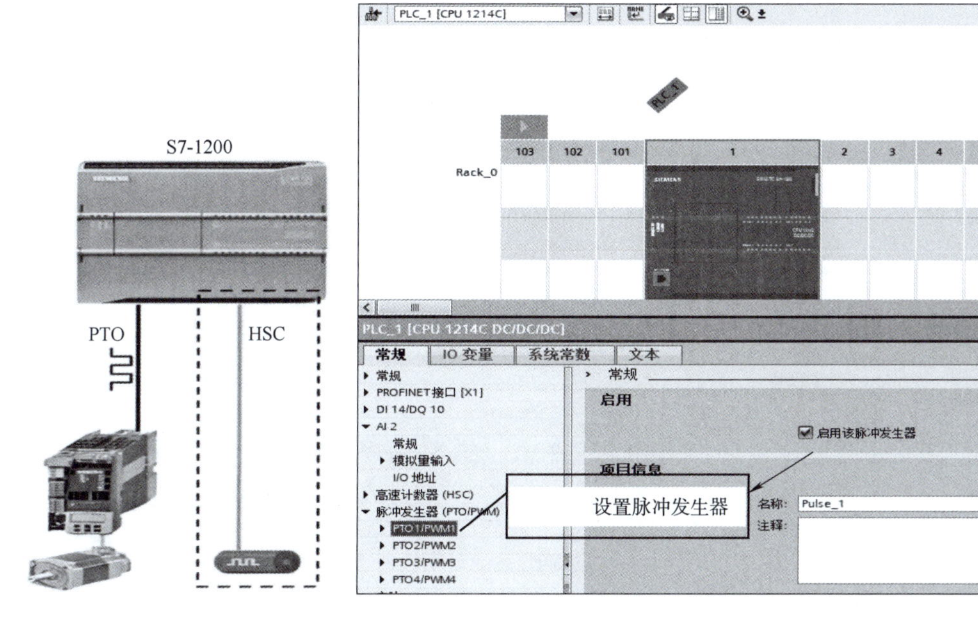

图 5-1-4　S7-1200 PLC 通过发送 PTO 脉冲的方式控制驱动器

图 5-1-5　设置启用脉冲发生器

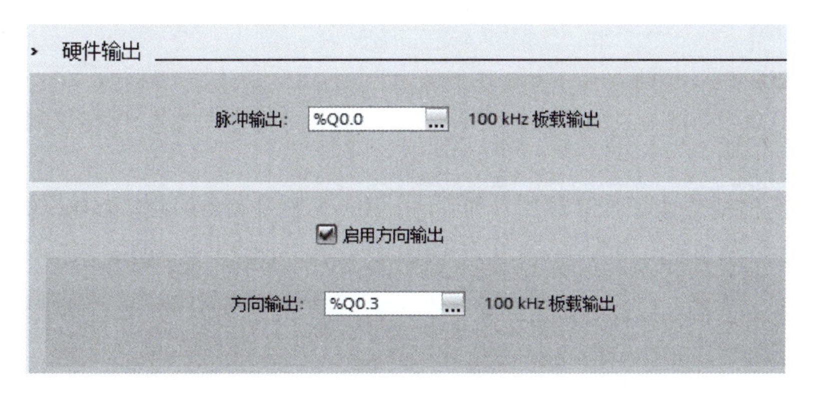

图 5-1-6　设置脉冲与方向的 PLC 端口地址

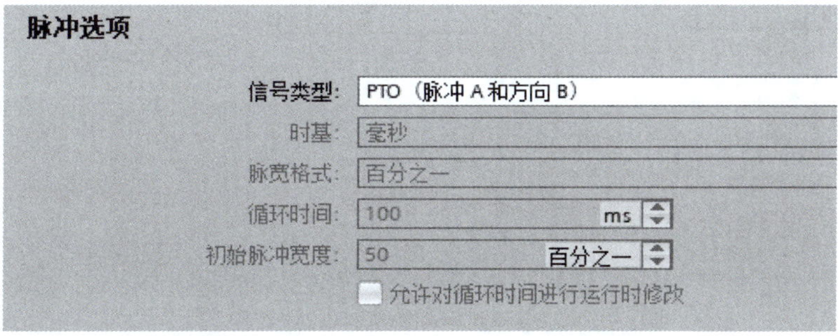

脉冲选项

信号类型: PTO（脉冲 A 和方向 B）

时基: 毫秒

脉宽格式: 百分之一

循环时间: 100 ms

初始脉冲宽度: 50 百分之一

允许对循环时间进行运行时修改

图 5-1-7　设置脉冲信号的类型

学习笔记

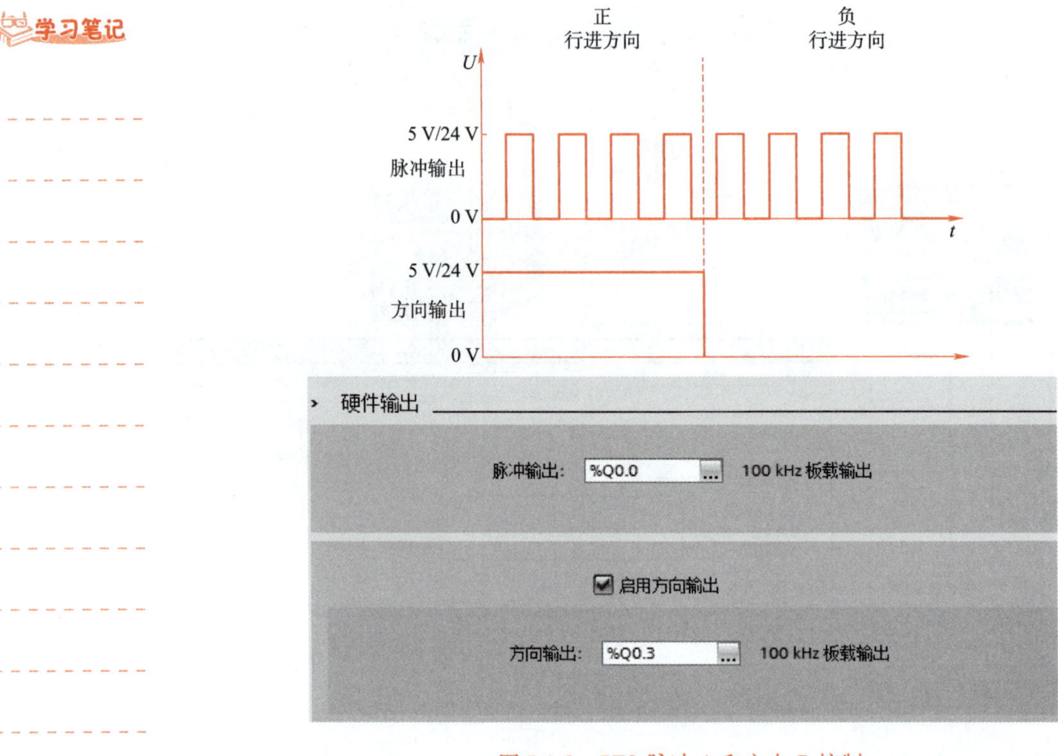

图 5-1-8　PTO 脉冲 A 和方向 B 控制

3. S7-1200 PLC 运动控制添加工艺对象

在工艺对象中新增对象如图 5-1-9 所示。设置轴基本参数"工艺对象"常规如图 5-1-10 所示。

设置 PLC 信号类型为 PTO(脉冲 A 和方向 B 控制),脉冲输出的端口为 Q0.0,脉冲方向输出端口为 Q0.3,驱动器使能端口(Q0.6 为 TRUE 使能),如图 5-1-11 所示。

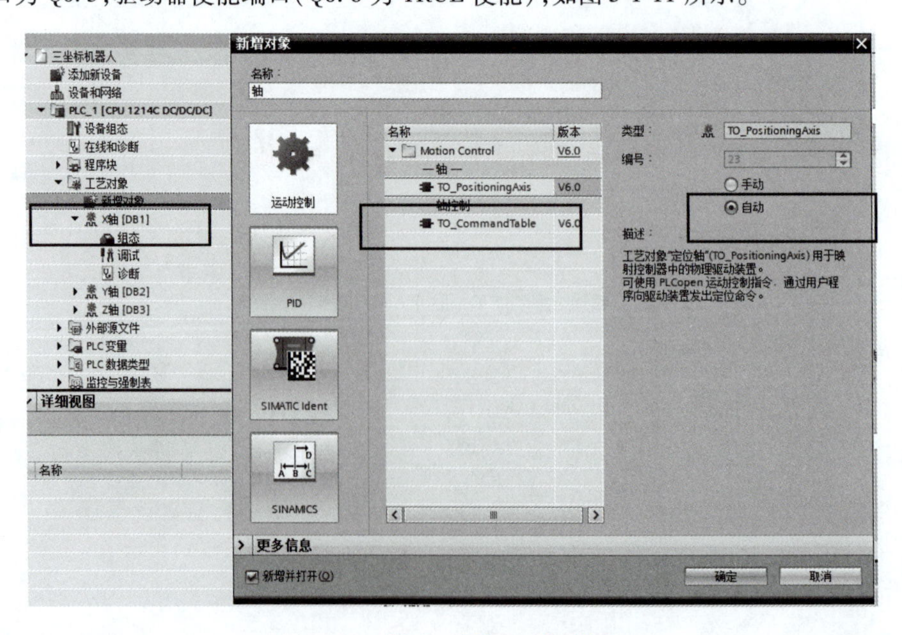

图 5-1-9　增添一个轴"工艺对象"

学习笔记

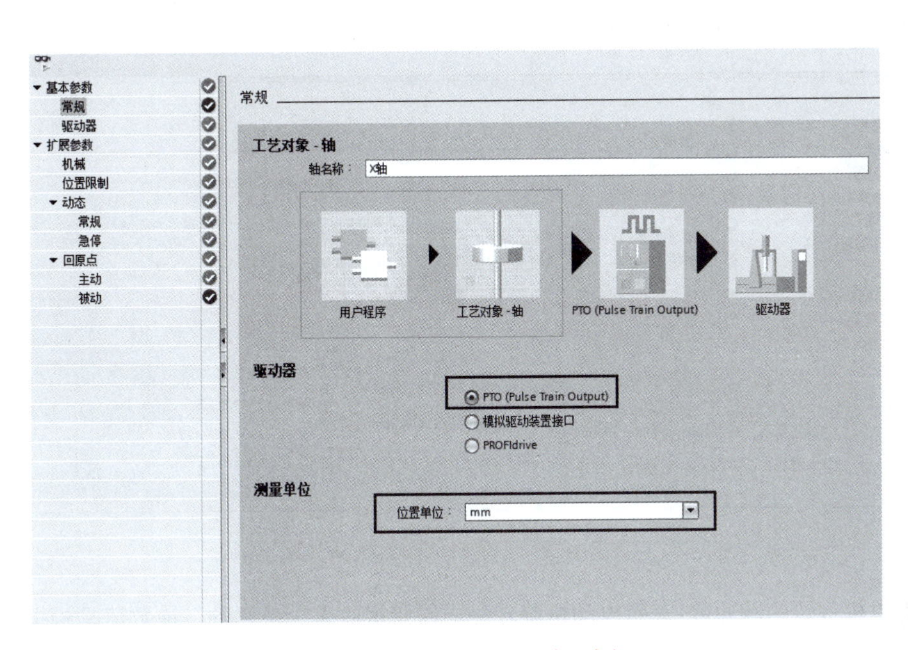

图 5-1-10　设置轴“工艺对象”常规

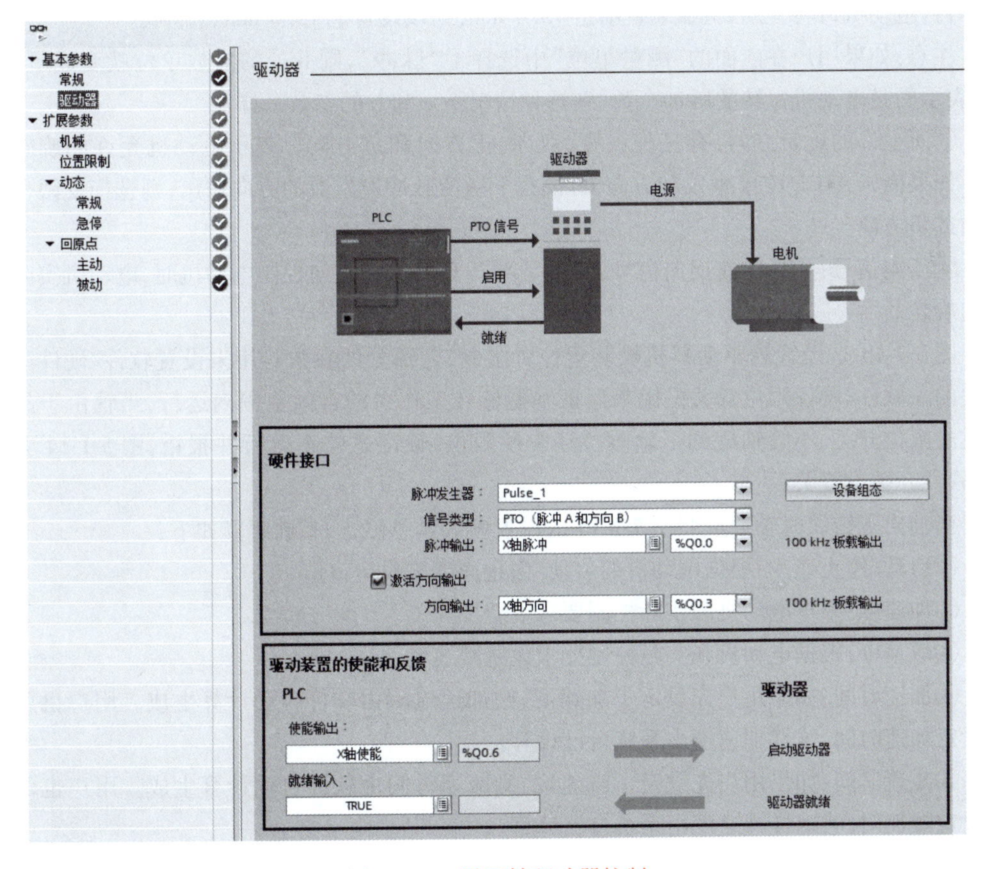

图 5-1-11　设置轴驱动器控制

学习笔记

设置轴驱动器机械参数如图 5-1-12 所示。

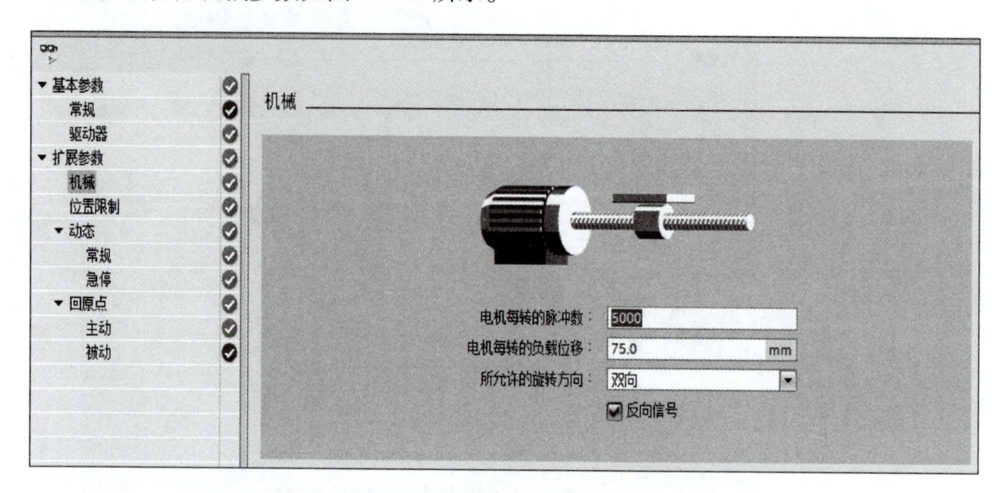

图 5-1-12　设置轴驱动器机械参数

①电机每转的脉冲数：表示电动机旋转一周需要接收多少个脉冲。该数值是根据用户的电动机参数进行设置的。

②电机每转的负载位移：表示电动机每旋转一周，机械装置移动的距离。比如，某个直线工作台，电动机每转一周，机械装置前进 75.0 mm，则该设置成 75.0 mm。

注意：如果用户在前面的"测量单位"中选择了"脉冲"，则 b 处的参数单位就变成了"脉冲，表示的是电动机每转的脉冲个数，在这种情况下 a 和 b 的参数一样。

③所允许的旋转方向：有三种设置，双向、正方向和负方向。表示电动机允许的旋转方向。如果尚未在 PTO（脉冲 A 和方向 B）模式下激活脉冲发生器的方向输出，则选择受限于正方向或负方向。

④反向信号：如果使能反向信号，效果是当 PLC 端进行正向控制电动机时，电动机实际是反向旋转。

图 5-1-13 是设置轴驱动器机械装置位置限制，这部分的参数是用来设置软件/硬件限位开关的。软件/硬件限位开关是用来保证轴能够在工作台的有效范围内运行，当轴由于故障超过的限位开关，不管轴碰到了软限位还是硬限位，轴都是停止运行并报错，图 5-1-14 为硬件/软件开关设置关系。

当轴出现错误时轴会按照图 5-1-15 的设置参数紧急停止，参数解释如下：

①启动/停止速度：根据电动机的启动/停止速度来设定该值。

②加速度：根据电动机和实际控制要求设置加速度。

③减速度：根据电动机和实际控制要求设置减速度。

④加速时间：如果用户先设定了加速度，则加速时间由软件自动计算生成。用户也可以先设定加速时间，这样加速度由系统自己计算。

⑤减速时间：如果用户先设定了减速度，则减速时间由软件自动计算生成。用户也可以先设定减速时间，这样减速度由系统自己计算。

学习笔记

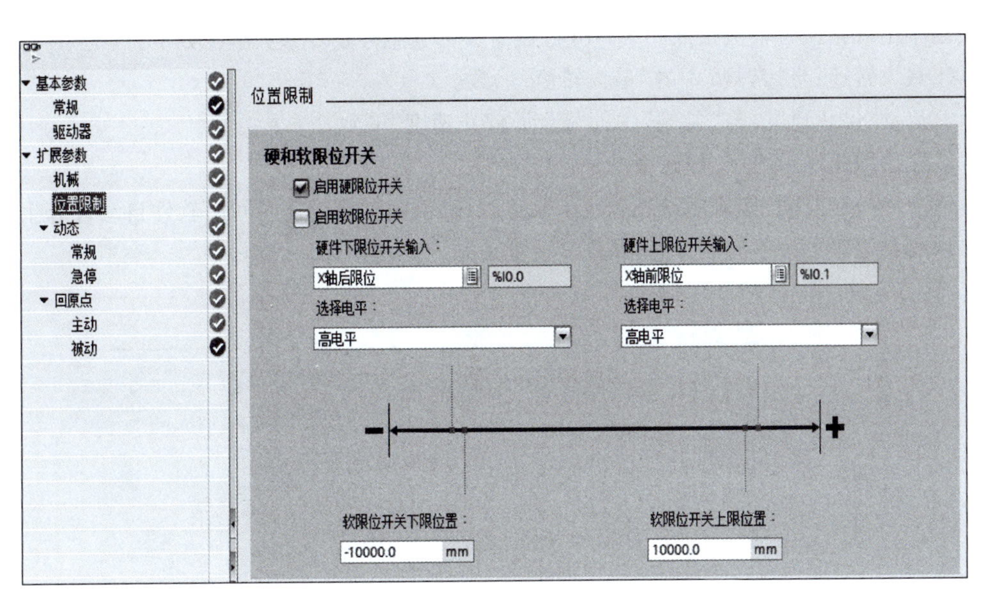

图 5-1-13　设置轴驱动器机械装置位置限制

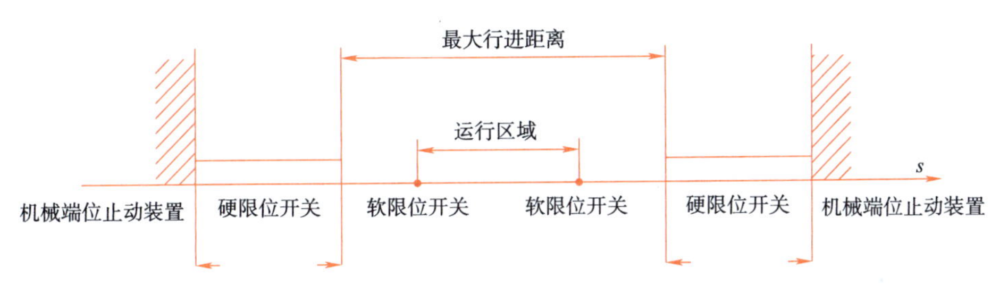

图 5-1-14　PLC 硬件/软件开关设置关系

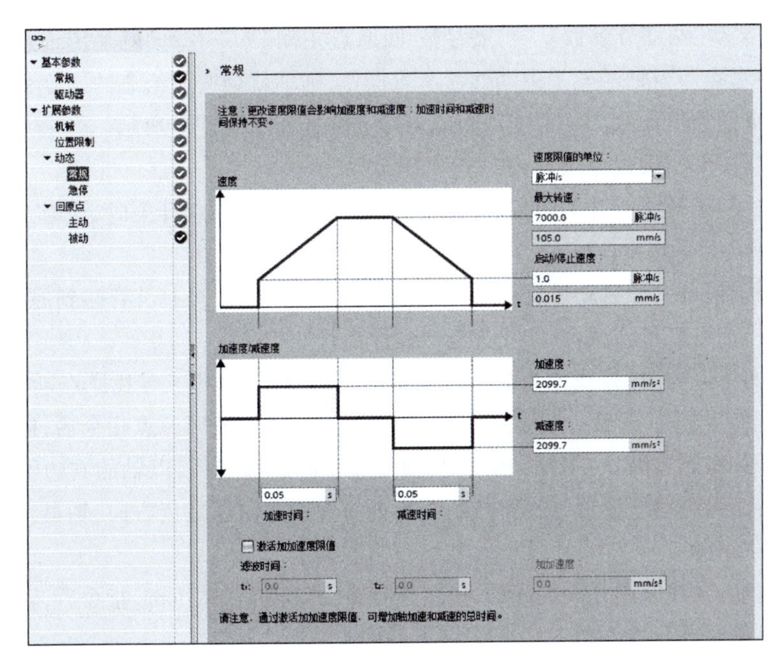

图 5-1-15　设置轴驱动对象动态常规

学习笔记

当轴出现错误时轴会按照图 5-1-16 的设置参数紧急停止。参数解释如下：

①最大转速：与“常规”中的“最大转速”一致。

②启动/停止速度：与“常规”中的“启动/停止速度”一致。

③紧急减速度：设置急停速度。

④急停减速时间：如果用户先设定了紧急减速度，则紧急减速时间由软件自动计算生成。也可以先设定紧急减速时间，这里紧急减速度由系统自己计算。

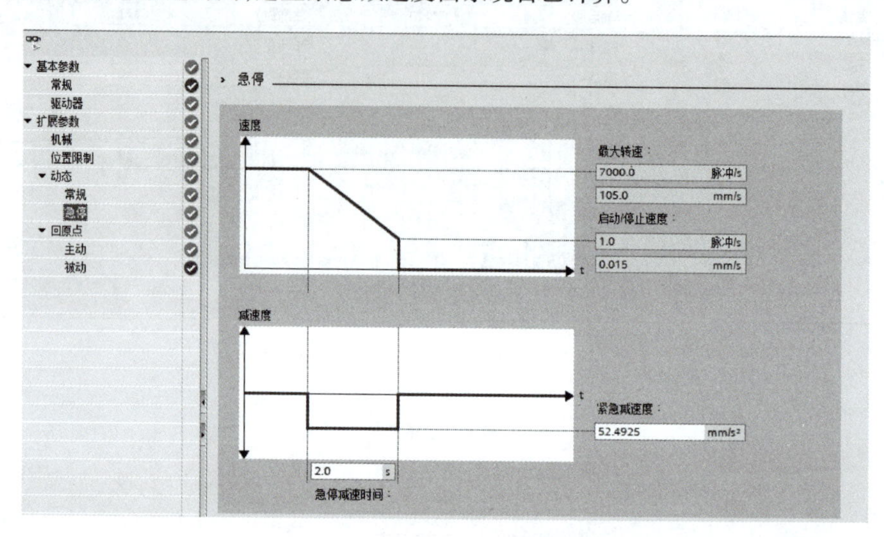

图 5-1-16　设置轴驱动对象急停参数

原点也可以叫作“参考点”，“回原点”或是“寻找参考点”的作用是：把轴实际的机械位置和 S7-1200 程序中轴的位置坐标统一，以进行绝对位置定位。一般情况下，西门子 PLC 的运动控制在使能绝对位置定位之前必须执行“回原点”或是“寻找参考点”。扩展参数-回原点分成“主动”和“被动”两部分参数。“扩展参数-回原点主动”中“主动”就是传统意义上的回原点或是寻找参考点。当轴触发了主动回参考点操作，则轴就会按照组态的速度去寻找原点开关信号，并完成回原点命令。各个主动回原点参数解释如图 5-1-17 所示。

①输入归位开关：设置原点开关的 PLC DI 输入点。

②选择电平：选择原点开关的有效电平，也就是当轴碰到原点开关时，该原点开关对应的 DI 点是高电平还是低电平。

③允许硬限位开关处自动反转：如果轴在回原点的一个方向上没有碰到原点，则需要使能该选项，这样轴可以自动调头，向反方向寻找原点。

④接近/回原点方向：寻找原点的起始方向。也就是说触发了寻找原点功能后，轴是向“正方向”或是“负方向”开始寻找原点。“上侧”指的是：轴完成回原点指令后，以轴的左边沿停在参考点开关右侧边沿。“下侧”指的是：轴完成回原点指令后，以轴的右边沿停在参考点开关左侧边沿。无论用户设置寻找原点的起始方向为正方向还是负方向，轴最终停止的位置取决于上侧或“下侧。

⑤接近速度：寻找原点开关的起始速度，当程序中触发了 MCHome 指令后，轴立即以接近速度运行来寻找原点开关。

⑥回原点速度：最终接近原点开关的速度，当轴第一次碰到原点开关有效边沿儿后运行

的速度，也就是触发了 MCHome 指令后，轴立即以"接近速度"运行来寻找原点开关，当轴碰到原点开关的有效边沿后轴从接近速度切换到"回原点速度"来最终完成原点定位。参考速度要小于接近速度"参考速度"和"逼近速度"都不宜设置得过快。在可接受的范围内设置较慢的速度值。

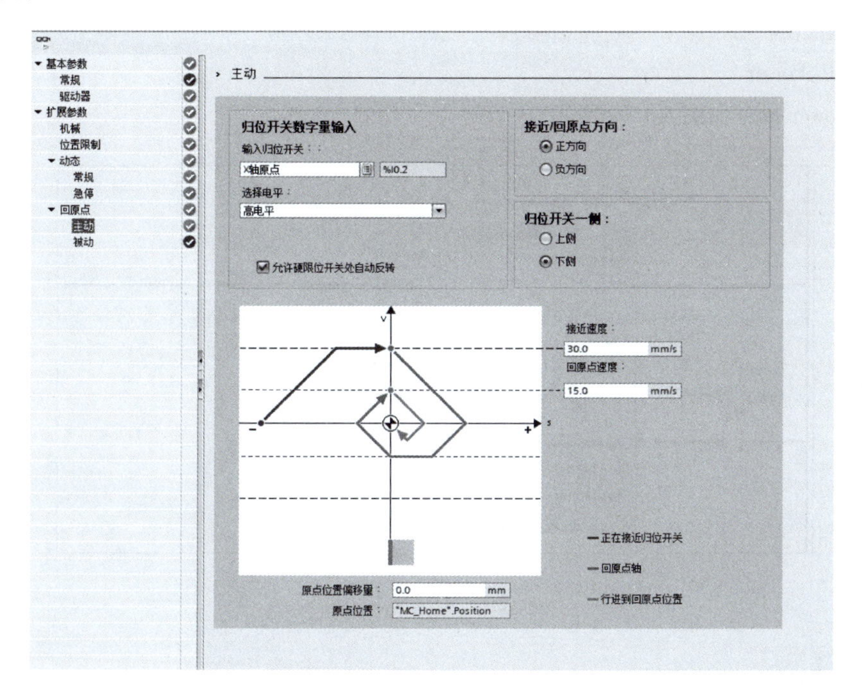

图 5-1-17　设置轴主动回原点参数

⑦原点位置偏移量：该值不为零时，轴会在距离原点开关一段距离（该距离值就是偏移量）停下来，把该位置标记为原点位置值。该值为零时，轴会停在原点开关边沿儿处。

被动回原点是指：轴在运行过程中碰到原点开关，轴的当前位置将设置为回原点位置值。各个被动回原点参数解释如图 5-1-18 所示。

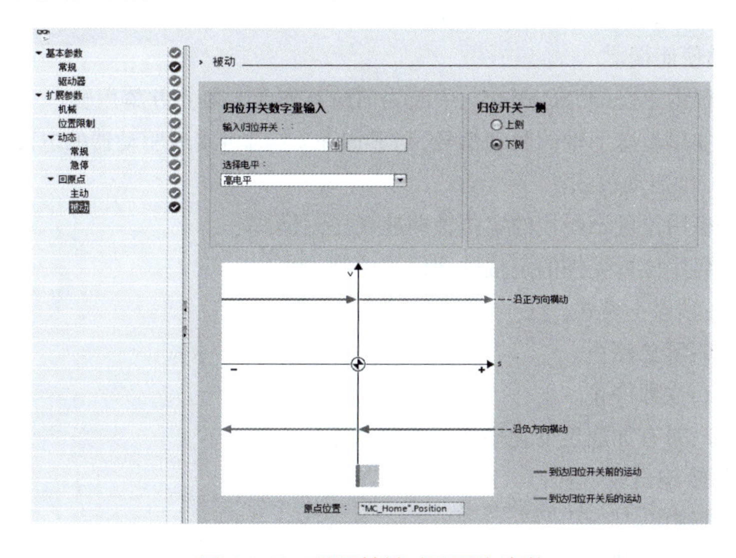

图 5-1-18　设置轴被动回原点参数

学习笔记

①输入归位开关:与参考主动回原点一致。

②选择电平:参考主动回原点中该项的说明。

③参考点开关一侧:参考主动回原点中第 d 项的说明。

④原点位置:该值是 MC Home 指令中"Position"管脚的数值。

4. S7-1200 PLC 运动控制指令解释

(1)MC_Power

MC_Power 指令如图 5-1-19 所示。

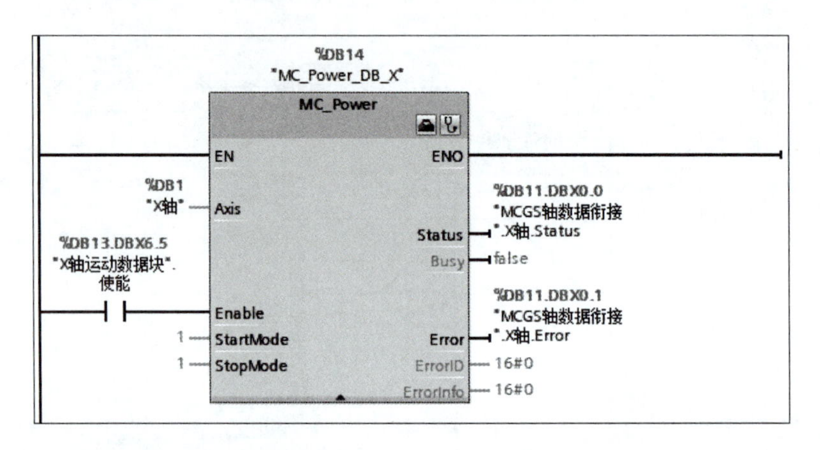

图 5-1-19　MC_Power 指令

指令名称:启动/禁用轴。

功能:使能轴或禁用轴。

使用要点:在程序里一直调用,并且在其他运动控制指令之前调用并使能。

①以下为指令输入端解释:

a. EN:该输入端是 MC_Power 指令的使能端,不是轴的使能端。MC_Power 指令必须在程序里一直调用,并保证 MC_Power 指令在其他 Motion Control 指令的前面调用。

b. Axis:轴名称,必须与设置工艺对象轴的名称一致。

c. Enable:轴使能端。

Enable =0:根据组态的"StopMode"中断当前所有作业。停止并禁用轴。

Enable =1:如果组态了轴的驱动信号,则 Enable =1 时将接通驱动器的电源。

d. StartMode:轴启动模式。

Enable =0:启用位置不受控的定位轴即速度控制模式。

Enable =1:启用位置受控的定位轴即位置控制(默认)。

e. StopMode:轴停止模式。

StopMode =0:紧急停止。

StopMode =1:立即停止。

StopMode =2:带有加速度变化率控制的紧急停止。

②以下为指令输出端解释:

a. ENO:使能输出。

b. Status:轴的使能状态。

学习笔记

c. Busy:标记 MC_Power 指令是否处于活动状态。

d. Error:标记 MC_Power 指令是否产生错误。

e. ErrorID:当 MC_Power 指令产生错误时,用 ErrorID 表示错误号。

h. ErrorInfo:当 MC_Power 指令产生错误时,用 ErrorInfo 表示错误信息。

(2) MC_Reset

MC_Reset 指令如图 5-1-20 所示。

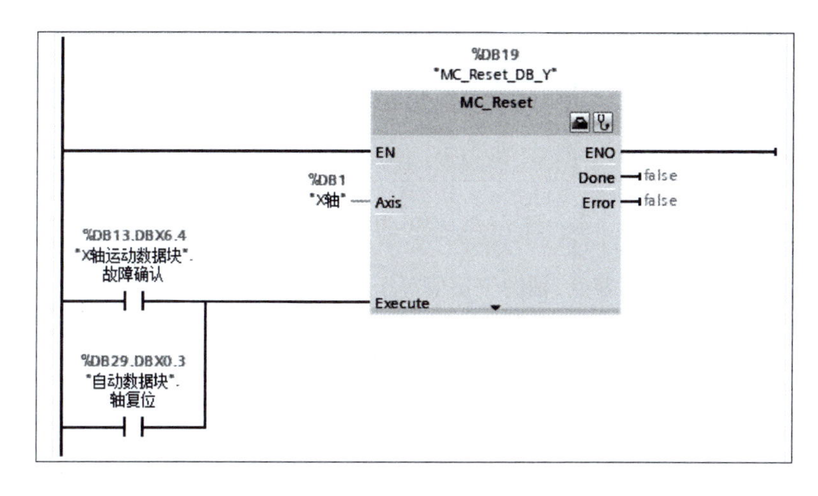

图 5-1-20　MC_Reset 指令

指令名称:确认故障。

功能:用来确认“伴随轴停止出现的运行错误”和“组态错误”。

使用要点:Execute 用上升沿触发。

①以下为指令输入端解释:

a. EN:该输入端是 MC_Reset 指令的使能端。

b. Axis:轴名称。

c. Execute:MC_Reset 指令的启动位,用上升沿触发。

②输出端:除了 Done 指令,其他输出管脚同 MC_Power 指令,这里不再赘述。

Done:表示轴的错误已确认。

(3) MC_Home

MC_Home 指令如图 5-1-21 所示。

指令名称:回原点指令。

功能:使轴归位,设置参考点,用来将轴坐标与实际的物理驱动器位置进行匹配。

使用要点:轴做绝对位置定位前一定要触发 MC_Home 指令。

部分输入输出管脚没有具体介绍,请用户参考 MC_Power 指令中的说明。

a. Position:位置值。

Mode = 1 时:对当前轴位置的修正值。

Mode = 0,2,3 时:轴的绝对位置值。

b. Mode:回原点模式值。

Mode = 0:绝对式直接回零点,轴的位置值为参数“Position”的值。

学习笔记

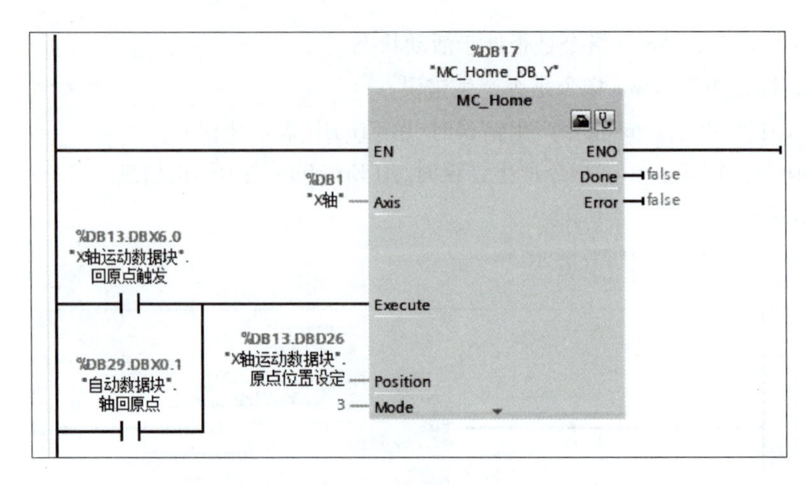

图 5-1-21　MC_Home 指令

Mode = 1：相对式直接回零点，轴的位置值等于当前轴位置 + 参数“Position”的值。

Mode = 2：被动回零点，轴的位置值为参数“Position”的值。

Mode = 3：主动回零点，轴的位置值为参数“Position”的值。

Mode = 6：绝对编码器相对调节，将当前的轴位置设定为当前位置 + 参数“Position”的值。

Mode = 7：绝对编码器绝对调节，将当前的轴位置设置为参数“Position”的值。

(4) MC_Halt

MC_Halt 指令如图 5-1-22 所示。

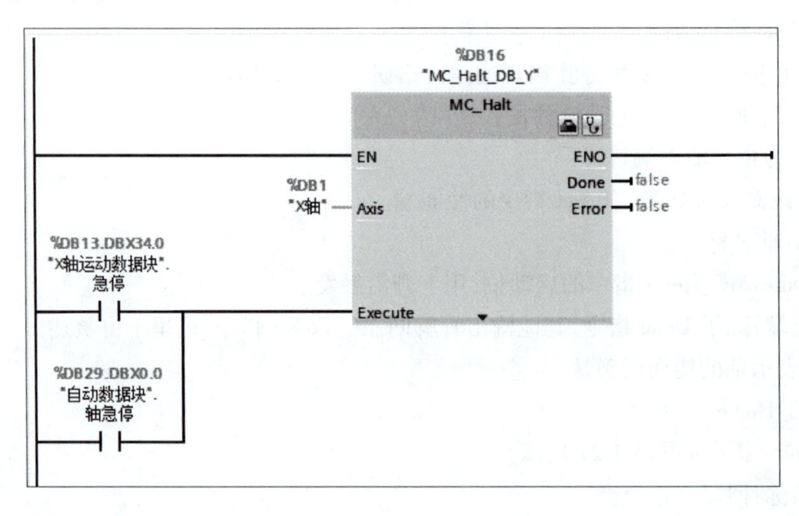

图 5-1-22　MC_Halt 指令

指令名称：停止轴运行指令。

功能：停止所有运动并以组态的减速度停止轴。

使用技巧：常用 MC_Halt 指令来停止通过 MC_MoveVelocity 指令触发的轴的运行。

输入输出管脚没有具体介绍，请用户参考 MC_Power 指令中的说明。

(5) MC_MoveJog

MC_MoveJog 指令如图 5-1-23 所示。

学习笔记

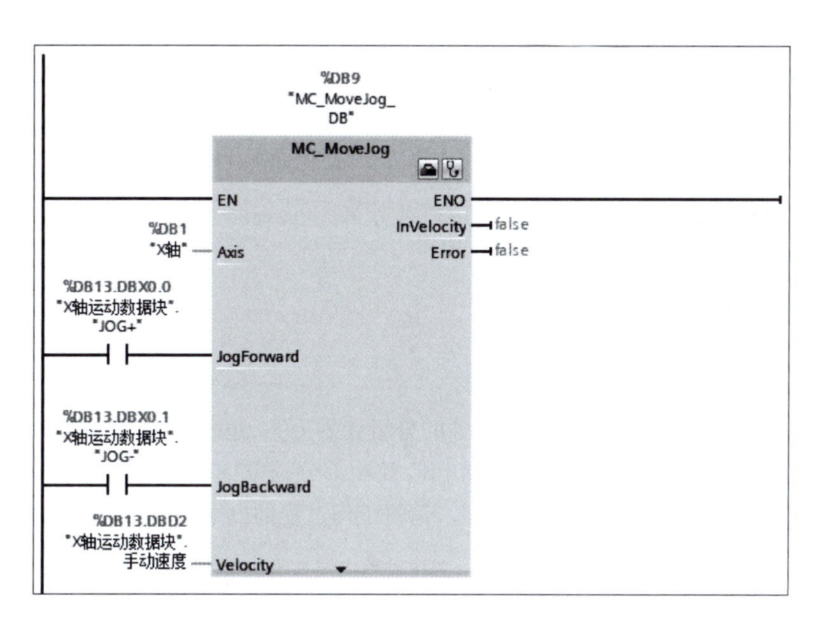

图 5-1-23　MC_MoveJog 指令

指令名称:点动指令。

功能:在点动模式下以指定的速度连续移动轴。

使用技巧:正向点动和反向点动不能同时触发。

部分输入输出管脚没有具体介绍,请用户参考 MC_Power 指令中的说明。

a. JogForward:正向点动,不是用上升沿触发,JogForward 为 1 时,轴运行;JogForward 为 0 时,轴停止。类似于按钮功能,按下按钮,轴就运行,松开按钮,轴停止运行。

b. JogBackward:反向点动,使用方法参考 JogForward。

在执行点动指令时,保证 JogForward 和 JogBackward 不会同时触发,可以用逻辑进行互锁。

c. Velocity:点动速度设定。

Velocity 数值可以实时修改,实时生效。

(6) MC_MoveAbsolute

MC_MoveAbsolute 指令如图 5-1-24 所示。

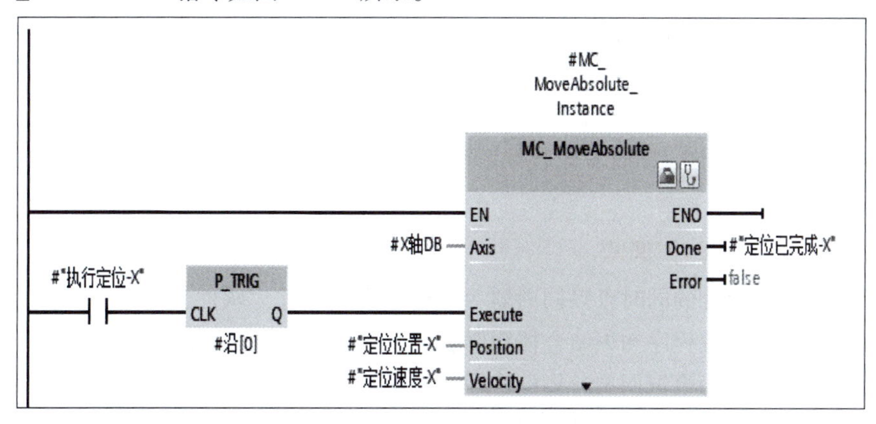

图 5-1-24　MC_MoveAbsolute 指令

学习笔记

指令名称：绝对位置指令。

功能：使轴以某一速度进行绝对位置定位。

使用技巧：在使能绝对位置指令之前，轴必须回原点。因此 MC_MoveAbsolute 指令之前必须有 MC_Home 指令。

部分输入输出管脚没有具体介绍，请用户参考 MC_Power 指令中的说明。

a. Position：绝对目标位置值。

b. Velocity：绝对运动的速度。

5.1.4 计划决策

根据任务要求与相关资讯，制订本任务的分组计划方案，包括选择合适的 PLC，列举 PLC 控制部分所需的 I/O 端口，列出清单，绘制 PLC 控制部分的 I/O 接线图，组内合理分工，整理完善，形成决策方案，作为工作实施的依据。请将工作过程的方案列入表 5-1-1 中。

表 5-1-1 工作过程决策方案

序号	工作内容	需准备的资料	负 责 人
1	选择合理的 PLC 型号		
2	I/O 地址的分配		
3	伺服电动机端口设置		
4	软件编程设计		
5	监控调试		

5.1.5 任务实施

步骤一 合理选择 S7-1200 系列 PLC

分析任务要求，根据西门子 S7-1200 PLC 的选型手册，初步分析需要多少 I/O 点，思考 S7-1200 系列 PLC 的型号有哪些，确定最佳的 PLC。

视频

PLC单轴控制运行效果

步骤二 合理选择 MCGS 系列触摸屏

分析任务要求，根据工作流程中设计触摸屏界面要求确定触摸屏的型号及通讯端口的设置。

步骤三 硬件设计

根据选型的 PLC 填写 I/O 分配表，根据所选用的 PLC 产品，了解其使用的性能。按随机提供的资料结合实际需求，同时考虑软件编程的情况进行外电路的设计，绘制电气控制系统总装配图和接线图。

步骤四 软件设计/调试

①在进行硬件设计的同时可以同时着手软件的设计工作。软件设计的主要任务是根据知识准备内容以及例程程序知识结合控制要求将工作流程转换为梯形图。

②程序初调也称为模拟调试。将设计好的程序通过程序编辑工具下载到 PLC 控制单元中。由外接传感器信号源加入测试信号，通过各工作轴运行状态了解程序运行的情况，观察输入输出之间的变化关系及逻辑状态是否符合设计要求，并及时修改和调整程序，消除缺陷，

学习笔记

直到满足设计的要求为止。

5.1.6 任务巩固

1. *X* 轴运动例程程序设计例程如图 5-1-25 ~ 图 5-1-30 所示。

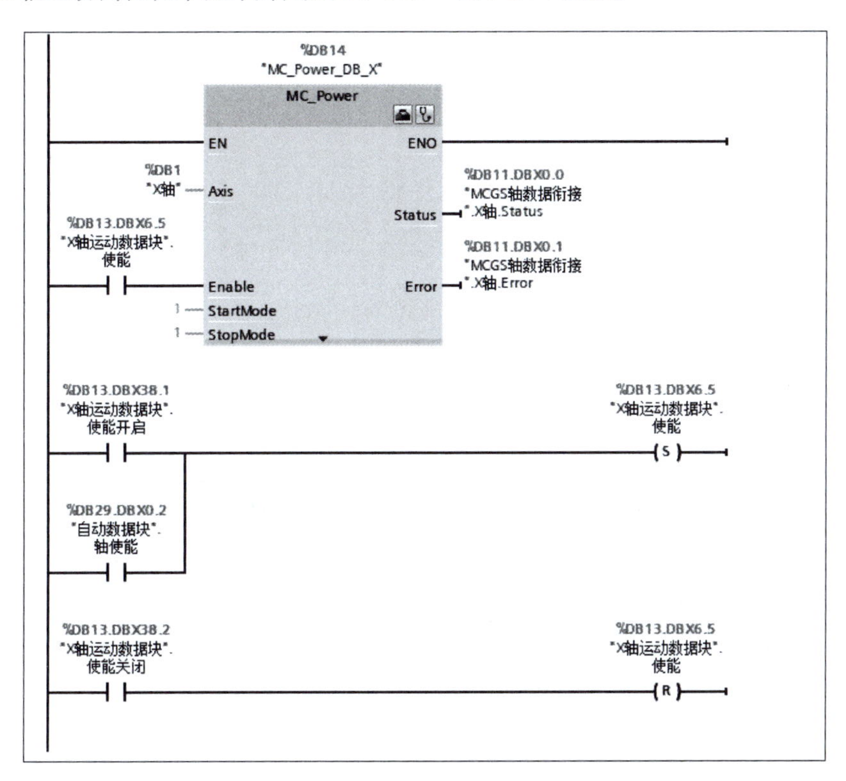

图 5-1-25　*X* 轴开启及 *X* 轴驱动器使能程序

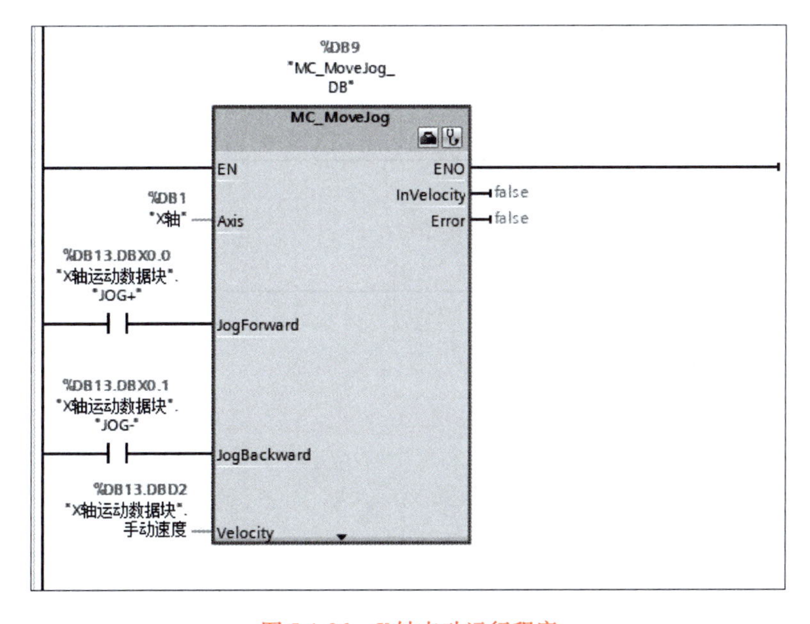

图 5-1-26　*X* 轴点动运行程序

学习笔记

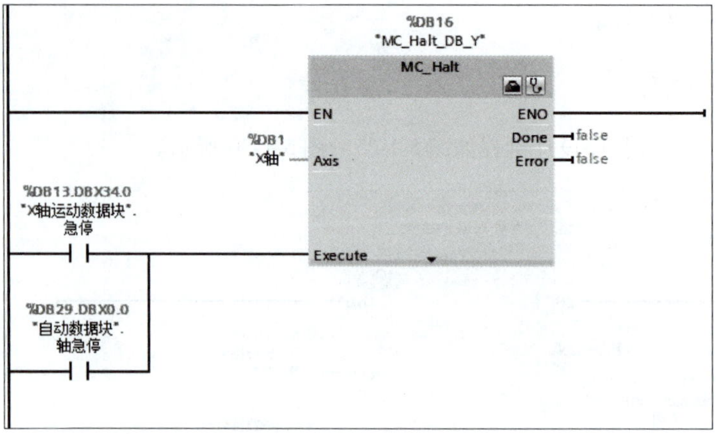

%DB16
"MC_Halt_DB_Y"
MC_Halt
EN
ENO
Done
false
%DB1
"X轴"
Axis
Error
false
%DB13.DBX34.0
"X轴运动数据块".
急停
Execute
%DB29.DBX0.0
"自动数据块".
轴急停

图 5-1-27　*X* 轴紧急停止程序

%DB17
"MC_Home_DB_Y"
MC_Home
EN
ENO
Done
false
%DB1
"X轴"
Axis
Error
false
%DB13.DBX6.0
"X轴运动数据块".
回原点触发
Execute
%DB13.DBD26
"X轴运动数据块".
原点位置设定
Position
%DB29.DBX0.1
"自动数据块".
轴回原点
3
Mode

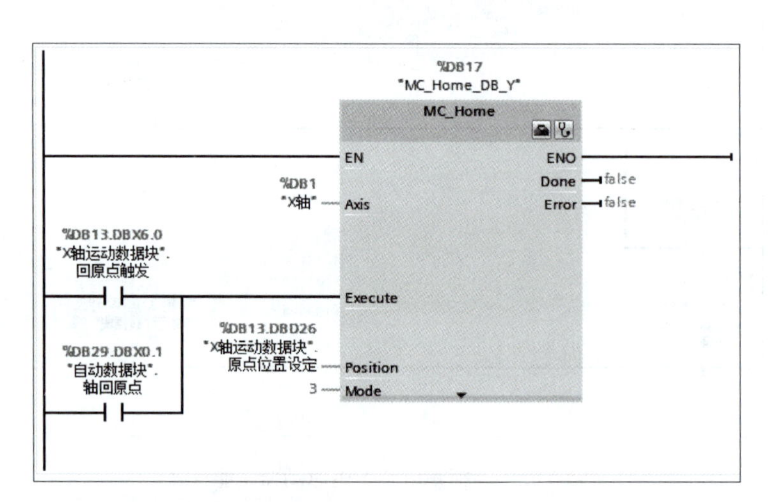

图 5-1-28　*X* 轴回归原点运行程序

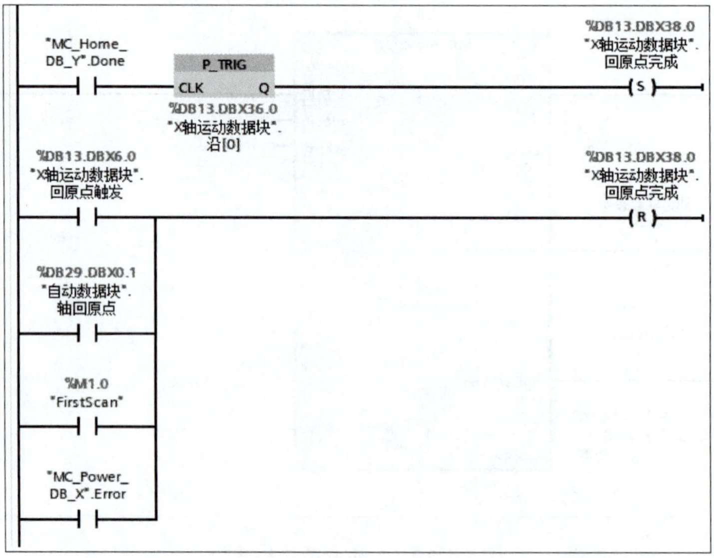

"MC_Home_
DB_Y".Done
P_TRIG
CLK
Q
%DB13.DBX36.0
"X轴运动数据块".
沿[0]
%DB13.DBX38.0
"X轴运动数据块".
回原点完成
S
%DB13.DBX6.0
"X轴运动数据块".
回原点触发
%DB13.DBX38.0
"X轴运动数据块".
回原点完成
R
%DB29.DBX0.1
"自动数据块".
轴回原点
%M1.0
"FirstScan"
"MC_Power_
DB_X".Error

图 5-1-29　*X* 轴原点指示逻辑程序

学习笔记

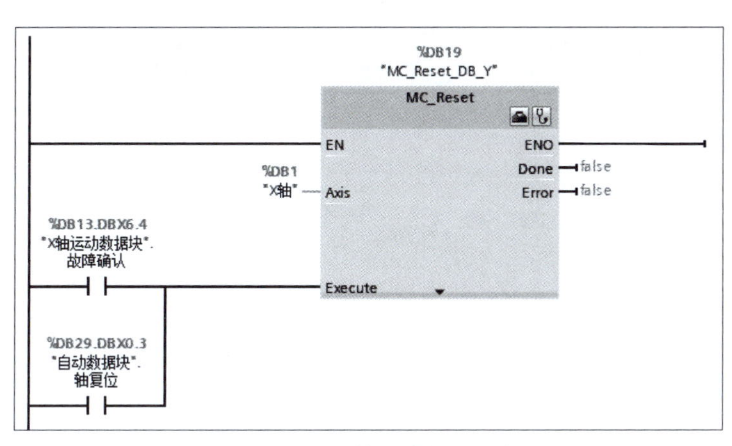

图 5-1-30　*X* 轴故障复位程序

小提示：

(1)考虑到生产实际与工艺的改进，在设计绘图程序设计时候要充分考虑系统操作安全，应该有一些安全程序如急停程序、极限位保护程序等。

(2)程序编制完毕后根据调试步骤先手动后自动的原则，逐步调试程序，为了保障调试安全性需设置轴速度为安全低速，待调试没问题后设置为正常工作速度。

2. 综合设计任务：

设计一个毛坯零件切割加工程序，每次切割数值及速度可以在触控屏设置，要求切割进给既可以定尺进给，也可以点动进给，进给的数值可以在触控屏上监控以毫米为单位。进给伺服电动机采用增量式编码器，系统每次上电启动需回归原点，回归过程需在触摸屏中显示，有必须极限位保护以及急停保护措施。

任务 5.2　PLC 圆形轨迹绘制

5.2.1　任务描述

三轴运动控制平台如图 5-2-1 三轴运动控制机械结构图所示，需要通过 PLC 编程实现龙门式运动控制平台伺服电动机的三轴运动控制，实现圆形轨迹运动，并按照图 5-2-2 触摸屏界面完成各项运动控制要求。

图 5-2-1　三轴运动控制机械结构图

学习笔记

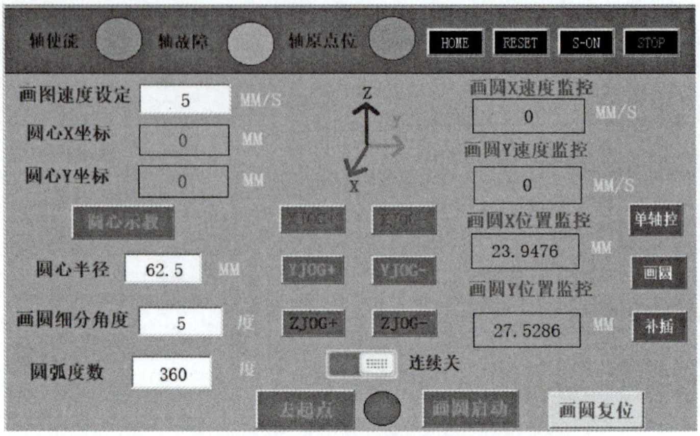

图 5-2-2　三轴运动控制绘制圆触摸屏界面

5.2.2　工作流程

各项界面控制要求如下：

1. 界面标头的控制与指示任务

界面标头的控制与指示任务与 5.1.2 任务一致这里不再赘述。

2. 设计三轴运动绘制圆的参数

①设计绘制圆速度输入框单位是 mm/s。

②设计绘制圆的圆心坐标示教输入按钮，当手动移动各轴到圆心时按下圆心坐标示教输入按钮时触摸屏显示圆心坐标。

③设计绘制圆的圆半径输入框单位 mm。

④设计绘制圆的细分角（绘圆逼近角度）单位为度。

⑤设计绘制圆弧的度数单位为度，此功能解释为当要绘制正圆时圆弧的度数为 360°，半圆为 180°，1/4 圆为 90°等。

5.2.3　知识准备

西门子 S7-1200 系列 PLC 不支持圆弧插补功能，所以需要自己根据算法进行计算后分别驱动 X 轴和 Y 轴的移动从而来实现画圆功能，要驱动 X、Y 轴画圆，可采用极限逼近法，把画圆弧变成画线段，如图 5-2-3 所示左侧为六等分，角度 $a=60°$，右侧为十二等分，角度 $a=30°$。

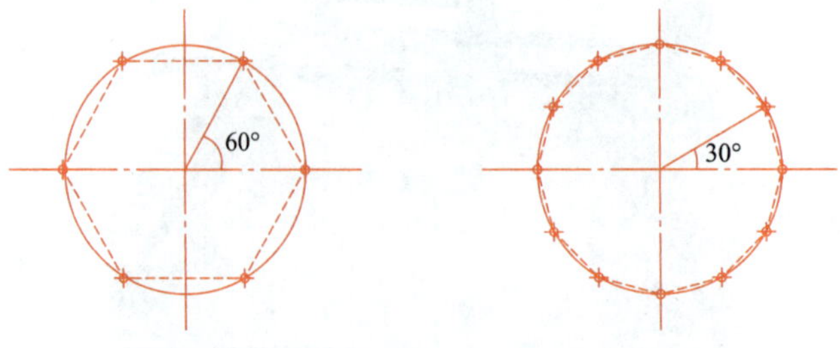

图 5-2-3　极限逼近法绘圆

从图 5-2-3 中可以看出，当等边多边形的边越多时，则多边形的轨迹就越和圆相近，所以当角度 a 足够小时，则得到的多边形轨迹就越与圆接近。根据以上分析需要完成画圆功能，我们需要知道"圆心坐标值""圆的半径""画圆的速度"，然后分为三部分来实现。

1. 画笔移动到圆上

把 XY 轴分别回原点，然后由原点移动到圆心坐标并示教圆心，如图 5-2-4 所示 $A(X1,Y1)$ 点为圆心，$B(X2,Y2)$ 点为绘圆起点。假设 A 点的坐标为 $A(X1,Y1)$，绘圆速度为 V，则 X 轴由 A 圆心移动到 B 点的距离为 $X2-X1$，Y 轴移动的距离为 0。

2. 画笔开始画圆

画笔从 B 点位置开始移动画圆，假设圆上的点为 C 点，坐标为$(X3,Y3)$，从 A 圆心到 B 点和从 A 圆心到 C 点的角度为 a，如图 5-2-5 所示，根据三角函数可计算出 C 点的坐标$(X3,Y3)$的值分别为：$X3=R\cos a+X1$，$Y3=R\sin a+Y1$。根据勾股定理可计算出 XY 轴要移动的距离"$B-C$"的值。X 轴移动速度"V_{1X}"和 Y 轴移动速度"V_{1Y}"，计算公式如下所示：

$$AC=\sqrt{(X3-X2)^2+(Y3-Y2)^2}$$

$$V_{1X}=\left|\frac{X3-X2}{\sqrt{(X3-X2)^2+(Y3-Y2)^2}}\times V\right|$$

$$V_{1Y}=\left|\frac{Y3-Y2}{\sqrt{(X3-X2)^2+(Y3-Y2)^2}}\times V\right|$$

注：此时 $X2$ 和 $Y2$ 为 X 轴和 Y 轴的当前位置，$X3$ 和 $Y3$ 为 X 轴和 Y 轴要移动的目标位置，速度需要取绝对值。

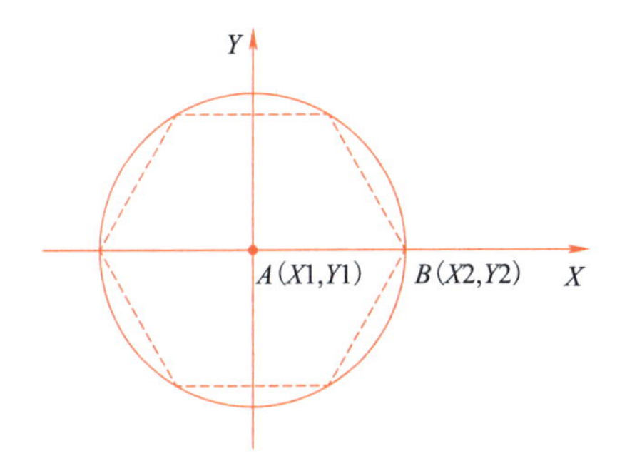

图 5-2-4　由圆心移动到圆的起点示意图

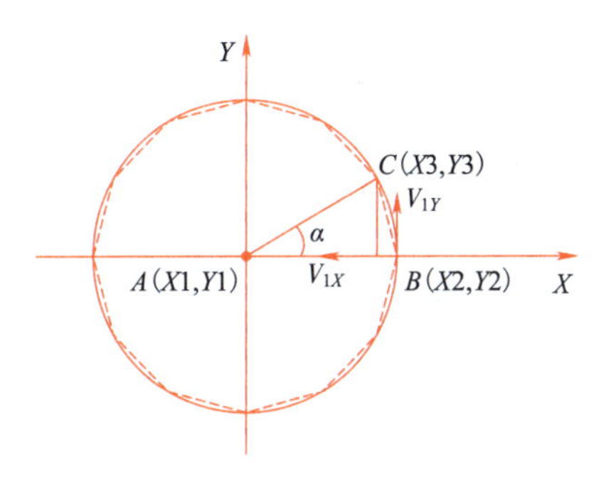

图 5-2-5　画笔 $B-C$ 画圆计算示意图

同理：当画笔到达 D 点后，角度变为 $2a$，则对应的圆上点为 D 点，坐标为$(X4,Y4)$，如图 5-2-6 所示，根据三角函数可计算出 D 点坐标$(X4,Y4)$的值分别为

$$X4=R\cos(2a)+X1,\ Y4=R\sin(2a)+Y1$$

根据勾股定理可计算出 XY 轴要移动的距离"$C-D$"的值。X 轴移动速度"V_{2X}"和 Y 轴移动速度"V_{2Y}"，计算公式如下所示：

$$V_{2X}=\left|\frac{X4-X3}{\sqrt{(X4-X3)^2+(Y4-Y3)^2}}\times V\right|$$

$$V_{2Y}=\left|\frac{Y4-Y3}{\sqrt{(X4-X3)^2+(Y4-Y3)^2}}\times V\right|$$

学习笔记

注：此时 $X3$ 和 $Y3$ 为 X 轴和 Y 轴的当前位置，$X4$ 和 $Y4$ 为 X 轴和 Y 轴要移动的目标位置，速度需要取绝对值。

依次下去，每走完一次后，角度自加一次，当角度值大于 360°时，则认为画圆完成。

图 5-2-6　画笔 $C-D$ 画圆计算示意图

5.2.4　计划决策

根据任务要求与相关资讯，制订本任务的分组计划方案，包括选择合适的 PLC，列举 PLC 控制部分所需的 I/O 端口，列出清单，绘制 PLC 控制部分的 I/O 接线图，组内合理分工，整理完善，形成决策方案，作为工作实施的依据。请将工作过程的方案列入表 5-2-1 中。

表 5-2-1　工作过程决策方案

序号	工作内容	需准备的资料	负　责　人
1	选择合理的 PLC 型号		
2	I/O 地址的分配		
3	伺服电动机端口设置		
4	软件编程设计		
5	监控调试		

5.2.5　任务实施

视频

画圆形轨迹的运行效果

步骤一　合理选择 S7-1200 系列 PLC

分析任务要求，根据西门子 S7-1200 PLC 的选型手册，初步分析需要多少 I/O 点，思考 S7-1200 系列 PLC 的型号有哪些，确定最佳的 PLC。

步骤二　合理设计

运动分析任务要求，根据工作流程中设计触摸屏界面要求确定触摸屏的型号及通讯端口的设置。

步骤三　硬件设计

根据选型的 PLC 填写 I/O 分配表，根据所选用的 PLC 产品，了解其使用的性能。按随机提供的资料结合实际需求，同时考虑软件编程的情况进行外电路的设计，绘制电气控制系统总装配图和接线图。

步骤四　软件设计/调试

①在进行硬件设计的同时可以着手软件的设计工作。软件设计的主要任务是根据知识准备内容以及例程程序知识结合控制要求将工作流程转换为梯形图，图 5-2-7 为画圆程序流程图。

学习笔记

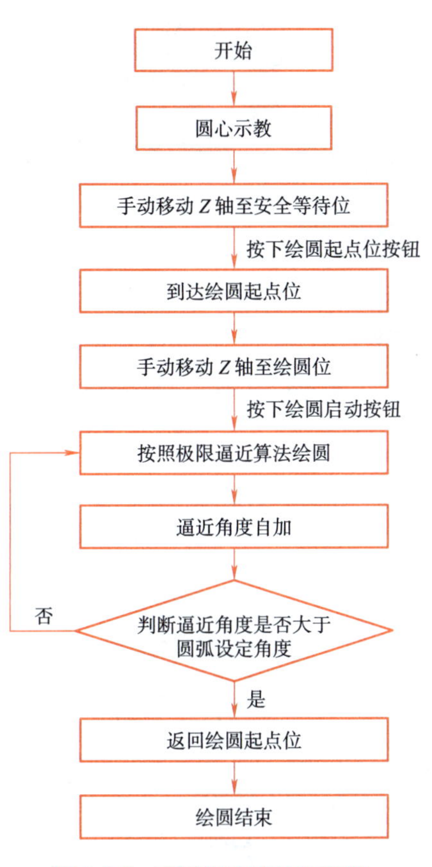

图 5-2-7　画圆程序设计流程图

②程序初调也称为模拟调试。将设计好的程序通过程序编辑工具下载到 PLC 控制单元中。由外接传感器信号源加入测试信号,通过各工作轴运行状态了解程序运行的情况,观察输入输出之间的变化关系及逻辑状态是否符合设计要求,并及时修改和调整程序,消除缺陷,直到满足设计的要求为止。

5.2.6　任务巩固

综合设计任务:

设计数控激光切割机加工圆弧程序,每次切割圆弧角度数值及速度可以在触控屏设置,要求切割平面进给可以设定自动工作进给,也可以非加工模式点动进给,进给的数值可以在触控屏上监控以毫米为单位。进给伺服电动机采用增量式编码器,系统每次上电启动需回归原点,有必须极限位保护以及急停保护措施。

任务 5.3　PLC 直线插补轨迹绘制

5.3.1　任务描述

三轴运动控制机械结构图如图 5-3-1 所示,要求操作图 5-3-2 触摸屏界面,完成三轴直线插补轨迹绘制图形控制。

学习笔记

图 5-3-1　三轴运动控制机械结构图

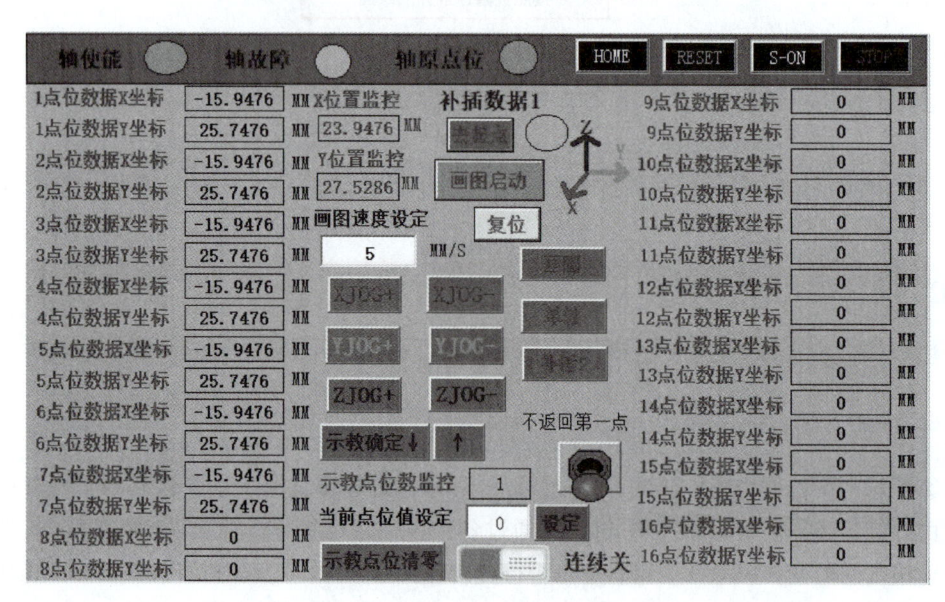

图 5-3-2　三轴运动直线插补轨迹绘制图形触摸屏界面

5.3.2　工作流程

PLC 直线插补是指多个轴同时运动且运动轨迹为一条直线，PLC 直线插补的工作流程主要包括以下几个步骤：

(1)等待启动信号

系统需要等待一个启动信号，这个信号通常表示插补运动已经开始。

(2)设置插补运动速度

系统会设置插补运动的速度，以确保运动能够按照预定的速度进行。

(3)轴插补完成等待

在设置好速度后，系统会开始执行插补运动，按照预设的路径移动轴。在每一段轨迹的终点，系统会等待以确保轴插补完成。

(4)路径规划

对于多轴之间的协调联动，如果需要，可以通过编程实现路径规划。这包括对轴组进行

学习笔记

视 频

插补直线画方的运行效果

配置，以及对轴组的运动路径进行规划。

(5)执行插补运动

一旦路径规划完成，系统会根据规划的路径执行插补运动，实现 2D 或 3D 直线插补运动功能。

这个过程涉及了从等待启动信号开始，到设置运动速度、执行插补运动、等待轴插补完成等关键步骤，确保了插补运动的精确执行。

具体操作详见图 5-3-2 触摸屏界面所示，各项界面控制要求如下：

(1)界面标头的控制与指示任务

界面标头的控制与指示任务与 5.1.2 任务一致这里不再赘述。

(2)设计三轴运动直线插补轨迹绘制异图形的参数

①设计绘制图形速度输入框单位是 mm/s。

②设计绘制多点直线插补坐标示教输入按钮，当手动移动三轴到需示教插补点坐标时，按下示教输入按钮 示教确定↓ ，XY 轴当前坐标被 PLC 记录，触摸屏显示示教插补点坐标，示教插补点计数器自动加一，示教的指针自动指向下一个坐标点。

③设计一个可以随时返回上一个示教点的返回按钮 ↑ 。

④设计绘制当前示教点位置设定的输入框，可以随时示教某一个确定的示教点。

⑤设计起点启动、画图启动、画图复位等控制按钮。

⑥设计是否返回第一点按钮，来绘制一个闭合或者非闭合的图形。

5.3.3　知识准备

西门子 S7-1200 系列 PLC 不支持直线插补功能，所以需要自己根据算法进行计算后，分别驱动 X 轴和 Y 轴的移动从而来实现直线插补绘图功能，要驱动 X、Y 轴做直线插补绘图，可采用极限逼近法，把插补图形变成多个点绘图线段，如图 5-3-3 所示为 14 点切割分段。

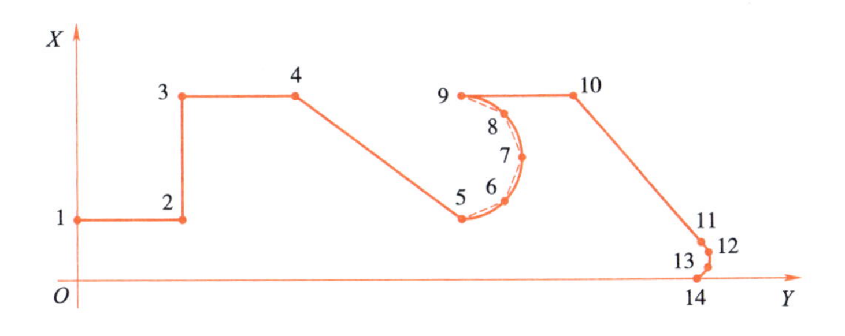

图 5-3-3　极限逼近法绘圆

从图 5-3-3 中可以看出，当连接切割插补点越多时，则切割插补线段图形的轨迹就越与原图相近，所以当我们用极限逼近插补法示教复杂图像多个插补点时，按设计程序绘图点连成的轨迹就逼近原图了。下面介绍 S7-1200 插补直线的绘制轨迹的算法。

把 XY 轴分别回原点，然后手动移动 X,Y 轴，由原点移动到 A 点并示教记录 A 点，在由 A 点移动到 B 点并示教记录 B 点，如图 5-3-4 所示，$A(X1,Y1)$点为起点，$B(X2,Y2)$点为绘图终

学习笔记

点。假设 A 点的坐标为 $A(X1,Y1)$,绘圆速度触摸屏设置为 V,则 X 轴由 A 圆心移动到 B 点的距离为 $X2-X1$,Y 轴移动的距离为 $Y2-Y1$。

XY 轴要移动的距离"$A-B$"的值。X 轴移动速度"V_X"和 Y 轴移动速度"V_Y",计算公式如下所示:

$$A-B=\sqrt{(X2-X1)^2+(Y2-Y1)^2}$$

$$V_X=\left|\frac{X2-X1}{\sqrt{(X2-X1)^2+(Y2-Y1)^2}}\times V\right|$$

$$V_Y=\left|\frac{Y2-Y1}{\sqrt{(X2-X1)^2+(Y2-Y1)^2}}\times V\right|$$

注:此时 $X1$ 和 $Y1$ 为 X 轴和 Y 轴的当前位置,$X2$ 和 $Y2$ 为 X 轴和 Y 轴要移动的目标位置,V_X、V_Y速度需要取绝对值。

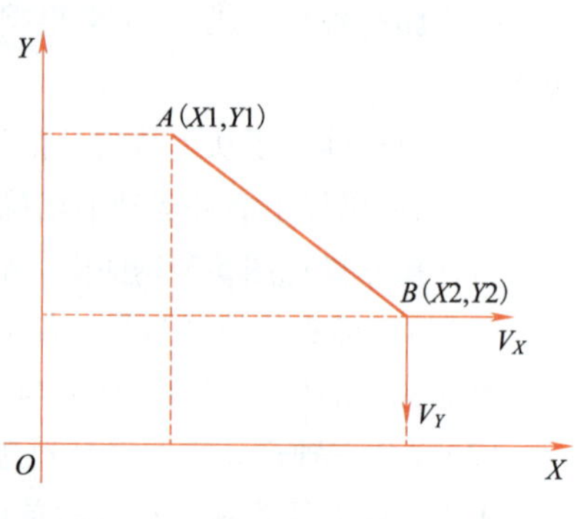

图 5-3-4 插补直线绘图示意图

我们知道了图 5-3-4 的 S7-1200 插补运动的求解原理就可以采用示教 14 个插补点用极限逼近法绘出 5-3-3 的曲线。当然也可采用更多的逼近点绘制图 5-3-3 的曲线使之更接近原图。

当我们示教完成图 5-3-3 的曲线逼近点后,按"起点"按钮,X、Y 轴带 Z 轴移动到起点位置,按下画图启动按钮,X、Y 轴带 Z 轴依次以速度 V_X,V_Y移动到示教的插补逼近点执行绘图,每走完一个插补示教逼近点,绘制插补示教逼近点计数器自"加一"一次,当绘制插补示教逼近点计数器大于等于设定插补示教逼近点计数值时,则认为画圆完成。

5.3.4 计划决策

根据任务要求与相关资讯,制订本任务的分组计划方案,包括选择合适的 PLC,列举 PLC 控制部分所需的 I/O 端口,列出清单,绘制 PLC 控制部分的 I/O 接线图,组内合理分工,整理完善,形成决策方案,作为工作实施的依据。请将工作过程的方案列入表 5-3-1 中。

表 5-3-1 工作过程决策方案

序号	工作内容	需准备的资料	负 责 人
1	选择合理的 PLC 型号		
2	I/O 地址分配及触摸屏设置		
3	PLC 三轴伺服控制硬件设计		
4	软件编程设计		
5	监控调试		

5.3.5 任务实施

步骤一 合理选择 S7-1200 系列 PLC

分析任务要求,根据西门子 S7-1200 PLC 的选型手册,初步分析需要多少 I/O 点,思考 S7-1200 系列 PLC 的型号有哪些,确定最佳的 PLC。

学习笔记

步骤二 合理选择 MCGS 系列触摸屏

分析任务要求,根据工作流程中设计触摸屏界面要求确定触摸屏的型号及通讯端口的设置。

步骤三 硬件设计

根据选型的 PLC 填写 I/O 分配表,根据所选用的 PLC 产品,了解其使用的性能。按随机提供的资料结合实际需求,同时考虑软件编程的情况进行外电路的设计,绘制电气控制系统总装配图和接线图。

步骤四 软件设计/调试

①在进行硬件设计的同时可以同时着手软件的设计工作。软件设计的主要任务是根据知识准备内容以及例程程序知识结合控制要求将工作流程转换为梯形图。

②程序初调也称为模拟调试。将设计好的程序通过程序编辑工具下载到 PLC 控制单元中。由外接传感器信号源加入测试信号,通过各工作轴运行状态了解程序运行的情况,观察输入输出之间的变化关系及逻辑状态是否符合设计要求,并及时修改和调整程序,消除缺陷,直到满足设计的要求为止。

③三轴绘异形图曲线插补示教点增减步控制例程程序。在图 5-3-5 中设置要示教的 X、Y 插补点位数组分别为 42 个,也在现场实际示教中可按实际情况增减示教的点数。

21	■	▸ X点位数组输出	Array[0..41] of Real		保持
22	■	▸ Y点位数组输出	Array[0..41] of Real		保持

图 5-3-5　设置示教插补点位数组

图 5-3-6 示教插补点增减步控制提示程序解释如下:

①当“位置示教增步”触点闭合时,记录 X 轴、Y 轴当前的实时位置,并存于 X 点位、Y 点位数组中,PLC 时刻更新记录示教的点位数,数组控制步加一,为下一刻记录点位做准备。

②当“位置示教减步”触点闭合,数组控制步减一,重复①步骤可重新记录 X 轴 Y 轴当前的实时位置。

③当“当前点位确认”触点闭合时,将设定当前插补点位减一后(PLC 计数器从零点开始计数,触摸屏显示 0 点即 1 点)送给控制步,重复①步骤可重新记录 X 轴 Y 轴任意一个插补点当前的实时位置。

采用插补极限逼近算法绘制异形图运动程序,流程如图 5-3-7 所示。

5.3.6　任务巩固

综合设计任务:

设计数控三轴激光切割机加工异形图程序,要求切割速度可以在触控屏设置,要求切割平面进给插补运动既可以设定自动工作进给,也可以非加工模式手动点动进给,进给的数值可以在触控屏上监控以毫米为单位。进给伺服电动机采用增量式编码器,系统每次上电启动需回归原点,有必须极限位保护以及急停保护措施,加工图像如图 5-3-8 所示。

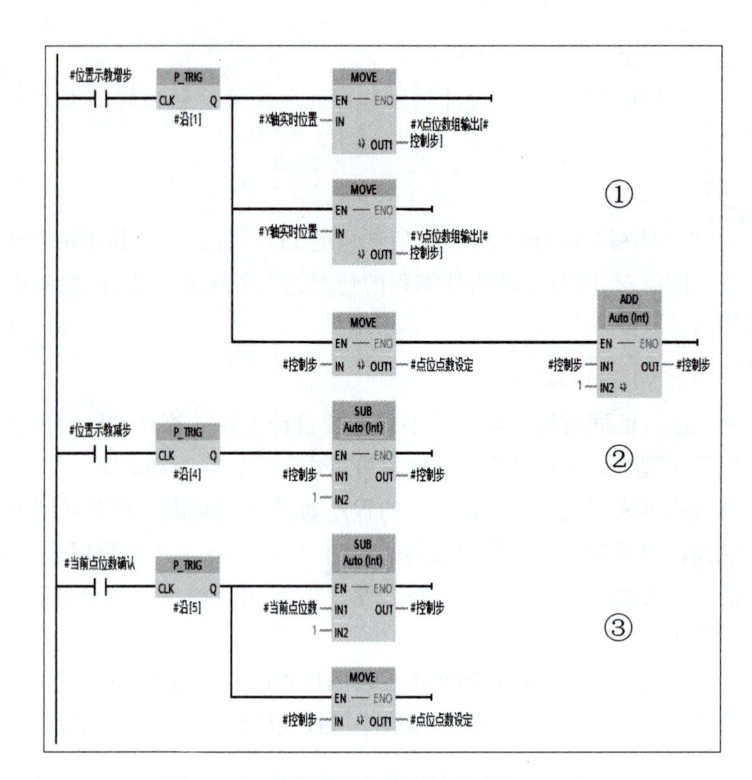

图 5-3-6　示教插补点增减步控制提示程序

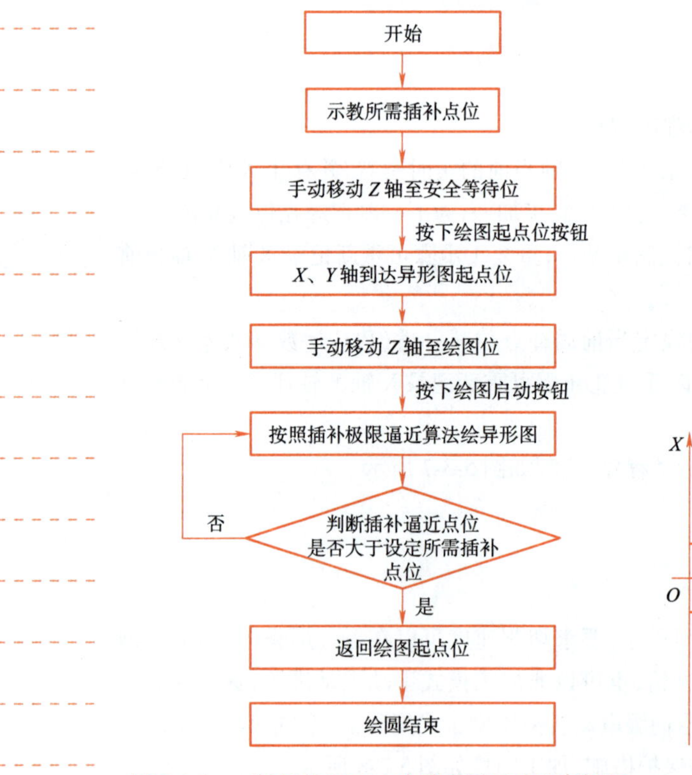

图 5-3-7　三轴插补逼近法绘异形图运动程序框图

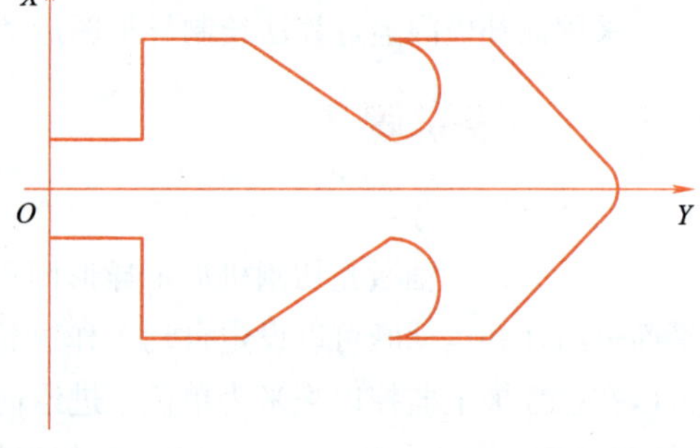

图 5-3-8　数控三轴加工图像

项目六 型材加工控制系统设计

项目导入

学习笔记

型材加工智能控制系统是指对于工厂中的型材加工设备进行自动化、智能化控制和管理。该系统采用 PLC 控制技术、传感器技术、智能网络控制技术等先进的技术,实现对金属、非金属等型材加工设备的自动化、智能化控制。型材加工智能控制系统通过控制系统中对加工设备进行监控和控制,从而增加了生产效率和降低生产成本。

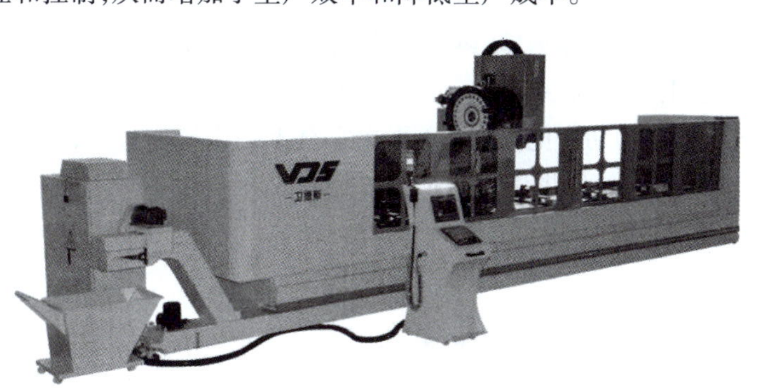

学习目标

【知识目标】

✧ 了解型材加工控制系统工艺及工作过程。

✧ 熟悉 S7-1200 PLCS7-1200 PLC 与 G120 变频器的 PN 通讯。

✧ 熟悉 S7-1200 PLC 定位运动控制指令的运用方法。

✧ 掌握搭建 S7-1200 PLC 与 KTP700 触摸屏 PN 通讯数据互联。

【能力目标】

✧ 会设置 G120 变频器通讯报文及控制参数。

✧ 能搭建 S7-1200PN 网络及设计 PLC 控制硬件接线图。

✧ 能正确使用 PLC 的转速轴控制指令及编程方法。

✧ 能正确搭建控制程序流程图并调试设备。

【素质目标】

✧ 培养学生诚实守信的职业道德和友善待人的合作意识。

学习笔记

✧ 培养学生严谨规范的编程习惯和工匠精神。

✧ 培养学生在生产现场发现问题、分析和解决问题的能力。

任务 6.1　型材加工切刀电动机速度调节

6.1.1　任务描述

型材加工控制系统结构示意图如图 6-1-1 所示,本系统控制过程是:根据已给定的加工产品设定参数(包括设定加工产品的供料长度、切边长度、定长切割长度和入料速度等工艺参数)编写程序。首先系统启动后,压料抱闸处于松开状态,推料电动机 M1 处于原点位置,进给电动机 M2 处于原点位,切刀电动机 M3 停止旋转。当检测满足所有原点位置后,根据产品加工要求开始加工,压料抱闸工作将型材压紧,刀架电动机 M2 带动切刀电动机 M3 下降至低速限位,开始根据设定工艺参数低速旋转,当刀架电动机 M2 带动切刀电动机 M3 继续下降至高速限位,开始根据设定工艺参数高速旋转进行切料工作。当刀架电动机 M2 带动切刀电动机 M3 继续下降至切割完成限位位置,切刀电动机 M3 完成首次切边动作。停顿一段时间后,刀架电动机 M2 带动切刀电动机 M3 以高速模式反向上升至低速限位点,切刀电动机 M3 降为低速运转,继续上升回到上限位,切刀电动机 M3 停止运转。当刀架电动机 M2 继续上升回到原点位。此时推料电动机 M1 再次推出定长切割设定长度的型材,刀架电动机 M2 带动切刀电动机 M3 再次重复上一个动作过程,开始下一次的切料。经过多次切料配合动作完成所提供型材定长切割加工。

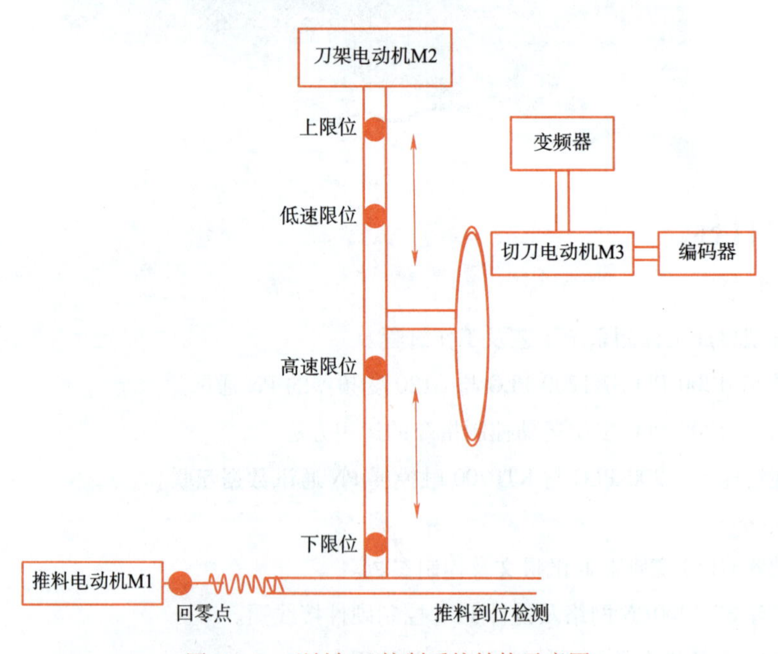

图 6-1-1　型材加工控制系统结构示意图

该系统供给型材长度固定,每次切料长度固定,在开机后需要先进行切边动作,切边完成后才开始正式切料,推料电动机 M1、刀架电动机 M2、切刀电动机 M3 相互配合进行多次切料,

直至型材所剩长度不足一次定长切割长度，一次完整的切割加工完成。当型材加工完成，推料电动机 M1 再次处于原点位置，刀架电动机 M2 再次退回原点位，切刀电动机 M3 停止旋转，压料抱闸停止工作将所剩型材放松。

6.1.2　工作流程

本节工作流程如图 6-1-2 所示，各项界面控制要求如下：

①设计切刀电动机正向自保持启动与反向自保持启动的按钮和停止按钮，可以实现切刀电动机的正向、反向自保持运行和停止控制。

②设计切刀电动机正向点动运行与反向点动运行的按钮，可以实现切刀电动机的正向、反向点动运行。

③设计 G120 变频器控制切刀电动机的速度，给定值单位是转/分。

④设计 G120 变频器控制故障复位键。

⑤设计 G120 变频器控制切刀电动机速度显示框显示当前变频器给定速度。

⑥设计电动机同轴编码器采集速度反馈值显示框显示当前电动机实际速度。

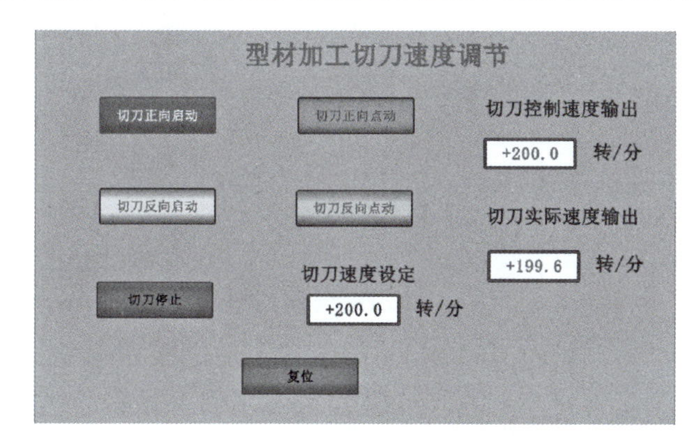

图 6-1-2　型材加工切刀速度控制触摸屏界面

6.1.3　知识准备

1. S7-1200 的 PN 通讯简介

PN 通讯是指通过 PROFINET 网络实现西门子 PLC 之间的数据交换和通信，如图 6-1-3 所示。本案例中 PLC + 触摸屏(HMI) + G120 变频器组成 PN 网络。PN 通讯的原理是基于以太网技术，通过将 PLC 连接到 PROFINET 网络，实现 PLC 之间的数据传输和控制。PN 通讯的原理包括数据帧的封装和解封装、网络拓扑结构、通信协议等方面。

数据帧的封装和解封装是 PN 通讯的基础。数据帧中包含了数据的源地址、目的地址、数据长度等信息，通过封装和解封装操作，实现数据的传输和接收。

PN 通讯的网络拓扑结构有多种形式，包括星状、总线、环状等。不同的拓扑结构适用于不同的应用场景，可以根据实际需求选择合适的拓扑结构。

PN 通讯使用了一系列的通信协议，如 TCP/IP、UDP、ARP 等，这些协议保证了数据的可靠传输和通信的稳定性。

学习笔记

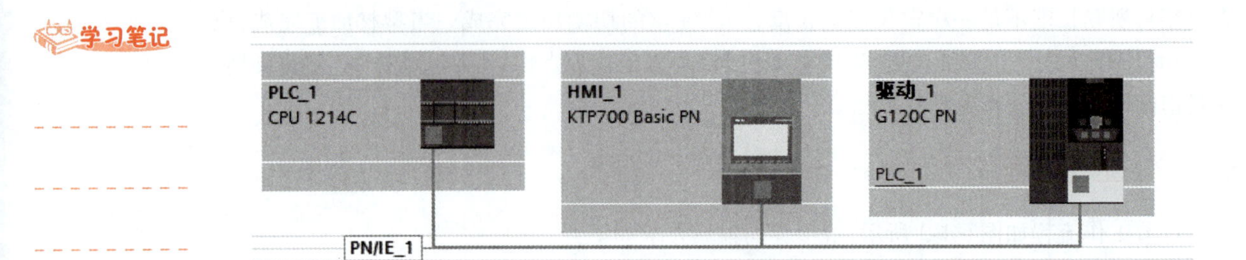

图 6-1-3 PLC + 触摸屏（HMI）+ G120 变频器组成 PN 网络

2. S7-1200 PLC 组成 PN 网络设置

S7-1200 PLC 网络端口设置如图 6-1-4 所示。

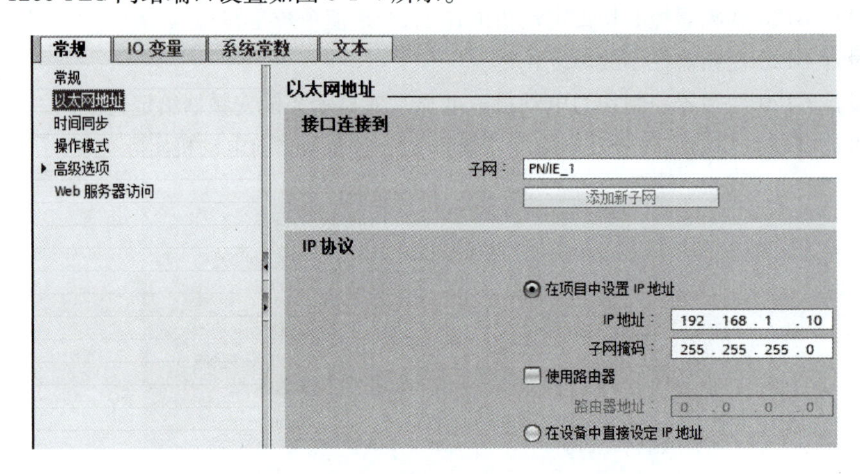

图 6-1-4 S7-1200 PLC 网络端口设置

触摸屏（HMI）网络端口设置如图 6-1-5 所示。

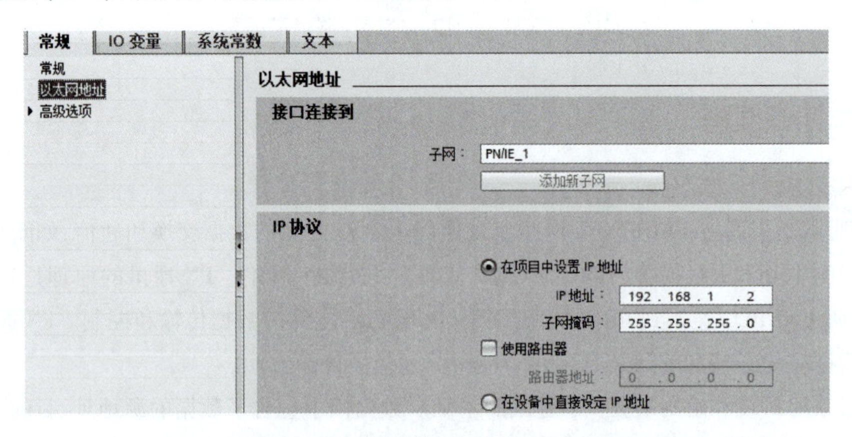

图 6-1-5 触摸屏（HMI）网络端口设置

视频

G120变频器驱动调试参数向导演示

变频驱动器 G120 网络端口设置如图 6-1-6 所示。

3. G120 变频器驱动调试参数向导设定

图 6-1-7 至图 6-1-15 为 G120 变频器驱动调试参数向导设定参考，在实际设置中可根据现场情况进行设置，并把驱动参数下载给变频驱动器。

学习笔记

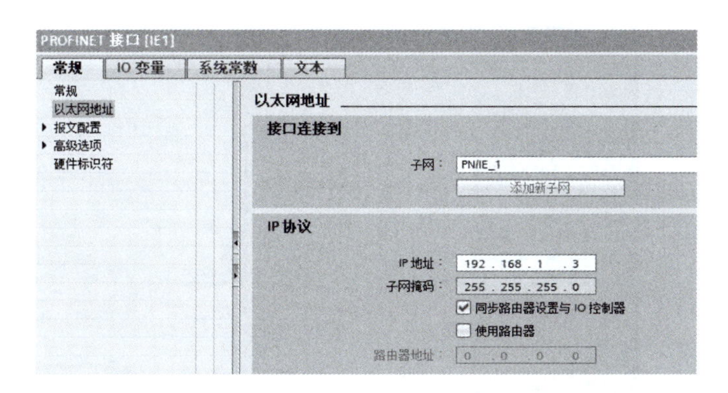

图 6-1-6　变频驱动器 G120 网络端口设置

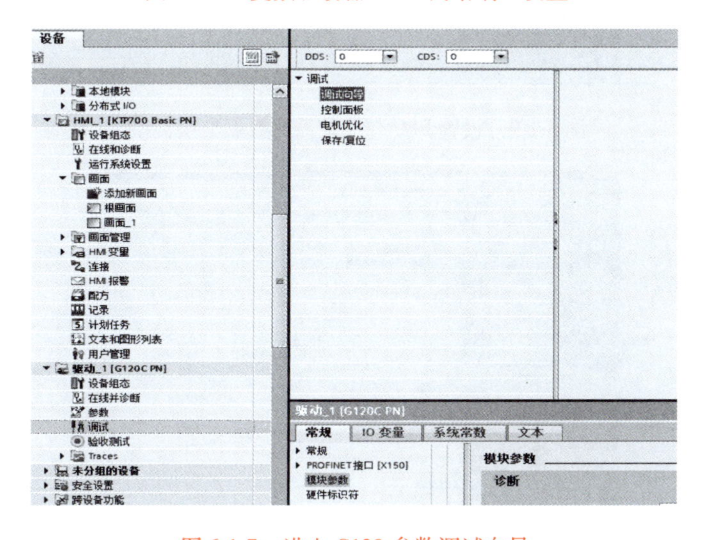

图 6-1-7　进入 G120 参数调试向导

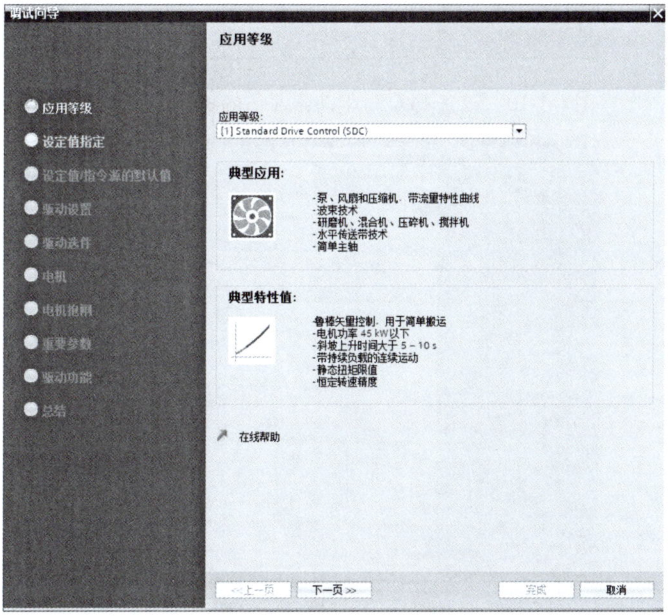

图 6-1-8　选中“典型应用”等级

学习笔记

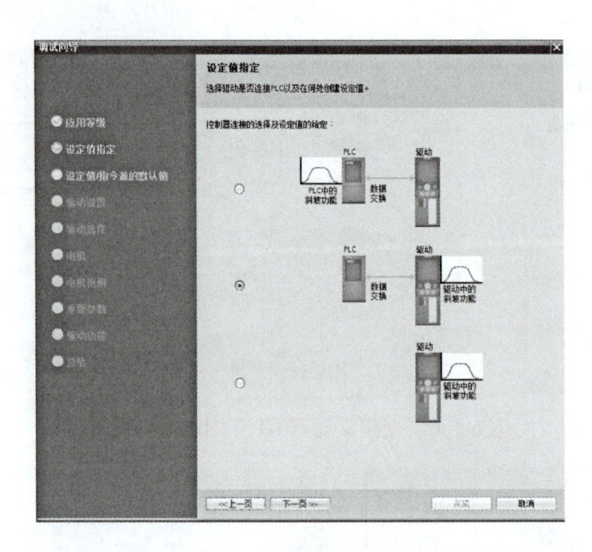

图 6-1-9　设置 PLC 与驱动器的数据交换类型

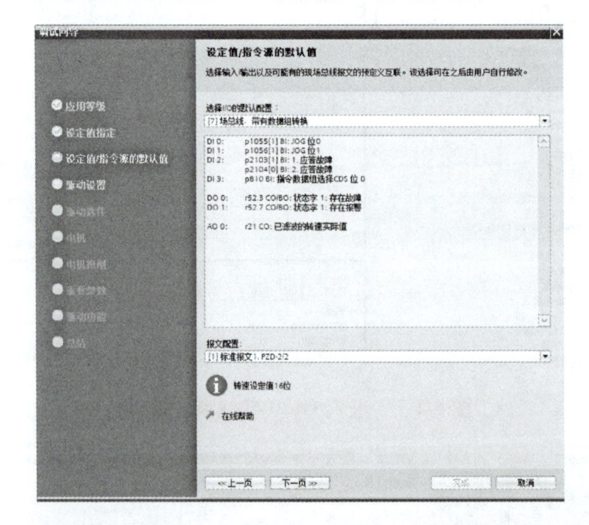

图 6-1-10　设置 PLC 与驱动器通信的报文配置类型

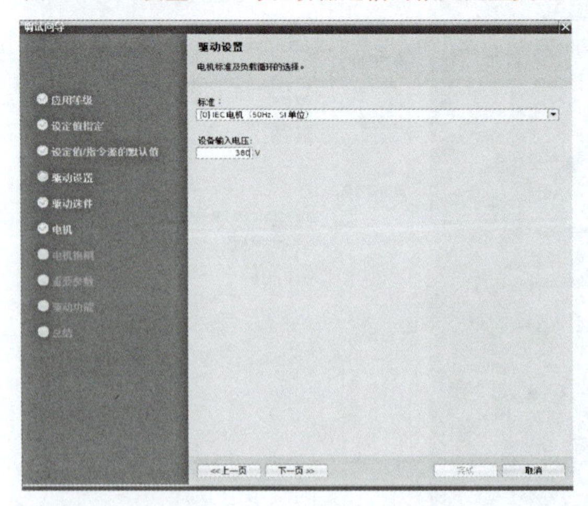

图 6-1-11　设置驱动器输入电压

学习笔记

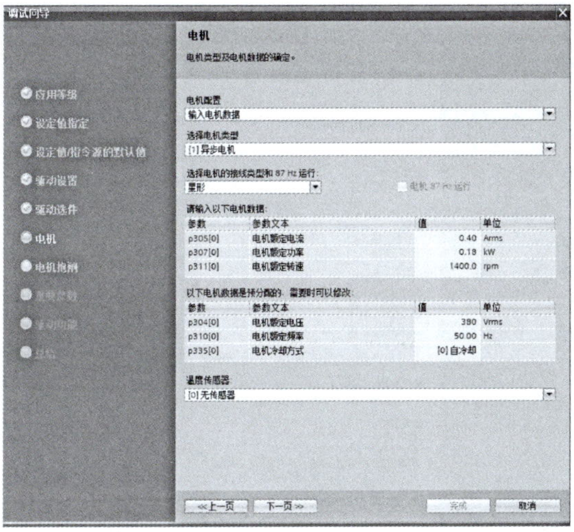

图 6-1-12　设置电动机基本参数

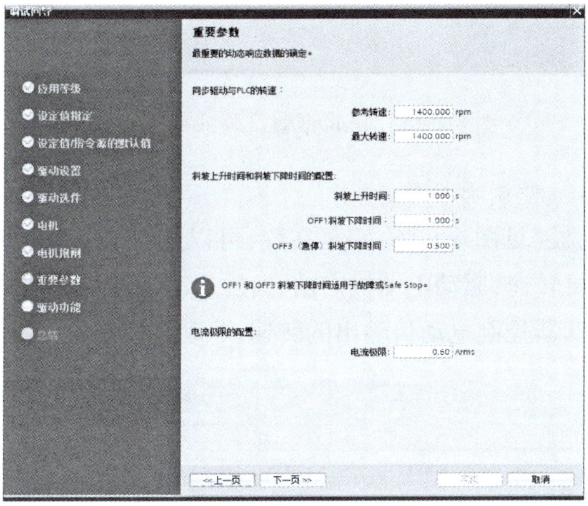

图 6-1-13　设置驱动器控制电动机重要参数

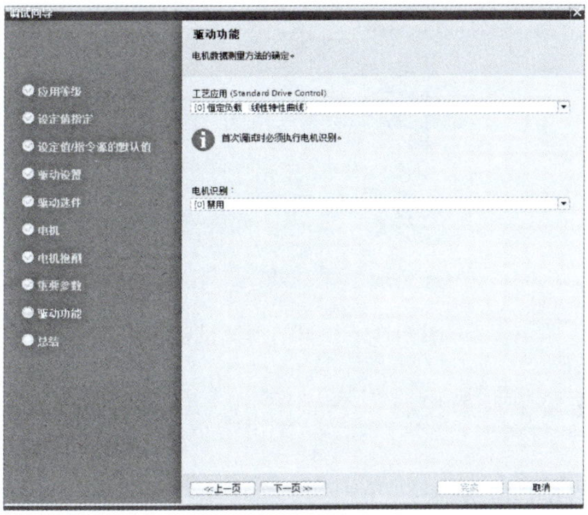

图 6-1-14　设置驱动器控制电动机工艺参数

学习笔记

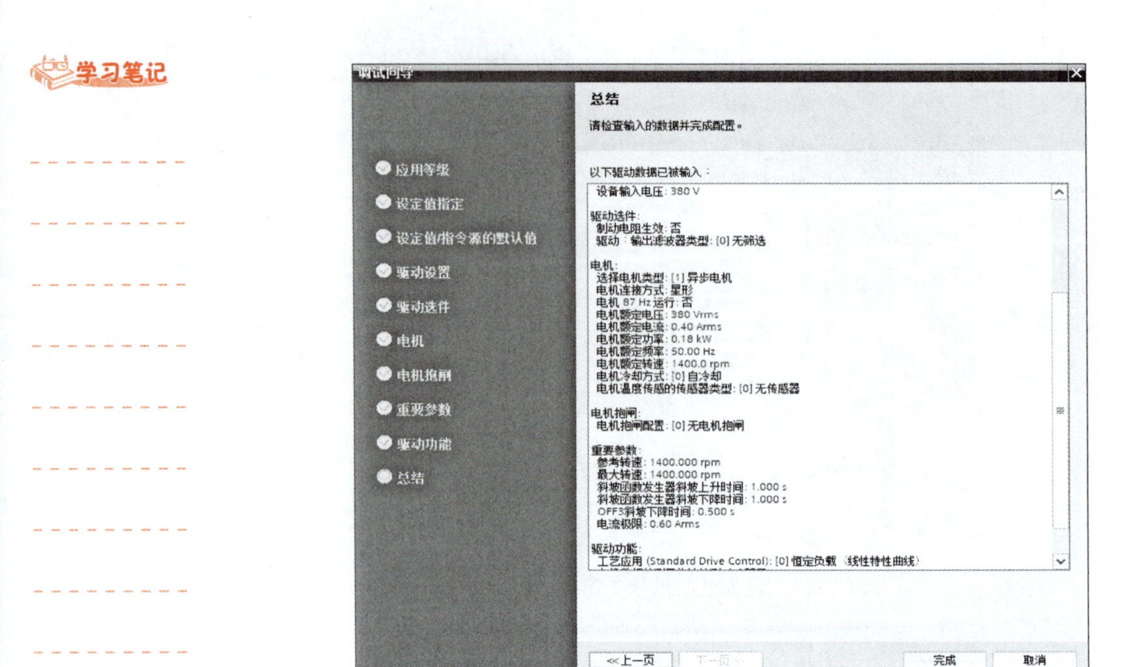

图 6-1-15　完成驱动器调试参数向导

4. G120 变频器调试控制面板的应用

调出驱动器调试面板（见图 6-1-16）转至在线，可以进行 G120 变频器驱动电动机的基本操作控制，如设定电动机转速，驱动电动机向前、向后运动或者点动向前、点动向后运动，监控驱动器的状态，监控驱动器控制电动机输出的转速，驱动器控制电动机输出的电流等。

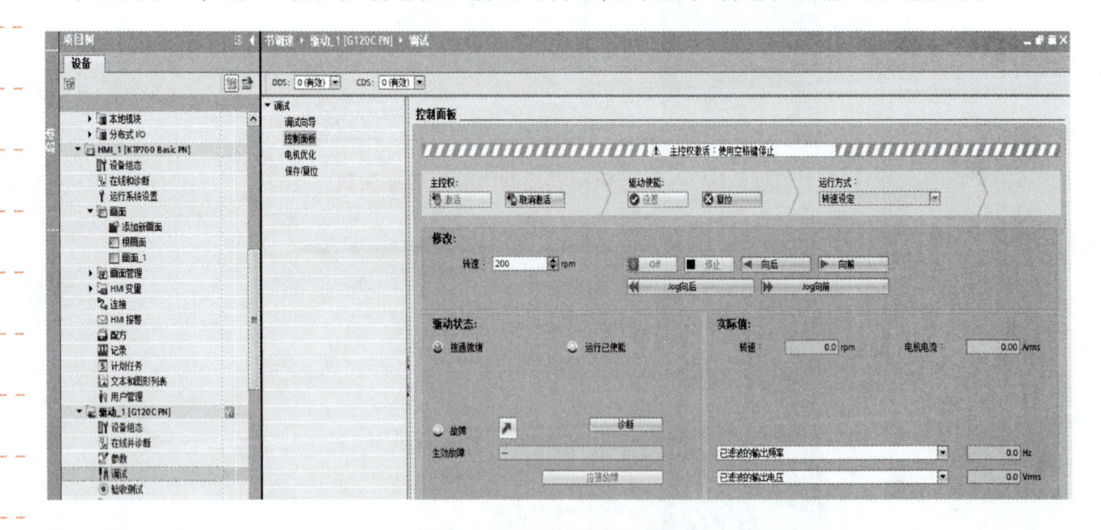

图 6-1-16　驱动器调试面板

5. S7-1200 PLC 变频驱动器控制指令解释

（1）SinaSpeed

SinaSpeed 指令如图 6-1-17 所示。

指令名称：驱动器启/停转速控制指令。

功能:变频器启/停以及转速设定监视与变频器状态监视。

使用要点:在程序里一直调用,配置 SINAMICS 驱动时,必须为通信选择标准报文 1 “PZD-2/2”。

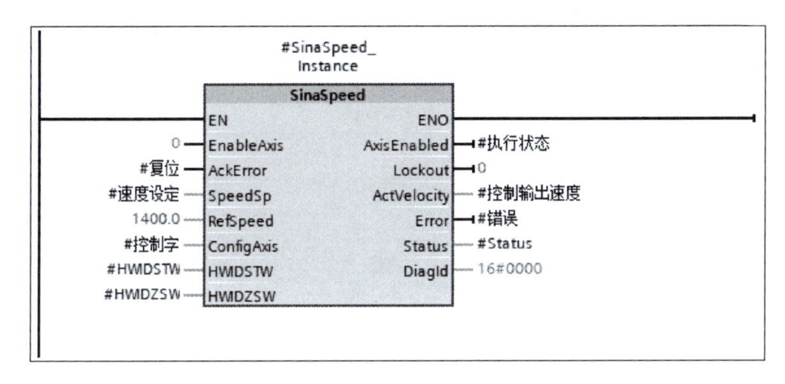

图 6-1-17　SinaSpeed 指令

①以下为 SinaSpeed 指令输入端解释:

a. EN:该输入端是 SinaSpeed 指令的使能端,不是驱动器的使能端。SinaSpeed 指令必须在程序里一直调用,并保证 SinaSpeed 指令在整个扫描周期内一直执行。

b. EnableAxis:“EnableAxis” = 1,打开驱动。

c. AckError:轴故障应答,驱动器复位。

d. SpeedSp:转速设定值。

e. RefSpeed:驱动的额定转速。

f. ConfigAxis:变频器位控制输入接口,见表 6-1-1。

表 6-1-1　ConfigAxis 输入接口含义

ConfigAxis	含　义
位 0	OFF2
位 1	OFF3
位 2	变频器使能
位 3	斜坡函数发生器使能
位 4	继续斜坡函数发生器
位 5	转速设定值使能
位 7	旋转方向
位 6	抱闸必须打开
位 8	升高电动机电位器设定值
位 9	降低电动机电位器设定值
位 10	预留-可按需使用(位 8)
位 11	预留-可按需使用(位 9)
位 12	预留-可按需使用(位 15)
位 13	

g. HWIDSTW、设置驱动器硬件 ID,如图 6-1-18 所示。

学习笔记

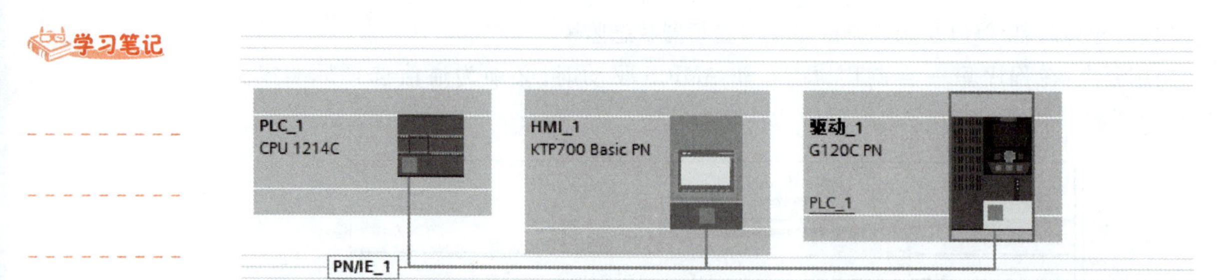

常规 | IO 变量 | 系统常数 | 文本

显示硬件系统常数

名称	类型	硬件标识符	使用者
驱动_1~PROFINET_接口~Port_1	Hw_Interface	274	PLC_1
驱动_1~PROFINET_接口~Port_2	Hw_Interface	275	PLC_1
驱动_1~PROFINET_接口~IODevice	Hw_Device	271	PLC_1
驱动_1~PROFINET_接口~ModuleAccessPoint	Hw_SubModule	277	PLC_1
驱动_1~PROFINET_接口~标准报文1	Hw_SubModule	278	PLC_1
驱动_1~PROFINET_接口	Hw_Interface	273	PLC_1

图 6-1-18　驱动器硬件 ID 为 278

②以下为 SinaSpeed 指令输出端解释：

a. AxisEnabled：指令执行状态。

b. Lockout：开启禁止激活。

c. ActVelocity：变频器输出转速值，与 RefSpeed 输入端设置参数有关。

d. Error：变频器驱动执行错误指示。

e. Status：变频器驱动执行错误内容。

6. S7-1200 PLC 高速计数器设置

①打开 S7-1200 PLC 高速计数器设置，如图 6-1-19 所示。

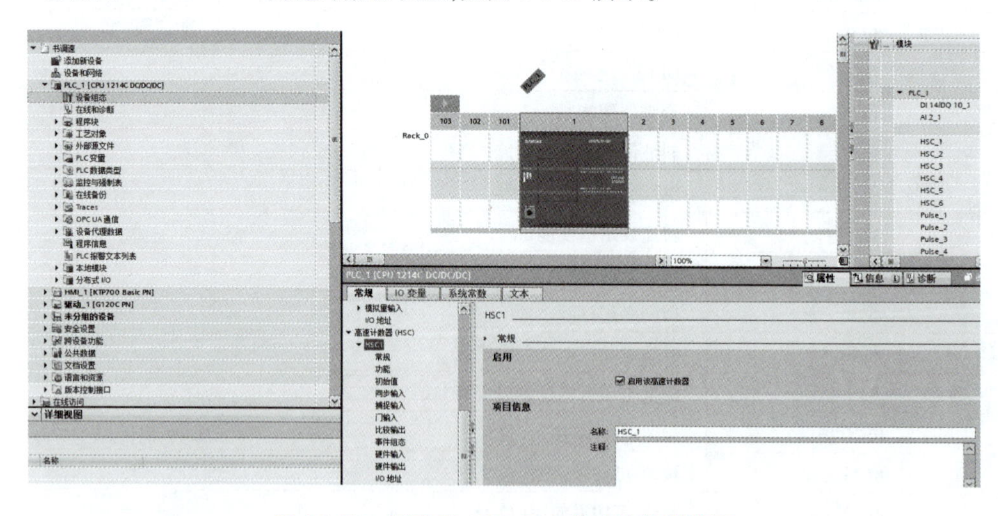

图 6-1-19　打开 S7-1200 PLC 高速计数器设置

②设置高速计数器功能，如图 6-1-20 所示，“计数类型”是频率，“工作模式”是“A/B 计数器”，“频率测量周期”是 1.0 s。

学习笔记

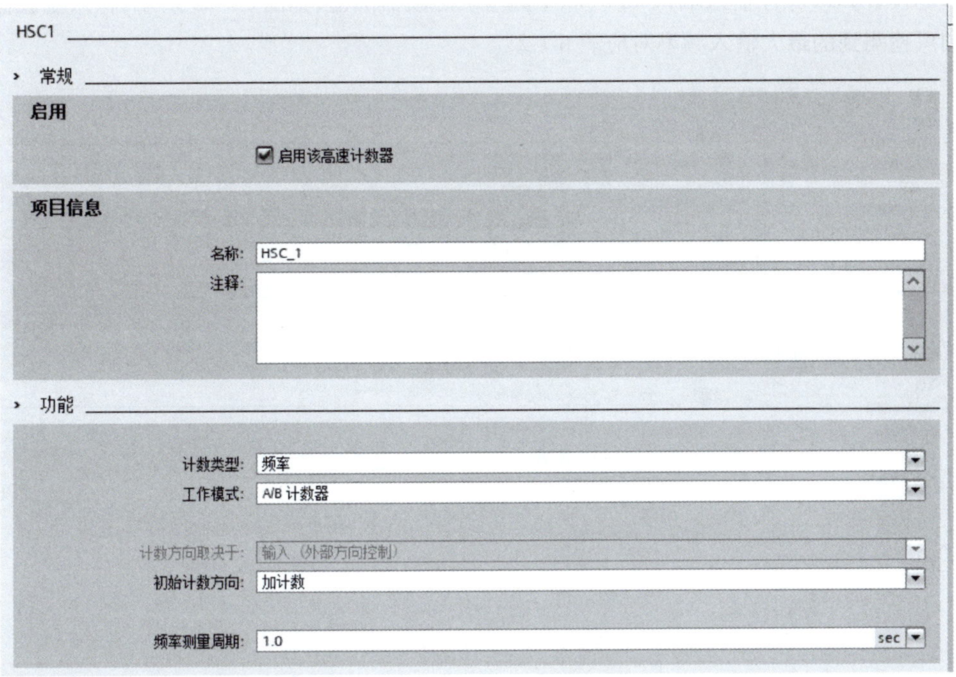

HSC1

› 常规

启用

☑ 启用该高速计数器

项目信息

名称：HSC_1

注释：

› 功能

计数类型：频率

工作模式：A/B 计数器

计数方向取决于：输入（外部方向控制）

初始计数方向：加计数

频率测量周期：1.0 sec

图 6-1-20　设置高速计数器功能

③设置 S7-1200 PLC 高速计数器脉冲输入端口（I0.0，I0.1），如图 6-1-21 所示。

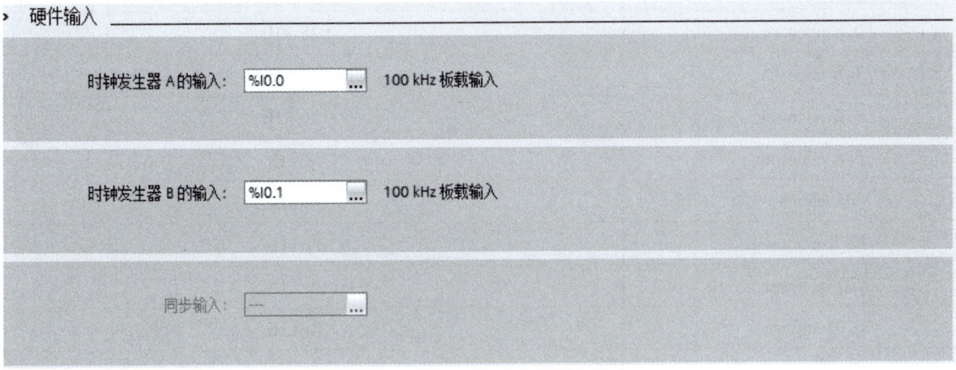

› 硬件输入

时钟发生器 A 的输入：%I0.0　100 kHz 板载输入

时钟发生器 B 的输入：%I0.1　100 kHz 板载输入

同步输入：---

图 6-1-21　设置 S7-1200 高速计数器脉冲输入端口

④设置 S7-1200 高速计数器地址 ID1000，如图 6-1-22 所示。

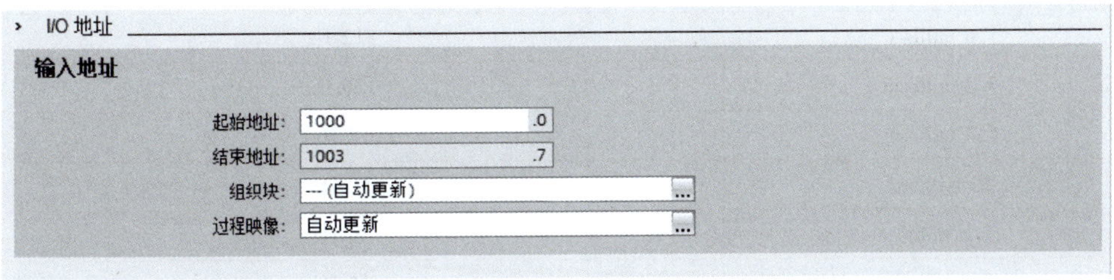

› I/O 地址

输入地址

起始地址：1000 .0

结束地址：1003 .7

组织块：---（自动更新）

过程映像：自动更新

图 6-1-22　设置 S7-1200 高速计数器地址

学习笔记

⑤设置 PLC 脉冲输入端口 I0.0,I0.1 的输入滤波器的值,如图 6-1-23 所示,输入滤波器时间和可检测到的最大输入频率对应表 6-1-2。

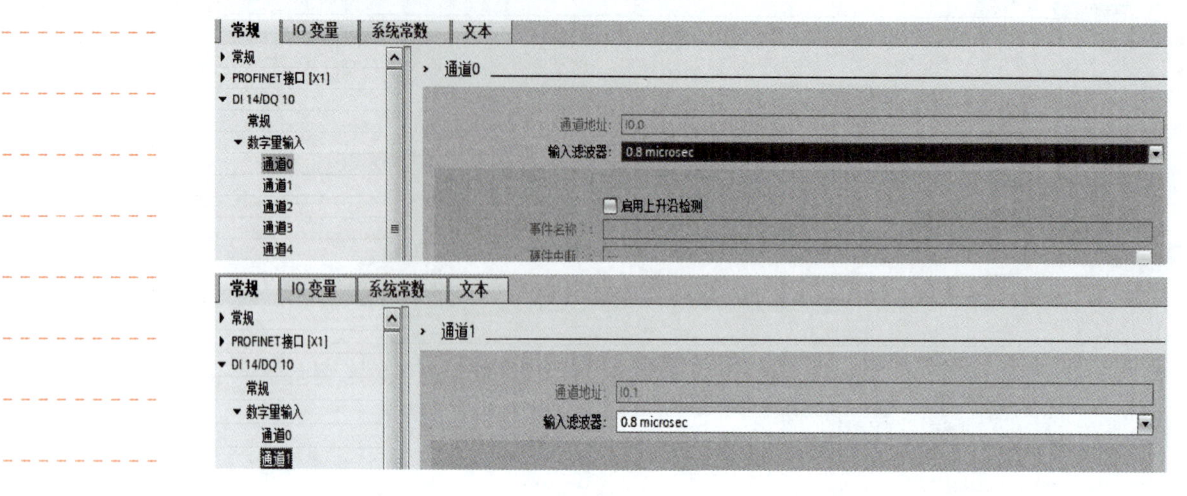

图 6-1-23　设置 S7-1200 高速计数器脉冲输入端口

表 6-1-2　输入滤波器时间和可检测到的最大输入频率

输入滤波器时间	可检测到的最大输入频率
0. 1 microsec	1 MHz
0. 2 microsec	1 MHz
0. 4 microsec	1 MHz
0. 8 microsec	625 kHz
1. 6 microsec	312 kHz
3. 2 microsec	156 kHz
6. 4 microsec	78 kHz
10 microsec	50 kHz
12. 8 microsec	39 kHz
20 microsec	25 kHz
0. 05 millisec	10 kHz
0. 1 millisec	5 kHz
0. 2 millisec	2. 5 kHz
0. 4 millisec	1. 25 kHz
0. 8 millisec	625 Hz
1. 6 millisec	312 Hz
3. 2 millisec	156 Hz
6. 4 millisec	78 Hz
10 millisec	50 Hz
12. 8 millisec	39 Hz
20 millisec	25 Hz

学习笔记

6.1.4　计划决策

根据任务要求与相关资讯,制订本任务的分组计划方案,包括选择合适的 PLC,列举 PLC 控制部分所需的网络控制协议,列出清单,绘制 PLC 控制部分的 I/O 接线图,组内合理分工,整理完善,形成决策方案,作为工作实施的依据。请将工作过程的方案列入表 6-1-3 中。

表 6-1-3　工作过程决策方案

序号	工作内容	需准备的资料	负　责　人
1	选择合理的 PLC 型号		
2	I/O 地址的分配		
3	高速计数器设置		
4	现场调试		

6.1.5　任务实施

步骤一　合理选择 S7-1200 系列 PLC

分析任务要求,根据西门子 S7-1200 PLC 的选型手册,初步分析需要多少 I/O 点,思考 S7-1200 系列 PLC 的型号有哪些,确定最佳的 PLC。

步骤二　合理根据电动机的型号合理选择 G120 变频器

分析任务要求,根据工作流程中的要求正确设置变频器的参数。

步骤三　触摸屏控制界面设计

根据编制的程序及数据块与工作流程中要求的设计控制界面变量相衔接。

步骤四　硬件设计

根据选型的 PLC 填写 I/O 分配表,根据所选用的 PLC 产品,了解其使用的性能。按随机提供的资料结合实际需求,同时考虑软件编程的情况进行外电路的设计,绘制电气控制系统总装配图和接线图。

步骤五　软件设计/调试

(1)在进行硬件设计的同时可以着手软件的设计工作

软件设计的主要任务是根据知识准备内容以及例程程序知识结合控制要求将工作流程转换为梯形图。

(2)程序初调也称为模拟调试

将设计好的程序通过博图程序编辑工具下载到 PLC 控制单元中。通过博图驱动器软件设置变频器参数,并把参数下载给变频器,并及时修改和调整程序和变频器参数,消除缺陷,直到满足设计的要求为止。

(3)型材加工切刀电动机速度调节控制例程程序设计

①建立一个电动机控制 FB 函数块,设置图 6-1-24 的变量。

②编制型材加工切刀电动机速度调节控制。在图 6-1-25 程序中运用 SinaSpeed 指令编制开始程序,并衔接定义变量。

学习笔记

电机控制

名称	数据类型	默认值	保持	从 HMI/OPC..	从 H...	在 HMI ...	设定值
▼ Input				☐	☐	☐	☐
正转启动	Bool	false	非保持	☑	☑	☑	☐
反正启动	Bool	false	非保持	☑	☑	☑	☐
正向点动	Bool	false	非保持	☑	☑	☑	☐
反向点动	Bool	false	非保持	☑	☑	☑	☐
停止	Bool	false	非保持	☑	☑	☑	☐
复位	Bool	false	非保持	☑	☑	☑	☐
速度设定	Real	0.0	非保持	☑	☑	☑	☐
HWIDSTW	HW_IO	0	非保持	☑	☑	☑	☐
HWIDZSW	HW_IO	0	非保持	☑	☑	☑	☐
▼ Output				☐	☐	☐	☐
执行状态	Bool	false	非保持	☑	☑	☑	☐
控制输出速度	Real	0.0	非保持	☑	☑	☑	☐
Status	Word	16#0	非保持	☑	☑	☑	☐
错误	Bool	false	非保持	☑	☑	☑	☐
▼ InOut				☐	☐	☐	☐
<新增>				☐	☐	☐	☐
▼ Static				☐	☐	☐	☐
▶ SinaSpeed_Instance	SinaSpeed			☑	☑	☑	☑
控制字	Word	16#0	非保持	☑	☑	☑	☑
▶ 控制数组	Array[0..15] of Bool		在 IDB 中...	☑	☑	☑	☐
正转保持	Bool	false	非保持	☑	☑	☑	☐
反转保持	Bool	false	非保持	☑	☑	☑	☐

图 6-1-24　电动机控制 FB 函数块的变量

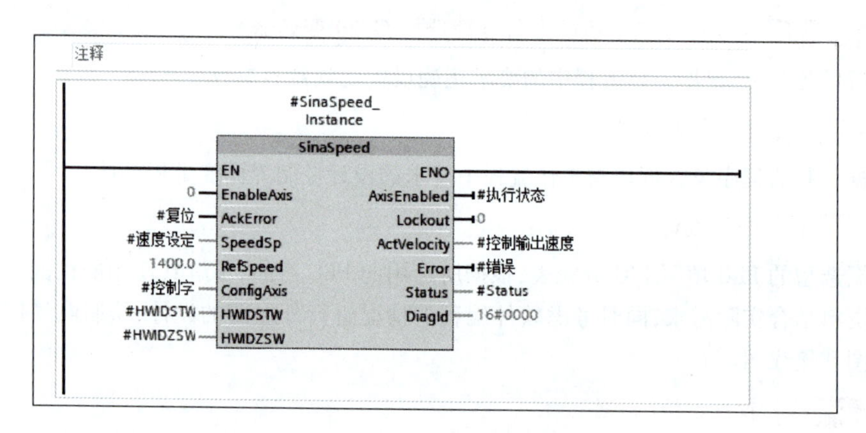

图 6-1-25　运用 SinaSpeed 指令编制开始程序

在图 6-1-26 程序中设定 ConfigAxis 前 5 位值固定状态为“ON”。

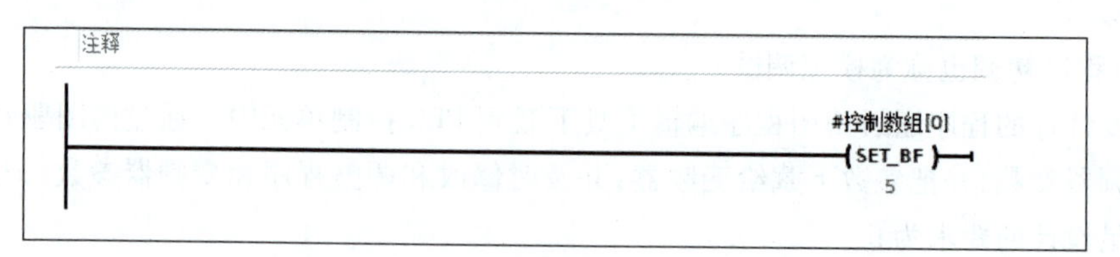

图 6-1-26　设定 ConfigAxis 位值固定状态

在图 6-1-27 程序中编制电动机正向、反向保持运行及点动运行逻辑控制。

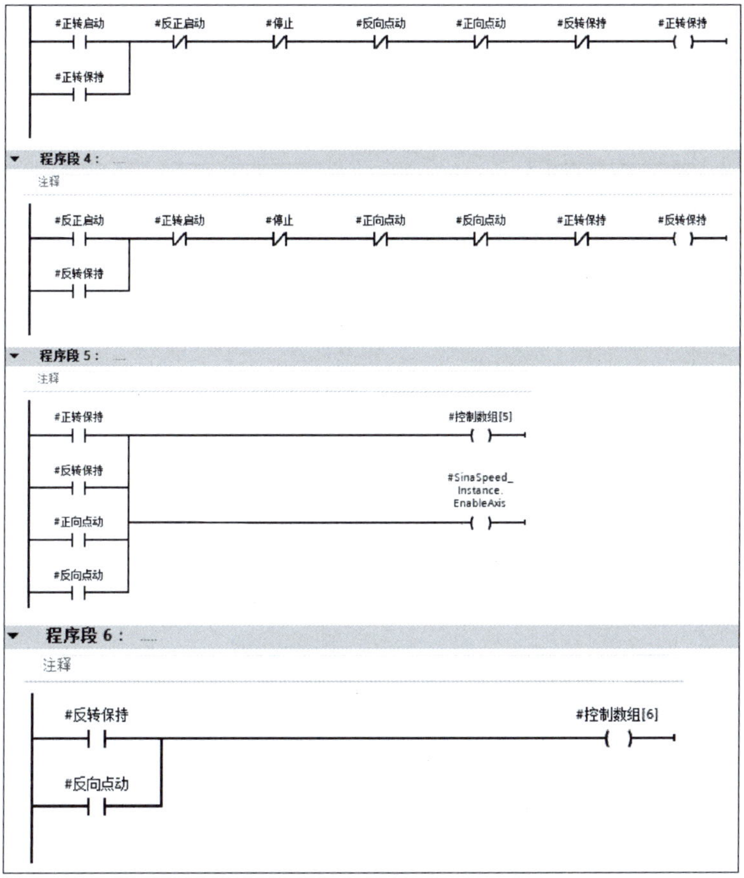

学习笔记

图 6-1-27　电动机正反逻辑控制

在图 6-1-28 程序中运用“GATHER”指令将控制数组与控制字衔接送给 SinaSpeed 指令。

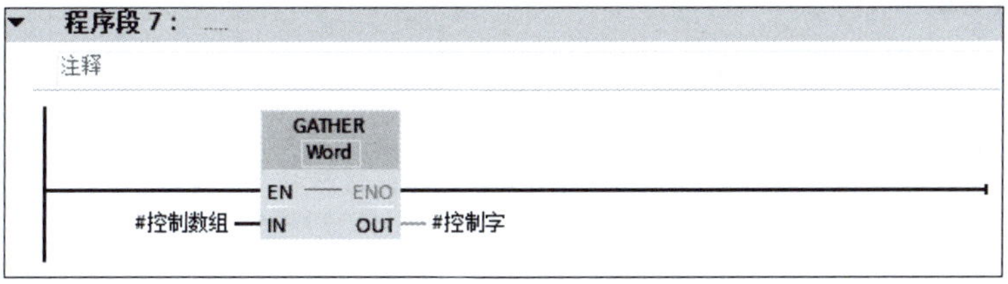

图 6-1-28　将控制数组与控制字衔接

在图 6-1-29 程序中运动 main 程序调用“电机控制”函数块。

③建立一个电动机速度采集运算 FB 函数块，设置如图 6-1-30 的变量。

④编制型材加工切刀电动机速度采集运算例程程序。

在图 6-1-31 电动机速度采集运算程序中编码器线数采用 500 线，计算公式如下：实际速度输出 =［速度代换（ID1000 双字数据转换成浮点数据）×60.0］/编码器线数。根据实际转速乘以 -1，表示负转速方向。

学习笔记

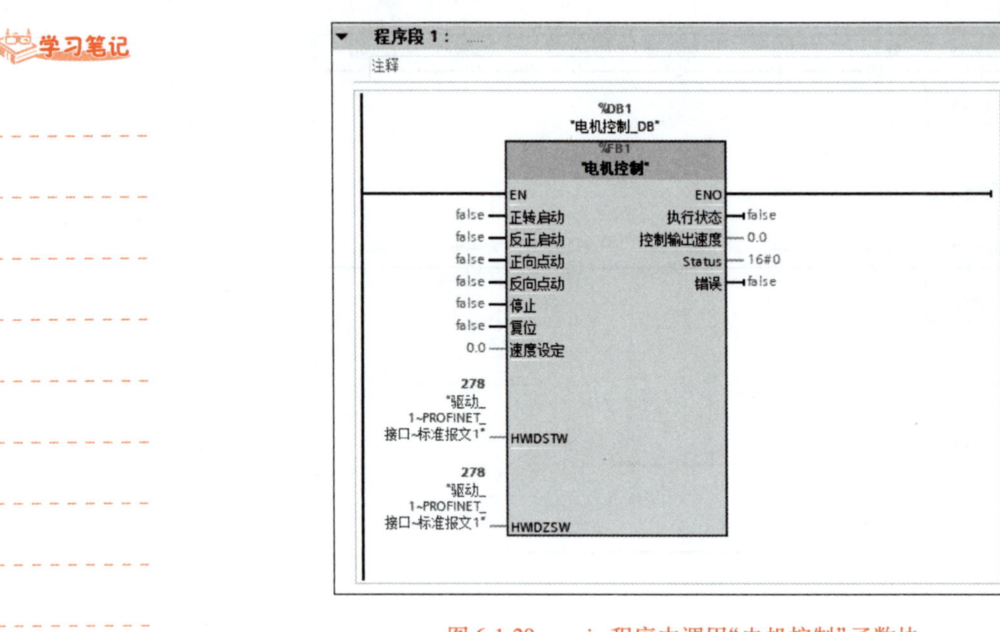

图 6-1-29　main 程序中调用“电机控制”函数块

	名称	数据类型	默认值	保持	从 HMI/OPC..	从 H...	在 HMI ...	设定值	注释
1	▼ Input								
2	▪ 速度变量输入	DWord	16#0	非保持	☑	☑	☑	☐	
3	▪ 编码器线数	Real	0.0	非保持	☑	☑	☑	☐	
4	▼ Output								
5	▪ 实际速度输出	Real	0.0	非保持	☑	☑	☑	☐	
6	▼ InOut								
7	▪ <新增>								
8	▼ Static								
9	▪ 速度代换	Real	0.0	非保持	☐	☐	☐	☐	
10	▼ Temp								
11	▪ <新增>								
12	▼ Constant								
13	▪ <新增>								

图 6-1-30　电动机速度采集运算 FB 函数块的变量

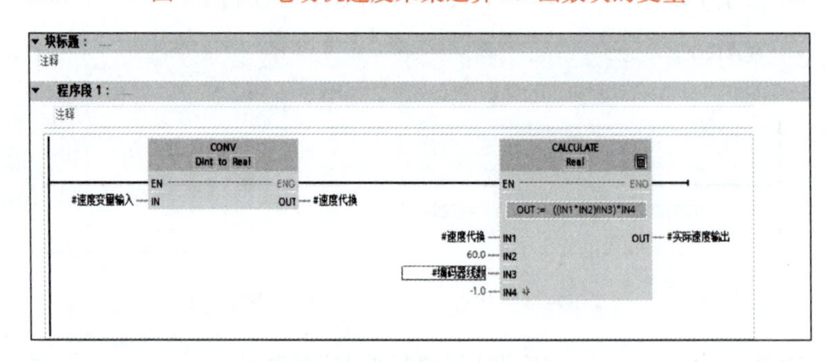

图 6-1-31　电动机速度采集运算程序

小提示：

（1）在编制电动机控制程序前首先设置 G120 变频器参数，采用博图软件调出驱动器调试面板转至在线，可以进行 G120 变频器驱动电动机的基本操作控制。

（2）程序编制完毕后根据调试步骤，为了保障调试安全性需设置电动机速度为安全低速，待调试没问题后设置为高速，并观察编码器采集的速度与 SinaSpeed 控制指令模块给定速度的差别。

学习笔记

6.1.6　任务巩固

综合设计任务：

刀架电动机带动切刀电动机下降至低速限位开始根据设定工艺参数低速 +200 r/s 旋转，当刀架电动机带动切刀电动机继续下降至高速限位开始根据设定工艺参数高速 +1 000 r/s 旋转进行切料工作。当刀架电动机带动切刀电动机继续下降至切割完成限位位置，切刀电动机完成切边动作。停顿一段时间后，刀架电动机带动切刀电动机以高速模式反向 -1 000 r/s 上升至低速限位点，切刀电动机降为低速 -200 r/s 运转，继续上升回到上限位，切刀电动机停止运转。

任务 6.2　推料电动机定位工艺控制

6.2.1　任务描述

视频

推料电动机定位控制系统任务分析

型材加工控制系统结构示意图如图 6-2-1 所示，本系统控制过程是：根据已给定的加工产品设定参数（包括设定加工产品的供料长度、切边长度、定长切割长度和入料速度等工艺参数）编写程序。首先系统启动后，压料抱闸处于松开状态，推料电动机 M1 处于原点位置，刀架电动机 M2 处于原点位，切刀电动机 M3 停止旋转。当满足检测所有原点位置后，根据产品加工要求开始加工，压料抱闸工作将型材压紧，刀架电动机 M2 带动切刀电动机 M3 下降至低速限位开始根据设定工艺参数低速旋转，当刀架电动机 M2 带动切刀电动机 M3 继续下降至高速限位开始根据设定工艺参数高速旋转进行切料工作。当刀架电动机 M2 带动切刀电动机 M3 继续下降至切割完成限位位置，切刀电动机 M3 完成首次切边动作。停顿一段时间后，刀架电动机 M2 带动切刀电动机 M3 以高速模式反向上升至低速限位点切刀电动机 M3 降为低速运转，继续上升回到上限位，切刀电动机 M3 停止运转。当刀架电动机 M2 继续上升回到原点位。此时推料电动机 M1 再次推出定长切割设定长度的型材，刀架电动机 M2 带动切刀电动机 M3 再次重复上一个动作过程，开始下一次的切料。经过多次切料配合动作完成所提供型材定长切割加工。

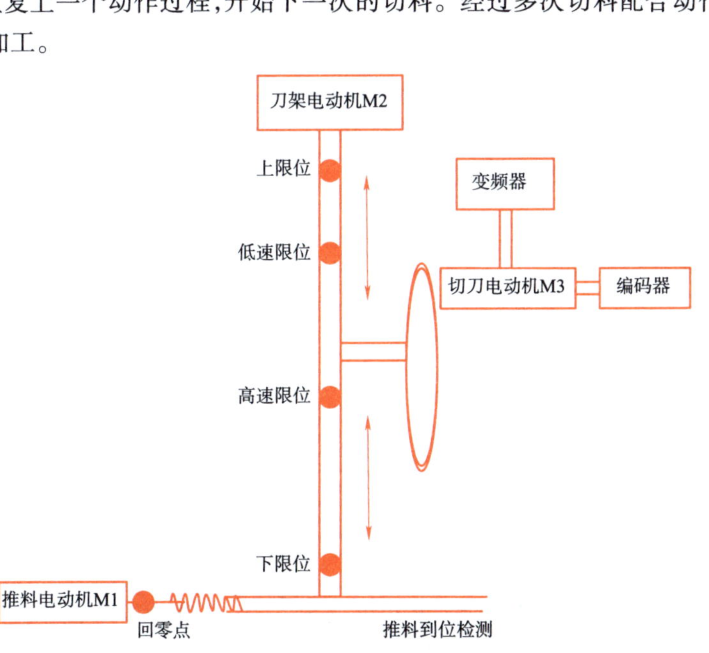

图 6-2-1　型材加工控制系统结构示意图

学习笔记

该系统供给型材长度固定，每次切料长度固定，在开机后需要先进行切边动作，切边完成后才开始正式切料，推料电动机 M1、刀架电动机 M2、切刀电动机 M3 相互配合进行多次切料，直至型材所剩长度不足一次定长切割长度，一次完整的切割加工完成。当型材加工完成，推料电动机 M1 再次处于原点位置，刀架电动机 M2 再次退回原点位，切刀电动机 M3 停止旋转，压料抱闸停止工作将所剩型材放松。

6.2.2 工作流程

本任务流程设计如图 6-2-2、图 6-2-3 所示。

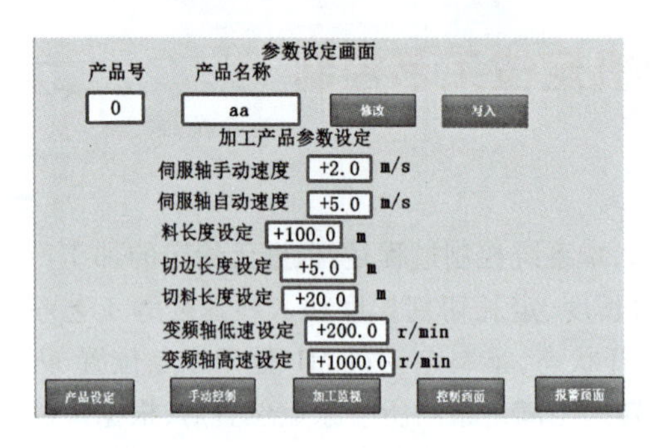

图 6-2-2　推料电动机定位工艺控制参数设定画面

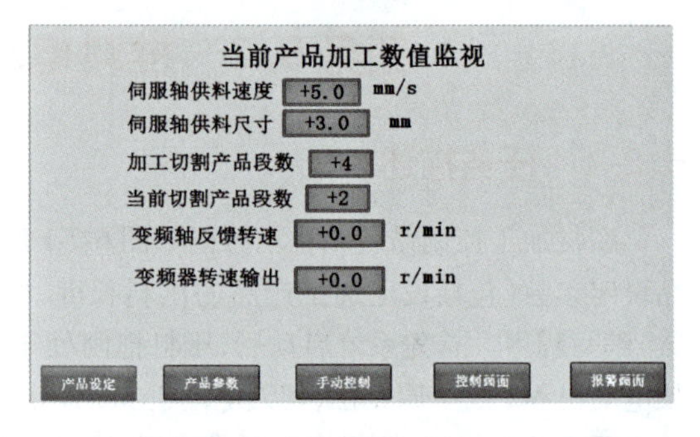

图 6-2-3　推料电动机定位工艺控制参数监视画面

1. 推料电动机定位工艺界面控制要求如下：

①设计推料伺服轴手动速度输入框单位是 m/s。

②设计推料伺服轴自动速度输入框单位是 m/s。

③设计加工料总长度尺寸输入框单位是 m。

④设计去除切边料的长度尺寸输入框单位是 m。

⑤设计加工切料长度尺寸输入框单位是 m。

2. 推料电动机定位工艺控制参数设置触摸屏界面设计。

①设计推料伺服轴供料速度监视框。

②设计推料伺服轴供料尺寸监视框。

③设计加工料段数值。

④设计当前段数值。

6.2.3 知识准备

1. 推料伺服轴 S7-1200 PLC 运动控制工艺对象

在图 6-2-4 增添一个伺服轴“工艺对象”，设置驱动器为 PTO 即脉冲 A 和方向 B 控制，“位置单位”为 mm。

设置 PLC“信号类型”为 PTO（脉冲 A 和方向 B 控制），“脉冲输出”的端口（Q0.0），脉冲“方向输出”端口（Q0.1），如图 6-2-5 所示。

图 6-2-6 设置驱动器的机械参数，电动机每转 1 000 个脉冲，“电机每转的负载位移”为 5.0 mm。

学习笔记

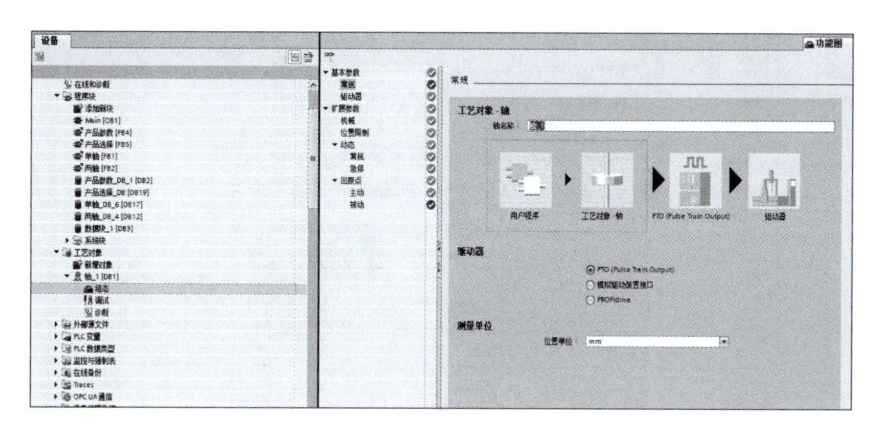

图 6-2-4　增添一个伺服轴“工艺对象”

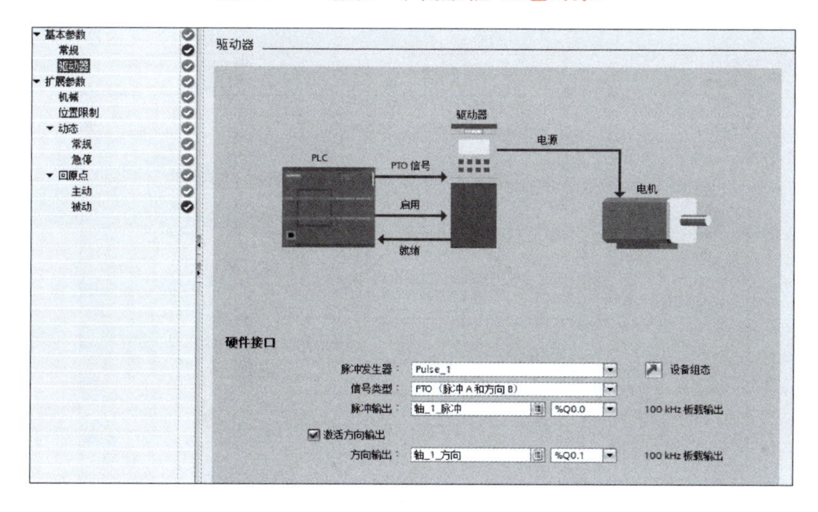

图 6-2-5　设置轴驱动器控制

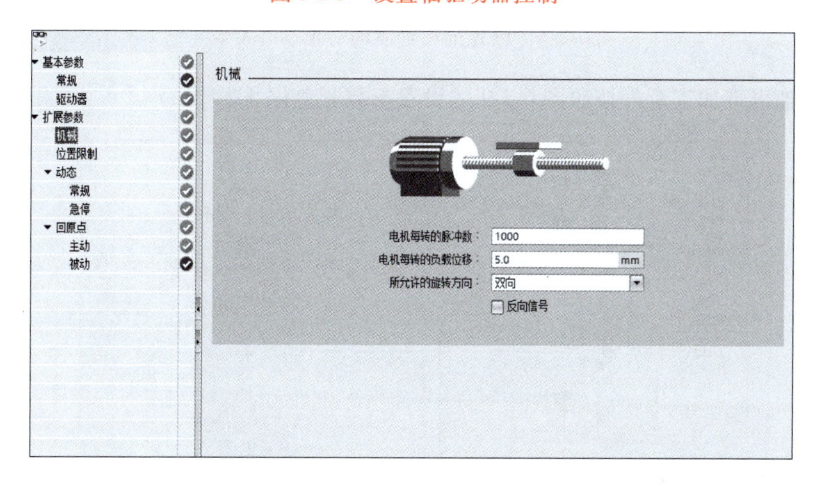

图 6-2-6　设置轴驱动器机械参数

图 6-2-7 是设置轴驱动器机械装置位置限制，这部分的参数是用来设置软件/硬件限位开关的。软件/硬件限位开关是用来保证轴能够在推料工作台的有效范围内运行，当轴由于超过的限位开关产生超限故障，此时推料轴停止运行并报错。

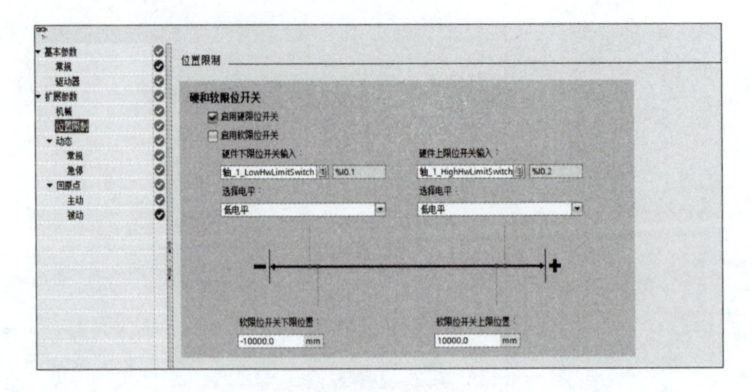

图 6-2-7　设置轴驱动器机械装置位置限制

按照推料加工工艺设置推料轴驱动对象动态“常规”设置，如图 6-2-8 所示。

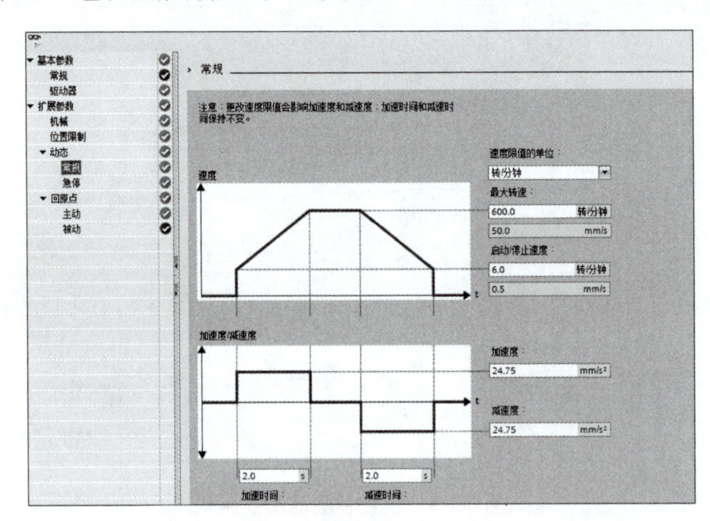

图 6-2-8　设置推料轴驱动对象动态常规

当推料轴出现加工意外按照图 6-2-9 的设置参数紧急停止。

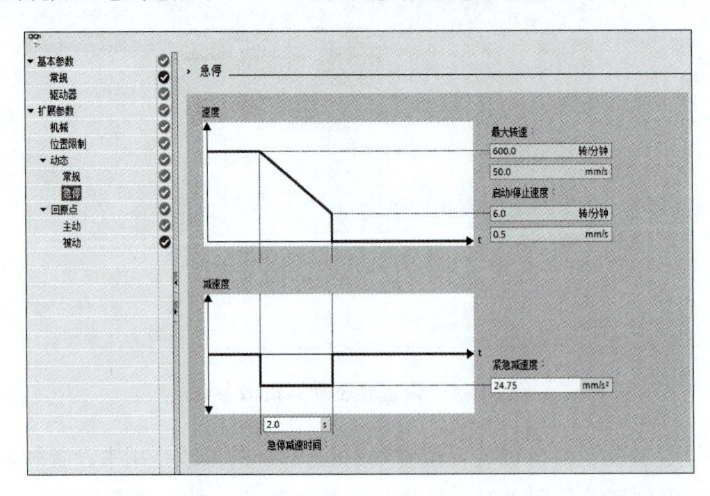

图 6-2-9　设置推料轴驱动对象急停参数

学习笔记

由于推料伺服电动机采用增量式编码器，每次推料伺服轴上电按图 6-2-10 设置轴主动回原点参数寻找参考点。

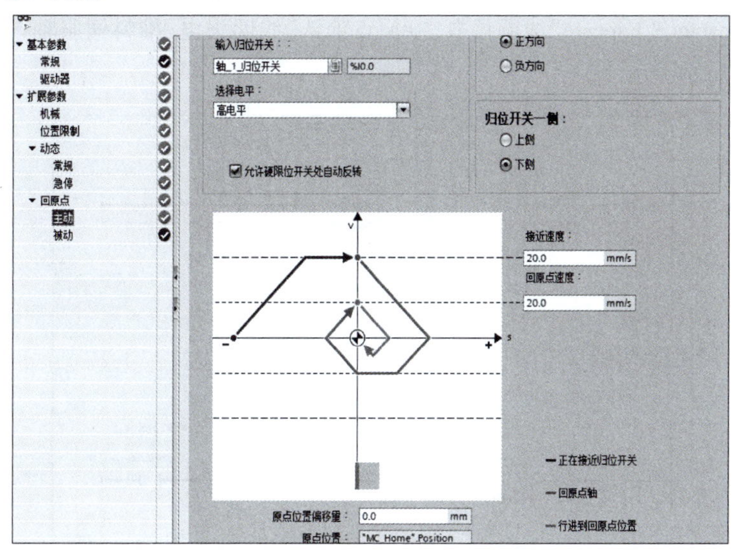

图 6-2-10　设置轴主动回原点参数

2. 推料伺服轴点动控制 PLC 程序设计

采用 MC_MoveJog 指令实现推料伺服轴的点动控制，在触摸屏上设置手动点动速度如图 6-2-11 所示。

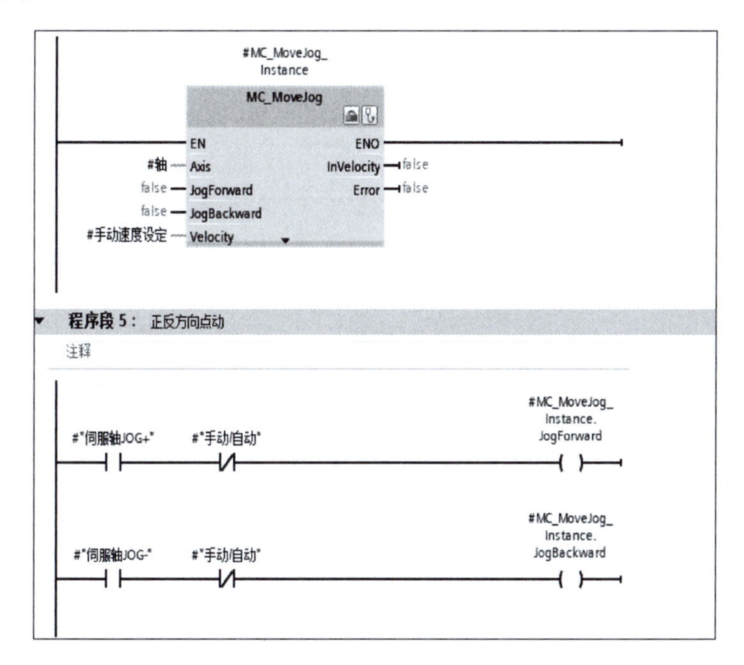

图 6-2-11　推料伺服轴点动程序

3. 推料伺服轴回原点控制 PLC 程序设计

当手动模式下“#回原点使能”触点闭合“#MC_Home_Instance. Execute”线圈得电，执行

学习笔记

MC_Home指令伺服轴回原点，当执行伺服推料轴回原点过程完毕后，“#MC_Home_Instance. Done”触点闭合，“#原点确认”线圈得电即回原点过程完毕，当再次执行回原点时“#MC_Home_Instance. Execute”线圈得电，“#原点确认”线圈失电，推料伺服轴再次回原点，程序如图6-2-12所示。

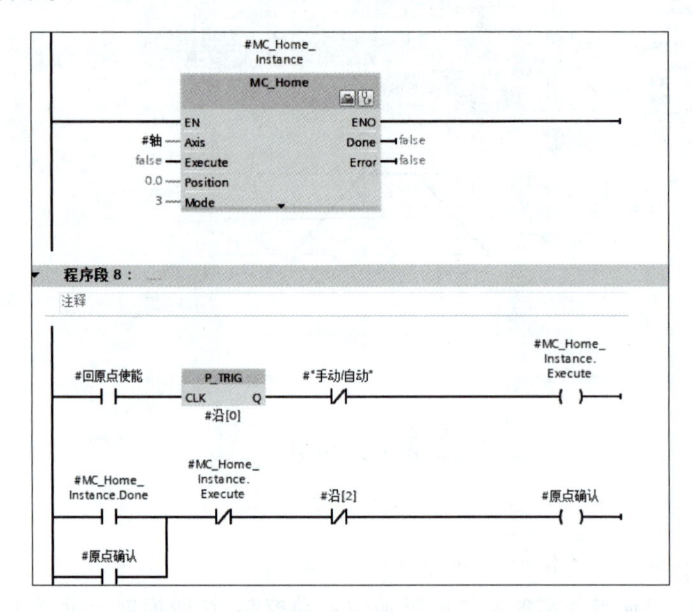

图 6-2-12　推料伺服轴回原点程序

4. 推料伺服轴急停控制PLC程序设计

当“#轴暂停”触点闭合时，线圈“#暂停轴控制”得电执行MC_Halt停止轴运行指令，推料伺服轴急停，如图6-2-13所示，当“#单轴使能”触点得电，线圈“#暂停轴控制”失电，急停解除。

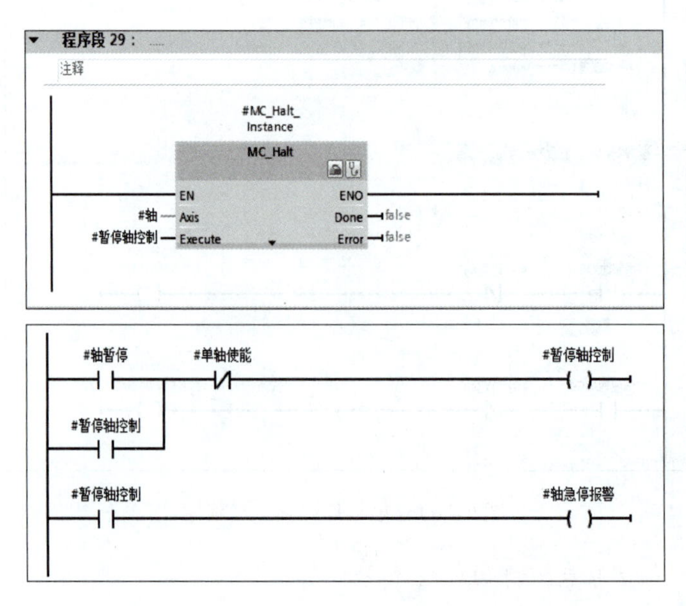

图 6-2-13　推料伺服轴急停程序

学习笔记

5. 推料段数计算 PLC 程序设计

推料段数计算 PLC 程序设计如图 6-2-14 所示。加工推料的段数 = FLOOR[(料的总长 - 切边尺寸)/设定加工进给切料尺寸],其中 FLOOR 是“浮点数向下取整”指令将一个浮点数的值取整为紧邻的较小整数。

```
1  #计算加工个数:= FLOOR((#料长度 - #自动进给切边尺寸) / #自动进给切料尺寸);
2  #加工工料段数 := #计算加工个数;
```

图 6-2-14　推料段数计算程序

推料电动机实际推料的段数 = 加工推料的段数 + 1,如图 6-2-15 所示。

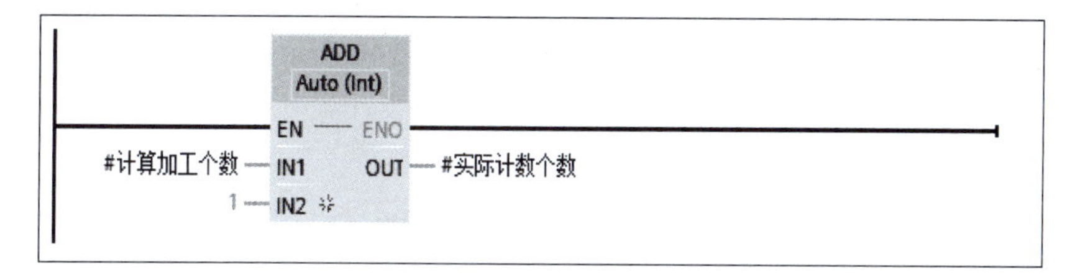

图 6-2-15　电动机实际推料的段数计算程序

6.2.4　计划决策

根据任务要求与相关资讯,制订本任务的分组计划方案,包括选择合适的 PLC,列举 PLC 控制部分所需的 I/O 端口,列出清单,绘制 PLC 控制部分的 I/O 接线图,组内合理分工,整理完善,形成决策方案,作为工作实施的依据。请将工作过程的方案列入表 6-2-1 中。

表 6-2-1　工作过程决策方案

序号	工作内容	需准备的资料	负　责　人
1	选择合理的 PLC 型号		
2	I/O 地址的分配		
3	推料伺服轴编程		
4	监控调试		

6.2.5　任务实施

步骤一　合理选择 S7-1200 系列 PLC

分析任务要求,根据西门子 S7-1200 PLC 的选型手册,初步分析需要多少 I/O 点,思考 S7-1200 系列 PLC 的型号有哪些,确定最佳的 PLC。

步骤二　设计触摸屏

分析任务要求,根据工作流程中设计触摸屏界面要求确定触摸屏的型号及通讯端口的设置。

步骤三　硬件设计

根据选型的 PLC 填写 I/O 分配表,根据所选用的 PLC 产品,了解其使用的性能。按随机

学习笔记

提供的资料结合实际需求，同时考虑软件编程的情况进行外电路的设计，绘制电气控制系统总装配图和接线图。

步骤四 软件设计/调试

(1)在进行硬件设计的同时可以着手软件的设计工作

软件设计的主要任务是根据知识准备内容以及例程程序知识结合控制要求将工作流程转换为梯形图。

(2)程序初调

将设计好的程序通过程序编辑工具下载到 PLC 控制单元中。由外接传感器信号源加入测试信号，通过推料工作轴运行状态了解程序运行的情况，观察输入输出之间的变化关系及逻辑状态是否符合设计要求，并及时修改和调整程序，消除缺陷，直到满足设计的要求为止。

推料电动机定位工艺控制程序框图例程设计如图 6-2-16 所示。

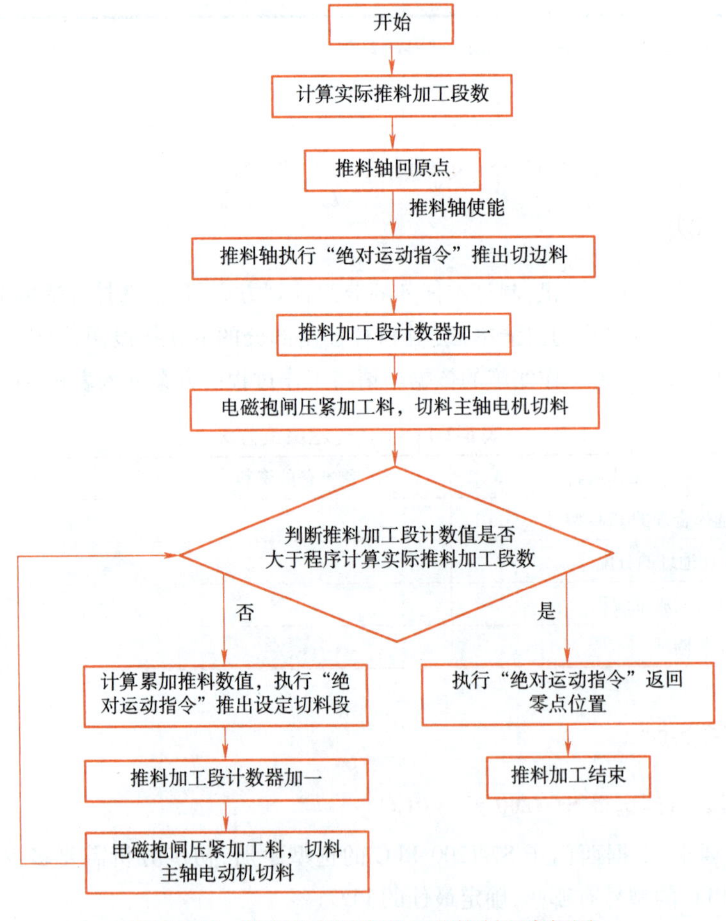

图 6-2-16 推料电动机定位工艺控制程序框图

6.2.6 任务巩固

综合设计任务：

设计推料进给定位加工程序，要求进给速度，尺寸可以在触控屏设置，要求根据加工料的

尺寸及推料进给尺寸自动计算加工的段数，自动加工推料进给的数值可以在触控屏上监控以米为单位。进给伺服电动机采用增量式编码器，系统每次上电启动需回归原点，有必须极限位保护以及急停保护措施。

任务 6.3　型材加工控制系统触摸屏界面设计

6.3.1　任务描述

视频

型材加工控制系统任务分析

型材加工控制系统结构示意图如图 6-3-1 所示，本系统控制过程是：根据已给定的加工产品设定参数（包括设定加工产品的供料长度，切边长度，定长切割长度和入料速度等工艺参数）编写程序。首先系统启动后，压料抱闸处于松开状态，推料电动机 M1 处于原点位置，进给电动机 M2 处于原点位，切刀电动机 M3 停止旋转。当满足检测满足所有原点位置后，根据产品加工要求开始加工，压料抱闸工作将型材压紧，刀架电动机 M2 带动切刀电动机 M3 下降至低速限位开始根据设定工艺参数低速旋转，当刀架电动机 M2 带动切刀电动机 M3 继续下降至高速限位开始根据设定工艺参数高速旋转进行切料工作。当刀架电动机 M2 带动切刀电动机 M3 继续下降至切割完成限位位置切刀电动机 M3 完成首次切边动作。停顿一段时间后，刀架电动机 M2 带动切刀电动机 M3 以高速模式反向上升至低速限位点切刀电动机 M3 降为低速运转，继续上升回到上限位，切刀电动机 M3 停止运转。当进给电动机 M2 继续上升回到原点位。此时推料电动机 M1 再次推出定长切割设定长度的型材，刀架电动机 M2 带动切刀电动机 M3 再次重复上一个动作过程，开始下一次的切料。经过多次切料配合动作完成所提供型材定长切割加工。

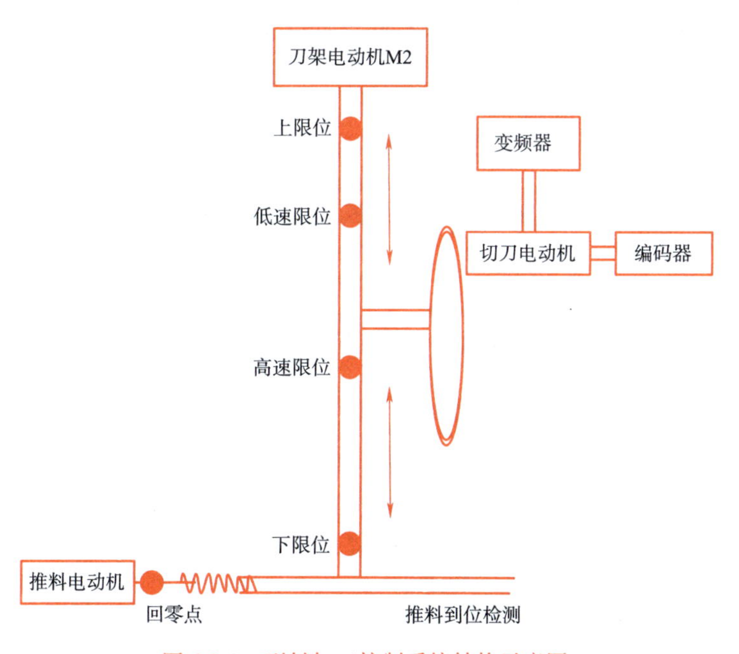

图 6-3-1　型材加工控制系统结构示意图

该系统供给型材长度固定，每次切料长度固定，在开机后需要先进行切边动作，切边完成后才开始正式切料，推料电动机 M1、进给电动机 M2、切刀电动机 M3、相互配合进行多次切

学习笔记

料，直至型材所剩长度不足一次定长切割长度，一次完整的切割加工完成。当型材加工完成，推料电动机 M1 再次处于原点位置，进给电动机 M2 再次退回原点位，切刀电动机 M3 停止旋转，压料抱闸停止工作将所剩型材放松。

6.3.2 工作流程

本节触摸屏界面设计工作任务流程如图 6-3-2 ~ 图 6-3-7 所示。

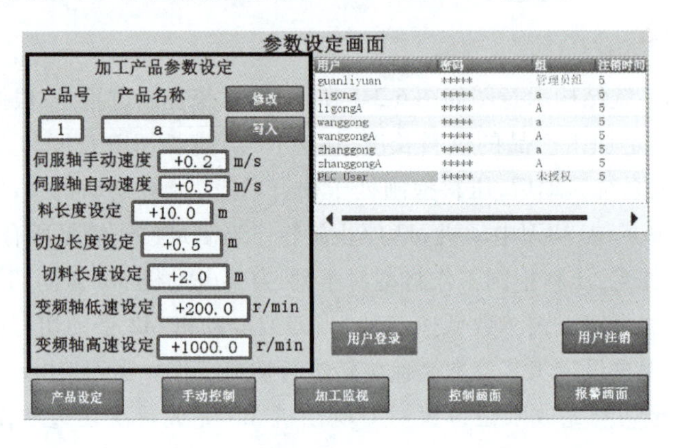

图 6-3-2　型材加工产品工艺参数设定画面

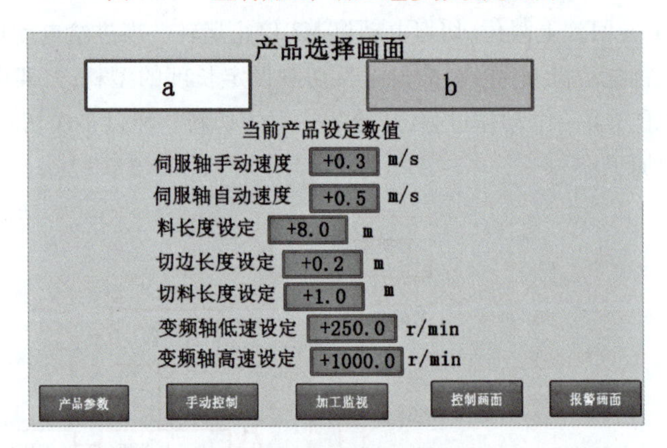

图 6-3-3　型材加工产品工艺参数选择设定画面

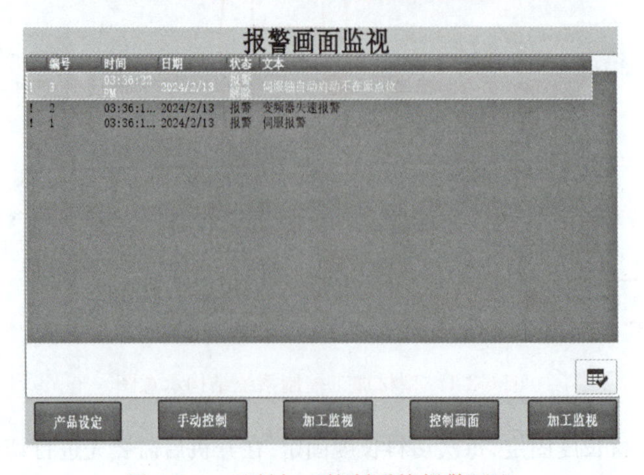

图 6-3-4　型材加工控制系统报警画面

学习笔记

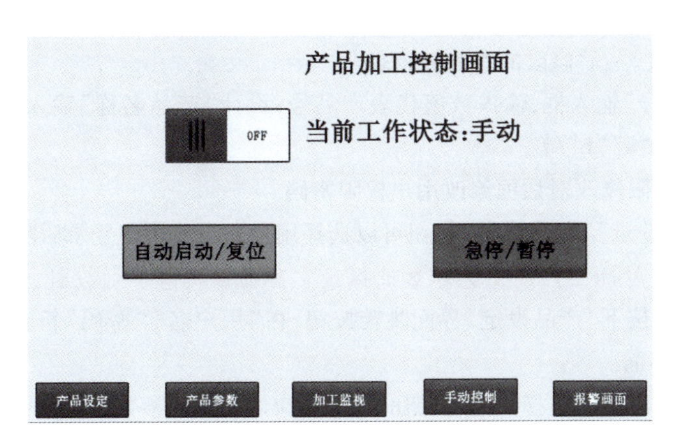

产品加工控制画面
OFF
当前工作状态:手动
自动启动/复位
急停/暂停
产品设定
产品参数
加工监视
手动控制
报警画面

图 6-3-5　型材加工总控制画面

手动画面
伺服轴JOG+
变频轴JOG+
直流轴JOG+
抱闸开启
伺服轴JOG-
变频轴JOG-
直流轴JOG-
抱闸关闭
伺服轴回零
直流轴回零
一键轴回零
产品设定
产品参数
控制画面
加工监视
报警画面

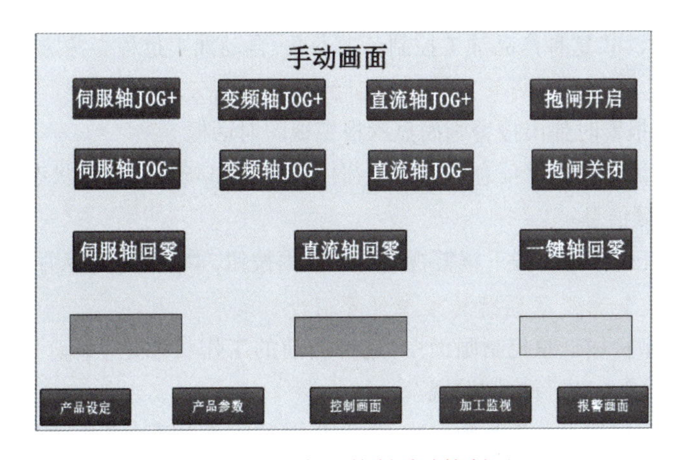

图 6-3-6　型材加工控制手动控制画面

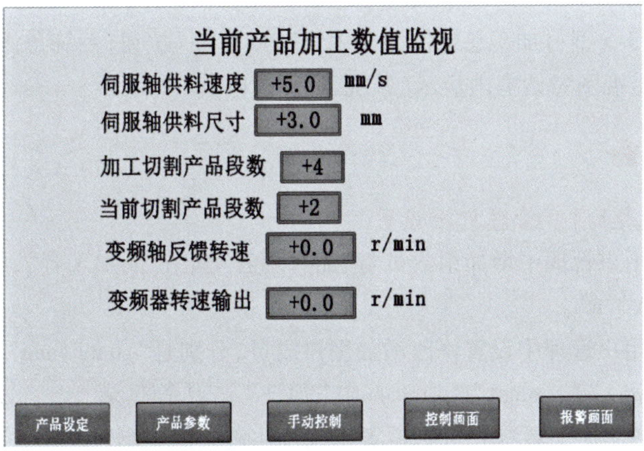

当前产品加工数值监视
伺服轴供料速度 +5.0 mm/s
伺服轴供料尺寸 +3.0 mm
加工切割产品段数 +4
当前切割产品段数 +2
变频轴反馈转速 +0.0 r/min
变频器转速输出 +0.0 r/min
产品设定
产品参数
手动控制
控制画面
报警画面

图 6-3-7　型材加工工艺加工参数监视画面

1. 图 6-3-2 型材加工产品工艺参数设定画面设计

①在任何界面按下“产品参数”界面跳转按钮，在“用户名”“密码”符合设定权限要求下进入“产品参数”界面。

学习笔记

②设计“修改”“写入”界面按钮，当按下“修改”按钮时可以修改产品加工控制各项参数，当常按“写入”按钮3 s后修改的参数被记录。

③设计“产品号”输入框，输入数值代表产品号；设计“产品名称”输入框，输入字符串数值代表产品名称如“a”“b”等。

④设计用户权限修改对话框修改用户权限密码。

⑤设计“用户登录”“用户注销”按钮可以选择用户登录与用户登录后随时注销的作用。

2. 图6-3-3 型材加工产品工艺参数选择设定画面触摸屏界面设计

①在任何界面按下“产品设定”界面跳转按钮，在“用户名”“密码”符合设定权限要求下进入“产品选择”界面。

②系统设计两种产品选择按钮，按钮的名称对应产品工艺参数设定画面“产品名称”输入框输入的产品名称。

③当按下一种产品按钮时，会显示这种产品加工控制各项参数，在图6-3-3 按下“b”产品参数加工按钮，显示“b”这种产品加工控制各项参数，自动加工过程会按照“b”产品加工。

3. 图6-3-4 型材加工控制系统报警画面触摸屏界面设计

①当系统出现报警时弹出报警画面显示报警视图对话框。

②报警视图对话框内报警信息显示编号、时间、内容和当前的报警状态，如“报警”“报警解除”“报警确认”等信息。

③当报警内容已经解除，按下报警视图对话框内按钮，报警内容消失。

4. 型材加工控制系统画面跳转触摸屏界面设计

①在图6-3-5 型材加工总控制画面中，选择当前的工作状态是“手动”时，画面跳转至手动控制界面（见图6-3-6）进行控制监视。

②在图6-3-5 型材加工总控制画面中，选择当前的工作状态是“自动”时，符合自动启动的条件下按下“自动启动/复位”按钮，画面跳转至图6-3-7 型材加工工艺加工参数监视画面监视加工过程。

③当按下图6-3-5 型材加工总控制画面中“急停/暂停”按钮，系统急停/暂停状态画面跳转至报警画面，报警视图对话框内显示“系统急停/暂停”。

6.3.3 知识准备

1. HMI（触摸屏）用户管理权限设置

①在图6-3-8 用户管理中增加组成员“产品管理者”和“产品加工者”，编号分别是3、4，显示的名称分别是“A”“a”。

②在图6-3-8 用户管理中设置修改增加用户成员，分别是“guanliyuan”属于“Administrator group”组，“zhanggongA”“ligongA”“wanggongA”属于“产品管理者”组，“zhanggong”“ligong”“wanggong”属于“产品加工者”组，分别设置密码及注销时间等参数。

③在图6-3-9 用户组权限管理设置中增加两个权限，分别是“产品管理”“产品加工”。

④设置“Administrator group”组权限最高，激活“User administration”“产品管理”“产品加工”权限，“产品管理者”组权限激活“产品管理”“产品加工”权限。“产品加工者”组权限最低，激活“产品加工”权限，如图6-3-10 所示。

学习笔记

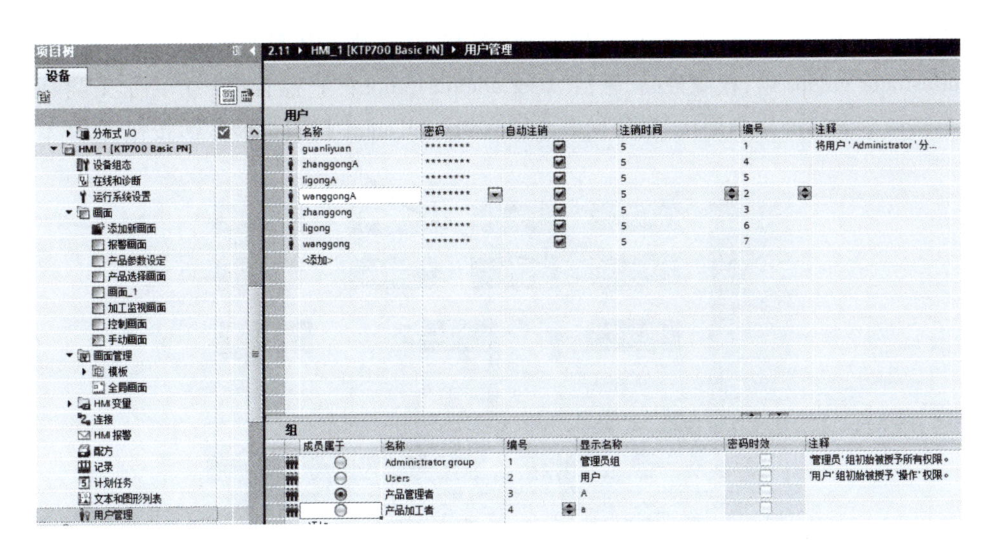

图 6-3-8　用户管理设置

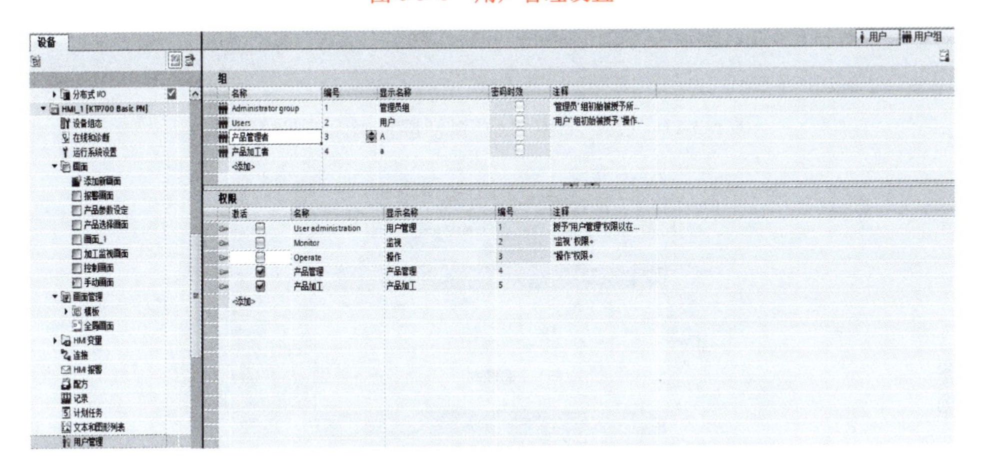

图 6-3-9　用户组权限管理设置

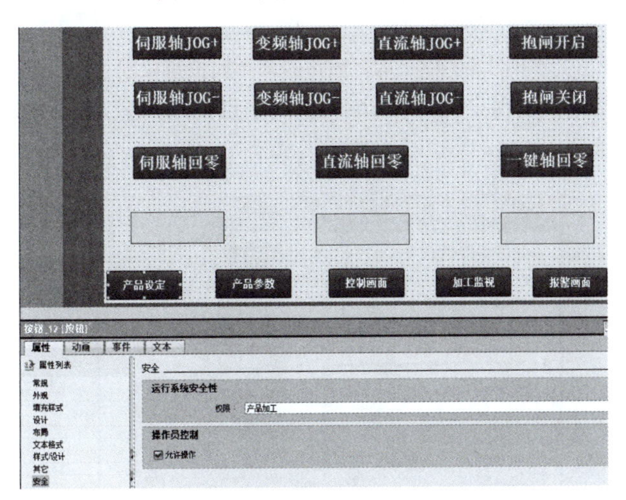

图 6-3-10　设置“产品设定”激活屏幕画面按钮权限

学习笔记

图6-3-11 分别设置两个激活屏幕画面按钮权限，由于“guanliyuan”权限属于“Administrator group”组，权限最高，激活“User administration”“产品管理”“产品加工”权限，所以当单击两个激活屏幕画面按钮，任何一个输入“guanliyuan”权限都能激活按钮，如图6-3-12所示。

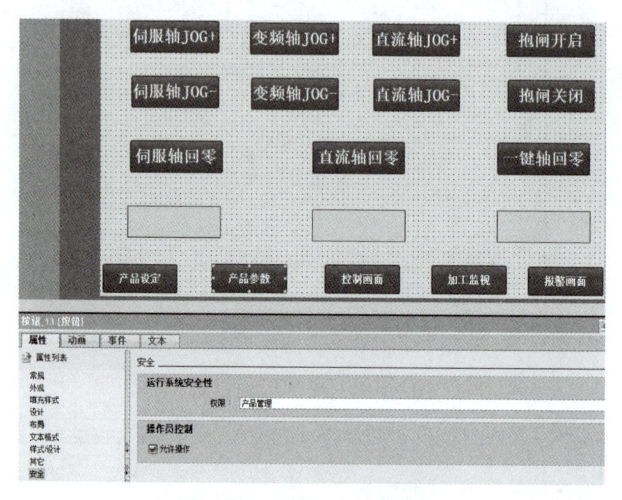

图6-3-11　设置“产品参数”激活屏幕画面按钮权限

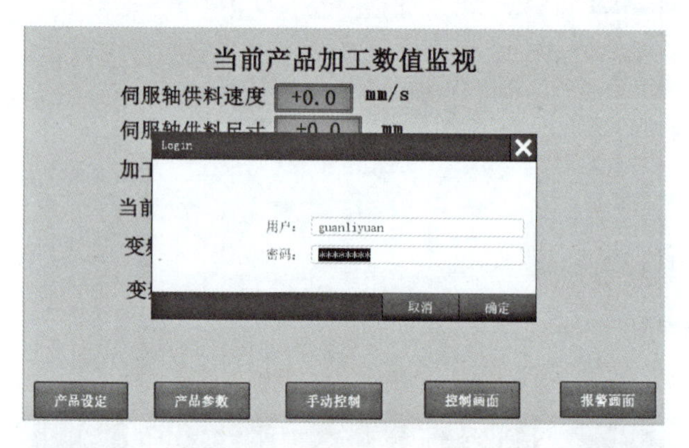

图6-3-12　运行激活屏幕画面按钮权限

⑤在参数设定画面加载用户视图，图6-3-13用于设定用户登录密码、注销时间等，HMI运行效果如图6-3-14所示。

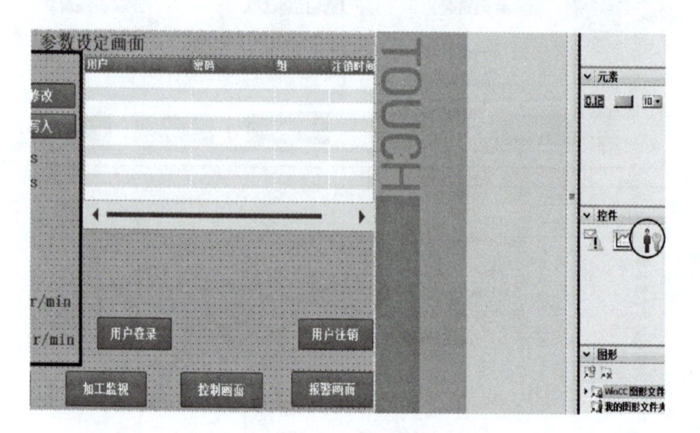

图6-3-13　在参数设定画面加载用户视图

学习笔记

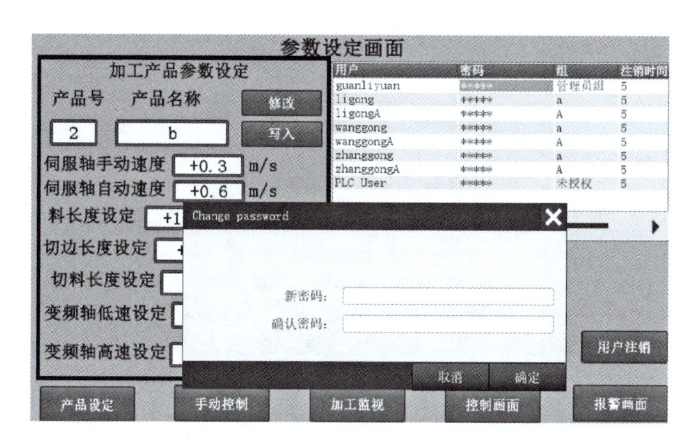

图 6-3-14　采用用户视图修改权限密码

⑥增加“用户登录”按钮和“用户注销”按钮，用于用户随时登录与登录后随时注销，按钮设置如图 6-3-15、图 6-3-16 所示。

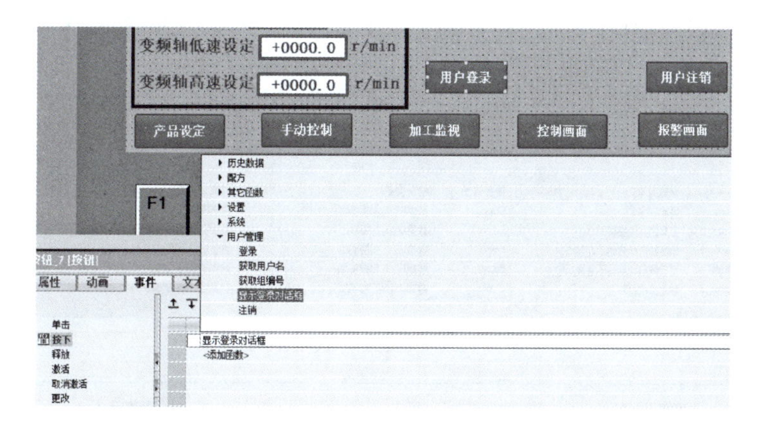

图 6-3-15　设置“用户登录”按钮

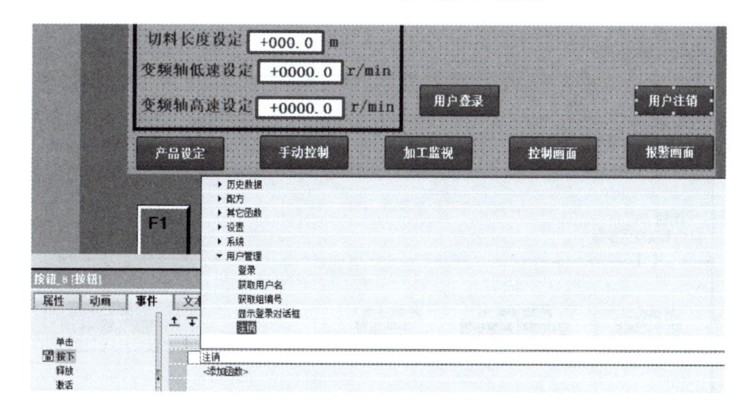

图 6-3-16　设置“用户注销”按钮

2. HMI(触摸屏)报警监视画面设定

图 6-3-17 是 HMI 报警画面运行效果以及编制 PLC 报警梯形图程序。

学习笔记

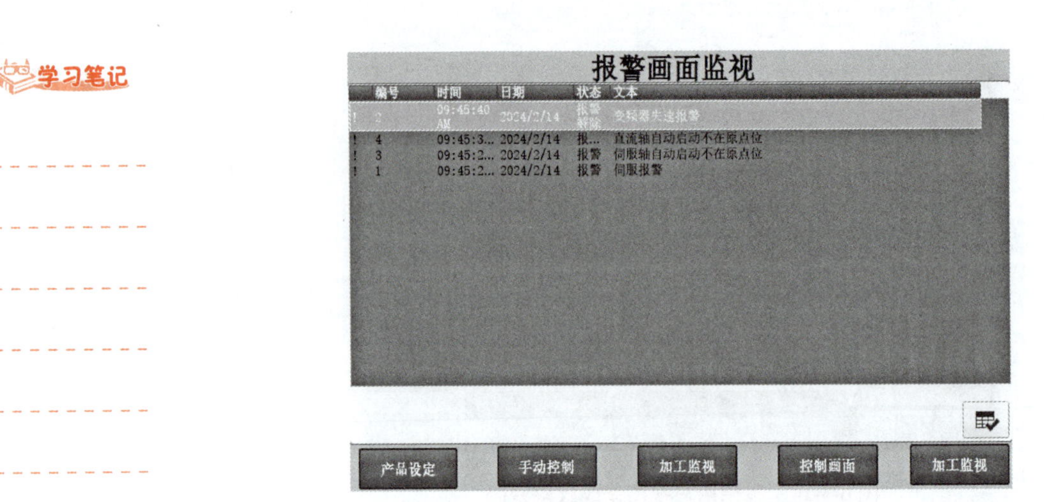

图 6-3-17　HMI 允许监视画面

①图 6-3-18 为 HMI 离散量报警变量的设置，因为西门子 HMI 报警离散变量必须是“Word”类型，所以 PLC 程序采用“GATHER”指令将离散“Boor”变量合成“Word”变量给 HMI 报警变量。图 6-3-19 为 PLC 报警程序。

离散量报警　模拟量报警　系统事件　报警类别　报警组

离散量报警

ID	名称	报警文本	报警类别	触发变量	触发位	触发器地址	HMI 确认变量	HMI ...	HMI 确认地址
1	Discrete_alarm_1	伺服报警	Errors	数据块_1_报警输出	0	数据块_1.报警输出.x0	<无变量>	0	
2	Discrete_alarm_3	变频器失速报警	Errors	数据块_1_报警输出	1	数据块_1.报警输出.x1	<无变量>	0	
3	Discrete_alarm_2	伺服轴自动启动不在原点位	Errors	数据块_1_报警输出	2	数据块_1.报警输出.x2	<无变量>	0	
4	Discrete_alarm_4	直流轴自动启动不在原点位	Errors	数据块_1_报警输出	3	数据块_1.报警输出.x3	<无变量>	0	
5	Discrete_alarm_5	轴急停/暂停	Errors	数据块_1_报警输出	4	数据块_1.报警输出.x4	<无变量>	0	

图 6-3-18　HMI 设置离散量报警变量

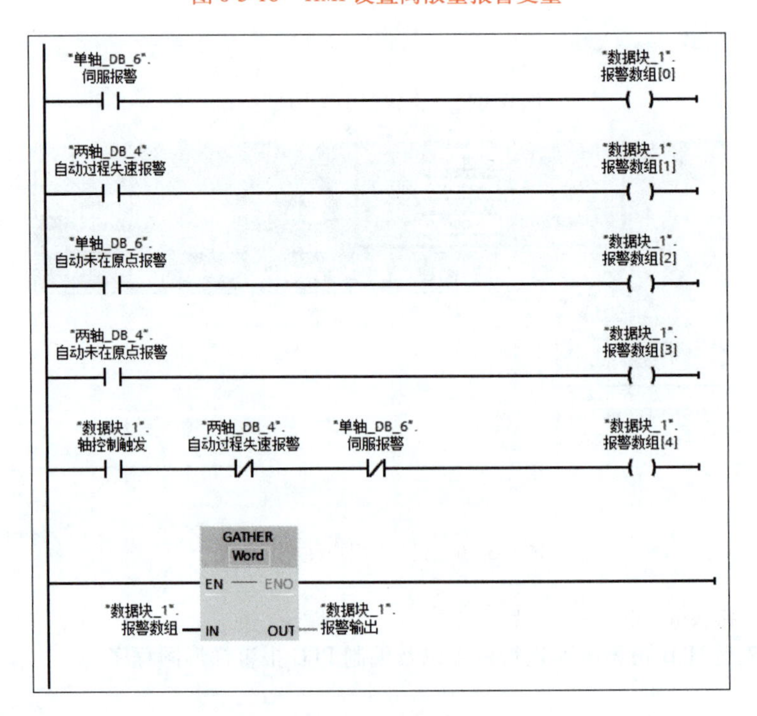

图 6-3-19　PLC 报警程序

学习笔记

②设置离散量报警类别及常规文本显示内容，如到达报警时报警视图显示内容是“报警”，报警信息解除离开，报警视图显示“解除”，当按下报警视图报警确认按钮时，没有解除的报警信息，报警视图显示“已确认”，如图6-3-20所示解除的报警信息报警视图删除报警信息的显示。

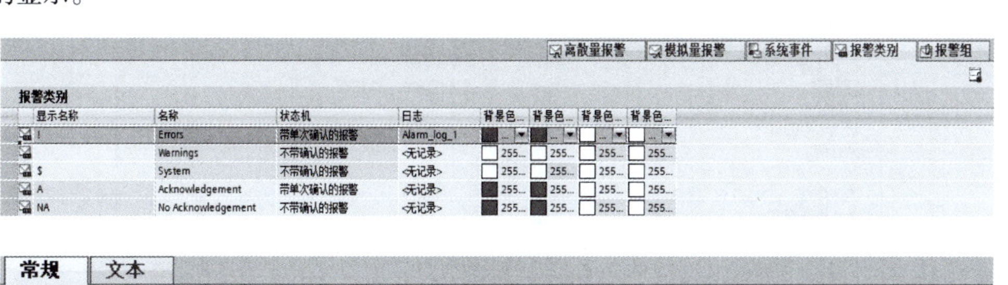

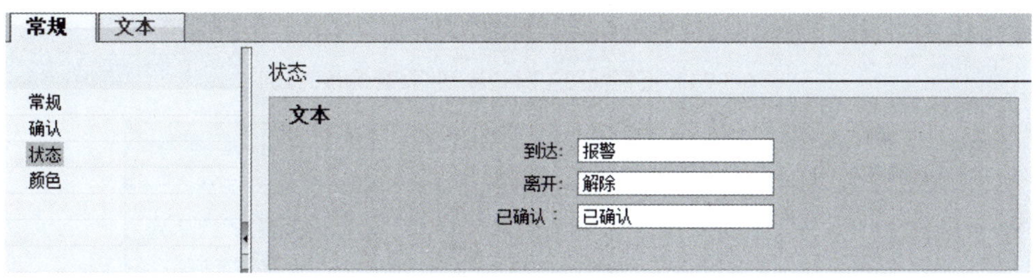

图 6-3-20　HMI 设置离散量报警类别及常规文本显示内容

③在图6-3-21报警监视画面加载报警视图，用于设定用户报警监视功能。报警视图设置显示报警信息的类别如图6-3-22所示，在报警视图工具栏增加“报警确认”按钮，用于报警信息确认，如图6-3-23所示，在报警视图增加列标题显示报警文本，用于显示报警信息的内容，如图6-3-24和图6-3-25所示。

图 6-3-21　“报警监视”画面加载报警视图

图 6-3-22　设置报警视图显示报警的类别

学习笔记

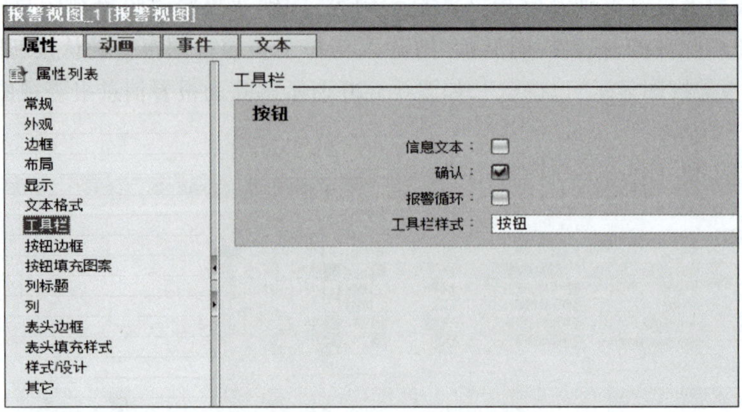

图 6-3-23　报警视图工具栏增加“报警确认”按钮

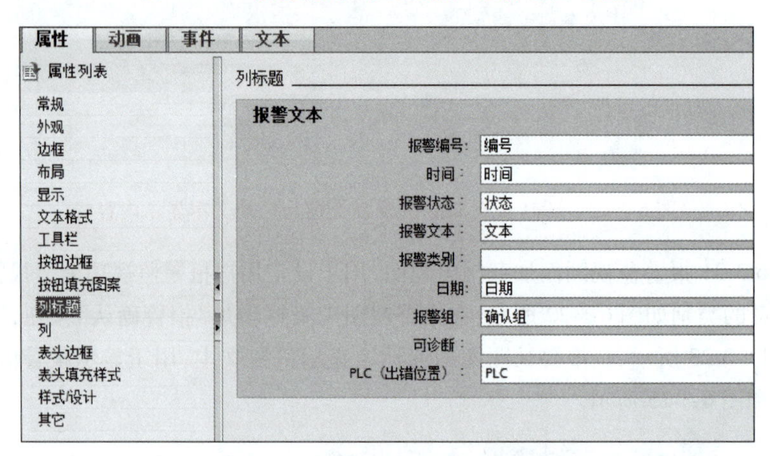

图 6-3-24　报警视图列标题增加报警文本

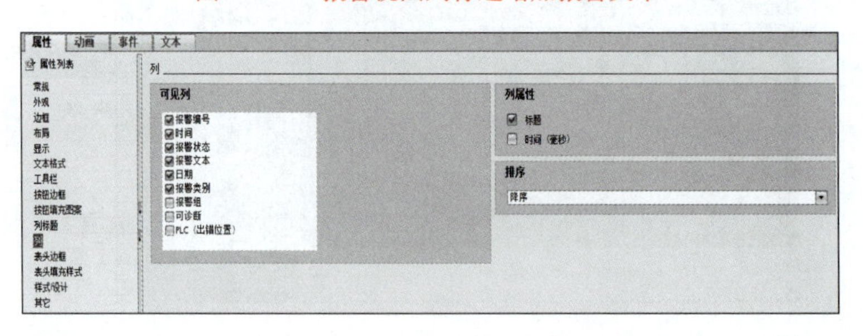

图 6-3-25　报警视图可见列项目

3. HMI(触摸屏)使用全局区域指针实现 PLC 画面号监视及 PLC 实现 HMI 画面跳转功能

①HMI(触摸屏)使用全局区域指针实现 PLC 画面号监视功能。

将 HMI 设备的画面信息存储在“画面编号”区域指针中,设置如图 6-3-26 所示。只要区域指针绑定 PLC 变量,这样当前画面的内容可以从 HMI 设备传送给 PLC 数据块,可以实现 HMI 画面号监视功能。HMI 区域指针的结构如图 6-3-27 所示,第二个字就是当前画面的编号。

根据 HMI 区域指针的结构图，我们建立一个 PLC“UInt”类型的数组数据，如图 6-3-28 所示，在 HMI“连接”中将“画面号”区域指针关联 PLC“HMI 画面号监视”数组变量，如图 6-3-29 所示，如果 HMI 运行时数组第二个字就是当前画面的编号。

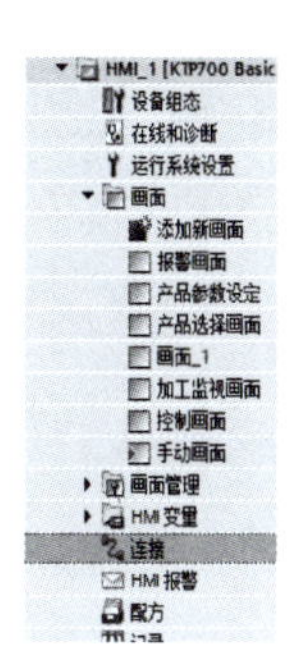

2.11 ▸ HMI_1 [KTP700 Basic PN] ▸ 连接

在“设备和网络”中连接到 S7 PLC

连接

名称	通信驱动程序	HMI 时间同步模式	站	伙伴	节点	在线
HMI_连接_1	SIMATIC S7 1200	无	S7-1200 station_1	PLC_1	CPU 1215C DC/DC/...	☑

参数　区域指针

激活	显示名称	PLC 变量	访问模式	地址	长度	采集模式	采集周期

HMI 设备的全局区域指针

连接	显示名称	PLC 变量	访问模式	地址	长度	采集模式	采集周期
<未定义>	项目 ID	<未定义>	<符号访问>		1	循环连续	<未定义>
HMI_连接_1	画面号	数据块_1.HMI画面号监视	<符号访问>		5	循环连续	<未定义>
<未定义>	日期时间 PLC	<未定义>	<符号访问>		6	循环连续	<未定义>

图 6-3-26　HMI 变量连接的区域指针

	15	14	13	12	11	10	9	8	7	6	5	4	3	2	1	0
第一个字	当前画面类型(1表示根画面4表示永久性区域)															
第二个字	当前画面编号(1-32767)															
第三个字	预留															
第四个字	当前字段编号(1-32767)															
第五个字	预留															

图 6-3-27　HMI 区域指针结构

名称	数据类型	起始值	监视值	
HMI画面号监视	Array[1..5] of UInt			
HMI画面号监视[1]	UInt	0	1	
HMI画面号监视[2]	UInt	0	6	画面号
HMI画面号监视[3]	UInt	0	0	
HMI画面号监视[4]	UInt	0	2	
HMI画面号监视[5]	UInt	0	0	

图 6-3-28　建立一个 PLC“UInt”类型的数组数据区

参数　区域指针

激活	显示名称	PLC 变量	访问模式	地址	长度	采集模式	采集周期

HMI 设备的全局区域指针

连接	显示名称	PLC 变量	访问模式	地址	长度	采集模式	采集周期
<未定义>	项目 ID	<未定义>	<符号访问>		1	循环连续	<未定义>
HMI_连接_1	画面号	数据块_1.HMI画面号监视	<符号访问>		5	循环连续	<未定义>
<未定义>	日期时间 PLC	<未定义>	<符号访问>		6	循环连续	<未定义>

图 6-3-29　触摸屏“连接”中“画面号”区域指针关联 PLC 变量

②PLC 实现 HMI 画面跳转功能。

在图 6-3-30 中 HMI 连接 PLC“数据块_画面控制”变量，设置变量为“根据编号激活屏幕”功能，HMI 连接 PLC 变量的属性设采集模式为“循环连续”采集，周期为 100 ms，如图 6-3-31 所示，不断读取 PLC 变量数值变化来控制 HMI 画面的跳转功能。

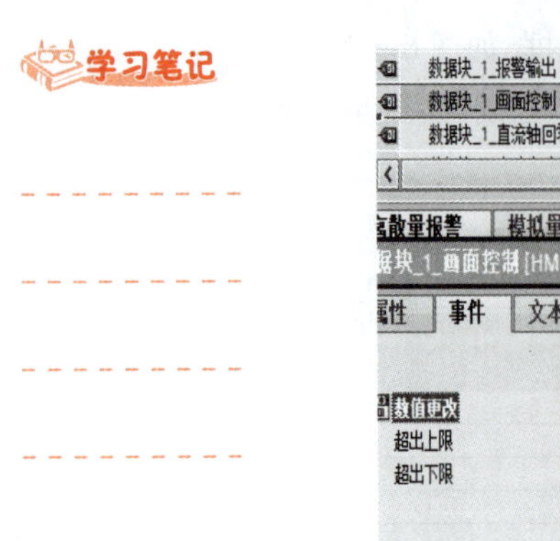

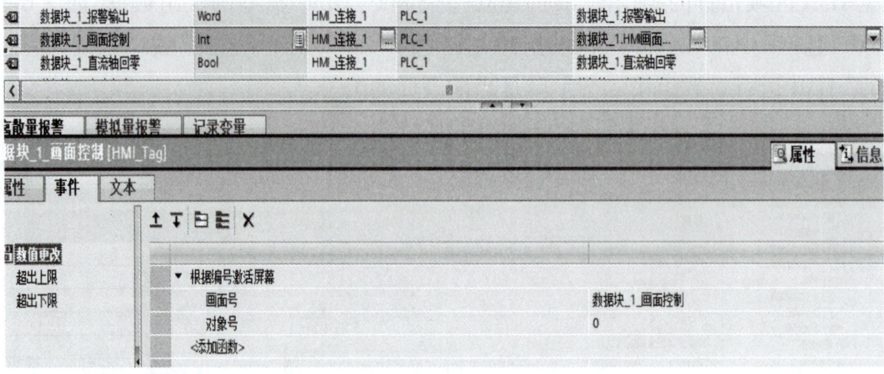

图 6-3-30　触摸屏连接 PLC 变量设置“根据编号激活屏幕”功能

"数据块_1".
"手动/自动"
MOVE
EN　ENO
0　IN　OUT1　"数据块_1".步序
P_TRIG
CLK　Q
"数据块_1".沿[18]
MOVE
EN　ENO
1　IN
OUT1　"数据块_1".
HMI画面控制

图 6-3-31　HMI 设置采集周期内不断读取 PLC 变量数值变化

PLC 控制画面跳转程序较简单，用上升沿指令触发给“数据块_画面控制”变量数值就可以控制 HMI 画面的跳转变化，如图 6-3-32、图 6-3-33 所示。

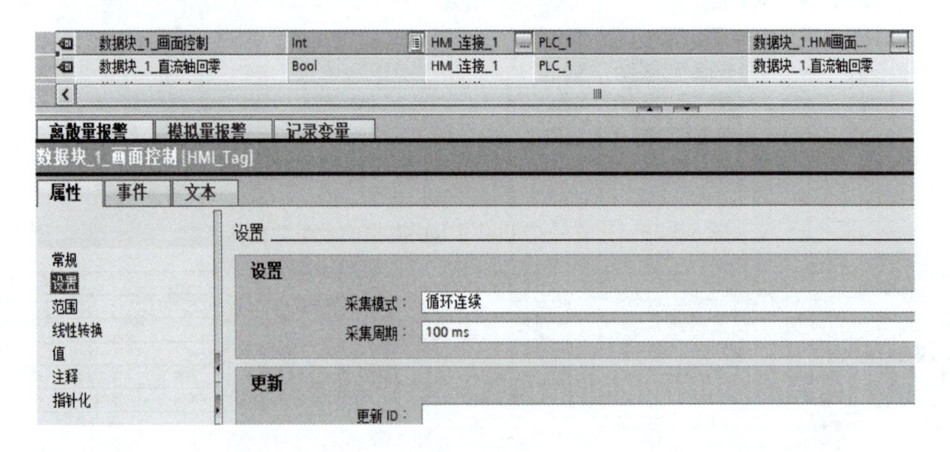

图 6-3-32　PLC 控制“手动控制”画面跳转程序

6.3.4　计划决策

根据任务要求与相关资讯，制订本任务的分组计划方案，列举 PLC 控制部分所需的数据区，列出数据清单，绘制 HMI（触摸屏）画面连接 PLC 变量，组内合理分工，整理完善，形成决策方案，作为工作实施的依据。请将工作过程的方案列入表 6-3-1 中。

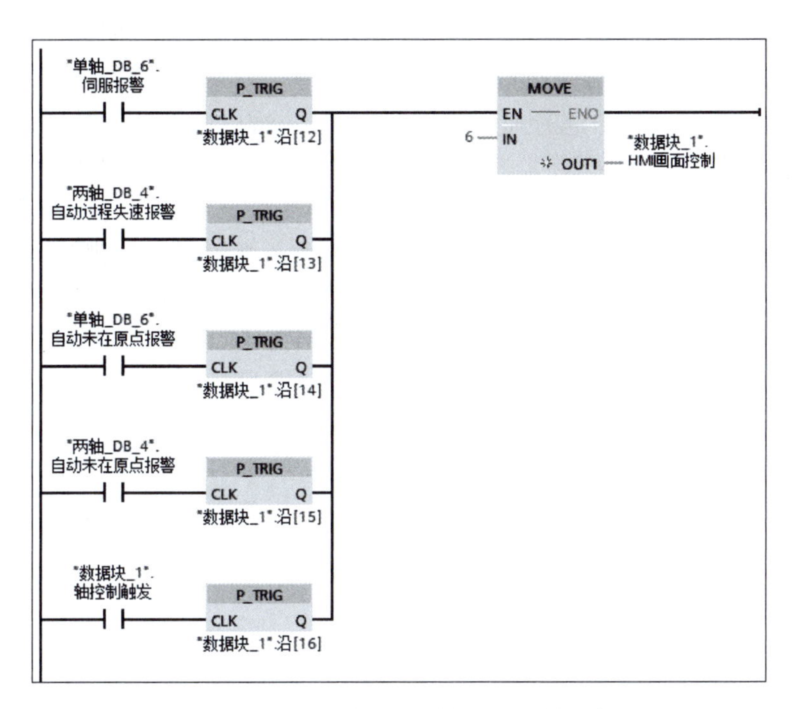

图 6-3-33　PLC 控制"报警"画面跳转程序

表 6-3-1　工作过程决策方案

序号	工作内容	需准备的资料	负　责　人
1	PLC 控制部分所需的数据区		
2	I/O 地址的分配		
3	绘制 HMI(触摸屏)画面连接 PLC 变量		
4	监控调试		

6.3.5　任务实施

步骤一　合理选择 S7-1200 系列 PLC

分析任务要求,根据西门子 S7-1200 PLC 的选型手册,初步分析需要多少 I/O 点,思考 S7-1200 系列 PLC 的型号有哪些,确定最佳的 PLC。

步骤二　设计触摸屏画面

分析任务要求,根据工作流程中设计触摸屏界面要求确定触摸屏的型号及通讯端口的设置。

步骤三　硬件设计

根据选型的 PLC,HMI(触摸屏)进行硬件组态、网络连接等。

步骤四　软件设计/调试

①在进行硬件设计的同时可以着手软件的设计工作。软件设计的主要任务是根据知识准备内容以及例程程序知识结合控制要求将工作流程转换为梯形图。

学习笔记

②HMI(触摸屏)画面制作,根据准备知识学习内容设置HMI权限,报警输出监视,画面跳转控制等内容并建立画面数据与PLC数据衔接。

③程序调试。将设计好的程序通过程序编辑工具下载到PLC控制单元中。将设计触摸屏界面下载给触摸屏,观察触摸屏监控画面状态是否符合设计要求,并及时修改和调整程序,消除缺陷,直到满足设计的要求为止。

④HMI(触摸屏)结合PLC程序制作加工产品参数输入画面和加工产品选择画面的例行程序设计提示控制要求如下:

设计“修改”“写入”界面按钮,当按下“修改”按钮时可以修改产品加工控制各项参数,当常按“写入”按钮3 s后修改的参数被记录。

设计“产品号”输入框输入数值量代表产品号,设计“产品名称”输入框输入字符串数值代表产品名称如“a”“b”等,如图6-3-34所示。

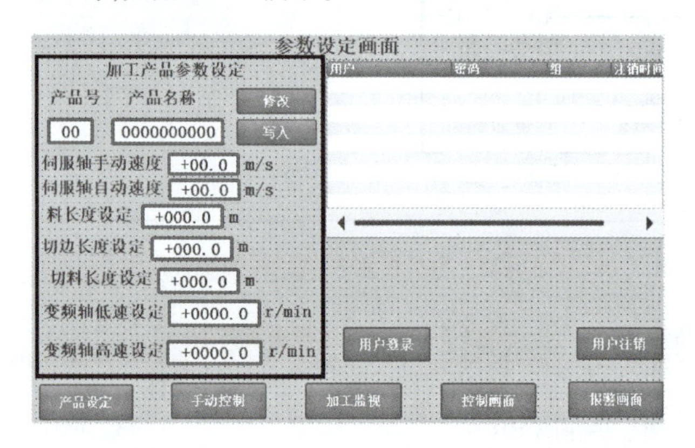

图6-3-34　加工产品参数输入画面设计

在PLC程序块中建立一个FB函数块命名“产品参数”在FB函数块中设置参数变量如图6-3-35所示。

产品参数

	名称	数据类型	默认值	保持	从 HMI/OPC..	从 HMI/OPC UA/...	在 HMI ...	设定值
1	▼ Input				☐	☐	☐	☐
2	参数页面当前产品号	Int	0	非保持	☑	☑	☑	☐
3	当前选择产品	Int	0	非保持	☑	☑	☑	☐
4	写入按键	Bool	false	非保持	☑	☑	☑	☐
5	修改按键	Bool	false	非保持	☑	☑	☑	☐
6	产品1选择	Bool	false	非保持	☑	☑	☑	☐
7	产品2选择	Bool	false	非保持	☑	☑	☑	☐
8	手动模式	Bool	false	非保持	☑	☑	☑	☐
9	▼ Output				☐	☐	☐	☐
10	产品1画面名称	String	''	非保持	☑	☑	☑	☐
11	产品2画面名称	String	''	非保持	☑	☑	☑	☐
12	当前产品画面名称	String	''	非保持	☑	☑	☑	☐
13	▸ 本机输出参数	Array[0..10] of Real		非保持	☑	☑	☑	☐
14	修改指示灯	Bool	false	非保持	☑	☑	☑	☐
15	产品1选择指示灯	Bool	false	非保持	☑	☑	☑	☐
16	产品2选择指示灯	Bool	false	非保持	☑	☑	☑	☐
17	▼ InOut				☐	☐	☐	☐
18	产品名称设定	String			☐	☐	☐	☐
19	▸ 本机设定参数	Array[0..10] of Real			☐	☐	☐	☐
20	▼ Static				☐	☐	☐	☐
21	▸ 产品1参数存储	Array[0..10] of Real		保持	☑	☑	☑	☐
22	▸ 产品2参数存储	Array[0..10] of Real		保持	☑	☑	☑	☐
23	复位修改	Bool	false	非保持	☑	☑	☑	☐
24	数据写入传送	Bool	false	非保持	☑	☑	☑	☐
25	当前选择产品_1	Int	0	非保持	☑	☑	☑	☐
26	▸ 沿控制	Array[0..10] of Bool		非保持	☑	☑	☑	☐
27	▸ IEC_Timer_0_Instance	TON_TIME		非保持	☑	☑	☑	☑

图6-3-35　“产品参数”FB函数块中设置参数变量

学习笔记

在 PLC FB 函数块中编制 HMI 画面参数设置程序：

a. 图 6-3-36 为修改 HMI 设置“加工产品参数”的 PLC 程序，“#修改按键”“ #复位修改”变量分别对应连接 HMI 参数“修改”“写入”按键，按键功能是“按 1 松 0”。参数修改的时间是 500 ms。当按下 HMI 参数“修改”按钮，PLC“#修改指示灯”变量得电，HMI 参数“修改”按钮灯亮，HMI 界面参数修改被允许，图 6-3-37 为参数按钮指示灯设置。

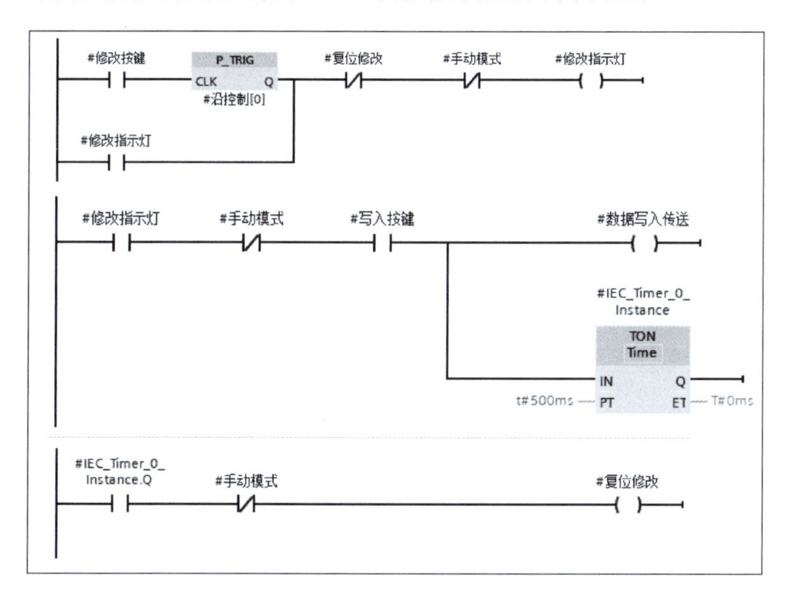

图 6-3-36　参数修改起保停程序

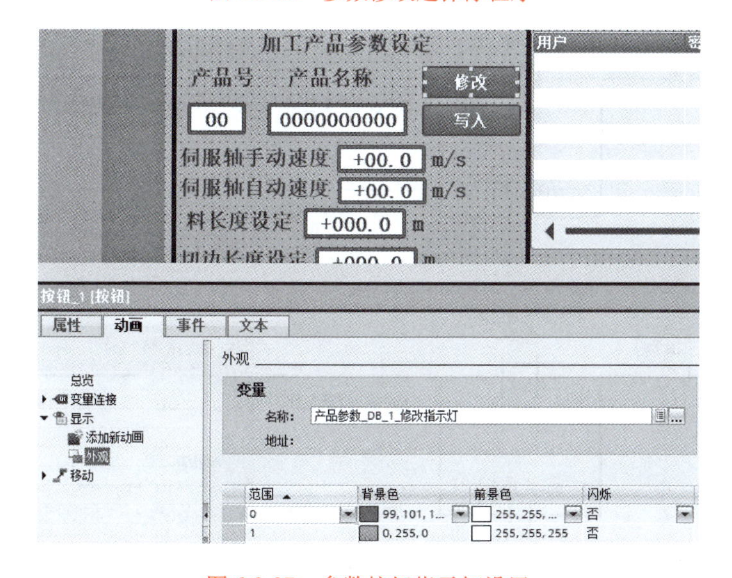

图 6-3-37　参数按钮指示灯设置

b. 图 6-3-37 中“写入”按钮闭合，对应图 6-3-38 程序中的“#数据写入传送”变量得电常开触点闭合，变量“#参数页面当前产品号”对应 HMI 中的产品号数值输入框，当此数值输入框输入的数值等于“1”时，HMI 设置产品加工参数“#本机设定参数”与产品名称“#产品名称设定”被 PLC“#产品 1 参数存储”数组与“#产品 1 画面名称”字符串寄存器传输记忆。同理，当 HMI 产品号数值输入框输入的数值等于“2”时，HMI 设置产品加工参数“#本机设定参数”与

学习笔记

产品名称“#产品名称设定”被PLC“#产品2参数存储”数组与“#产品2画面名称”字符串寄存器传输记忆。

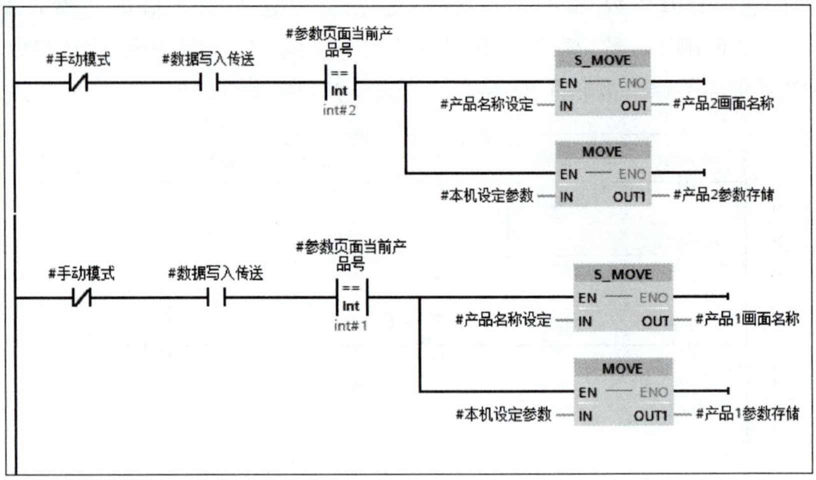

图6-3-38　加工产品参数设置PLC程序

c. 当“#参数修改指示灯”没有得电时，设置HMI产品号数值输入框输入数值“1”或“2”时，图6-3-39中PLC程序又把存储的产品1或产品2记忆加工参数数组和产品名称传回了HMI设置产品加工参数“#本机设定参数”与产品名称“#产品名称设定”中作为显示。

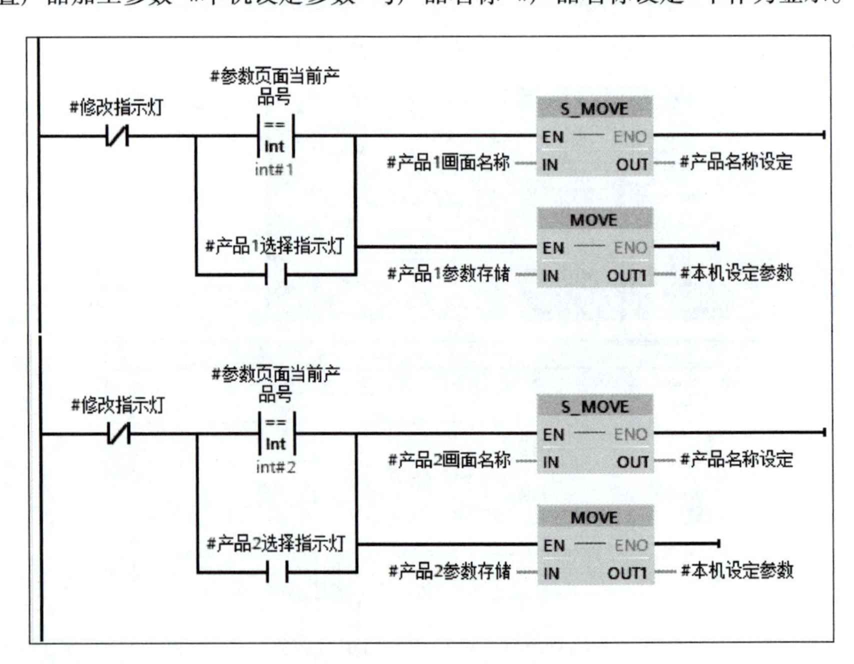

图6-3-39　加工产品参数设置显示PLC程序

加工产品选择画面的例行程序：

a. 图6-3-40加工产品参数选择画面制作，画面中“当前产品设定数值”变量分别衔接PLC“本机设定参数”数组。

学习笔记

b. 图 6-3-41 在 HMI“加工产品参数”选择画面中，制作加工产品参数选择与显示效果制作，分别由按钮和字符串输出框合成。

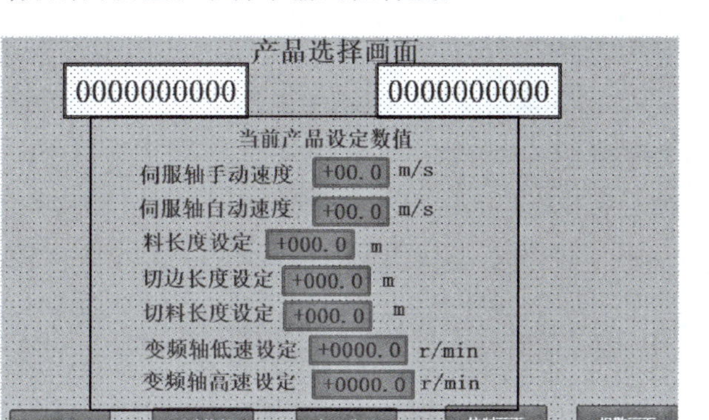

图 6-3-40　加工产品参数选择画面

图 6-3-41　加工产品参数按钮选择显示效果制作

c. 图 6-3-41 HMI 中字符串输出框显示分别连接 PLC“#产品 1 画面名称”字符串变量和“#产品 2 画面名称”字符串变量。

d. 图 6-3-41 HMI 中加工产品参数选择按钮设置为隐藏按钮，分别连接图 6-3-42 PLC 程序中“#产品 2 选择”，“#产品 2 选择”变量触点，设置数值中间变量“#当前选择产品_1”的数值“1”或者“2”。如果“#当前选择产品_1”等于“1”时“产品 1 选择指示灯”得电，如果“#当前选择产品_1”等于“2”时“产品 2 选择指示灯”得电，分别让 HMI 中字符串输出框的指示灯点亮，同时执行 PLC 图 6-3-39 程序赋值“#本机设定参数”数组并显示效果如图 6-3-43 所示。

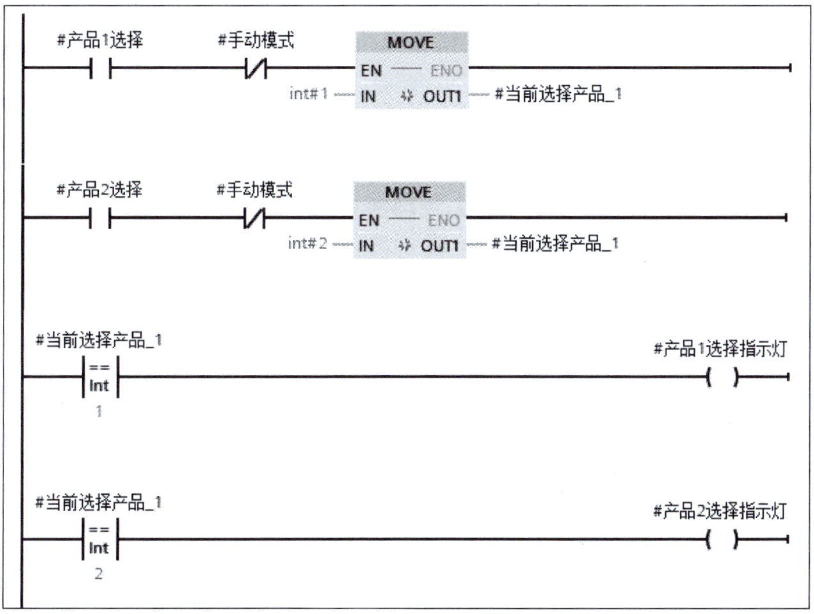

#产品1选择　#手动模式　MOVE　EN　ENO　int#1　IN　OUT1　#当前选择产品_1

#产品2选择　#手动模式　MOVE　EN　ENO　int#2　IN　OUT1　#当前选择产品_1

#当前选择产品_1　==　Int　1　#产品1选择指示灯

#当前选择产品_1　==　Int　2　#产品2选择指示灯

图 6-3-42　加工产品参数选择 PLC 程序

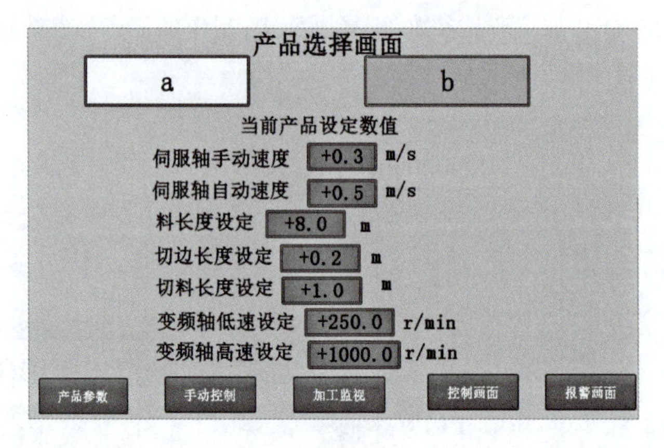

图 6-3-43　加工产品界面参数选择执行效果

小提示：

（1）HMI（触摸屏）变量与 PLC 变量连接时注意数据类型。

（2）HMI（触摸屏）执行过程中如果与 PLC 连接不上，检查通讯参数设置，确认是否符合与 S7-1200 的通讯，如果部分数据连接不上检查一下数据格式是否一致。

6.3.6　任务巩固

综合设计任务：

设计两种加工产品参数推料进给伺服轴定位 PLC 程序和 HMI（触摸屏）界面要求如下：

①设计“修改”“写入”界面按钮，当按下“修改”按钮时可以修改产品加工控制各项参数，当常按“写入”按钮 3 s 后修改的参数被记录。

②设计“产品号”输入框，输入数值量代表产品号，设计“产品名称”输入框，输入字符串数值代表产品名称如“a”“b”等。

③系统设计两种产品选择按钮，按钮的名称对应产品工艺参数设定画面“产品名称”输入框输入的产品名称。

④当按下一种产品按钮选择时，会显示这种产品加工控制各项参数，按下“a”产品参数加工按钮，显示“a”这种产品加工控制各项参数，自动加工过程会按照“a”产品参数加工，按下“b”产品参数加工按钮，显示“b”这种产品加工控制各项参数，自动加工过程会按照“b”产品参数加工。

项目七

自动化设备组装与调试

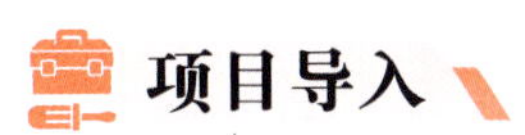

项目导入

学习笔记

在现代工业生产中，自动化设备的应用越来越广泛。自动化设备的组装与调试是确保设备正常运行的关键步骤，它涉及机械、电气、控制等多个方面的知识和技能。尤其是一些非标自动化设备，需要通过在原来的机械部件上增加一些元器件，进行一定程度的改造，使之成为非标自动化设备。本项目以某企业自动组装设备为载体，通过设备组装与调试，熟悉非标自动化设备的常规操作，在调试前，应先对整机检验各部分是否符合设计要求，熟悉机械组装工艺，再将电气系统接线进行检查，确保接线无误后才能进行调试和试运转。

学习目标

【知识目标】

✧ 了解自动组装设备的结构及工作过程。

✧ 熟悉自动组装设备系统常用的零部件选型。

✧ 熟悉自动组装设备的自动控制原理。

✧ 掌握搭建简易自动化设备的工作流程。

【能力目标】

✧ 会合理选择 PLC 的型号。

✧ 能分析 PLC 的端子分配。

✧ 能正确使用 PLC 的指令编程。

✧ 能正确搭建网口串口通讯并调试设备。

【素质目标】

✧ 具有终身学习的理念和追求上进的工作作风。

✧ 树立求教的信念和干好本职工作的责任感。

✧ 培养在企业团队中分享、协作、共赢的意识。

任务 7.1　CP 系列 PLC 的选型及接线

7.1.1　任务描述

你是某智能制造企业的见习生或职场新手，有一定的机电控制相关知识和技能学习，在

学习笔记

了解企业生产过程、生产纲领、工序及安全生产要素之后，通过某企业自动组装设备的装调，完成 CP 系列 PLC 的选型及绘制 PLC 的 I/O 接线图。

自动组装设备是以三轴运动平台为主体，搭配螺钉排列机、锁付机构等，三轴平台以 XYZ 直角坐标系统为基本教学模型，主要实现对工件的加工、锁紧、锁付操作，通过 PLC 控制伺服电动机、步进电动机实现平台的精密控制、操作，如图 7-1-1 所示。

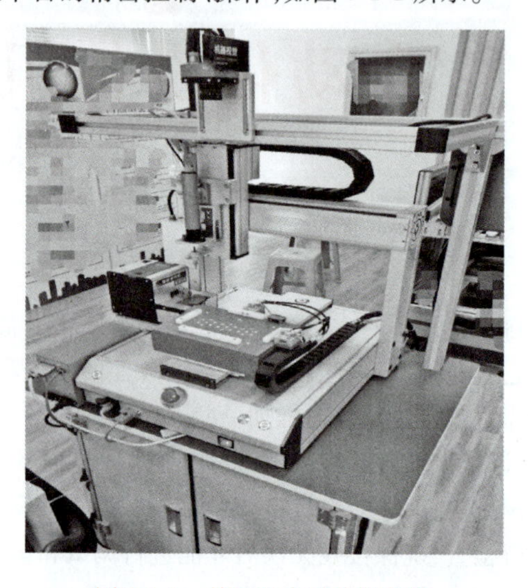

图 7-1-1　某企业自动组装设备

7.1.2 工作流程

根据任务描述，结合企业对电气调试技术员的岗位能力和工作流程的要求，分析本次任务的工作流程如下：

①分析自动组装设备的工作过程。

②描述所安装的 PLC 系统的工作过程、工时、数量，列举工作任务的技术要求，明确项目任务和个人任务要求，服从工作安排。

③根据控制要求，分析 CP 系列 PLC 的相关性能指标，选择合适的 PLC。

④根据任务要求，列举 PLC 控制部分所需的 I/O 端口，列出清单。

⑤通过绘图软件，绘制 PLC 控制部分的 I/O 接线图。

⑥设计完毕后通过比对相关设备进行自检，并配合相关人员调试。

⑦填写相关表格并交付相关部门验收，并签字确认。

7.1.3　知识准备

视频

CP系列PLC的选型

1. CP 系列 PLC 介绍

1971 年，日本从美国引进 PLC 技术，由日立公司研制成功日本第一台 PLC。日本生产 PLC 的厂家较多，CP 系列 PLC 是欧姆龙（OMRON）公司品牌。

欧姆龙公司品牌 PLC（见图 7-1-2）有一体机、模块结构型两大类，共有 4 种 CPU 主机、6 种 I/O 近程扩展机，还有多种专用单元。

其中，CPU 主机部分的型号，如 C28P-DES-A，C 代表系列代号，28 表示输入输出总点数；P 表示袖珍梯形图编程方式 E 为单元类型，表示有输入输出点的扩展单元；D 表示输入回路

学习笔记

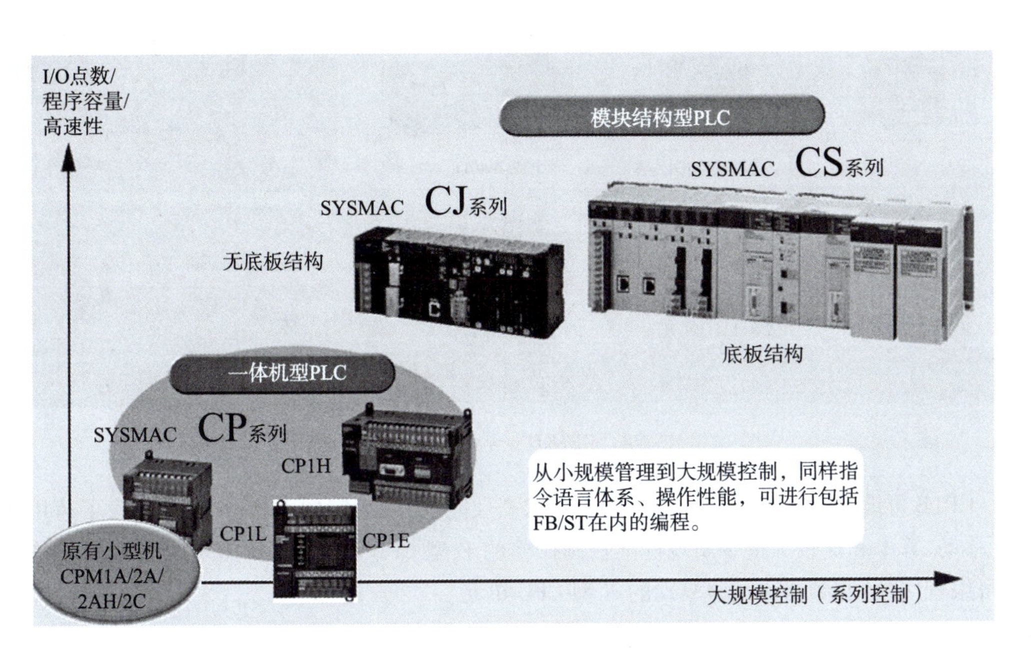

图 7-1-2　欧姆龙(OMRON)公司 PLC 的种类

电源类型;S 为输出类型,表示双向晶闸管输出;A 表示供电类型。

CP 系列 PLC 型号有:CPM1A、CPM2A、CPM2AH、CPM2AH - S、CPM2C、CP1H、CP1L、CP1E、CP2E 等。除 CPM2C 外,都是整体式小型 PLC。

(1)CP1E 型 PLC

欧姆龙 CP1E 型 PLC 的型号注释及型号分析如图 7-1-3、图 7-1-4 所示。

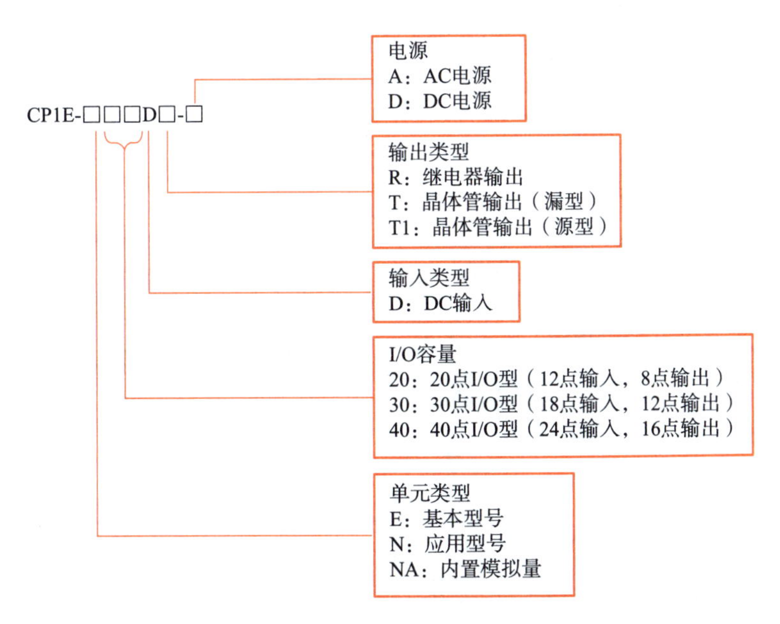

图 7-1-3　CP1E 型号注释

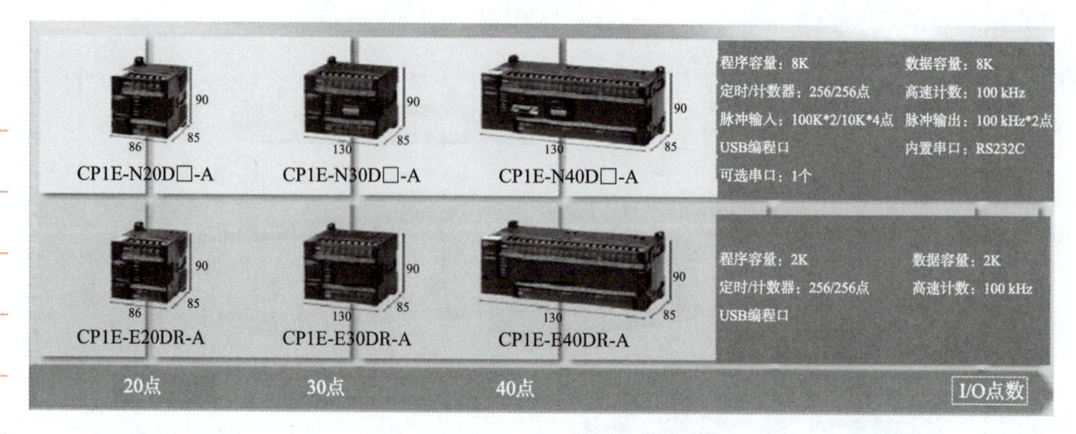

图 7-1-4 CP1E(20－40 点)型号分析

CP1E 可编程控制器是欧姆龙推出的一款高性能、可靠稳定的 PLC。CP1E 包含了运用基本、移动、算术和比较等指令实现标准控制操作的 E 型 CPU 单元(基本型号)，以及支持连接到可编程终端、变频器和伺服驱动的 N 型 CPU 单元。

(2)CP1H 型 PLC

欧姆龙 CP1H 型 PLC 的型号注释和型号分析如图 7-1-5 和图 7-1-6 所示。

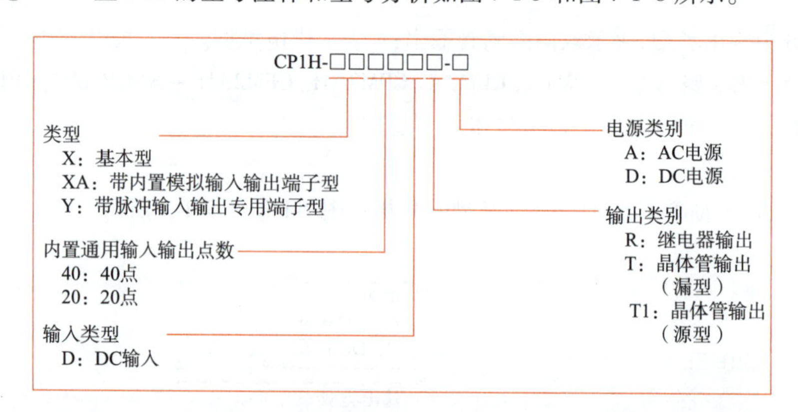

图 7-1-5 CP1H 型号注释

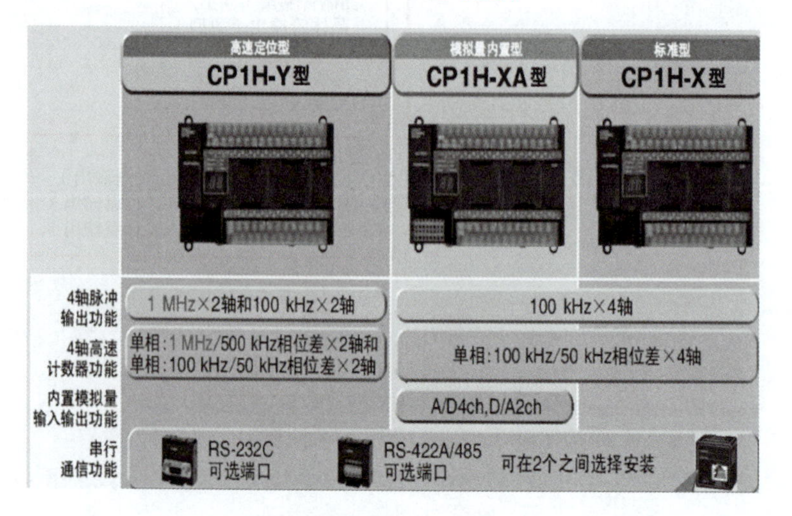

图 7-1-6 CP1H 型号分析

欧姆龙公司推出了全新的具有高度扩展性的小型一体化可编程控制器——SYSMAC CP1H，主要包括 CP1H-X（标准型）、CP1H-XA（模拟量内置型）和 CP1H-Y（高速定位型）这 3 种型号。CPIH 集 CS/CJ 各种功能于一体，通过内置的多种功能充实、强化了应用能力，并且缩短了追加复杂程序的设计时间。

其中，CP1H-Y20D□-□（CP1H-Y 型）是高速定位型，具有 1 MHz 2 点的线性驱动输入（A 相，B 相，Z 相）、1 MHz 2 点的线性驱动输出（CW，CCW）。型号 CP1H-Y20DT-D 是指 DC 电源型，DC 输入 12 点，晶体管（漏型）输出 8 点。

CP1H-XA40D□-□（CP1H-XA 型）是模拟量内置型，如 CP1H-XA40DR-A 是指 AC 电源型，DC 输入 24 点，继电器输出 16 点，模拟量输入 4 点，模拟量输出 2 点。如需外部模拟量输入连接器，请参照相关选型手册或参考图 7-1-7。

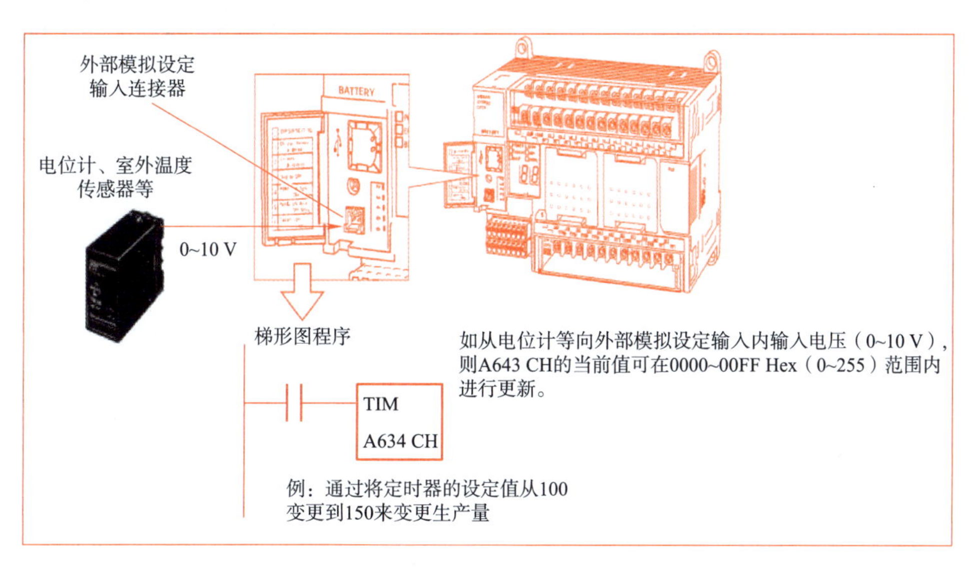

图 7-1-7　CP1H 型 PLC 带外部模拟量示意

（3）CP1L 型 PLC

欧姆龙 CP1L 型 PLC 的型号解析及型号分析如图 7-1-8 和图 7-1-9 所示。

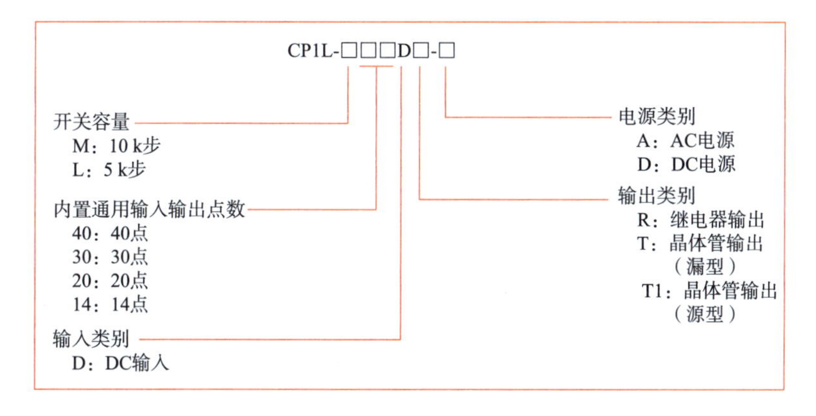

图 7-1-8　CP1L 型号解析

学习笔记

CP1L 可编程控制器具有丰富的 CPU 单元(14/20/30/40 点 RY/TR 型),独具变频器简易定位功能,覆盖小规模机器控制的需求最大 160 点 I/O 扩展能力,最大程序容量 10 k 步,最大数据容量 32 k,字脉冲输出 100 kHz × 2 轴高速计数相位差方式 50 kHz × 2 轴单相 100 kHz × 4 轴。最大 2 个串行通信接 VI(RS-232/RS-485 任选),标准配置 USB 编程接口,支持 FB/ST 编程。LCD 显示设定功能简单便捷。

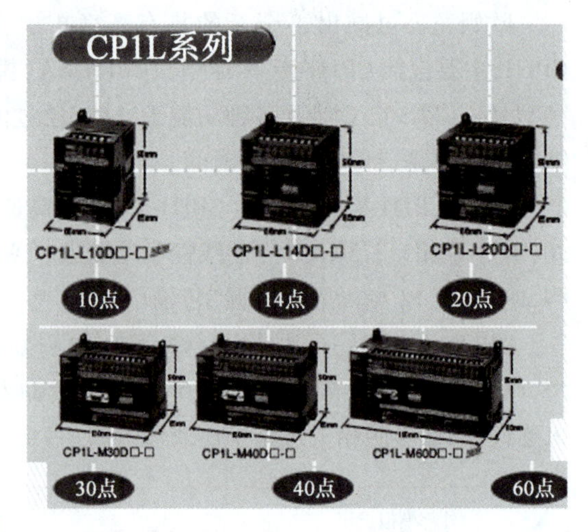

图 7-1-9　CP1L(10-60 点)型号分析

(4)三种 PLC 的性能指标对比

①从 PLC 处理速度的高速性来看,CP1H 是最快的,如图 7-1-10 所示。

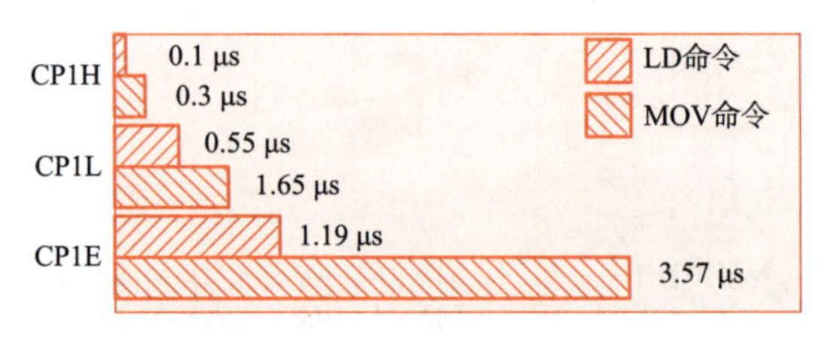

图 7-1-10　执行命令处理速度对比

②从 PLC 的面板操作来看,如图 7-1-11 所示,CP1H 有 LED 显示,CP1L 和 CP1E 都无 LED 显示但都有模拟量输入输出端子。

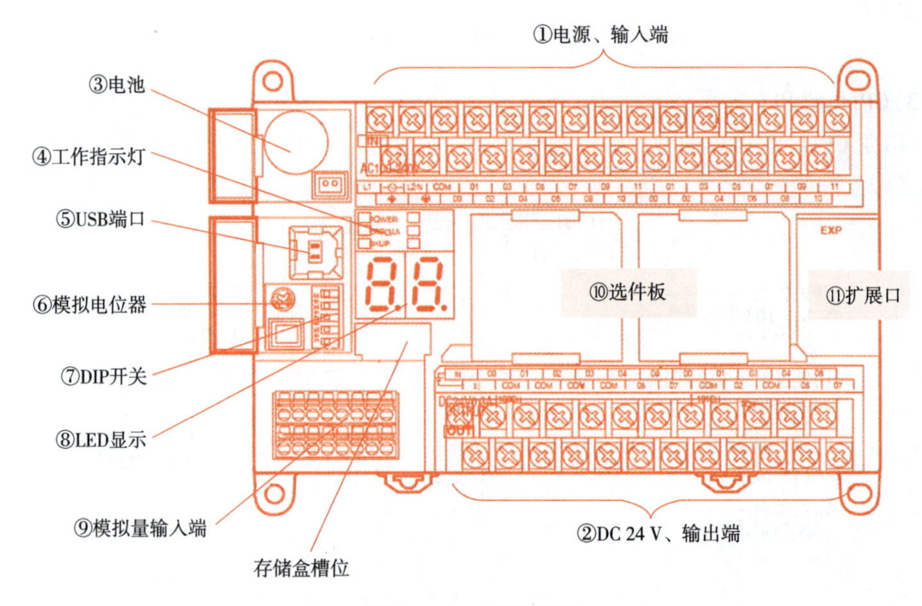

图 7-1-11　面板端子

学习笔记

(5)CP2E 型号 PLC

CP2E 型号 PLC,如图 7-1-12 所示,它是一种满足小规模装置网络需求的控制器,能满足终端用户提出的装置可视化和模块化、追溯性需求,增强了与网络和外围设备的连接性。此外,通过所提供的功能块,可轻松实现复杂的控制。并且,通过无电池、使用温度范围的扩大,即使在制造现场以外也能放心使用。

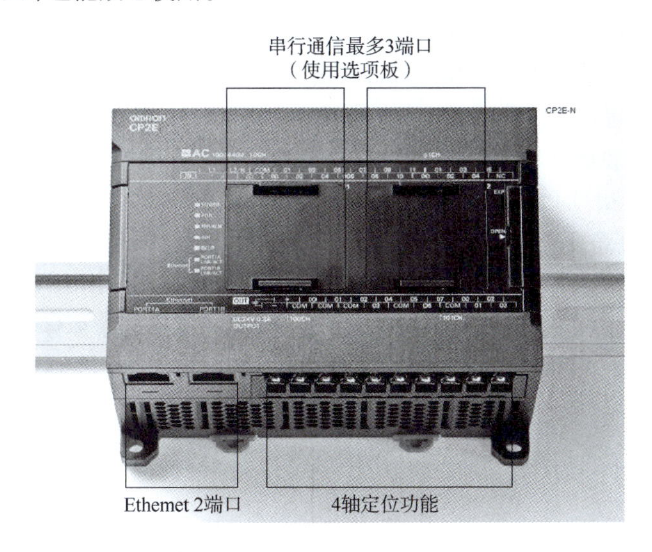

图 7-1-12　CP2E 型 PLC

配备 2 个 Ethernet 端口(见图 7-1-13),内置 L2 交换式集线器功能,无须交换式集线器,除了上位连接,另一端还可用作 HMI 和 PLC 的连接、工具连接用端口和预备端口等,串行通信最多 3 端口(使用选项板),使用方法多样。

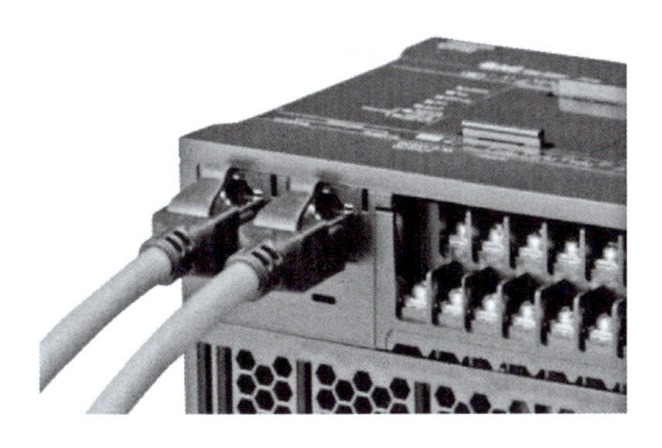

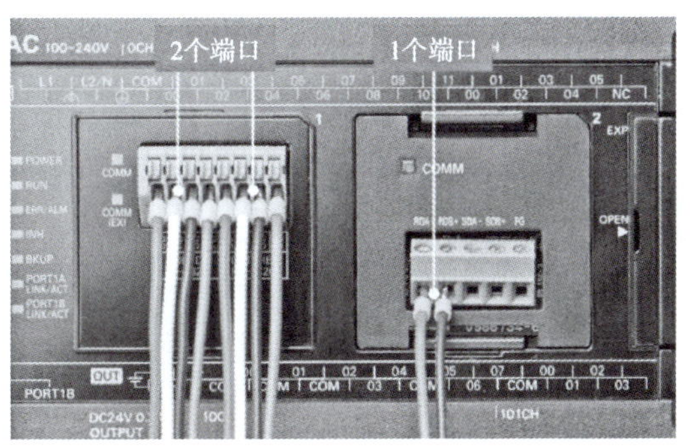

图 7-1-13　Ethernet 端口和使用选项板端口

思考:CP2E 型欧姆龙 PLC 是目前较为流行的一款产品,拥有基本机型、标准机型、网络机型三种类型,请通过分析任务要求,如何选择适合本任务的一款 PLC 呢?

2. PLC 选型

(1)PLC 选型原则

①基本原则:满足控制要求,性能价格比高,具有先进性,售后服务好。其中,对于 PLC 的基本单元要考虑以下参数:响应速度、存储容量、扩展能力、结构形式、特殊功能、通信功能。

PLC 的指令系统要考虑以下参数:总指令数、指令种类、表达方式、编程工具。

学习笔记

PLC I/O模块的选择要考虑：根据输入信号的类型（开关量、数字量、模拟量、电压类型、等级和变化频率），选择与之相匹配的输入模块。根据负载的要求（负载电压、电流的类型，是NPN输出型还是PNP输出型等）、数量等级以及对响应速度的要求等选用合适的输出模块。根据系统要求安排合理的I/O点数，并有一定的余量。

②整体选择：基本性能、特殊功能满足、通信联网符合要求。如模拟量控制要考虑A/D和D/A模块（模拟量I/O单元），温控输入信号、电位器输入信号、变频器控制等；位置控制要考虑NC、MC模块，如伺服控制模块的通信；网络及集散控制要考虑网络通信模块，如以太网模块、串行通信模块等。

（2）查看厂家提供的选型手册

可以查看CP2E型号PLC的选型手册或从官网下载（见图7-1-14），在如今IoT的时代，越来越多的制造现场开始建立数据采集和可视化系统。欧姆龙的可编程控制器CP2E集合了满足小规模装置需求的功能，为应对终端用户提出的装置可视化和模块化、追溯性需求，增强了与网络和外围设备的连接性。此外，通过所提供的功能块，可轻松实现复杂的控制。并且，通过无电池、使用温度范围的扩大，即使在制造现场以外也能放心使用。使用直线插补功能块，可轻松实现复杂的插补控制。在小型搬运装置中，凭借基于直线插补的最短路径控制，实现装置的小型化。

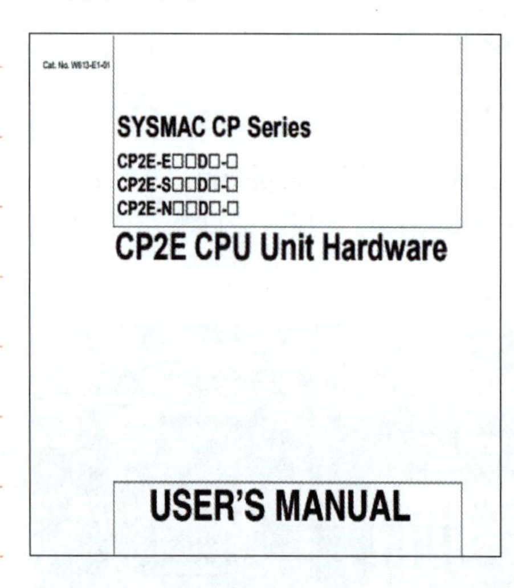

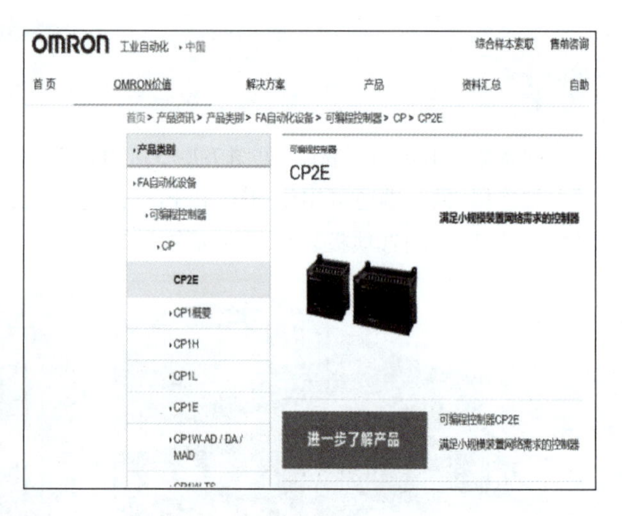

图7-1-14　CP2E型号PLC的选型手册或官网下载

3. PLC控制系统对布线的要求

①对PLC主机电源的配线应使用双绞线，并与动力线分开。

②接地端子必须接地，接地线必须使用2 mm^{2}以上的导线。

③输出/输入线应与动力线及其他控制线分开走线。

④传递模拟量的信号线应使用屏蔽线，一端接地。

⑤基本单元和扩展单元间传输要采用厂家提供的专用连接线。

⑥所有配线必须使用压接端子或单线。

⑦系统的动力线应足够粗。

学习笔记

7.1.4　计划决策

根据任务要求与相关资讯，制订本任务的分组计划方案，包括选择合适的 PLC，列举 PLC 控制部分所需的 I/O 端口，列出清单，绘制 PLC 控制部分的 I/O 接线图，组内合理分工，整理完善，形成决策方案，作为工作实施的依据。请将工作过程的方案列入表 7-1-1 中。

表 7-1-1　工作过程决策方案

序号	工作内容	需准备的资料	负　责　人
1	选择合适的 PLC		
2	I/O 地址的分配		
3	绘制 PLC 外部接线图		
4	检查设备机械结构运行		
5	模式设置及编程		

7.1.5　任务实施

步骤一　合理选择 CP 系列 PLC

分析任务要求，根据欧姆龙 PLC 的选型手册，初步分析需要多少 I/O 点，思考 CP2E 型号欧姆龙 PLC 的型号有哪些，确定最佳的 PLC，填写 I/O 分配表。

小提示：

(1)考虑到生产的发展和工艺的改进，在选择 PLC 容量时，应适当留有余量。

(2)根据已确定的用户 I/O 设备，统计所需的输入信号和输出信号的点数，选择合适的 PLC 类型，包括机型的选择、容量的选择、I/O 模块的选择、电源模块的选择等。

步骤二　绘制 I/O 接线图

设计 PLC 输入输出端子接线图纸，检查回路（未送电状态下）。

一般 PLC 系统的图纸包含柜内图纸和柜外图纸两部分：柜内图纸指柜子内部的接线图；柜外图纸是所有接出电气柜的接线图。

这一部分设计和检查时需注意：

①图纸设计是否合理，包括各种元器件的容量等。

②根据图纸检查元器件是否严格按照图纸连接。

小提示：

PLC 外部接线图又称为 PLC 的硬件接线图，就是将 PLC 的输入、输出端与控制系统中的按钮、开关、指示灯以及其他输入、输出设备连线图画出来。通常用 AutoCAD 软件就可以绘制，也可以用天正电气、浩辰电气等软件。

步骤三　完成 PLC 外部接线并调试

按照 I/O 接线图，完成 PLC 输入输出端子接线，检查回路后通电测试，如图 7-1-15 所示，是自动组装设备的螺钉拧紧单元的外部接线图。

检查 PLC 外部回路，也就是俗称的“打点”，电源确认完毕后送电，测试输入输出点，测试

学习笔记

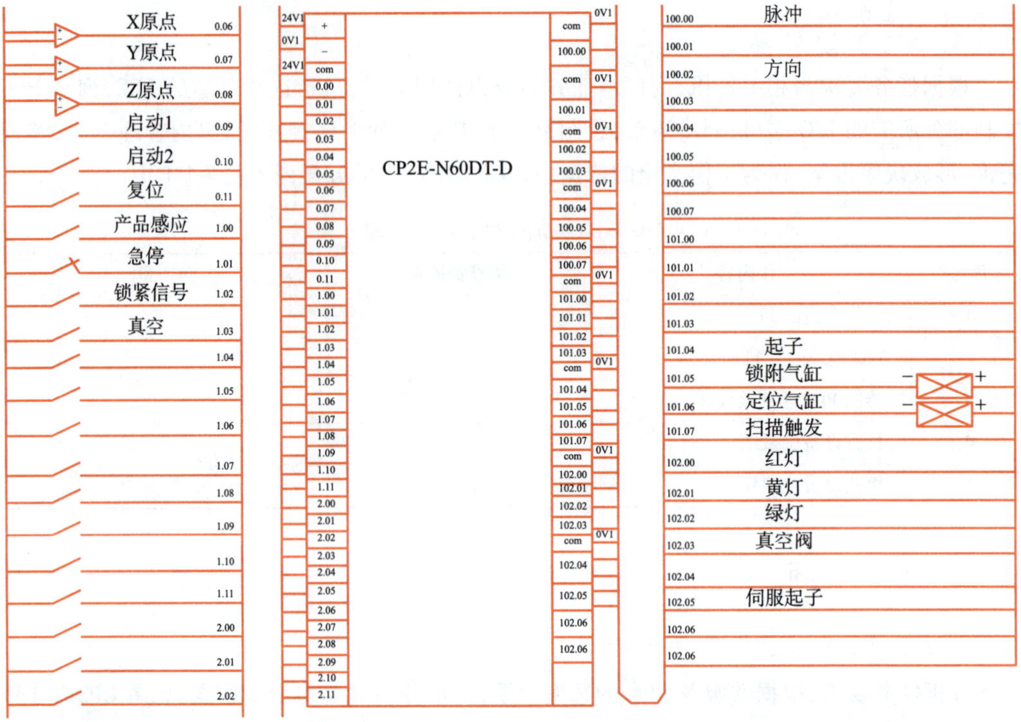

图 7-1-15　自动组装设备的螺钉拧紧单元的外部接线图

I/O 点需要挨个测试，包括操作按钮、急停按钮、操作指示灯以及气缸及其限位开关等，具体方法是一人在现场侧操作按钮等，另一人在 PLC 侧监控输入输出信号；对于大型系统应该建立测试表，即测试后做好标记。如果发现在施工过程中有接线错误需要立即处理。

在这一过程中，需要注意检查电源，确保回路没有短路，确保强弱电没有混合到一起，因为 PLC 电源为 24 V，一旦因为接线错误导致 220 V 接进 PLC 里，很容易将 PLC 或者拓展模块烧毁。

步骤四　检查机械结构并测试电动机类负载

这一步需要检查机械结构是否紧固等，电动机类负载是否做好相应保护，避免因意外导致事故。检查完毕后需要手动测试设备运行，如正反转电动机类需要测试线路是否完好并带电试车，变频器类设置相应参数并进行电动机优化、静态识别或者动态识别等。

这里需要注意的是对于一些特殊负载，比如垂直类上下移动的负载需要由专业人员进行，以免因控制不当导致测试事故。

步骤五　调试手动模式/半自动模式

I/O 点和负载侧都测试以后，接下来要进行的就是手动模式下的调试。这里的手动模式也可以叫作半自动模式，不是用手直接去按动电磁阀或接触器等，而是通过按钮或者 HMI 的按钮等去驱动设备，是与自动状态对应的。

手动模式的测试可以将自动模式按照人的意愿分解，方便测试程序。

这一环节最重要的是测试安全功能，即在设备运行状态下测试急停，安全光栅等的安全功能是否起到相应作用。

学习笔记

在完成半自动调试后，可进一步调试自动工作。这一环节是最重要的，需要根据生产工艺测试各种连锁，包括逻辑连锁、安全连锁等，而且要多测试几个工作循环，以确保系统能正确无误地连续工作。

7.1.6　任务巩固

一、填空题

1. PLC控制系统的设计步骤可分为________、________、________、________、________、________、________等。

2. CP系列PLC目前主流的型号有________、________、________三大类。

二、选择题

1. CP1H-XA40D□-□（CP1H-XA型）属于（　　）。

　A. 内置模拟量输入/出功能　　B. 基本型

　C. 高速定位型　　D. 标准型

2. CP2E型号PLC通过安装选项板使用最多（　　）个串行端口。

　A. 1　　B. 2　　C. 3　　D. 4

三、思考题

1. 学习PLC应用技术相关知识，试独立设计一个简易PLC控制系统。
2. PLC选型原则有哪些？
3. PLC软硬件设计及现场施工完成后，要有哪些手续交付？

任务7.2　CP系列PLC编程软件应用

7.2.1　任务描述

通过企业和车间见习，了解企业生产过程、生产纲领、工序、工步及安全生产等基本知识，掌握CP系列PLC的编程软件及指令学习。

7.2.2　工作流程

根据任务描述，结合企业对电气调试技术员的岗位能力和工作流程的要求，分析本次任务的工作流程如下：

①熟悉CP2E软件手册。

②熟悉OMRON CX-One编程软件的基本操作。

③了解软件编程的指令、系统搭建等工程项目设计流程。

④根据控制要求，进行编程和现场调试，完成项目验收。

7.2.3　知识准备

1. 欧姆龙PLC编程软件简介

OMRON CX-One，它是欧姆龙的一款PLC编程软件，支持欧姆龙全系列的PLC，支持离线仿真，非常适合电气工程师等专业人员使用。

学习笔记

其中，CX-ONE 4.51 版本是综合性软件包，为 PLC 编程软件集成了支持软件，可对包括网络、可编程终端、伺服系统、变频器、电子温度控制器进行设置。

其中的编程软件 CX-Programmer V9，全面支持欧姆龙 PLC 编程，并且该版本支持 32、64 位操作系统，CX-ONE 软件安装如图 7-2-1 所示。

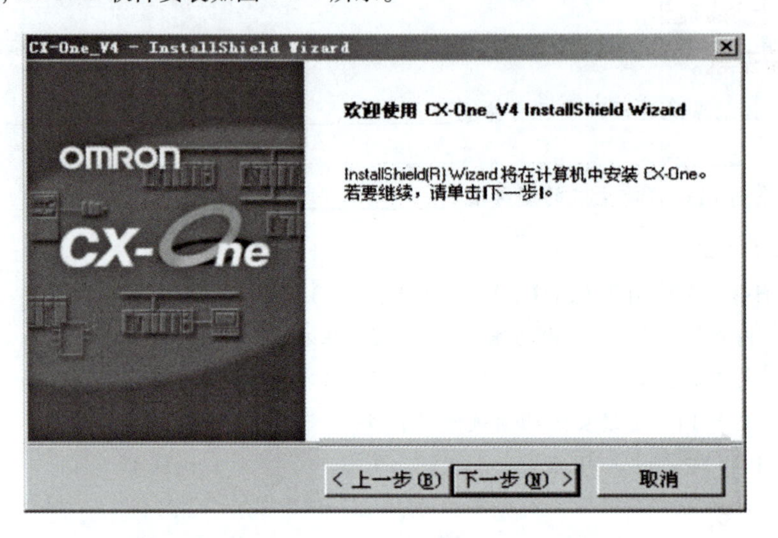

图 7-2-1　CX-ONE 软件安装

2. CX-Programmer 软件的应用

CX-Programmer（CX-P）是欧姆龙公司 PLC 的编程支持软件，适用于从超小型 CPM1A 系列到大型 CVM1/CV 系列的任何一种欧姆龙的 PLC，为用户提供了程序的输入、编辑、检查、调试监控和数据管理等手段，既可用梯形图语言，也可用助记符语言，该软件界面如图 7-2-2 所示。

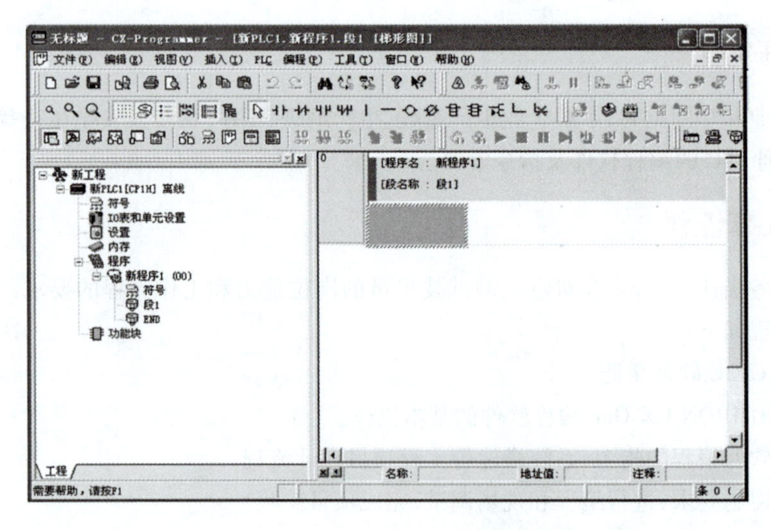

图 7-2-2　软件界面

（1）使用 CX-Programmer（CX-P）软件进行梯形图设计的一般步骤

①启动 CX-P 软件。

②建立新工程。

学习笔记

③单击主菜单中的“文件→新建”，在弹出的界面中选择 PLC，画梯形图。

④编译程序。

⑤检验语法错误。

⑥程序存盘。

⑦检查 I/O 接线和 COM 口设置，在线连接。

⑧下载程序。

⑨运行并调试程序。

⑩完成交接工作。

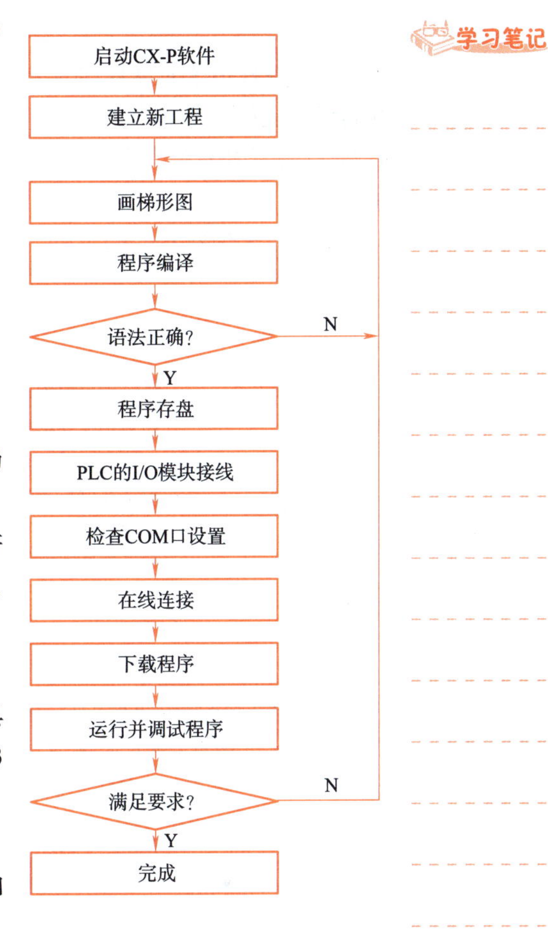

(2)全局符号

一个 PLC 下的各个程序都可以使用的符号称为全局符号，而只能在某个程序中使用的符号称为本地符号。

双击工程窗口中 PLC 下的“符号”，则显示出全局符号表。全局符号表中，系统填入的符号都具有前缀“P_”，不能编辑或删除。

(3)自动错误检测

梯形图工作区：显示或编辑梯形图程序，CX-P 软件具有自动错误检测功能(红：错误；蓝：正确)，如图 7-2-3 所示。

(4)界面切换

助记符视图：用助记符指令编程的格式化编辑器，如图 7-2-4 所示。

用梯形图视图编的程序，会自动生成对应的助记符表，反之亦然。在“视图”菜单中切换“梯形图”视图和“助记符”视图。

图 7-2-3　自动错误检测界面

条	步	指令	操作数	值	注释
0	0	LD	I:0.00		
	1	OR	Q:100.01		
	2	ANDNOT	I:0.01		
	3	OUT	Q:100.01		

图 7-2-4　助记符视图

学习笔记

3. 欧姆龙 CP 系列 PLC 指令集

PLC 各种指令的集合称为 PLC 的指令系统。PLC 的指令可概括成基本指令、应用指令和高级功能指令等几大类。其中 CPM1A 的基本指令有时序输入、时序输出、时序控制、定时器/计数器等几类指令，CP1H 除包含 CPM1A 的所有基本指令外，各种类型都有所增加和扩展。

常用指令集见表 7-2-1。

表 7-2-1　常用指令集

分　　类	指 令 名 称
基本指令	LD、NOT、AND、OR、OUT、NOT、TIM(H)、CNT、CNTR、SET、RSET、KEEP、DIFU、DIFD
高级指令	数据传送类指令：MOV、BSET、MOVD 数据比较类指令：CMP、ZCP 数据移位类指令：SFT、SFTR 数制换算类指令：BCD、BIN、SDEC 数据运算类指令：+ +B、- -B、+B、-B、+、- ……

4. PLC 数据存储格式

欧姆龙 PLC 采用通道的概念存储数据。将存储数据的单元称为通道，又称字。每个存储单元都有一个地址，称为通道地址，简称通道号，每个通道有 16 位，每个位就是一个“软继电器”，因此一个通道就有 16 个继电器，如图 7-2-5 所示。

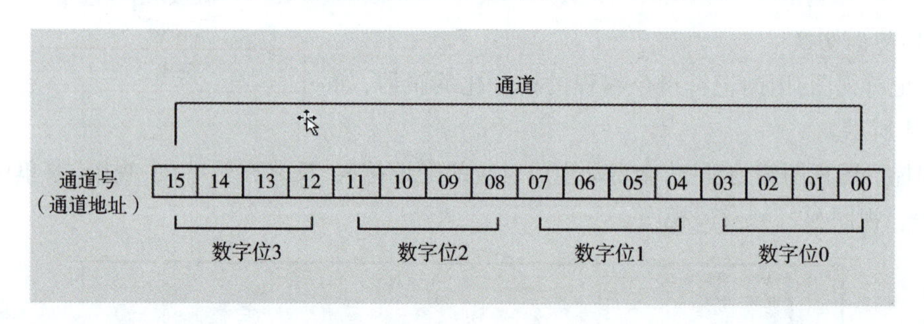

图 7-2-5　数据存储分配

欧姆龙 PLC 将整个数据存储器分为 10 个区，分别是：输入继电器区、输出继电器区、内部辅助继电器区、特殊继电器区、保持继电器区、暂存继电器区、定时/计数器区、数据存储区、辅助存储继电器区、链接继电器区。

位(bit)：二进制数的一位(1/0)，分别对应继电器线圈得/失电(ON/OFF)或触点的通/断(ON/OFF)。

数字(digit)：由 4 位二进制数构成，可以是十进制 0～9，也可是十六进制 0～F。

字节(byte)：由 8 位二进制数构成。

字(word)：又称为通道(channel)，由 2 个字节构成。

存储器是字元件，按字使用，每个字 16 位。

继电器是位元件，按位使用，地址按通道进行管理，如图 7-2-6 所示。

学习笔记

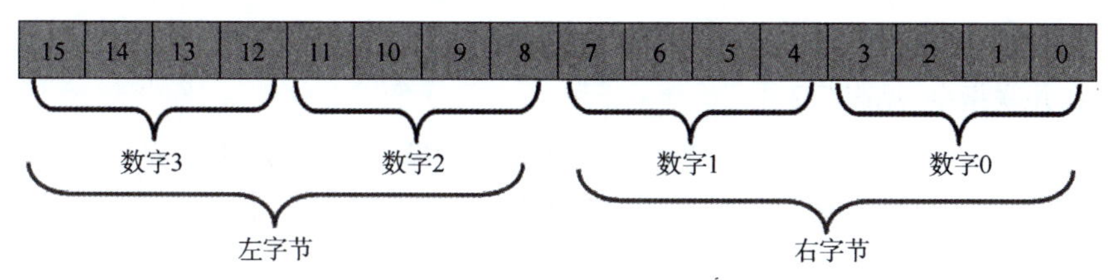

图 7-2-6　软元件地址编号

位地址 = 通道(CH)号 + 通道内序号,见表 7-2-2。

表 7-2-2　CP1H 中的软元件地址范围

类型	X 型	XA 型	Y 型
输入继电器	272 点(17CH)　0.00～16.15		
输出继电器	272 点(17CH)　100.00～116.15		
内置模拟输入继电器区域	—	200～203CH	—
内置模拟输出继电器区域	—	210～211CH	—
串行 PLC 链接继电器	1 440 点(3100～3199CH)		
内部辅助继电器	4 800 点(1200～1499CH)　35 504 点(3800～6143CH)　8 192 点(W0～W511CH)		
暂时存储继电器	16 点 TR0～TR15		
特殊辅助继电器	只读 7168 点(448CH)　A0.00～A447.15(A0～A447CH)日读/8 192 点(512CH)　H0.00～H511.15(H0～H511CH)		
定时器	4 096 点 T0～T4095		
计数器	4 096 点 C0～C4095		
数据内存	32K 字 D0～D32767		
数据寄存器	16 点(16 位)DR0～DR15		

5. 输入输出指令介绍

(1)读指令和输出指令

读指令和输出指令,见表 7-2-3。

①操作不影响标志位。

②OUT、OUTNOT 指令对输出继电器、辅助继电器、暂存继电器 TR、保持继电器 HR、等继电器线圈的驱动指令,但对输入继电器不能使用。

③OUT、OUTNOT 指令可多次并联使用。

表 7-2-3　读指令和输出指令

助记符	名　称	功　能	梯　形　图
LD	读	输入母线和常开触点连接	
LDNOT	读非	输入母线和常闭触点连接	
OUT	输出	将逻辑运算结果输出,驱动线圈	
OUTNOT	反相输出	将逻辑运算结果反相后输出,驱动线圈	

学习笔记

(2)串联和并联指令

串联和并联指令,见表7-2-4。

①AND、ANDNOT 用于 LD 或 LDNOT 后一个常开或常闭触点的串联。

②OR、ORNOT 用于 LD 或 LDNOT 后一个常开或常闭触点的并联(串并联的数量不限制)。

③AND、ANDNOT、OR、ORNOT 的操作不影响标志位。

表 7-2-4　串联和并联指令

助记符	名　称	功　能	梯　形　图
AND	与	常开触点串联连接	
ANDNOT	与非	常闭触点串联连接	
OR	或	常开触点并联连接	
ORNOT	或非	常闭触点并联连接	

(3)块与和块或指令

块与和块或指令,见表7-2-5。

①两个或两个以上触点并联的电路称为并联电路块。

②两个或两个以上触点串联的电路称为串联电路块。

③建立电路块用 LD 或 LD NOT 开始。

④当一个并联电路块和前面的触点或电路块串联时,需要用块与 AND LD 指令。

⑤当一个串联电路块和前面的触点或电路块并联时,需要用块或 OR LD 指令成批使用 AND LD、OR LD 指令,使用次数限制在 8 次以下。

表 7-2-5　块与和块或指令

助记符	名　称	功　能	梯　形　图
AND LD	块与	并联电路块的串联	
OR LD	块或	串联电路块的并联	

(4)置位、复位和保持指令

置位、复位和保持指令,见表7-2-6。

①置位 SET、复位 RSET 指令可单独使用。

②保持指令是置位和复位指令的组合,置位 S 在先,复位 R 在后,不能交换次序,S 和 R 也不能单独使用。

表 7-2-6　置位、复位和保持指令

操作码	名　称	功　能	梯　形　图
SET	置位	使指定的继电器 ON	SET 操作数

续表

操作码	名　称	功　能	梯　形　图
RSET	复位	使指定的继电器 OFF	RSET 操作数
KEEP	保持	使指定的继电器动作	S R KEEP 操作数

6. 微分指令介绍

微分指令用于专门检测输入信号的上升沿、下降沿的变化，或者根据驱动信号的变化（上升沿或下降沿）输出时间是一个扫描周期的脉冲。

CPM1A 只有输出微分指令 DIFU、DIFD。CP1H 还有连接型微分指令 UP、DOWN。所有微分功能都能用 DIFU、DIFD 来实现，见表 7-2-7。在指令前面加符号@ 或%，即为指令的微分形式。

①@：上升沿微分，作用时间是一个扫描周期。

②%：下降沿微分，作用时间是一个扫描周期。

表 7-2-7　微分指令

助记符	名　称	功　能	梯　形　图
DIFU	上升沿微分	在逻辑运算结果上升沿时，继电器在一个扫描周期内 ON	DIFU 操作数
DIFD	下降沿微分	在逻辑运算结果下降沿时，继电器在一个扫描周期内 ON	DIFU 操作数
UP	上升沿微分	输入信号的上升沿（OFF→ON）时，1 周期内为 ON，连接到下一段	UP
DOWN	下降沿微分	输入信号的下升沿（ON→OFF）时，1 周期内为 ON，连接到下一段	DOWN

7. 定时器/计数器指令介绍

（1）定时器指令

定时器指令，见表 7-2-8。

CPM1A 常用定时器指令：有 TIM（BCD 定时器）和 TIMH（BCD 高速定时器）。

CP1H 中：TMHH（超高速定时器）、TTIM（BCD 累计定时器）和 TIML（BCD 长时间定时器）等。

在指令后缀 X，并在 CX-P 编程软件的“PLC 属性”设定为“以二进制形式执行定时器/计数器”，即成为以二进制 BIN 计数的定时器。

表 7-2-8　定时器指令

助记符	功能	精度/s	定时器号	设定值	计数方法	定时	复位
TIM	BCD 定时	0.1	0～4 095	#0～9 999	减计数	ON	OFF
TIMH	BCD 高速定时	0.01	0～4 095	#0～9 999	减计数	ON	OFF
TTIM	BCD 累计定时	0.1	0～4 095	#0～9 999	加计数	I = ON R = OFF	R = ON
TIML	BCD 长定时	0.1	0～4 095	#0～99 999 999	减计数	ON	OFF

学习笔记

（2）计数器指令

计数器指令，见表7-2-9。

常用计数器指令：CNT（BCD计数器）、CNTR（BCD可逆计数器）。

在CP1H中，如果在指令后缀X，并在CX-P编程软件的“PLC属性”设定为“以二进制形式执行定时器/计数器”，即成为以二进制BIN计数的计数器。

表7-2-9　计数器指令

助记符	名称	功能	梯形图	说明
CNT	计数	减法计数器，计数设置值0～9999	CP、R → CNT N S	1. 计数器号N： CPM1A：000～127（十进制） CP1H：0000～4095（十进制） 2. 设定值S： #0000～9999（BCD）、S值可直接设定，也可存放在数据存储器D中直接设定或间接设定。
CNTR	可逆计数	加、减法计数器、计数设置值0～9999	ACP、SCP、R → CNTR N S	

8. 顺序控制指令介绍

步进指令是解决顺序控制的常用指令，解决顺序控制分两步走：从实际问题到顺序功能图，从顺序功能图到梯形图。

（1）步进指令

步进指令，见表7-2-10。

①步的开始，由SNXT引导，一直持续到没有控制位的STEP结束。

②由一个带控制位S的STEP来定义一个步的起始。

③使用相同控制位的SNXT指令来启动这个控制位步的执行。

④一步完成时，该步中所有的继电器都为OFF，所有定时器都复位，计数器、移位寄存器及KEEP中使用的继电器都保持其状态。

⑤在步进区域中，不会出现同名双线圈输出引起的问题。

⑥步程序内不能使用联锁、跳转、SBN和END指令。

表7-2-10　步进指令

助记符	名称	功能	梯形图	说明
STEP	步进控制领域定义	步进控制结束，指令以后执行的是常规梯形图程序	STEP	1. S为工步编号，可用辅助继电器号表示。 2. 步进区内的编号和步进区外的编号不能重复。 3. 在步进区内不能使用互锁、转移、结束、子程序指令。
STEP		步进控制的开始	STEP S	
SNXT	步进控制	前一步复位、后一步开始	SNXT S	

（2）顺序功能图

顺序功能图又称状态转移图，它是描述控制系统的控制过程、功能和特性的一种图形，也是设计PLC顺序控制程序的重要工具。功能图并不涉及所描述的控制功能的具体技术，它是一种通用的技术语言，可以用于进一步设计和不同专业人员之间的技术交流。

学习笔记

图7-2-7为功能图的一般形式，它主要由步、有向连线、转换、转换条件和动作（命令）组成。

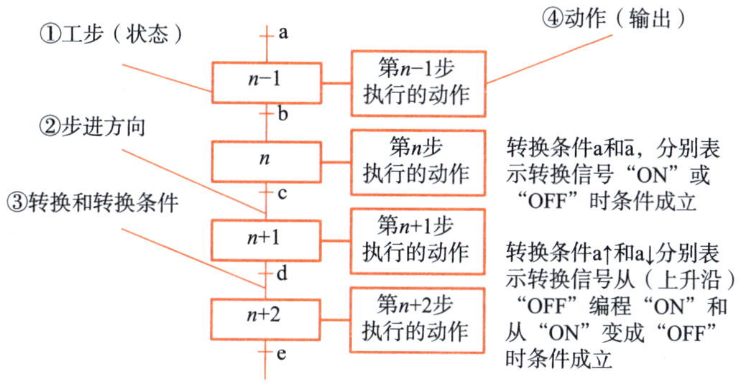

图7-2-7　顺序功能图结构

在功能图中用矩形框表示步，方框内是该步的编号。图7-2-7各步的编号为$n-1$、n、$n+1$。编程时一般用PLC内部元件来代表各步，例如，步n可用内部元件的编号W0.01来表示，这样在根据功能图设计梯形图时较为方便。

一个控制系统可以划分为被控系统和施控系统。对于被控系统，在某一步中要完成某些"动作"；对于施控系统，在某一步中则要向被控系统发出某些"命令"，将动作或命令统称为动作，并用矩形框中的文字或符号表示，该矩形框应与相应步的符号相连。

当系统正处于某一步时，该步处于活动（有效）状态，称该步为"活动步"（有效步）。步处于活动状态时，相应的动作被执行。若属于保持型的动作，则该步不活动时也会继续执行该动作；若为非保持型动作，在该步不活动时动作就停止执行。一般在功能图中保持型的动作应该用文字或助记符标注，而非保持型动作不要标注。

在画功能图时，将代表各步的方框按它们成为活动步的先后次序顺序排列，并用有向连线将它们连接起来。活动状态的进展方向习惯上是从上到下或从左至右，在这两个方向有向连线上的箭头可以省略。如果不是上述的方向，应在有向连线上用箭头注明进展方向。

转换是用有向连线上与其垂直的短划线来表示，转换将相邻两步分隔开。步的活动状态的进展是由转换来实现的，并与控制过程的进展相对应。

7.2.4　计划决策

根据任务要求与相关资讯，制订本任务的分组计划方案，包括选择合适的PLC，列举PLC控制部分所需的I/O端口，列出清单，绘制PLC控制部分的I/O接线图，组内合理分工，整理完善，形成决策方案，作为工作实施的依据。请将工作过程的方案列入表7-2-11中。

表7-2-11　工作过程决策方案

序号	工作内容	需准备的资料	负　责　人
1	选择合适的PLC		
2	绘制PLC外部接线图		
3	顺序控制功能图设计		
4	检查软件环境		
5	分步骤现场调试		

学习笔记

视频

电动机循环正反转控制设计

7.2.5 任务实施

步骤一 新建工程项目，在软件中验证

案例：用欧姆龙 CJ 系列 PLC 实现对一台电动机的正反转自动循环控制

控制要求：启动，电动机先正转，5 s 后自动反转，反转 8 s 后自动又回到正转，如此循环，可随时停止。

（1）建立新工程

单击“新建”图标，或单击主菜单中的“文件”→“新建”命令来建立一个新工程；在弹出的“改变 PLC”对话框中填入设备名称、设备型号、网络类型以及注释。本例中，PLC 的型号为 CJ2M，网络类型为 USB。

（2）梯形图编程操作

程序编程界面如图 7-2-8 所示。

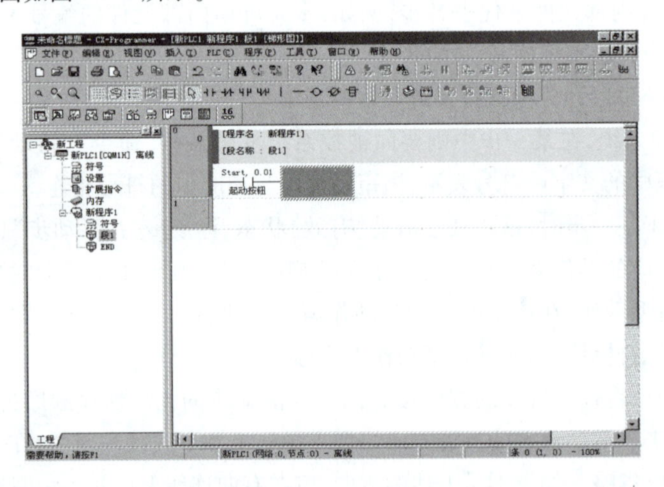

图 7-2-8 程序界面

（3）定时器操作

输入定时器线圈时，先单击工具栏中的指令图标，将鼠标移到梯形图编辑窗口中需要输入定时器的地方单击，弹出指令对话框，如图 7-2-9 所示。

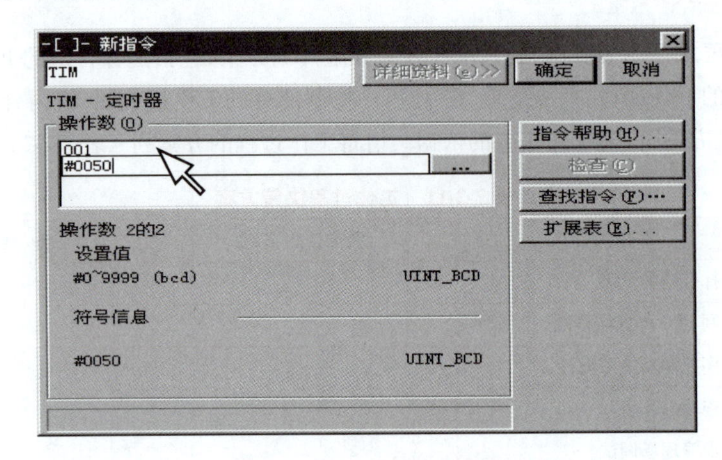

图 7-2-9 定时器指令设置

学习笔记

(4)编译程序

单击主菜单中的“PLC”→“编译所有的 PLC 程序”命令,编译结果显示在输出窗口中。程序编译结果应为“0 错误,0 警告”,如图 7-2-10 所示。

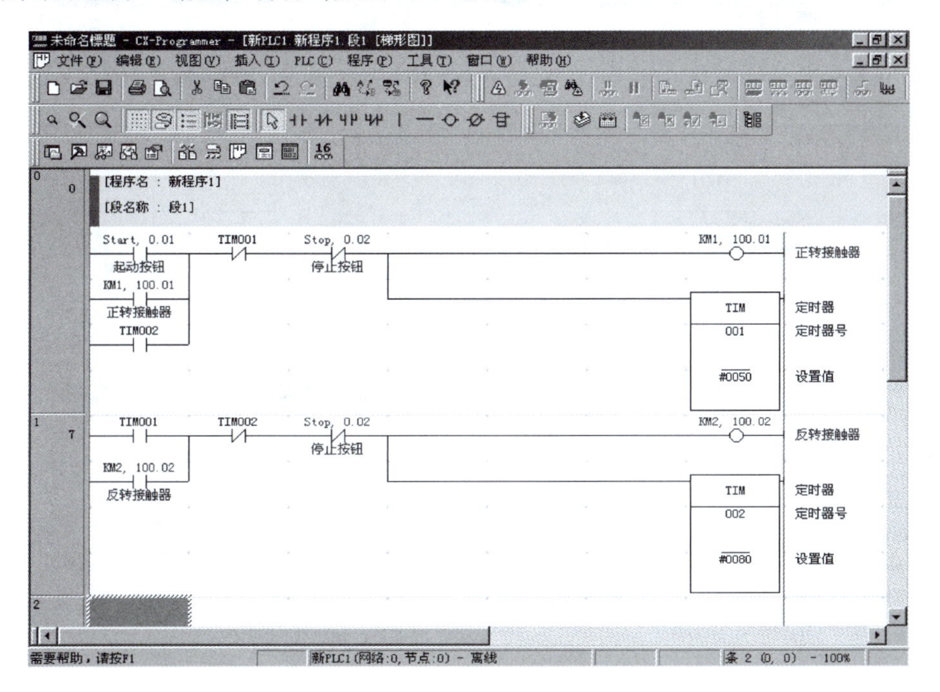

图 7-2-10 程序编译界面

(5)下载程序,保存工程

将 PLC 与计算机的 USB 口用电缆连接(注意:必须在断电时连接)。

单击主菜单中的“PLC”→“在线工作”,在弹出的确认框中,单击“是”按钮,则计算机与 PLC 开始联机通信。

当 CX-P 的梯形图编辑窗口的背景颜色由白色变为灰色时,CX-P 就进入了在线状态。

(6)在线监视,强制 ON/OFF

在线监视可方便而直观地监控程序的运行状况,单击主菜单中“PLC”→“操作模式”命令,在下级子菜单中单击“监视”或“运行”,PLC 开始执行程序,CX-P 进入在线监视状态;在线监视状态下,指令条中的绿色标记代表该处逻辑当前是导通的,否则为断开状态。

通过对某些继电器接点的强制 ON/OFF 操作,可以方便地测试程序的正

确性;例如,在电动机正反转自动循环控制梯形图程序中,进入在线监视状态后,若要强制“启动按钮”的常开接点为“ON”,先选中“启动按钮”接点,再单击主菜单中“PLC”→“强制”命令,在下级子菜单中单击“为 On”命令,如图 7-2-11 所示。

小提示:

当某常开接点被强制 ON 后,该接点会一直处于接通状态;若要使其恢复断开,可在“强制”的下级子菜单中单击"取消"命令,从而取消原先的强制操作。

步骤二 掌握顺序控制设计法的设计思路

若一个控制任务可以分解成几个独立的控制动作,且这些动作严格地按照先后次序执行

学习笔记

才能使生产过程正常实施，这种控制称为顺序控制或步进控制。在工业控制领域中，顺序控制应用广泛，尤其在机械制造行业，几乎都利用顺序控制来实现加工过程的自动循环。

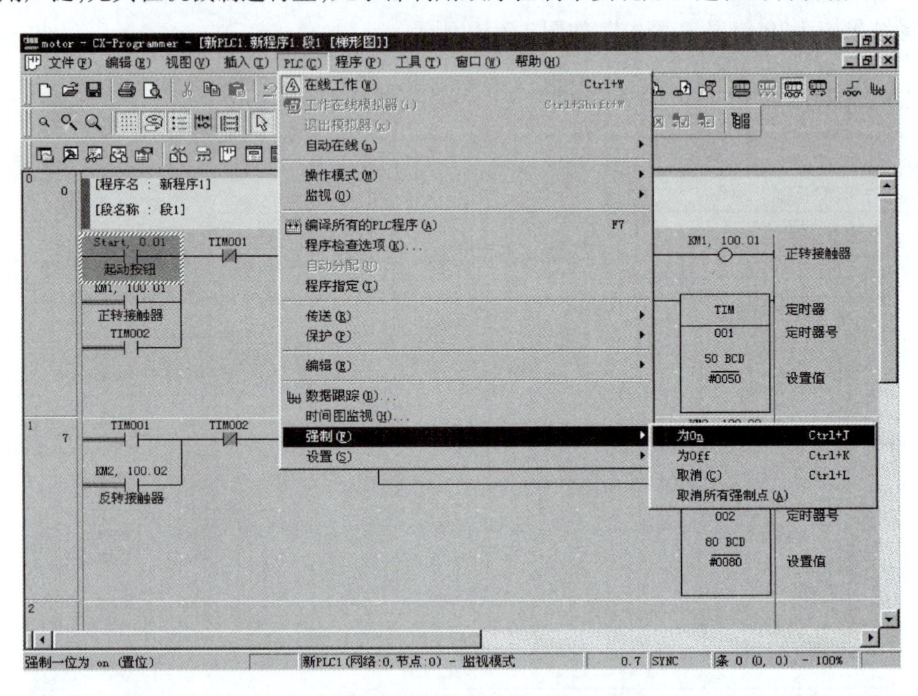

图 7-2-11　在线监视界面

顺序控制设计法就是针对顺序控制系统的一种专门设计方法。该设计方法对初学者易于接受，对于有经验的工程师，也会提高编程效率，便于程序的调试、修改与阅读。PLC 的设计者们为顺序控制系统的程序编制提供了大量通用和专用的编程元件，开发了专门供编制顺序控制程序的功能图，使这种先进的设计方法成为当前 PLC 应用程序设计的主要方法。

7.2.6　任务巩固

一、名词解释

定时器指令，计数器指令，顺序功能图。

二、选择题

1.（多选）PLC 常用的编程语言有(　　)。

A. 梯形图(LD)　　B. 指令表(IL)

C. 功能块图(FBD)　　D. 汇编语言

2.（多选）顺序功能图通常由(　　)组成。

A. 工步(状态)　　B. 动作　　C. 有向线段　　D. 转换和转换条件

三、思考题

1. 使用 CX-P 软件进行梯形图设计的一般步骤有哪些？
2. 使用欧姆龙系列 PLC 的软件 CX-Programmer，对计算机系统有什么要求？
3. OMRON CP 系列 PLC 指令集有哪些？
4. 顺序功能图的设计步骤是什么？

学习笔记

任务 7.3　螺钉旋具拧紧操作的 PLC 点位控制

7.3.1　任务描述

在机械加工时,PLC 控制系统的点位控制一般用在孔加工设备上,例如钻孔、镗孔、拧螺钉旋具等设备上,其特点是设备移动部件实现由一个位置到另一个位置的精确移动和定位,即准确控制移动部件的终点位置,但并不考虑其运动轨迹,在移动过程中的准确定位。

实现设备系统点位控制方法有两种:一是采用全功能的数控设备,这种装置功能完善,但其价格却很昂贵,而且许多功能对点位控制来说是多余的;二是采用单板机或单片机控制,这种方法除了要进行软件开发外,还要设计硬件电路、接口电路、驱动电路,特别是要考虑工业现场中的抗干扰问题。PLC 是一种数字运算操作的控制装置,专为工业环境设计的一种工业控制计算机,具有抗干扰能力强,可靠性高,体积小,采用面向用户的指令,编程方便,是实现机电一体化的理想控制装置。因此,用 PLC 来控制步进电动机,在实际的控制系统中应用非常广泛。PLC 驱动步进电动机实现点位控制,硬件电路设计简单、方便快捷,编程时只要熟悉 PLC 的指令即可。

7.3.2　工作流程

根据任务描述,结合企业对电气调试技术员的岗位能力和工作流程的要求,分析本次任务的工作流程如下:

①分析自动组装设备螺钉旋具拧紧的工序、工步及安全生产等基本知识。

②掌握 CP 系列 PLC 控制 X-Y 螺钉装配机械手装置的原理和构成。

③根据任务要求,列举 PLC 控制部分所需的 I/O 端口,列出清单。

④硬件接线检查后,根据任务要求,完成程序设计并现场调试。

⑤填写相关表格并交付相关部门验收,并签字确认。

7.3.3　知识准备

1. 步进电动机工作原理

步进电动机的运行受脉冲的控制,电动机转子的角位移和转速是与输入脉冲的数量和脉冲频率严格成正比的,可以通过调节脉冲频率来控制电动机的转速,改变通电脉冲的顺序来控制步进电动机的运动方向。因此在计算机控制领域中,步进电动机的运用极为普遍。

拧螺钉操作 X\Y 轴两个方向的直线驱动模块采用 Microstep 17HS101 两相混合式步进电动机进行驱动,其步距角为 1.8°,输出相电流为 1.7 A,驱动电压为 DC 24 V。该步进电动机内部接线示意图和实物如图 7-3-1 所示。

电动机的控制指令不能形成连续的旋转磁场,为了使步进电动机能够旋转并步进,就要形成连续旋转磁场,这必须依靠变换器(即环形脉冲分配器)来实现。环形脉冲分配器把来自加、减电路的一系列进给脉冲指令,转换成控制步进电动机定子绕组的通、断电的高低电平信号,高低电平信号状态的改变次数和翻转次序要与进给脉冲的个数和脉冲的变化方向相对应。环形脉冲分配器输出的信号仅仅是步进电动机要产生期望角位移的数字逻辑控制信号,

学习笔记

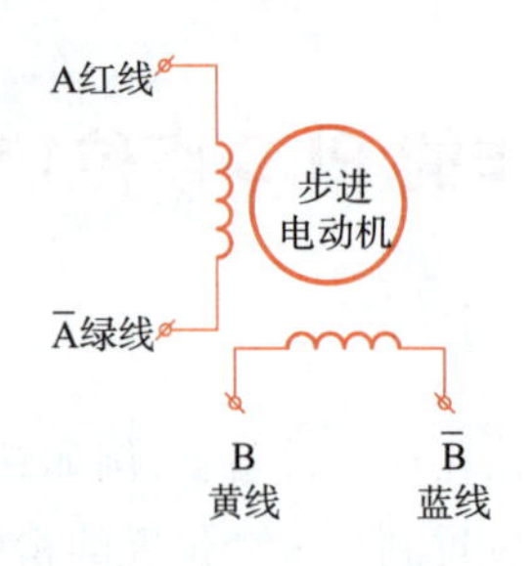

图 7-3-1 两相混合式步进电动机的内部接线示意图和实物图

一般是 TTL 输出电平，只是毫瓦（mW）数量级的功率，这样就需要经过功率放大后，再接到步进电动机相应的相上，才能带动步进电动机正常转动。大部分的步进电动机的控制都倾向采用硬件环形脉冲分配器，因此硬件环形脉冲分配器往往与功率放大器集成在一起，构成步进电动机的驱动装置。

该单元中采用 SH-2H040Ma 步进电动机驱动器来控制驱动 Microstep 17HS101 步进电动机运行。该步进电动机驱动器集硬件环形脉冲分配器与功率放大器于一体，为 2\4 相混合型步进电动机驱动器，可以与之配套的电动机还有 17HS001、17HS111 和 23HS2001 等。此驱动器实物如图 7-3-2（a）所示，在驱动器上有 1 个 4 位拨码开关（DIP1 ~ DIP4），通过 DIP1 和 DIP2 的不同组合（00、01、10）分别选择对应工作步距角为 0.9°、0.45°、0.225°。同时在驱动器上还有 1 个 10 位接口的接线端口接线排，分别用于与控制器和步进电动机进行连接。该步进电动机驱动器的工作电流输出为 1.7 A，工作电压为 DC 24 V。

图 7-3-2（b）所示为步进电动机 17HS101 与其配套驱动器 SH-2H040Ma 的电气接线原理图。将步进电动机相应相的接线端子连接到步进电动机驱动器的对应端子上即可。具体连接时，将步进电动机引出线（即红线、绿线、黄线、蓝线）分别对应连接到步进电动机驱动器的 A、A、B、B 连接端子上。图中 CP + 与 CP − 是脉冲信号，脉冲的个数、脉冲频率和步进电动机的位移、速度成正比；DIR + 和 DIR − 为方向信号，方向信号的高低电平决定了电动机的旋转方向。另外，驱动器的 CP +、DIR + 两端口引出接线上均串上一个 2 kΩ 的电阻，当驱动器与控制器 PLC 之间建立电气连接时，该电阻就会串联在 CP + 与 CP −、DIR + 和 DIR − 两个电气回路中进行回路电流的限流保护。同时驱动器要工作，其上需要连接上 24 V 的直流工作电源。由此可以看出，步进电动机接收控制器的低压、低功耗控制信号为步进电动机输出两相脉冲功率电源。

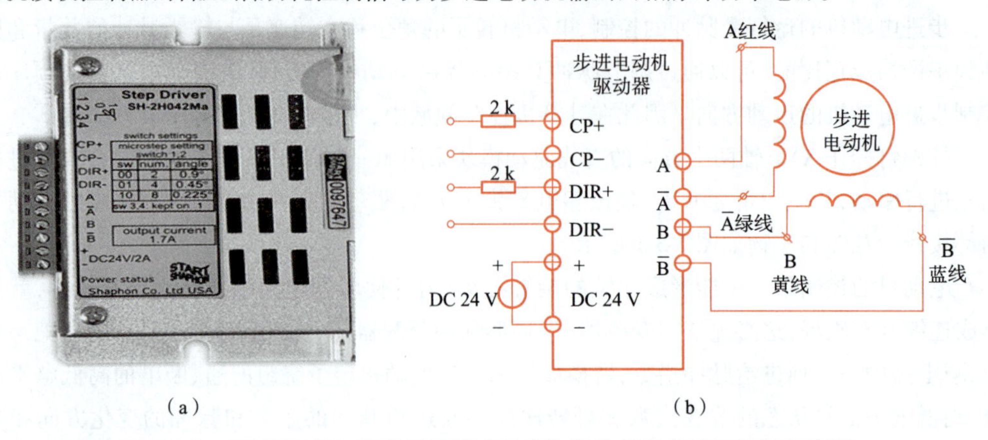

（a）　　　　（b）

图 7-3-2 SH-2H040Ma 步进得到驱动器实物图及其电动机的电气接线图

如前所述，驱动器的侧面上有一个 4 位 DIP 功能设定开关，可以用来设置选择驱动器的工作方式和工作参数。DIP1、DIP2 位置状态决定驱动器的细分步数。该步进电动机驱动器细分设置见表 7-3-1。

表 7-3-1　步进电动机驱动器的细分设置表

DIP1	DIP2	步\转	角度\步
0	0	400	0.9
0	1	800	0.45
1	0	1 600	0.225

2. 设置脉冲指令 PULS

脉冲指令 PULS 主要用于设置需要输出的脉冲数量，功能见表 7-3-2，这一指令与速度输出指令 SPED 配合使用，在独立模式下，设计程序使开关由 OFF 到 ON 时，输出频率为 1 000 Hz 的脉冲，直到脉冲个数为 10 000 时停止脉冲输出。PULS 指令的作用是设置需要输出的脉冲数量，由 SPED 指令控制脉冲输出频率。这种配合使用使得 PLC 能够精确控制步进或伺服电动机的速度和位置，通过设定特定的脉冲频率和数量来实现对电动机的细致控制。

表 7-3-2　脉冲指令功能

指　令	助　记　符	变　化	功能代码	功　能
设置脉冲	PULS	@ PULS	886	PULS(886)用于设置脉冲输出量(输出脉冲的数量
符合	PULS PULS(886) P　P：端口定义 T　T：脉冲类型 N　N：脉冲数			

其中操作数 P 是端口定义，T 是脉冲类型，N 是脉冲数。

P 的端口"0000Hex"表示脉冲输出 0，"0001 Hex"表示脉冲输出 1。

T 的脉冲类型"0000Hex"表示相对，"0001 Hex"表示绝对。

N：存放输出脉冲个数的首通道（N 低 4 位、N+1 高 4 位）

功能：在执行条件为 ON 时，设定独立模式脉冲输出的脉冲个数。

程序举例：脉冲的绝对值，如执行 SPED(885)指令，使用脉冲+方向以顺时针方向在独立模式下启动目标频率为 500 Hz 的脉冲输出，如图 7-3-3 所示。

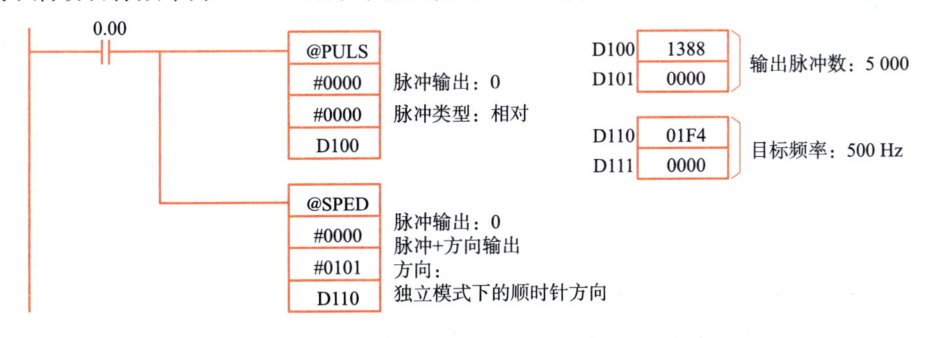

图 7-3-3　顺时针方向频率为 500 Hz 的脉冲输出

学习笔记

3. 设置脉冲输出指令 PLS2

PLS2 指令的功能综合了 SPED、PLUS、ACC 三个指令的功能，其功能见表 7-3-3。

表 7-3-3 脉冲输出指令功能

指　令	助 记 符	变　化	功能代码	功　能
脉冲输出	PLS2	@ PLS 2	887	PLS2(887)指令将指定数量的脉冲输出以指定的启动频率启动、以指定的加速率加速至目标频率、以指定的减速率减速，然后在与启动频率大致相同的频率处停止
符合	PLS2 PLS2(887) P　P：端口定义 M　M：输出模式 S　S：设定表首字 F　F：启动频率首字			

程序举例：当 CIO 0.00 变 ON 时，PLS2(887)指令以 100 000 个脉冲的绝对脉冲规格启动从脉冲输出 0 的脉冲输出。脉冲输出从 200 Hz 开始，以 500 Hz/4 ms 的加速率进行加速，直到达到 50 kHz 的目标速度。从减速点开始，脉冲输出以 250 Hz/4 ms 的减速率进行减速，直到达到 200 Hz 的启动速度为止，然后脉冲输出在该点停止，如图 7-3-4 所示。

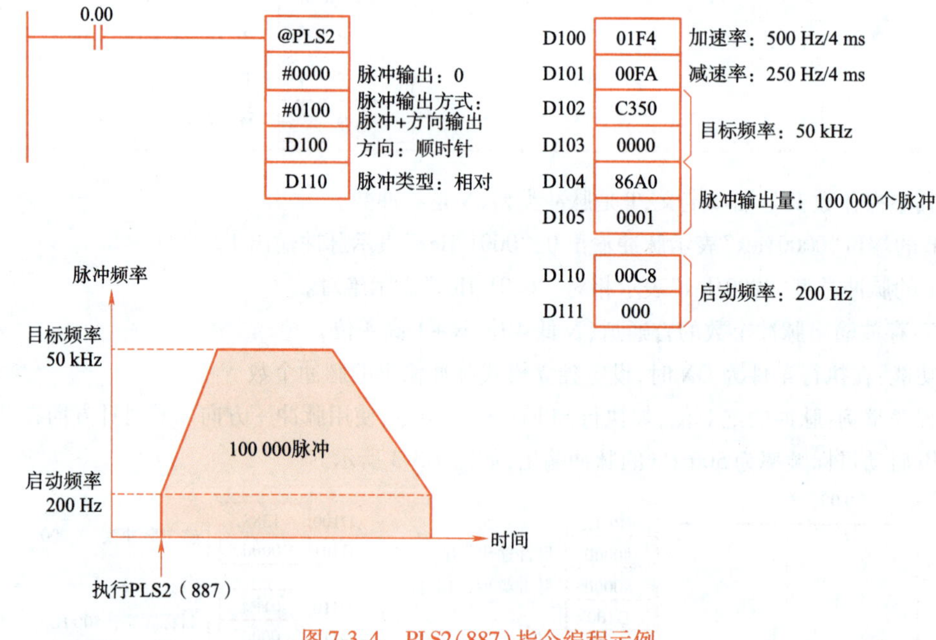

图 7-3-4 PLS2(887)指令编程示例

4. 速度输出指令 SPED(885)

速度输出指令 SPED 控制脉冲输出频率，端口选择 0 号端口，脉冲输出接 100.0 端子，方向输出接 100.02 端子，控制数据中选择脉冲 + 方向的控制方式。控制频率按项目需要设定为 8 000 Hz 和 2 000 Hz，如频率为 0，则步进电动机停止运行，见表 7-3-4。

学习笔记

表 7-3-4　速度输出指令功能

指　令	助 记 符	变　化	功能代码	功　能
速度输出	SPED	@SPE	885	SPED(885)指令用于为特定端口设定输出脉冲频率,并启动无加速或减速的脉冲输出
符合	SPED SPED(885) P　P：端口定义 M　M：输出模式 F　F：脉冲频率首字			

其操作数 PP 是端口定义,M 是输出模式,F 是脉冲频率首字。

P 的端口"0000Hex"表示脉冲输出 0,"0001 Hex"表示脉冲输出 1。

M 的脉冲输出"0000Hex"表示连续,"0001 Hex"表示独立。

程序举例:执行 SPED(885)指令,使用脉冲 + 方向方法以顺时针方向在独立模式下启动目标频率为 500 Hz 的脉冲输出,如图 7-3-5 所示。

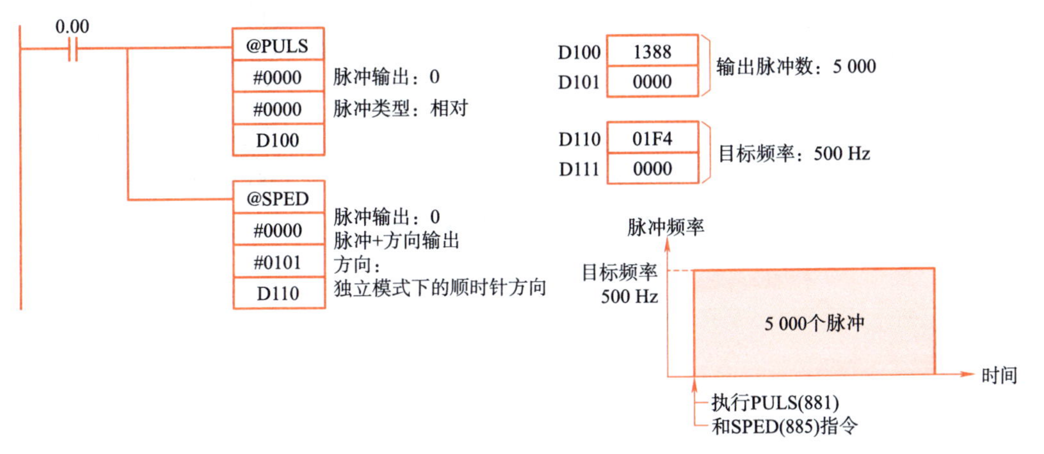

图 7-3-5　SPED(885)指令编程示例

7.3.4　计划决策

根据任务要求与相关资讯,制订本任务的分组计划方案,包括选择合适的 PLC,列举 PLC 控制部分所需的 I/O 端口,列出清单,绘制 PLC 控制部分的 I/O 接线图,组内合理分工,整理完善,形成决策方案,作为工作实施的依据。请将工作过程的方案列入表 7-3-5 中。

表 7-3-5　工作过程决策方案

序号	工作内容	需准备的资料	负　责　人
1	选择合适的 PLC		
2	绘制 PLC 外部接线图		
3	计算步进电动机的点位脉冲		
4	程序设计		
5	分步骤现场调试		

学习笔记

7.3.5 任务实施

步骤一 设计点位控制时间速度图

通常一个定位命令要求主轴与零件移动到另一位置时，模块先计算一个理论的时间速度图，然后以这个时间速度图控制轴，最后达到规定的位置。典型的时间速度图（见图7-3-6）是一个梯形，也就是说，轴先以用户设定的加速度匀加速运动，只是达到用户设定速度 v，然后，匀速运动一定的时间，在与用户设定的加速度做匀减速运动，直到速度变为0。速度达到0时，移动的距离正好是命令规定的值P。

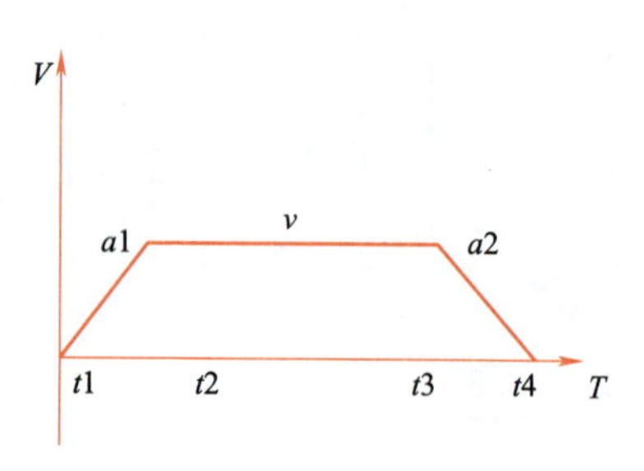

图7-3-6 时间速度图

根据这个时间速度图，可以计算出相应的时间位置图，对于不带旋转编码器的开环步进控制模块速度命令脉冲就以时间速度的值输出，当P个脉冲全部输出以后停止输出。

步骤二 设计控制过程方案

PLC驱动步进电动机实现点位控制，硬件电路简单方便快捷，编程时只要熟悉PLC的指令即可，下面采用了欧姆龙公司CP2E型PLC实现步进电动机的点位和速度控制。

（1）控制系统的硬件接线

PLC系统的硬件设计I/O接线图如图7-3-7所示，由于计算机和PLC等控制器发出的脉冲信号微弱，达不到能够直接驱动步进电动机的功率，所以必须是PLC在通过功率驱动器来控制步进电动机。脉冲输出功能的应用如图7-3-8所示。

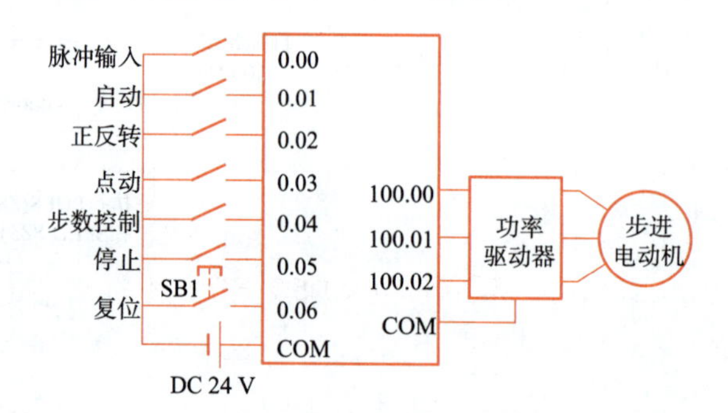

图7-3-7 PLC系统的硬件I/O接线图

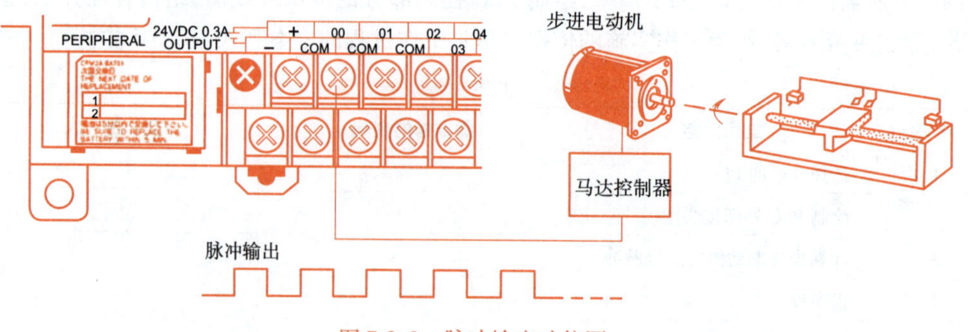

图7-3-8 脉冲输出功能图

（2）PLC 脉冲环形分配软件的实现

用软件代替硬件实现脉冲的环形分配，是 PLC 直接控制步进电动机的关键技术之一。以图 7-3-9 梯形图为例，用欧姆龙公司的 PLC 说明软件实现脉冲环形分配的原理，该程序已成功编译并下载运行，使步进电动机按照三相六拍方式工作。

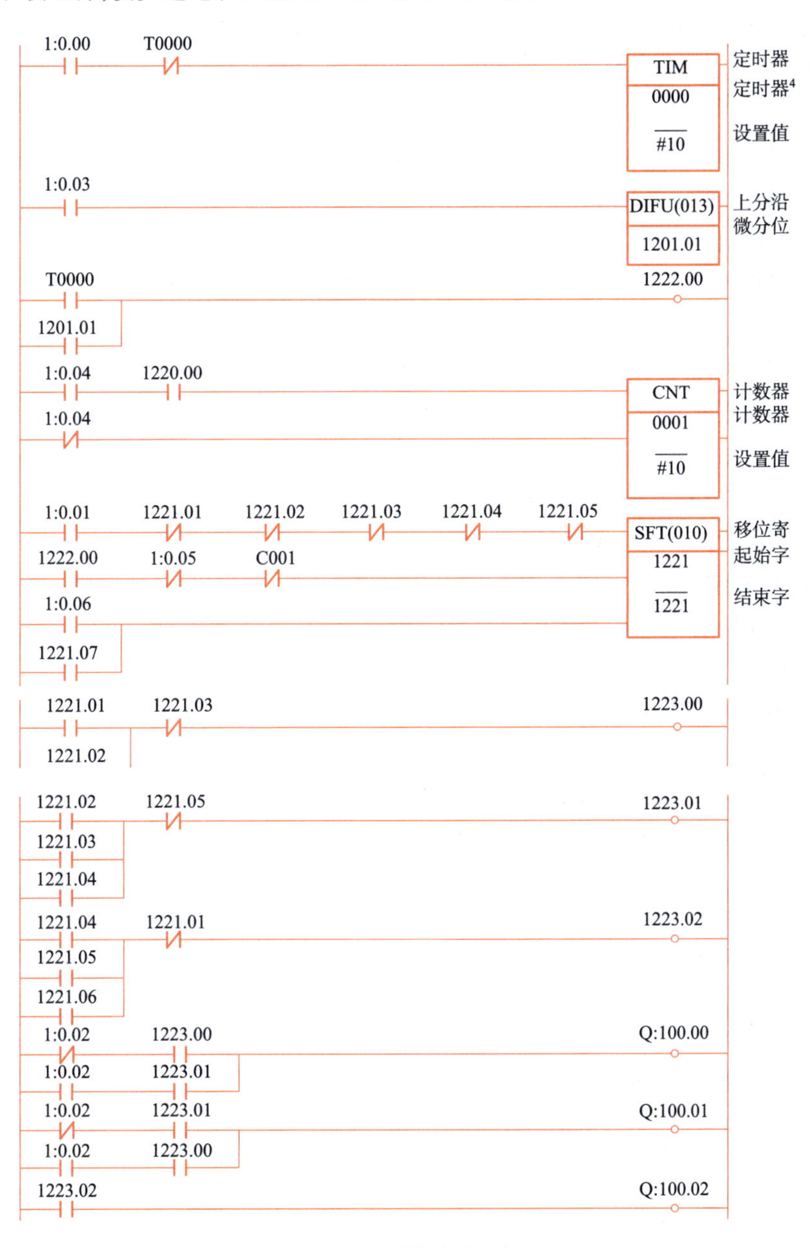

图 7-3-9　梯形图程序

①脉冲控制过程。

脉冲控制是通过改变计数器 CNT0001 的设定值 n，对脉冲输入进行计数，并将计数器的常闭触点串联与移位寄存器 SFT 的 CP 端，当按下步数控制开关 0.04 接通，开始计步数。当走完预定步数，计数器 CNT0001 动作，其常闭触点断开，步进电动机停止步进。

学习笔记

②环形脉冲控制过程。

步进电动机采用单、双运行方式，其脉冲分配器是由可编程序控制器编程软件来实现。由内部辅助继电器1222控制移位指令SFT的CP端，产生所需的脉冲频率，由1221通道的01～06位控制内部辅助继电器1223.00～1223.02，产生六拍时序环形脉冲。其接通顺序是1223.00（相位与A相）——1223.00、123.01（A、B相）、——1223.01（B相）——1223.01、1223.02（B、C相）——1223.02（C相）——1223.02、1223.00（C、A相）——1223.00（A相）……

最后由1223.00～1223.02控制输出继电器100.00～100.02，100.00～100.02按照三相六拍通电方式接通驱动功率驱动器，再由功率驱动器驱动步进电动机。

③正反转控制。

正反转控制开关处于断开位，0.02不动作，故1223.000、1223.01驱动100.00、100.01，由1223.02驱动100.02。要实现反转，按下正反转控制开关0.02动作，其常闭触点断开，常开触点闭合，由1223.01驱动100.00、1223.00驱动100.01，仍由1223.02驱动100.02，这样便实现了反转。按下停止开关0.05，步进电动机停止步进。

④加减速点位控制。

欧姆龙公司的CP2E型PLC具有脉冲输出功能，可在梯形图程序内通过执行专用的脉冲控制指令实现位置控制及速度控制。

如定位PLS2（887）指令，指定脉冲输出量、目标频率、加速比率、减速比率，进行脉冲输出。通过在脉冲输出中执行本指令，可变更脉冲输出量目标频率、加速比率。指令格式如图7-3-10所示。

通过PLS2可实现详细的拧螺钉旋具控制，按照一定的比例使频率加速，按照一定的比率使频率减速。输出指定的脉冲量时，使其即刻停止。这种可变更定位（脉冲输出）中的目标位置（脉冲量）。如启动输入1.04置于ON，则从脉冲输出0输出600 000脉冲，使电动机运行。动作如图7-3-11所示，PLS2指令使用中DM区的设定见表7-3-6，梯形图如图7-3-12所示。

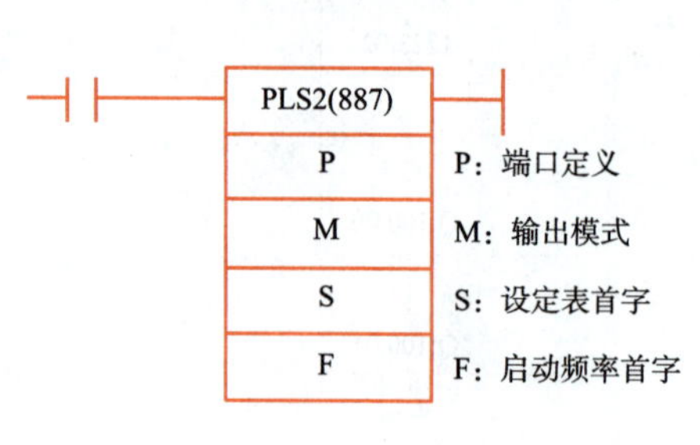

图7-3-10　PLS2（887）指令

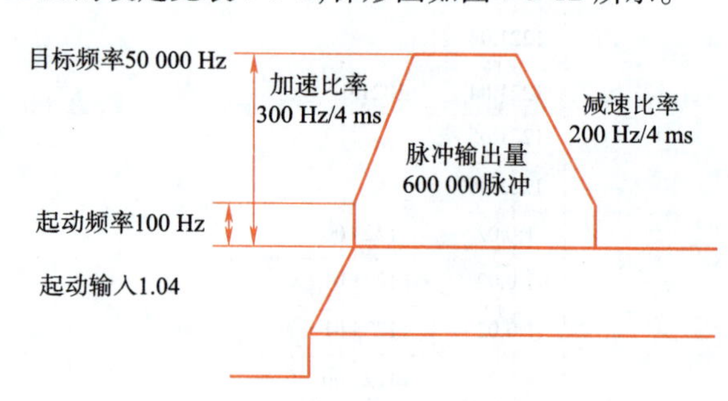

图7-3-11　PLS2指令动作

表7-3-6　PLS2指令的设定（D0～D7）

设定内容	地　址	数　据
加速比率：300 Hz/4 ms	D0	#012C
加速比率：200 Hz/4 ms	D1	#00C8
目标频率：50 Hz	D2	#C350
	D3	#0000

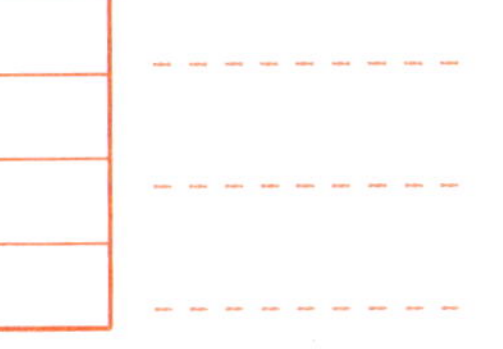

续表

设定内容	地　址	数　据
脉冲输出量设定值:600 000 脉冲	D4	#27C0
	D5	#0009
启动频率:100 Hz	D6	#0064
	D7	#0000

图 7-3-12　梯形图程序

7.3.6　任务巩固

一、名词解释

矩角特性、步距角、运行矩频特性、失调角。

二、选择题

1. 正常情况下步进电动机的转速取决于(　　)。

A. 控制绕组通电频率　　B. 绕组通电方式

C. 负载大小　　D. 绕组的电流

2. 某三相反应式步进电动机的转子齿数为 50,其齿距角为(　　)。

A. 7.2°　　B. 120°　　C. 360°电角度　　D. 120°电角度

3. 某四相反应式步进电动机的转子齿数为 60,其步距角为(　　)。

A. 1.5°　　B. 0.75°　　C. 45°电角度　　D. 90°电角度

4. 某三相反应式步进电动机的初始通电顺序为 A B C,下列可使电动机反转的通电顺序为(　　)。

A. C B A　　B. B C A　　C. A C B　　D. B A C

三、思考题

1. 如何控制步进电动机的角位移和转速?步进电动机有哪些优点?
2. 步进电动机的转速和负载大小有关系吗?怎样改变步进电动机的转向?
3. 为什么转子的一个齿距角可以看作是 360°的电角度?
4. 反应式步进电动机的步距角和哪些因素有关?

参 考 文 献

[1] 廖常初. S7-1200 PLC 编程及应用[M]. 4 版. 北京:机械工业出版社,2021.
[2] 吴繁红. S7-1200 PLC 应用技术项目教程[M]. 2 版. 北京:电子工业出版社,2023.
[3] 沈治. PLC 编程与应用(S7-1200)[M]. 北京:高等教育出版社,2019.
[4] 陈丽. PLC 应用技术(S7-1200)[M]. 北京:机械工业出版社,2021.
[5] 王淑芳. 电气控制与 S7-1200 PLC 应用技术[M]. 北京:机械工业出版社,2016.
[6] 余攀峰. 西门子 S7-1200 PLC 项目化教程[M]. 北京:机械工业出版社,2022.
[7] 向晓汉. 西门子 S7-1200 PLC 学习手册:基于 LAD 和 SCL 编程[M]. 北京:化学工业出版社,2018.
[8] 侍寿永. 西门子 S7-1200 PLC 编程及应用教程[M]. 3 版. 北京:机械工业出版社,2020.